교육의 힘으로
세상의 차이를 좁혀 갑니다

차이가 차별로 이어지지 않는 미래를 위해
EBS가 가장 든든한 친구가 되겠습니다.

모든 교재 정보와 다양한 이벤트가 가득!
EBS 교재사이트 book.ebs.co.kr

본 교재는 EBS 교재사이트에서
eBook으로도 구입하실 수 있습니다.

2026학년도 수능 연계교재

수능완성

수학영역 | 수학Ⅰ· 수학Ⅱ· 미적분

기획 및 개발

권태완
천유민
최희선

감수

한국교육과정평가원

책임 편집

임혜원
정혜선
최은아

본 교재의 강의는 TV와 모바일 APP, EBS*i* 사이트(www.ebsi.co.kr)에서 무료로 제공됩니다.

발행일 2025. 5. 26. **1쇄 인쇄일** 2025. 5. 19. **신고번호** 제2017-000193호 **펴낸곳** 한국교육방송공사 경기도 고양시 일산동구 한류월드로 281
표지디자인 디자인싹 **내지디자인** 다우 **내지조판** 글사랑 **인쇄** 팩컴코리아㈜
인쇄 과정 중 잘못된 교재는 구입하신 곳에서 교환하여 드립니다. 신규 사업 및 교재 광고 문의 pub@ebs.co.kr

정답과 풀이 PDF 파일은 EBS*i* 사이트(www.ebsi.co.kr)에서 내려받으실 수 있습니다.

| 교 재
내 용
문 의 | 교재 및 강의 내용 문의는 EBS*i* 사이트
(www.ebsi.co.kr)의 학습 Q&A 서비스를
활용하시기 바랍니다. | 교 재
정오표
공 지 | 발행 이후 발견된 정오 사항을 EBS*i* 사이트
정오표 코너에서 알려 드립니다.
교재 → 교재 자료실 → 교재 정오표 | 교 재
정 정
신 청 | 공지된 정오 내용 외에 발견된 정오 사항이
있다면 EBS*i* 사이트를 통해 알려 주세요.
교재 → 교재 정정 신청 |

변화

5G급 속도로 변화하는 세상,
대학은 어떤 속도로 변화하고 있을까?

Dynamic
Dankook

단국이
답합니다

실용학문, 융합인재, 산학협력으로
변화를 이끌어갑니다

해방 후 가장 먼저 설립된 4년제 대학
가장 먼저 지방 캠퍼스를 설립한 대학
IT, CT, BT, 외국어 특성화 교육으로 융합인재 육성과
산학협력에 앞서가는 대학
시대의 혁신, 세상의 요구에 먼저 응답해온
단국대의 변화는 계속되고 있습니다

이진후(경영경제대학 경영학부)
재학생 홍보대사

대표전화 **1899 – 3700** | www.dankook.ac.kr

죽전캠퍼스
16890 경기도 용인시 수지구 죽전로 152
입학처 입학팀 031-8005-2550~3

천안캠퍼스
31116 충청남도 천안시 동남구 단대로 119
입학처 입학팀 041-550-1234~6

단국대학교
DANKOOK UNIVERSITY

"본 교재 광고의 수익금은 콘텐츠 품질개선과 공익사업에 사용됩니다." "모두의 요강(mdipsi.com)을 통해 단국대학교의 입시정보를 확인할 수 있습니다."

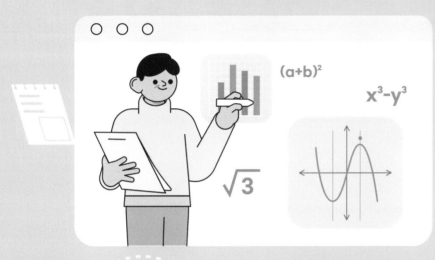

adiga

대학입시정보의 모든 것 어디가와 함께 준비하세요. 대학 adiga!

 대학/학과/전형정보
- 대학별 경쟁률 및 전년도 입시결과 제공
- 교육목표, 교육과정, 대학정보공시 자료 등 다양한 대학 관련 정보 제공

 진로정보
- 커리어넷 및 워크넷 연계를 통한 다양한 직업정보 제공
- 커리어넷 및 워크넷에서 제공하는 직업 심리검사를 통해 적성에 맞는 진로탐색

 대입상담
- 진학지도 경력 10년 이상의 현직 진로진학 교사로 구성된 '대입상담교사단'의 상담전문위원이 1:1 무료 상담 진행
- 온라인 대입 상담 게시판을 통한 전문상담 제공
- 전화상담(1600-1615)을 통한 유선상담 동시 제공

 성적분석
- 대학별 수시 및 정시 성적분석 서비스 제공
- 학생부 및 수능/모의고사 성적분석을 통한 대입전략 수립 용이
- 간편해진 성적입력으로 편리한 성적분석 서비스 제공

혼자 고민하지 마세요! 어디가가 함께 고민할게요.

 추천/대화형 서비스 (25년 하반기 시범운영 예정)
- 머신러닝 기반 대학/학과/전형 추천 서비스
- 대화형 검색 서비스

www.adiga.kr

미래를 움직이는
국립금오공과대학교

지금오라

2026학년도 국립금오공과대학교 신입생 모집

I수시모집I 2025. 9. 8.(월) ~ 12.(금)

I정시모집I 2025. 12. 29.(월) ~ 31.(수)

I입학상담I 054-478-7900, 카카오톡 국립금오공과대, ipsi@kumoh.ac.kr

kit 국립금오공과대학교
Kumoh National Institute of Technology

사람을 새롭게
세상을 이롭게
삼육대학교

미션, 비전, 열정을 품고 미래를 열어가는 삼육대학교

사람을 새롭게 하는 인성교육에 AI · SW 첨단학문을 더해

세상을 이롭게 하는 변화의 힘을 키워갑니다.

2026학년도 모집 안내

수시모집 원서접수: 2025. 9. 8.(월) ~ 9. 12.(금)
정시모집 원서접수: 2025. 12. 29.(월) ~ 12. 31.(수)
입학처 문의: 02-3399-3377~9
세부사항은 입학처 홈페이지(ipsi.syu.ac.kr)를 참조하시기 바랍니다.

삼육대학교
SAHMYOOK UNIVERSITY

2026학년도 수능 연계교재

수능완성

수학영역 | **수학 I · 수학 II · 미적분**

이 책의 **구성과 특징** STRUCTURE

이 책의 구성

❶ 유형편
출제경향에 따른 문항들로 유형별 학습을 할 수 있도록 하였다.

❷ 실전편
실전 모의고사 5회 구성으로 수능에 대비할 수 있도록 하였다.

2026학년도 대학수학능력시험 수학영역

❶ 출제원칙
수학 교과의 특성을 고려하여 개념과 원리를 바탕으로 한 사고력 중심의 문항을 출제한다.

❷ 출제방향
- 단순 암기에 의해 해결할 수 있는 문항이나 지나치게 복잡한 계산 위주의 문항 출제를 지양하고 계산, 이해, 추론, 문제해결 능력을 평가할 수 있는 문항을 출제한다.
- 2015 개정 수학과 교육과정에 따라 이수한 수학 과목의 개념과 원리 등은 출제범위에 속하는 내용과 통합하여 출제할 수 있다.
- 수학영역은 교육과정에 제시된 수학 교과의 수학Ⅰ, 수학Ⅱ, 확률과 통계, 미적분, 기하 과목을 바탕으로 출제한다.

❸ 출제범위
- '공통과목 + 선택과목' 구조에 따라 공통과목(수학Ⅰ, 수학Ⅱ)은 공통 응시하고 선택과목(확률과 통계, 미적분, 기하) 중 1개 과목을 선택한다.

영역 \ 구분	문항수	문항유형	배점 문항	배점 전체	시험시간	출제범위(선택과목)
수학	30	5지 선다형, 단답형	2점 3점 4점	100점	100분	• 공통과목: 수학Ⅰ, 수학Ⅱ • 선택과목(택1): 확률과 통계, 미적분, 기하 • 공통 75%, 선택 25% 내외 • 단답형 30% 포함

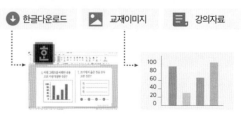

학생 인공지능 DANCHQQ 푸리봇 문|제|검|색
EBS*i* 사이트와 EBS*i* 고교강의 APP 하단의 **AI 학습도우미 푸리봇**을 통해 문항코드를 검색하면 푸리봇이 해당 문제의 해설과 해설 강의를 찾아 줍니다. **사진 촬영으로도 검색**할 수 있습니다.

문제별 문항코드 확인
[25055-0206]
1. 아래 그래프를 이해한 내용으로 가장 적절한 것은?

문항코드 검색
25055-0206

선생님 EBS 교사지원센터 교재 관련 자|료|제|공
교재의 문항 한글(HWP) 파일과 교재이미지, 강의자료를 무료로 제공합니다.

⬇ 한글다운로드   🖼 교재이미지   📋 강의자료

- 교사지원센터(teacher.ebsi.co.kr)에서 '교사인증' 이후 이용하실 수 있습니다.
- 교사지원센터에서 제공하는 자료는 교재별로 다를 수 있습니다.

이 책의 차례 CONTENTS

유형편

01 지수함수와 로그함수

① 거듭제곱근

(1) 실수 a와 2 이상의 자연수 n에 대하여 a의 n제곱근 중 실수인 것은 다음과 같다.

	$a>0$	$a=0$	$a<0$
n이 짝수	$\sqrt[n]{a},\ -\sqrt[n]{a}$	0	없다.
n이 홀수	$\sqrt[n]{a}$	0	$\sqrt[n]{a}$

(2) 거듭제곱근의 성질 : $a>0$, $b>0$이고 m, n이 2 이상의 자연수일 때

① $(\sqrt[n]{a})^n=a$

② $\sqrt[n]{a}\sqrt[n]{b}=\sqrt[n]{ab}$

③ $\dfrac{\sqrt[n]{a}}{\sqrt[n]{b}}=\sqrt[n]{\dfrac{a}{b}}$

④ $(\sqrt[n]{a})^m=\sqrt[n]{a^m}$

⑤ $\sqrt[m]{\sqrt[n]{a}}=\sqrt[mn]{a}=\sqrt[n]{\sqrt[m]{a}}$

⑥ $\sqrt[np]{a^{mp}}=\sqrt[n]{a^m}$ (단, p는 자연수)

② 지수의 확장(1) – 정수 지수

(1) $a\neq0$이고 n이 양의 정수일 때

① $a^0=1$

② $a^{-n}=\dfrac{1}{a^n}$

(2) $a\neq0$, $b\neq0$이고 m, n이 정수일 때

① $a^m a^n=a^{m+n}$

② $a^m\div a^n=a^{m-n}$

③ $(a^m)^n=a^{mn}$

④ $(ab)^n=a^n b^n$

③ 지수의 확장(2) – 유리수 지수와 실수 지수

(1) $a>0$이고 m이 정수, n이 2 이상의 자연수일 때, $a^{\frac{m}{n}}=\sqrt[n]{a^m}$

(2) $a>0$, $b>0$이고 r, s가 유리수일 때

① $a^r a^s=a^{r+s}$

② $a^r\div a^s=a^{r-s}$

③ $(a^r)^s=a^{rs}$

④ $(ab)^r=a^r b^r$

(3) $a>0$, $b>0$이고 x, y가 실수일 때

① $a^x a^y=a^{x+y}$

② $a^x\div a^y=a^{x-y}$

③ $(a^x)^y=a^{xy}$

④ $(ab)^x=a^x b^x$

④ 로그의 뜻

(1) $a>0$, $a\neq1$, $N>0$일 때, $a^x=N \iff x=\log_a N$

(2) $\log_a N$이 정의되려면 밑 a는 $a>0$, $a\neq1$이고 진수 N은 $N>0$이어야 한다.

⑤ 로그의 성질

$a>0$, $a\neq1$이고 $M>0$, $N>0$일 때

(1) $\log_a 1=0$, $\log_a a=1$

(2) $\log_a MN=\log_a M+\log_a N$

(3) $\log_a \dfrac{M}{N}=\log_a M-\log_a N$

(4) $\log_a M^k=k\log_a M$ (단, k는 실수)

⑥ 로그의 밑의 변환

(1) $a>0$, $a\neq1$, $b>0$, $c>0$, $c\neq1$일 때, $\log_a b=\dfrac{\log_c b}{\log_c a}$

(2) 로그의 밑의 변환의 활용 : $a>0$, $a\neq1$, $b>0$, $c>0$일 때

① $\log_a b=\dfrac{1}{\log_b a}$ (단, $b\neq1$)

② $\log_a b\times\log_b c=\log_a c$ (단, $b\neq1$)

③ $\log_{a^m} b^n=\dfrac{n}{m}\log_a b$ (단, m, n은 실수이고 $m\neq0$)

④ $a^{\log_b c}=c^{\log_b a}$ (단, $b\neq1$)

7 지수함수의 뜻과 그래프

(1) $y=a^x$ $(a>0,\ a\neq1)$을 a를 밑으로 하는 지수함수라고 한다.

(2) 지수함수 $y=a^x$ $(a>0,\ a\neq1)$의 그래프는 다음 그림과 같다.

① $a>1$일 때

② $0<a<1$일 때

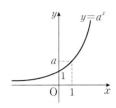 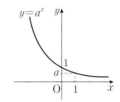

8 지수함수 $y=a^x$ $(a>0,\ a\neq1)$의 성질

(1) $a>1$일 때, x의 값이 증가하면 y의 값도 증가한다.

  $0<a<1$일 때, x의 값이 증가하면 y의 값은 감소한다.

(2) a의 값에 관계없이 그래프는 점 $(0,\ 1)$을 지나고, 점근선은 x축(직선 $y=0$)이다.

(3) 함수 $y=a^x$의 그래프와 함수 $y=\left(\dfrac{1}{a}\right)^x$의 그래프는 서로 y축에 대하여 대칭이다.

(4) 함수 $y=a^{x-m}+n$의 그래프는 함수 $y=a^x$의 그래프를 x축의 방향으로 m만큼, y축의 방향으로 n만큼 평행이동한 것이다.

9 지수함수의 활용

(1) $a>0,\ a\neq1$일 때, $a^{f(x)}=a^{g(x)}\iff f(x)=g(x)$

(2) $a>1$일 때, $a^{f(x)}<a^{g(x)}\iff f(x)<g(x)$

  $0<a<1$일 때, $a^{f(x)}<a^{g(x)}\iff f(x)>g(x)$

10 로그함수의 뜻과 그래프

(1) $y=\log_a x$ $(a>0,\ a\neq1)$을 a를 밑으로 하는 로그함수라고 한다.

(2) 로그함수 $y=\log_a x$ $(a>0,\ a\neq1)$의 그래프는 다음 그림과 같다.

① $a>1$일 때

② $0<a<1$일 때

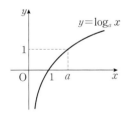 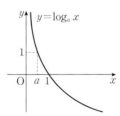

11 로그함수 $y=\log_a x$ $(a>0,\ a\neq1)$의 성질

(1) $a>1$일 때, x의 값이 증가하면 y의 값도 증가한다.

  $0<a<1$일 때, x의 값이 증가하면 y의 값은 감소한다.

(2) a의 값에 관계없이 그래프는 점 $(1,\ 0)$을 지나고, 점근선은 y축(직선 $x=0$)이다.

(3) 함수 $y=\log_a x$의 그래프와 함수 $y=\log_{\frac{1}{a}} x$의 그래프는 서로 x축에 대하여 대칭이다.

(4) 함수 $y=\log_a(x-m)+n$의 그래프는 함수 $y=\log_a x$의 그래프를 x축의 방향으로 m만큼, y축의 방향으로 n만큼 평행이동한 것이다.

(5) 지수함수 $y=a^x$ $(a>0,\ a\neq1)$의 역함수는 로그함수 $y=\log_a x$ $(a>0,\ a\neq1)$이다.

12 로그함수의 활용

(1) $a>0,\ a\neq1,\ f(x)>0,\ g(x)>0$일 때, $\log_a f(x)=\log_a g(x)\iff f(x)=g(x)$

(2) $f(x)>0,\ g(x)>0$인 두 함수 $f(x),\ g(x)$에 대하여

  $a>1$일 때, $\log_a f(x)<\log_a g(x)\iff f(x)<g(x)$

  $0<a<1$일 때, $\log_a f(x)<\log_a g(x)\iff f(x)>g(x)$

수학 I

유형1 **거듭제곱근의 뜻과 성질**

출제경향 | 거듭제곱근의 뜻과 성질을 이용하는 문제가 출제된다.

출제유형잡기 | 거듭제곱근의 뜻과 성질을 이용하여 문제를 해결한다.

(1) 실수 a와 2 이상의 자연수 n에 대하여 a의 n제곱근 중 실수인 것은 다음과 같다.

	$a>0$	$a=0$	$a<0$
n이 짝수	$\sqrt[n]{a}$, $-\sqrt[n]{a}$	0	없다.
n이 홀수	$\sqrt[n]{a}$	0	$\sqrt[n]{a}$

(2) $a>0$, $b>0$이고 m, n이 2 이상의 자연수일 때

① $(\sqrt[n]{a})^n = a$

② $\sqrt[n]{a}\sqrt[n]{b} = \sqrt[n]{ab}$

③ $\dfrac{\sqrt[n]{a}}{\sqrt[n]{b}} = \sqrt[n]{\dfrac{a}{b}}$

④ $(\sqrt[n]{a})^m = \sqrt[n]{a^m}$

⑤ $\sqrt[m]{\sqrt[n]{a}} = \sqrt[mn]{a} = \sqrt[n]{\sqrt[m]{a}}$

⑥ $\sqrt[np]{a^{mp}} = \sqrt[n]{a^m}$ (단, p는 자연수)

01
▶ 25054-0001

$\sqrt[3]{9} \times \sqrt{3\sqrt[3]{3}} \div \sqrt[3]{9^2}$의 값은?

① $\dfrac{1}{9}$ ② $\dfrac{1}{3}$ ③ 1

④ 3 ⑤ 9

02
▶ 25054-0002

양수 m에 대하여 m의 세제곱근 중 실수인 것이 2^n이고, 4^n의 네제곱근 중 양수인 것을 k라 하자. $k = \sqrt{2m}$일 때, m의 값은? (단, n은 실수이다.)

① $\dfrac{\sqrt{2}}{8}$ ② $\dfrac{\sqrt{2}}{4}$ ③ $\dfrac{\sqrt{2}}{2}$

④ $\sqrt{2}$ ⑤ $2\sqrt{2}$

03
▶ 25054-0003

두 실수 a, b에 대하여 이차방정식 $x^2 - ax + b = 0$의 한 근이 $\sqrt[4n]{8^n} + \sqrt[4n+2]{2 \times 4^n} i$일 때, $a^2 - b^2$의 값은? (단, $i = \sqrt{-1}$이고, n은 자연수이다.)

① -4 ② -6 ③ -8

④ -10 ⑤ -12

04
▶ 25054-0004

$n \geq k$인 두 자연수 n, k에 대하여 부등식

$$|x+3| \leq n-k$$

를 만족시키는 정수 x의 최댓값을 m이라 하자. $k \geq 2$이고 $n \leq 6$일 때, m의 n제곱근 중 음수인 것이 존재하도록 하는 n, k의 모든 순서쌍 (n, k)의 개수는?

① 6 ② 7 ③ 8

④ 9 ⑤ 10

유형 2 지수의 확장과 지수법칙

출제경향 | 거듭제곱근을 지수가 유리수인 꼴로 나타내는 문제, 지수법칙을 이용하여 식의 값을 구하는 문제가 출제된다.

출제유형잡기 | 지수법칙을 이용하여 문제를 해결한다.

(1) 0 또는 음의 정수인 지수

$a \neq 0$이고 n이 양의 정수일 때

① $a^0 = 1$ ② $a^{-n} = \dfrac{1}{a^n}$

(2) 유리수인 지수

$a > 0$이고 m이 정수, n이 2 이상의 자연수일 때

$a^{\frac{m}{n}} = \sqrt[n]{a^m}$

(3) 지수법칙

$a > 0$, $b > 0$이고 x, y가 실수일 때

① $a^x a^y = a^{x+y}$ ② $a^x \div a^y = a^{x-y}$

③ $(a^x)^y = a^{xy}$ ④ $(ab)^x = a^x b^x$

05
▶ 25054-0005

$3^{\sqrt{2}-1} \times \left(\dfrac{1}{27} \right)^{\frac{\sqrt{2}+1}{3}}$ 의 값은?

① $\dfrac{1}{9}$ ② $\dfrac{1}{3}$ ③ 1

④ 3 ⑤ 9

06
▶ 25054-0006

등식 $5^x \div 5^{\frac{4}{x}} = 1$을 만족시키는 0이 아닌 모든 실수 x의 값의 곱은?

① -10 ② -8 ③ -6

④ -4 ⑤ -2

07
▶ 25054-0007

$\sqrt[6]{10^{n^2}} \times (64^6)^{\frac{1}{n}}$의 값이 자연수가 되도록 하는 자연수 n의 개수는?

① 3 ② 4 ③ 5

④ 6 ⑤ 7

08
▶ 25054-0008

등식

$$a \times (\sqrt[4]{18})^b \times 256^{\frac{1}{c}} = 72$$

를 만족시키는 세 자연수 a, b, c의 순서쌍 (a, b, c)에 대하여 $a+b+c$의 최댓값을 구하시오.

▶ 25054-0011

유형 3 로그의 뜻과 기본 성질

출제경향 | 로그의 뜻과 로그의 성질을 이용하여 주어진 식의 값을 구하는 문제가 출제된다.

출제유형잡기 | 로그의 뜻과 로그의 성질을 이용하여 문제를 해결한다.

(1) $a>0$, $a\neq1$, $N>0$일 때, $a^x=N \iff x=\log_a N$

(2) $\log_a N$이 정의되려면 밑 a는 $a>0$, $a\neq1$이고 진수 N은 $N>0$이어야 한다.

(3) 로그의 성질

$a>0$, $a\neq1$이고 $M>0$, $N>0$일 때

① $\log_a 1=0$, $\log_a a=1$

② $\log_a MN=\log_a M+\log_a N$

③ $\log_a \dfrac{M}{N}=\log_a M-\log_a N$

④ $\log_a M^k=k\log_a M$ (단, k는 실수)

09

▶ 25054-0009

$\log_3 36-\log_3 \dfrac{4}{9}$의 값은?

① 1 ② 2 ③ 3

④ 4 ⑤ 5

10

▶ 25054-0010

좌표평면 위의 점 $\left(\log_3 \dfrac{36}{5}+\log_3 \dfrac{15}{4},\ \log_2 a\right)$가

원 $x^2+y^2=25$ 위에 있도록 하는 모든 양수 a의 값의 합은?

① $\dfrac{253}{16}$ ② $\dfrac{127}{8}$ ③ $\dfrac{255}{16}$

④ 16 ⑤ $\dfrac{257}{16}$

11

자연수 n에 대하여 두 수 $\log_2 \dfrac{36}{n+6}$, $\log_2 \dfrac{n}{3}$이 모두 자연수가 되도록 하는 n의 값을 구하시오.

12

▶ 25054-0012

x에 대한 이차방정식

$$3x^2-(\log_6 \sqrt{n^m})x-\log_6 n+12=0$$

의 한 실근이 2가 되도록 하는 두 자연수 m, n의 순서쌍 $(m,\ n)$의 개수는?

① 4 ② 5 ③ 6

④ 7 ⑤ 8

유형 4 로그의 여러 가지 성질

출제경향 | 로그의 여러 가지 성질을 이용하여 주어진 식의 값을 구하는 문제가 출제된다.

출제유형잡기 | 로그의 여러 가지 성질을 이용하여 문제를 해결한다.

(1) 로그의 밑의 변환

$a>0$, $a\neq1$, $b>0$, $c>0$, $c\neq1$일 때

$$\log_a b=\frac{\log_c b}{\log_c a}$$

(2) 로그의 밑의 변환의 활용

$a>0$, $a\neq1$, $b>0$, $c>0$일 때

① $\log_a b=\dfrac{1}{\log_b a}$ (단, $b\neq1$)

② $\log_a b\times\log_b c=\log_a c$ (단, $b\neq1$)

③ $\log_{a^m} b^n=\dfrac{n}{m}\log_a b$ (단, m, n은 실수이고 $m\neq0$)

④ $a^{\log_b c}=c^{\log_b a}$ (단, $b\neq1$)

13

▶ 25054-0013

$\log_2 60+\log_{\frac{1}{4}} 36-\dfrac{1}{\log_{25} 4}$의 값은?

① 1   ② 2   ③ 3

④ 4   ⑤ 5

14

▶ 25054-0014

$a=\log_7 16$, $b=4^7$일 때, $a\log_b 49$의 값은?

① $\dfrac{2}{7}$ ② $\dfrac{4}{7}$ ③ $\dfrac{6}{7}$

④ $\dfrac{8}{7}$ ⑤ $\dfrac{10}{7}$

15

▶ 25054-0015

등식

$$6^{\log_3 4}\div n^{\log_3 2}=2^k$$

이 성립하도록 하는 두 자연수 n, k의 순서쌍 (n, k)에 대하여 $n+k$의 최솟값은?

① 6   ② 7   ③ 8

④ 9   ⑤ 10

16

▶ 25054-0016

두 실수 a, b에 대하여 $2a-b$가 자연수일 때,

$$8a^3-b^3=\log_{16} n^3-\frac{1}{2},$$

$$6ab^2-12a^2b=\log_{16}\frac{1}{9}\times\log_3 3\sqrt{n}$$

이 성립하도록 하는 자연수 n의 최솟값은?

① 20   ② 22   ③ 24

④ 26   ⑤ 28

17
▶ 25054-0017

곡선 $y=2^{x-3}+a$와 직선 $y=3$이 만나는 점의 x좌표가 5일 때, 곡선 $y=2^{x-3}+a$가 y축과 만나는 점의 y좌표는?

(단, a는 상수이다.)

① $-\dfrac{1}{2}$ ② $-\dfrac{5}{8}$ ③ $-\dfrac{3}{4}$

④ $-\dfrac{7}{8}$ ⑤ -1

18
▶ 25054-0018

1보다 큰 두 상수 a, b에 대하여 함수 $f(x)=\log_3(ax+b)$의 그래프가 x축, y축과 만나는 점을 각각 A, B라 하고, 점 A에서 함수 $y=f(x)$의 그래프의 점근선에 내린 수선의 발을 H라 하자. 점 A는 선분 OH의 중점이고 $\overline{OA}=\overline{OB}$일 때, b^a의 값은?

(단, O는 원점이다.)

① $\sqrt{3}$ ② 3 ③ $3\sqrt{3}$

④ 9 ⑤ $9\sqrt{3}$

19
▶ 25054-0019

두 상수 a, b에 대하여 두 함수 $f(x)=\log_2(x+2)+a$, $g(x)=\log_2(-x+6)+b$의 그래프의 점근선을 각각 l, m이라 하고, 곡선 $y=f(x)$와 직선 m이 만나는 점을 A, 곡선 $y=g(x)$와 직선 l이 만나는 점을 B라 하자. $\overline{AB}=10$일 때, $|a-b|$의 값을 구하시오.

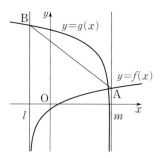

20
▶ 25054-0020

1보다 큰 두 자연수 a, b와 두 함수 $f(x)=a^{x+1}$, $g(x)=-\left(\dfrac{1}{4}\right)^x+b$에 대하여 두 곡선 $y=f(x)$, $y=g(-x)$가 만나는 점의 x좌표를 p라 하고, 실수 전체의 집합에서 정의된 함수 $h(x)$를

$$h(x)=\begin{cases} g(x) & (x<0) \\ g(-x) & (0 \le x < p) \\ f(x) & (x \ge p) \end{cases}$$

라 하자. p가 자연수이고 곡선 $y=h(x)$와 직선 $y=k$가 만나는 점의 개수가 2가 되도록 하는 모든 실수 k의 값의 합이 11이다. $a+b$의 값은?

① 9 ② 10 ③ 11

④ 12 ⑤ 13

수학Ⅰ

유형 6 지수함수와 로그함수의 활용

출제경향 | 지수 또는 진수에 미지수가 포함된 방정식과 부등식의 해를 구하는 문제가 출제된다.

출제유형잡기 | 지수 또는 진수에 미지수가 포함된 방정식과 부등식의 해를 구할 때는 다음 성질을 이용한다.

(1) $a>0$, $a\neq1$일 때, $a^{f(x)}=a^{g(x)} \Longleftrightarrow f(x)=g(x)$

(2) $a>1$일 때, $a^{f(x)}<a^{g(x)} \Longleftrightarrow f(x)<g(x)$
$0<a<1$일 때, $a^{f(x)}<a^{g(x)} \Longleftrightarrow f(x)>g(x)$

(3) $a>0$, $a\neq1$, $f(x)>0$, $g(x)>0$일 때,
$\log_a f(x)=\log_a g(x) \Longleftrightarrow f(x)=g(x)$

(4) $f(x)>0$, $g(x)>0$인 두 함수 $f(x)$, $g(x)$에 대하여
$a>1$일 때, $\log_a f(x)<\log_a g(x) \Longleftrightarrow f(x)<g(x)$
$0<a<1$일 때, $\log_a f(x)<\log_a g(x) \Longleftrightarrow f(x)>g(x)$

21
▶ 25054-0021

부등식 $3^{1-3x}\geq\left(\dfrac{1}{9}\right)^{x+7}$을 만족시키는 실수 x의 최댓값을 구하시오.

22
▶ 25054-0022

방정식 $\log_2(x^2-9)-\log_2(x+3)=\log_{\sqrt2}(x-5)$를 만족시키는 실수 x의 값을 구하시오.

23
▶ 25054-0023

$x=2$가 부등식 $2^{-x}(32-2^{x+a})+2^x\leq0$의 해가 되도록 하는 실수 a의 최솟값을 k라 하자. 방정식 $2^{-x}(32-2^{x+k})+2^x=0$을 만족시키는 실수 x의 최댓값은?

① 3   ② 4   ③ 5

④ 6   ⑤ 7

24
▶ 25054-0024

두 상수 a, b에 대하여 두 곡선 $y=\dfrac{3}{2}\log_3 x$,

$y=\log_9(x+a)+b$가 x축과 만나는 점을 각각 P, Q라 하고 두 곡선 $y=\dfrac{3}{2}\log_3 x$, $y=\log_9(x+a)+b$가 만나는 점을 R이라 하자. 곡선 $y=\log_9(x+a)+b$가 y축과 만나는 점의 y좌표가 $\log_9 18$이고, $\overline{\text{PQ}}=\dfrac{20}{3}$일 때, 삼각형 QPR의 넓이를 구하시오. (단, 점 Q의 x좌표는 음수이다.)

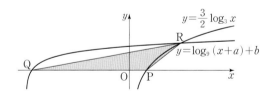

▶ 25054-0027

유형 7 지수함수와 로그함수의 관계

출제경향 | 지수함수의 그래프와 로그함수의 그래프를 활용하는 문제가 출제된다.

출제유형잡기 | 지수함수의 그래프와 로그함수의 그래프, 지수의 성질과 로그의 성질을 이용하여 문제를 해결한다.

25

▶ 25054-0025

함수 $f(x)=3^{x-1}+2$의 역함수가 $g(x)=\log_3(x-2)+a$이고 함수 $y=g(x)$의 그래프의 점근선은 직선 $x=b$일 때, $a+b$의 값은? (단, a, b는 상수이다.)

① 1   ② 2   ③ 3

④ 4   ⑤ 5

26

▶ 25054-0026

그림과 같이 두 함수 $f(x)=\left(\dfrac{1}{2}\right)^x+a$, $g(x)=-\log_2(x-b)$에 대하여 직선 $x=1$과 함수 $y=f(x)$의 그래프는 한 점 P에서 만나고, 직선 $x=k$와 함수 $y=g(x)$의 그래프가 만나도록 하는 모든 실수 k의 값의 범위는 $k>1$이다. 함수 $y=g(x)$의 그래프 위의 점 Q와 점 $A(1, 1)$에 대하여 삼각형 PAQ가 $\angle\mathrm{PAQ}=\dfrac{\pi}{2}$인 직각이등변삼각형일 때, $a+b$의 값은?

$$\left(\text{단, } a, b\text{는 상수이고, } a>\frac{1}{2}\text{이다.}\right)$$

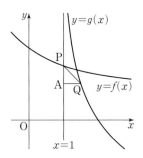

① $\dfrac{7}{4}$ ② 2   ③ $\dfrac{9}{4}$

④ $\dfrac{5}{2}$ ⑤ $\dfrac{11}{4}$

27

함수 $f(x)=\log_2(x-a)+2a^2$의 역함수 $g(x)$에 대하여 함수 $y=g(x)$의 그래프와 직선 $y=x$가 두 점에서 만나고 그 두 점의 x좌표를 각각 x_1, x_2 $(x_1<x_2)$라 하자. $x_2-x_1=1$일 때, 실수 a의 최솟값은?

① -1 ② $-\dfrac{1}{2}$ ③ 0

④ $\dfrac{1}{2}$ ⑤ 1

28

▶ 25054-0028

두 함수 $f(x)=\log_2(-x+a)+b$, $g(x)=\log_2(x-a)+b$에 대하여 곡선 $y=f(x)$ 위의 점 $(-3, f(-3))$은 직선 $y=-x$ 위에 있고, 곡선 $y=g(x)$ 위의 점 $(2+2a, g(2+2a))$는 직선 $y=x-2a$ 위에 있다. 함수 $g(x)$의 역함수를 $h(x)$라 할 때, 곡선 $y=h(x)$와 직선 $y=x-2$가 만나는 서로 다른 두 점의 y좌표의 합을 구하시오. (단, a, b는 상수이다.)

유형 8 지수함수와 로그함수의 최댓값과 최솟값

출제경향 | 주어진 범위에서 지수함수와 로그함수의 증가와 감소를 이용하여 최댓값과 최솟값을 구하는 문제가 출제된다.

출제유형잡기 | 밑의 범위에 따른 지수함수와 로그함수의 증가와 감소를 이해하여 주어진 구간에서 지수함수 또는 로그함수의 최댓값과 최솟값을 구하는 문제를 해결한다.

29
▶ 25054-0029

닫힌구간 $[1, 3]$에서 함수 $f(x)=\left(\dfrac{1}{2}\right)^{x-2}+a$의 최댓값이 5, 최솟값이 m일 때, m의 값은? (단, a는 상수이다.)

① $\dfrac{3}{2}$ ② 2   ③ $\dfrac{5}{2}$

④ 3   ⑤ $\dfrac{7}{2}$

30
▶ 25054-0030

닫힌구간 $[1, 27]$에서 함수 $f(x)=(\log_3 x)^2 - a\log_3 x$의 최솟값이 -1일 때, 양수 a의 값은?

① 1   ② 2   ③ 3

④ 4   ⑤ 5

31
▶ 25054-0031

양수 k에 대하여 닫힌구간 $[k, k+2]$에서 함수 $f(x)=\log_a x+1$은 $x=k$에서 최댓값 M을 갖고 $x=k+2$에서 최솟값 m을 갖는다. $M-m=-\log_a 2$, $Mm=0$일 때, 모든 실수 a의 값의 합은? (단, $a>0$, $a\neq 1$)

① $\dfrac{1}{4}$ ② $\dfrac{1}{2}$ ③ $\dfrac{3}{4}$

④ 1   ⑤ $\dfrac{5}{4}$

32
▶ 25054-0032

두 상수 $a\,(a>3)$, b에 대하여 닫힌구간 $[1, 5]$에서 함수

$$f(x)=\begin{cases} \log_{\frac{1}{3}}(-x+a)+2 & (x<3) \\ \left(\dfrac{1}{9}\right)^{x+b}+1 & (x\geq 3) \end{cases}$$

의 최댓값이 2, 최솟값이 1일 때, $a-b$의 값은?

① 4   ② 5   ③ 6

④ 7   ⑤ 8

02 삼각함수

① 일반각과 호도법

(1) 일반각 : 시초선 OX와 동경 OP가 나타내는 $\angle XOP$의 크기 중에서 하나를 $a°$라 할 때, 동경 OP가 나타내는 각의 크기를 $360°\times n+a°$ (n은 정수)로 나타내고, 이것을 동경 OP가 나타내는 일반각이라고 한다.

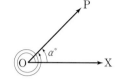

(2) 육십분법과 호도법의 관계

　① 1라디안$=\dfrac{180°}{\pi}$　　　　　② $1°=\dfrac{\pi}{180}$ 라디안

(3) 부채꼴의 호의 길이와 넓이

반지름의 길이가 r, 중심각의 크기가 θ(라디안)인 부채꼴에서 호의 길이를 l, 넓이를 S라 하면

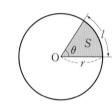

　① $l=r\theta$　　　　　② $S=\dfrac{1}{2}r^2\theta=\dfrac{1}{2}rl$

② 삼각함수의 정의와 삼각함수 사이의 관계

(1) 삼각함수의 정의

좌표평면에서 중심이 원점 O이고 반지름의 길이가 r인 원 위의 한 점을 $P(x, y)$라 하고, x축의 양의 방향을 시초선으로 하는 동경 OP가 나타내는 각의 크기를 θ라 할 때, θ에 대한 삼각함수를 다음과 같이 정의한다.

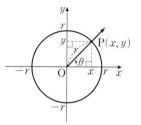

$$\sin\theta=\frac{y}{r},\ \cos\theta=\frac{x}{r},\ \tan\theta=\frac{y}{x}\ (x\neq0)$$

(2) 삼각함수 사이의 관계

　① $\tan\theta=\dfrac{\sin\theta}{\cos\theta}$　　　　　② $\sin^2\theta+\cos^2\theta=1$

③ 삼각함수의 그래프

(1) 함수 $y=\sin x$의 그래프와 그 성질

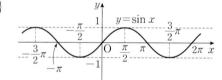

　① 정의역은 실수 전체의 집합이고, 치역은 $\{y\,|\,-1\leq y\leq1\}$ 이다.

　② 그래프는 원점에 대하여 대칭이다.

　③ 주기가 2π인 주기함수이다. 즉, 모든 실수 x에 대하여 $\sin(2n\pi+x)=\sin x$ (n은 정수)이다.

(2) 함수 $y=\cos x$의 그래프와 그 성질

　① 정의역은 실수 전체의 집합이고, 치역은 $\{y\,|\,-1\leq y\leq1\}$ 이다.

　② 그래프는 y축에 대하여 대칭이다.

　③ 주기가 2π인 주기함수이다. 즉, 모든 실수 x에 대하여 $\cos(2n\pi+x)=\cos x$ (n은 정수)이다.

(3) 함수 $y=\tan x$의 그래프와 그 성질

　① 정의역은 $x\neq n\pi+\dfrac{\pi}{2}$ (n은 정수)인 실수 전체의 집합 이고, 치역은 실수 전체의 집합이다.

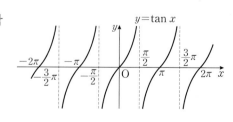

　② 그래프는 원점에 대하여 대칭이다.

　③ 주기가 π인 주기함수이다. 즉, 모든 실수 x에 대하여 $\tan(n\pi+x)=\tan x$ (n은 정수)이다.

　④ 그래프의 점근선은 직선 $x=n\pi+\dfrac{\pi}{2}$ (n은 정수)이다.

④ 삼각함수의 성질

(1) $2n\pi+x$의 삼각함수 (단, n은 정수)

  ① $\sin(2n\pi+x)=\sin x$ ② $\cos(2n\pi+x)=\cos x$ ③ $\tan(2n\pi+x)=\tan x$

(2) $-x$의 삼각함수

  ① $\sin(-x)=-\sin x$ ② $\cos(-x)=\cos x$ ③ $\tan(-x)=-\tan x$

(3) $\pi+x$, $\pi-x$의 삼각함수

  ① $\sin(\pi+x)=-\sin x$ ② $\cos(\pi+x)=-\cos x$ ③ $\tan(\pi+x)=\tan x$

  ④ $\sin(\pi-x)=\sin x$ ⑤ $\cos(\pi-x)=-\cos x$ ⑥ $\tan(\pi-x)=-\tan x$

(4) $\dfrac{\pi}{2}+x$, $\dfrac{\pi}{2}-x$의 삼각함수

  ① $\sin\left(\dfrac{\pi}{2}+x\right)=\cos x$ ② $\cos\left(\dfrac{\pi}{2}+x\right)=-\sin x$ ③ $\tan\left(\dfrac{\pi}{2}+x\right)=-\dfrac{1}{\tan x}$

  ④ $\sin\left(\dfrac{\pi}{2}-x\right)=\cos x$ ⑤ $\cos\left(\dfrac{\pi}{2}-x\right)=\sin x$ ⑥ $\tan\left(\dfrac{\pi}{2}-x\right)=\dfrac{1}{\tan x}$

⑤ 삼각함수의 활용

(1) **방정식에의 활용** : 방정식 $2\sin x-1=0$, $2\cos x+\sqrt{3}=0$, $\tan x-1=0$과 같이 각의 크기가 미지수인 삼각함수를 포함한 방정식은 삼각함수의 그래프를 이용하여 다음과 같이 풀 수 있다.

  ① 주어진 방정식을 $\sin x=k$ ($\cos x=k$, $\tan x=k$)의 꼴로 변형한다.

  ② 주어진 범위에서 함수 $y=\sin x$ ($y=\cos x$, $y=\tan x$)의 그래프와 직선 $y=k$를 그린 후 두 그래프의 교점의 x좌표를 찾아서 해를 구한다.

(2) **부등식에의 활용** : 부등식 $2\sin x+1>0$, $2\cos x+\sqrt{3}<0$, $\tan x-1<0$과 같이 각의 크기가 미지수인 삼각함수를 포함한 부등식은 삼각함수의 그래프를 이용하여 다음과 같이 풀 수 있다.

  ① 주어진 부등식을 $\sin x>k$ ($\cos x<k$, $\tan x<k$)의 꼴로 변형한다.

  ② 주어진 범위에서 함수 $y=\sin x$ ($y=\cos x$, $y=\tan x$)의 그래프와 직선 $y=k$를 그린 후 두 그래프의 교점의 x좌표를 찾는다.

  ③ 함수 $y=\sin x$ ($y=\cos x$, $y=\tan x$)의 그래프가 직선 $y=k$보다 위쪽(또는 아래쪽)에 있는 x의 값의 범위를 찾아서 해를 구한다.

⑥ 사인법칙

삼각형 ABC의 외접원의 반지름의 길이를 R이라 하면

$$\dfrac{a}{\sin A}=\dfrac{b}{\sin B}=\dfrac{c}{\sin C}=2R$$

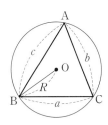

⑦ 코사인법칙

삼각형 ABC에서

(1) $a^2=b^2+c^2-2bc\cos A$ (2) $b^2=c^2+a^2-2ca\cos B$

(3) $c^2=a^2+b^2-2ab\cos C$

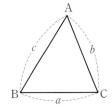

⑧ 삼각형의 넓이

삼각형 ABC의 넓이를 S라 하면

$$S=\dfrac{1}{2}ab\sin C=\dfrac{1}{2}bc\sin A=\dfrac{1}{2}ca\sin B$$

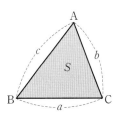

출제경향 | 호도법을 이용하여 부채꼴의 호의 길이와 넓이를 구하는 문제가 출제된다.

출제유형잡기 | 부채꼴의 반지름의 길이 r과 중심각의 크기 θ가 주어질 때, 부채꼴의 호의 길이 l과 넓이 S는 다음과 같이 구한다.

(1) $l = r\theta$

(2) $S = \dfrac{1}{2}r^2\theta = \dfrac{1}{2}rl$

01

▶ 25054-0033

반지름의 길이가 2이고 중심각의 크기가 $\dfrac{\pi}{3}$인 부채꼴의 넓이는?

① $\dfrac{\pi}{6}$ ② $\dfrac{\pi}{3}$ ③ $\dfrac{\pi}{2}$

④ $\dfrac{2}{3}\pi$ ⑤ $\dfrac{5}{6}\pi$

02

▶ 25054-0034

반지름의 길이가 $4\sqrt{3}$이고 중심각의 크기가 θ인 부채꼴의 넓이를 S_1이라 하고, 반지름의 길이가 r이고 중심각의 크기가 3θ인 부채꼴의 넓이를 S_2라 하자. $S_1 = 4S_2$일 때, r의 값은? $\left(\text{단, } 0 < \theta < \dfrac{2}{3}\pi\right)$

① 1   ② 2   ③ 3

④ 4   ⑤ 5

03

▶ 25054-0035

그림과 같이 반지름의 길이가 2이고 중심각의 크기가 $\dfrac{\pi}{2}$인 부채꼴 OAB의 호 AB 위에 $\angle AOP = \theta$, $\angle AOQ = 4\theta$가 되도록 두 점 P, Q를 잡는다. 부채꼴 OAQ의 넓이와 부채꼴 OAP의 넓이의 차가 $\dfrac{2}{3}\pi$일 때, 부채꼴 OQB의 넓이는? $\left(\text{단, } 0 < \theta < \dfrac{\pi}{8}\right)$

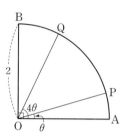

① $\dfrac{\pi}{9}$ ② $\dfrac{2}{9}\pi$ ③ $\dfrac{\pi}{3}$

④ $\dfrac{4}{9}\pi$ ⑤ $\dfrac{5}{9}\pi$

04

▶ 25054-0036

그림과 같이 중심각의 크기가 $\dfrac{6}{7}\pi$이고 반지름의 길이가 $\overline{OA}$인 부채꼴 OAB가 있다. 선분 OA 위에 두 점 C, E를 $\overline{OC} < \overline{OE} < \overline{OA}$가 되도록 잡고 선분 OB 위에 두 점 D, F를 $\overline{OC} = \overline{OD}$, $\overline{OE} = \overline{OF}$가 되도록 잡는다. 중심각의 크기가 $\dfrac{6}{7}\pi$이고 반지름의 길이가 각각 $\overline{OC}$, $\overline{OE}$인 부채꼴 OCD, OEF에 대하여 부채꼴 OAB의 내부와 부채꼴 OEF의 외부의 공통부분의 넓이가 부채꼴 OAB의 넓이의 $\dfrac{2}{3}$이고, 부채꼴 OEF의 내부와 부채꼴 OCD의 외부의 공통부분의 넓이가 3π, $\overline{CE} = 1$일 때, 부채꼴 OAB의 넓이가 $\dfrac{q}{p}\pi$이다. $p+q$의 값을 구하시오.

(단, p와 q는 서로소인 자연수이다.)

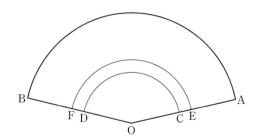

유형 2 삼각함수의 정의와 삼각함수 사이의 관계

출제경향 | 삼각함수의 정의와 삼각함수 사이의 관계를 이용하여 식의 값을 구하는 문제가 출제된다.

출제유형잡기 | 삼각함수의 정의와 삼각함수 사이의 관계를 이용하여 문제를 해결한다.

(1) 각 θ를 나타내는 동경과 중심이 원점이고 반지름의 길이가 r인 원이 만나는 점의 좌표를 (x, y)라 하면

$$\sin \theta = \frac{y}{r}, \cos \theta = \frac{x}{r}, \tan \theta = \frac{y}{x} \ (x \neq 0)$$

(2) 삼각함수 사이의 관계

① $\tan \theta = \dfrac{\sin \theta}{\cos \theta}$

② $\sin^2 \theta + \cos^2 \theta = 1$

05

▶ 25054-0037

$\sin \theta = \dfrac{1}{3}$일 때, $\cos^2 \theta$의 값은?

① $\dfrac{4}{9}$ ② $\dfrac{5}{9}$ ③ $\dfrac{2}{3}$

④ $\dfrac{7}{9}$ ⑤ $\dfrac{8}{9}$

06

▶ 25054-0038

$\dfrac{\pi}{2} < \theta < \pi$인 θ에 대하여 $\tan \theta = -\dfrac{1}{2}$일 때, $\sin \theta + \cos \theta$의 값은?

① $-\dfrac{\sqrt{5}}{2}$ ② $-\dfrac{2\sqrt{5}}{5}$ ③ $-\dfrac{3\sqrt{5}}{10}$

④ $-\dfrac{\sqrt{5}}{5}$ ⑤ $-\dfrac{\sqrt{5}}{10}$

07

▶ 25054-0039

좌표평면에서 각 θ를 나타내는 동경이 원 $x^2 + y^2 = 1$과 만나는 점을 P라 하자. 점 P의 x좌표가 $\dfrac{1}{2}$이고 $\sin \theta < 0$일 때, $\tan \theta$의 값은? (단, $0 < \theta < 2\pi$)

① $-\sqrt{3}$ ② $-\dfrac{\sqrt{3}}{3}$ ③ $\dfrac{\sqrt{3}}{3}$

④ 1 ⑤ $\sqrt{3}$

08

▶ 25054-0040

$\dfrac{3}{2}\pi < \theta < 2\pi$인 θ에 대하여

$$\sqrt{(\sin \theta - \cos \theta)^2} - |\sin \theta| = \sqrt[3]{(\sin \theta - \cos \theta)^3} + |2 \sin \theta|$$

가 성립할 때, $\sin \theta$의 값은?

① $-\dfrac{2\sqrt{5}}{5}$ ② $-\dfrac{\sqrt{5}}{3}$ ③ $-\dfrac{4\sqrt{5}}{15}$

④ $-\dfrac{\sqrt{5}}{5}$ ⑤ $-\dfrac{2\sqrt{5}}{15}$

유형 3 삼각함수의 그래프

출제경향 | 삼각함수의 그래프의 성질을 이용하여 주기를 구하거나 미지수의 값을 구하는 문제가 출제된다.

출제유형잡기 | 삼각함수의 그래프에서 주기, 대칭성 등을 이용하여 조건을 만족시키는 미지수의 값을 구하는 문제를 해결한다.

(1) 삼각함수의 주기

a, b가 0이 아닌 상수일 때, 세 함수
$y=a \sin bx$, $y=a \cos bx$, $y=a \tan bx$의 주기는 각각
$\dfrac{2\pi}{|b|}$, $\dfrac{2\pi}{|b|}$, $\dfrac{\pi}{|b|}$이다.

(2) 삼각함수의 그래프의 대칭성

a, b가 0이 아닌 상수일 때, 두 함수 $y=a \sin bx$, $y=a \tan bx$의 그래프는 각각 원점에 대하여 대칭이고, 함수 $y=a \cos bx$의 그래프는 y축에 대하여 대칭이다.

09

▶ 25054-0041

두 상수 a, b $(b>0)$에 대하여 함수 $f(x)=a \cos bx$의 그래프가 그림과 같고 $f(0)=2$, $f(3)=2$일 때, $a \times b$의 값은?

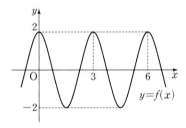

① $\dfrac{\pi}{3}$　　② $\dfrac{2}{3}\pi$　　③ π

④ $\dfrac{4}{3}\pi$　　⑤ $\dfrac{5}{3}\pi$

10

▶ 25054-0042

두 함수 $f(x)=a \sin bx+1$, $g(x)=|\cos 2x|$에 대하여 함수 $f(x)$의 최댓값과 최솟값의 차가 10이고, 함수 $f(x)$의 주기와 함수 $g(x)$의 주기가 같을 때, $a \times b$의 최솟값은?

(단, a, b는 0이 아닌 상수이다.)

① -25　　② -20　　③ -15

④ -10　　⑤ -5

11

▶ 25054-0043

그림과 같이 $\dfrac{1}{2}<x<\dfrac{3}{2}$에서 정의된 함수 $y=a \tan \pi x$ $(a>0)$의 그래프와 점 $P(1, 0)$을 지나고 기울기가 2인 직선이 서로 다른 세 점에서 만난다. 이들 세 점 중 P가 아닌 두 점을 각각 A, B라 하자. 삼각형 OAB의 넓이가 $\dfrac{2}{3}$일 때, 상수 a의 값은?

(단, O는 원점이고, 점 A의 y좌표는 음수이다.)

① $\dfrac{2\sqrt{3}}{3}$　　② $\dfrac{5\sqrt{3}}{9}$　　③ $\dfrac{4\sqrt{3}}{9}$

④ $\dfrac{\sqrt{3}}{3}$　　⑤ $\dfrac{2\sqrt{3}}{9}$

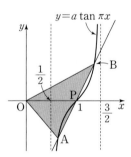

유형 4 삼각함수의 성질

출제경향 | 삼각함수의 성질을 이용하여 삼각함수의 값을 구하는 문제
가 출제된다.

출제유형잡기 | 삼각함수의 성질을 이용하여 삼각함수의 값을 구하는
문제를 해결한다.

(1) $\pi+x$, $\pi-x$의 삼각함수

① $\sin(\pi+x)=-\sin x$, $\sin(\pi-x)=\sin x$

② $\cos(\pi+x)=-\cos x$, $\cos(\pi-x)=-\cos x$

③ $\tan(\pi+x)=\tan x$, $\tan(\pi-x)=-\tan x$

(2) $\dfrac{\pi}{2}+x$, $\dfrac{\pi}{2}-x$의 삼각함수

① $\sin\left(\dfrac{\pi}{2}+x\right)=\cos x$, $\sin\left(\dfrac{\pi}{2}-x\right)=\cos x$

② $\cos\left(\dfrac{\pi}{2}+x\right)=-\sin x$, $\cos\left(\dfrac{\pi}{2}-x\right)=\sin x$

③ $\tan\left(\dfrac{\pi}{2}+x\right)=-\dfrac{1}{\tan x}$, $\tan\left(\dfrac{\pi}{2}-x\right)=\dfrac{1}{\tan x}$

12

▶ 25054-0044

$\sin\dfrac{13}{6}\pi+\tan\dfrac{5}{4}\pi$의 값은?

① $\dfrac{1}{2}$ ② 1 ③ $\dfrac{3}{2}$

④ 2 ⑤ $\dfrac{5}{2}$

13

▶ 25054-0045

그림과 같이 $\overline{AB}=\overline{AC}$인 이등변삼각형 ABC에 대하여 선분
BC 위에 $\overline{AD}=\overline{BD}$가 되도록 점 D를 잡는다. $\angle ABD=\theta$이
고 $\cos 3\theta=-\dfrac{1}{3}$일 때, $\sin(\angle DAC)$의 값은?

$$\left(\text{단, }\dfrac{\pi}{6}<\theta<\dfrac{\pi}{3}\right)$$

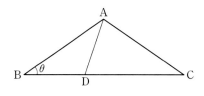

① $\dfrac{2}{3}$ ② $\dfrac{\sqrt{5}}{3}$ ③ $\dfrac{\sqrt{6}}{3}$

④ $\dfrac{\sqrt{7}}{3}$ ⑤ $\dfrac{2\sqrt{2}}{3}$

14

▶ 25054-0046

$0<\alpha<\pi$, $0<\beta<\pi$인 두 실수 α, β에 대하여

$$(\sin\alpha-\cos\beta)(\sin\alpha+\cos\beta)=0,\ \alpha-\beta=\dfrac{\pi}{8}$$

일 때, 모든 α의 값의 합은?

① π ② $\dfrac{9}{8}\pi$ ③ $\dfrac{5}{4}\pi$

④ $\dfrac{11}{8}\pi$ ⑤ $\dfrac{3}{2}\pi$

▶ 25054-0049

17

자연수 n에 대하여 $2n-2 \leq x < 2n$에서 정의된 함수

$$f(x) = \begin{cases} 2^{n-1} \sin \pi x & (2n-2 \leq x < 2n-1) \\ \left(\dfrac{1}{2}\right)^n \sin \pi x & (2n-1 \leq x < 2n) \end{cases}$$

의 최댓값과 최솟값의 합을 $g(n)$이라 할 때, $g(1)+g(2)$의 값은?

① $\dfrac{7}{4}$　　　　② 2　　　　③ $\dfrac{9}{4}$

④ $\dfrac{5}{2}$　　　　⑤ $\dfrac{11}{4}$

유형 5 삼각함수의 최댓값과 최솟값

출제경향 | 삼각함수 또는 삼각함수가 포함된 함수의 최댓값 또는 최솟값을 구하는 문제가 출제된다.

출제유형잡기 | 삼각함수 사이의 관계, 삼각함수의 성질 및 삼각함수의 그래프의 성질을 이용하여 삼각함수 또는 삼각함수가 포함된 함수의 최댓값 또는 최솟값을 구하는 문제를 해결한다.

세 상수 $a\,(a \neq 0)$, $b\,(b \neq 0)$, c에 대하여

(1) 함수 $y = a \sin bx + c$의 최댓값은 $|a|+c$, 최솟값은 $-|a|+c$이다.

(2) 함수 $y = a \cos bx + c$의 최댓값은 $|a|+c$, 최솟값은 $-|a|+c$이다.

15

▶ 25054-0047

함수 $f(x) = 3 \sin \dfrac{x}{2}$의 최댓값이 a이고, 함수 $g(x) = -2 \cos 2x$의 최댓값이 b일 때, $a+b$의 값은?

① 1　　　　② 2　　　　③ 3

④ 4　　　　⑤ 5

18

▶ 25054-0050

그림과 같이 최댓값이 M이고 최솟값이 m인 함수 $f(x) = a \sin bx + c \left(0 \leq x \leq \dfrac{2\pi}{b}\right)$의 그래프 위의 두 점 $\mathrm{A}(\alpha,\ M)$, $\mathrm{B}(\beta,\ m)$에서 x축에 내린 수선의 발을 각각 $\mathrm{A'}$, $\mathrm{B'}$이라 할 때, 함수 $f(x)$는 다음 조건을 만족시킨다.

(가) $M = 5m$

(나) $\beta - \alpha = 2\pi$

(다) 사각형 $\mathrm{AA'B'B}$의 넓이는 12π이다.

$a + 2b + 3c$의 값을 구하시오.

(단, a, b, c는 양수이고, $a < c$이다.)

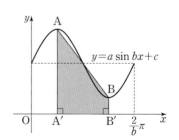

16

▶ 25054-0048

함수 $f(x) = a \sin \pi x + b$의 최댓값이 3이고 $f\left(\dfrac{1}{6}\right) = 1$일 때, 함수 $f(x)$의 최솟값은? (단, a, b는 상수이고, $a > 0$이다.)

① -6　　　　② $-\dfrac{11}{2}$　　　　③ -5

④ $-\dfrac{9}{2}$　　　　⑤ -4

유형 6 삼각함수를 포함한 방정식과 부등식

출제경향 | 삼각함수의 그래프와 삼각함수의 성질을 이용하여 삼각함수를 포함한 방정식과 부등식을 해결하는 문제가 출제된다.

출제유형잡기 | 삼각함수의 그래프와 직선의 교점 또는 위치 관계를 이용하거나 삼각함수의 성질을 이용하여 각의 크기가 미지수인 삼각함수를 포함한 방정식 또는 부등식의 해를 구하는 문제를 해결한다.

19

▶ 25054-0051

$0 < x < \pi$일 때, 방정식 $\sin x = \dfrac{1}{3}$의 모든 해의 합은?

① $\dfrac{\pi}{4}$ ② $\dfrac{\pi}{2}$ ③ $\dfrac{3}{4}\pi$

④ π ⑤ $\dfrac{5}{4}\pi$

20

▶ 25054-0052

$0 < x < 2\pi$일 때, 부등식

$$2\cos^2\left(\dfrac{\pi}{2}-x\right) - 3\sin\left(\dfrac{\pi}{2}-x\right) - 3 \geq 0$$

을 만족시키는 모든 x의 값의 범위는 $\alpha \leq x \leq \beta$이다. $\beta - \alpha$의 값은?

① $\dfrac{\pi}{6}$ ② $\dfrac{\pi}{3}$ ③ $\dfrac{\pi}{2}$

④ $\dfrac{2}{3}\pi$ ⑤ $\dfrac{5}{6}\pi$

21

▶ 25054-0053

$0 \leq x < 2\pi$에서 부등식 $6\cos^2 x - \cos x - 1 \leq 0$을 만족시키는 모든 x의 값의 범위는 $\alpha \leq x \leq \beta$ 또는 $\gamma \leq x \leq \delta$일 때, $\sin(-\alpha + \beta + \gamma + \delta)$의 값은? (단, $\beta < \gamma$)

① -1 ② $-\dfrac{\sqrt{3}}{2}$ ③ $-\dfrac{\sqrt{2}}{2}$

④ $-\dfrac{1}{2}$ ⑤ 0

22

▶ 25054-0054

$-2 < x < 4$에서 정의된 함수 $f(x)$가 다음 조건을 만족시킨다.

(가) $f(x) = 1 - |x|$ ($-2 < x \leq 1$)
(나) $f(1-x) = f(1+x)$ ($0 < x < 3$)

$-2 < x < 4$에서 정의된 함수 $g(x)$가 $g(x) = 2\sin \pi x + 1$일 때, 방정식 $f(g(x)) = 0$의 서로 다른 실근의 개수는?

① 9 ② 10 ③ 11

④ 12 ⑤ 13

유형 7 사인법칙과 코사인법칙의 활용 및 삼각형의 넓이

출제경향 | 삼각함수의 성질과 사인법칙, 코사인법칙을 이용하여 삼각형의 변의 길이, 각의 크기, 외접원의 반지름의 길이를 구하거나 삼각형의 넓이를 구하는 문제가 출제된다.

출제유형잡기 | 외접원의 반지름의 길이가 R인 삼각형 ABC에서 $\overline{AB}=c$, $\overline{BC}=a$, $\overline{CA}=b$일 때, 다음이 성립한다.

(1) 사인법칙

$$\frac{a}{\sin A}=\frac{b}{\sin B}=\frac{c}{\sin C}=2R$$

(2) 코사인법칙

① $a^2=b^2+c^2-2bc\cos A$

② $b^2=c^2+a^2-2ca\cos B$

③ $c^2=a^2+b^2-2ab\cos C$

(3) 삼각형 ABC의 넓이를 S라 하면

$$S=\frac{1}{2}ab\sin C=\frac{1}{2}bc\sin A=\frac{1}{2}ca\sin B$$

23

▶ 25054-0055

삼각형 ABC에서 $\overline{AB}=\sqrt{7}$, $\overline{BC}=3$, $\overline{CA}=2$일 때, $\cos C$의 값은?

① $\dfrac{5}{12}$ ② $\dfrac{1}{2}$ ③ $\dfrac{7}{12}$

④ $\dfrac{2}{3}$ ⑤ $\dfrac{3}{4}$

24

▶ 25054-0056

삼각형 ABC가 다음 조건을 만족시킨다.

(가) $\sin^2 A=\sin^2 B+\sin^2 C$

(나) $\sin B=2\sin C$

$\overline{BC}=2\sqrt{5}$일 때, 선분 CA의 길이를 구하시오.

25

▶ 25054-0057

둘레의 길이가 30인 삼각형 ABC에서

$$\sin A : \sin B : \sin C=4:5:6$$

일 때, 삼각형 ABC의 넓이는?

① $12\sqrt{7}$ ② $13\sqrt{7}$ ③ $14\sqrt{7}$

④ $15\sqrt{7}$ ⑤ $16\sqrt{7}$

26

▶ 25054-0058

그림과 같이 길이가 6인 선분 AB를 지름으로 하는 원에 내접하는 두 삼각형 ABC, DBC가 다음 조건을 만족시킨다.

(가) $\cos(\angle ABC)=\dfrac{\sqrt{6}}{3}$

(나) $\overline{DB}=3\sqrt{3}$

$\overline{CD}=p+q\sqrt{6}$일 때, $p+q$의 값을 구하시오.

(단, $\overline{CD}>\overline{BC}$이고, p, q는 자연수이다.)

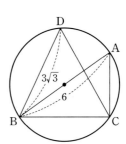

03 수열

① 등차수열

(1) 첫째항이 a, 공차가 d인 등차수열 $\{a_n\}$의 일반항 a_n은

$$a_n=a+(n-1)d \ (n=1, 2, 3, \cdots)$$

(2) 세 수 a, b, c가 이 순서대로 등차수열을 이룰 때, b를 a와 c의 등차중항이라고 한다.

이때 $b-a=c-b$이므로 $b=\dfrac{a+c}{2}$이다. 역으로 $b=\dfrac{a+c}{2}$이면 b는 a와 c의 등차중항이다.

참고 일반항 a_n이 n에 대한 일차식 $a_n=pn+q$ (p, q는 상수, $n=1, 2, 3, \cdots$)인 수열 $\{a_n\}$은 첫째항이 $p+q$, 공차가 p인 등차수열이다.

② 등차수열의 합

등차수열의 첫째항부터 제n항까지의 합을 S_n이라 할 때, S_n은 다음과 같다.

(1) 첫째항이 a, 제n항이 l일 때, $S_n=\dfrac{n(a+l)}{2}$

(2) 첫째항이 a, 공차가 d일 때, $S_n=\dfrac{n\{2a+(n-1)d\}}{2}$

참고 첫째항부터 제n항까지의 합 S_n이 n에 대한 이차식 $S_n=pn^2+qn$ (p, q는 상수, $n=1, 2, 3, \cdots$)인 수열 $\{a_n\}$은 첫째항이 $p+q$이고 공차가 $2p$인 등차수열이다.

③ 등비수열

(1) 첫째항이 a, 공비가 r ($r\neq0$)인 등비수열 $\{a_n\}$의 일반항 a_n은

$$a_n=ar^{n-1} \ (n=1, 2, 3, \cdots)$$

(2) 0이 아닌 세 수 a, b, c가 이 순서대로 등비수열을 이룰 때, b를 a와 c의 등비중항이라고 한다.

이때 $\dfrac{b}{a}=\dfrac{c}{b}$이므로 $b^2=ac$이다. 역으로 $b^2=ac$이면 b는 a와 c의 등비중항이다.

④ 등비수열의 합

첫째항이 a, 공비가 r ($r\neq0$)인 등비수열의 첫째항부터 제n항까지의 합을 S_n이라 할 때, S_n은 다음과 같다.

(1) $r=1$일 때, $S_n=na$

(2) $r\neq1$일 때, $S_n=\dfrac{a(1-r^n)}{1-r}=\dfrac{a(r^n-1)}{r-1}$

⑤ 수열의 합과 일반항 사이의 관계

수열 $\{a_n\}$의 첫째항부터 제n항까지의 합을 S_n이라 하면

$$a_1=S_1, \ a_n=S_n-S_{n-1} \ (n=2, 3, 4, \cdots)$$

⑥ 합의 기호 $\sum$의 뜻

수열 $\{a_n\}$의 첫째항부터 제n항까지의 합 $a_1+a_2+a_3+\cdots+a_n$을 기호 $\sum$를 사용하여 다음과 같이 나타낸다.

$$a_1+a_2+a_3+\cdots+a_n=\sum_{k=1}^{n} a_k$$

제n항까지 ← 일반항 ← 첫째항부터

7 합의 기호 $\sum$의 성질

두 수열 $\{a_n\}$, $\{b_n\}$에 대하여

(1) $\sum\limits_{k=1}^{n}(a_k+b_k)=\sum\limits_{k=1}^{n}a_k+\sum\limits_{k=1}^{n}b_k$

(2) $\sum\limits_{k=1}^{n}(a_k-b_k)=\sum\limits_{k=1}^{n}a_k-\sum\limits_{k=1}^{n}b_k$

(3) $\sum\limits_{k=1}^{n}ca_k=c\sum\limits_{k=1}^{n}a_k$ (c는 상수)

(4) $\sum\limits_{k=1}^{n}c=cn$ (c는 상수)

8 자연수의 거듭제곱의 합

(1) $\sum\limits_{k=1}^{n}k=1+2+3+\cdots+n=\dfrac{n(n+1)}{2}$

(2) $\sum\limits_{k=1}^{n}k^2=1^2+2^2+3^2+\cdots+n^2=\dfrac{n(n+1)(2n+1)}{6}$

(3) $\sum\limits_{k=1}^{n}k^3=1^3+2^3+3^3+\cdots+n^3=\left\{\dfrac{n(n+1)}{2}\right\}^2=\left(\sum\limits_{k=1}^{n}k\right)^2$

9 여러 가지 수열의 합

(1) 일반항이 분수 꼴이고 분모가 서로 다른 두 일차식의 곱으로 나타내어져 있을 때, 두 개의 분수로 분해하는 방법, 즉

$$\dfrac{1}{AB}=\dfrac{1}{B-A}\left(\dfrac{1}{A}-\dfrac{1}{B}\right)\ (A\neq B)$$

를 이용하여 계산한다.

① $\sum\limits_{k=1}^{n}\dfrac{1}{k(k+a)}=\dfrac{1}{a}\sum\limits_{k=1}^{n}\left(\dfrac{1}{k}-\dfrac{1}{k+a}\right)\ (a\neq 0)$

② $\sum\limits_{k=1}^{n}\dfrac{1}{(k+a)(k+b)}=\dfrac{1}{b-a}\sum\limits_{k=1}^{n}\left(\dfrac{1}{k+a}-\dfrac{1}{k+b}\right)\ (a\neq b)$

(2) 일반항의 분모가 근호가 있는 두 식의 합이면 다음과 같이 변형한다.

① $\sum\limits_{k=1}^{n}\dfrac{1}{\sqrt{k+a}+\sqrt{k}}=\dfrac{1}{a}\sum\limits_{k=1}^{n}(\sqrt{k+a}-\sqrt{k})\ (a\neq 0)$

② $\sum\limits_{k=1}^{n}\dfrac{1}{\sqrt{k+a}+\sqrt{k+b}}=\dfrac{1}{a-b}\sum\limits_{k=1}^{n}(\sqrt{k+a}-\sqrt{k+b})\ (a\neq b)$

10 수열의 귀납적 정의

처음 몇 개의 항의 값과 이웃하는 여러 항 사이의 관계식으로 수열 $\{a_n\}$을 정의하는 것을 수열의 귀납적 정의라고 한다. 귀납적으로 정의된 수열 $\{a_n\}$의 항의 값을 구할 때에는 n에 1, 2, 3, $\cdots$을 차례로 대입한다.
예를 들면 $a_1=1$, $a_{n+1}=a_n+2$ ($n=1, 2, 3, \cdots$)과 같이 귀납적으로 정의된 수열 $\{a_n\}$에서

$$a_2=a_1+2=1+2=3,\ a_3=a_2+2=3+2=5,\ a_4=a_3+2=5+2=7,\ \cdots$$

이므로 수열 $\{a_n\}$의 각 항은 1, 3, 5, 7, $\cdots$이다.

11 수학적 귀납법

자연수 n에 대한 명제 $p(n)$이 모든 자연수 n에 대하여 성립함을 증명하려면 다음 두 가지를 보이면 된다.
(i) $n=1$일 때, 명제 $p(n)$이 성립한다. 즉, $p(1)$이 성립한다.
(ii) $n=k$일 때 명제 $p(n)$이 성립한다고 가정하면 $n=k+1$일 때도 명제 $p(n)$이 성립한다.
이와 같은 방법으로 모든 자연수 n에 대하여 명제 $p(n)$이 성립함을 증명하는 것을 수학적 귀납법이라고 한다.

유형 1 등차수열의 뜻과 일반항

출제경향 | 등차수열의 일반항을 이용하여 공차 또는 특정한 항의 값을 구하는 문제가 출제된다.

출제유형잡기 | 주어진 조건을 만족시키는 등차수열 $\{a_n\}$의 첫째항 a와 공차 d를 구한 후 등차수열의 일반항
$$a_n = a + (n-1)d \ (n=1, 2, 3, \cdots)$$
을 이용하여 문제를 해결한다.
특히 서로 다른 두 항 a_m과 a_n 사이에
$$a_m - a_n = (m-n)d$$
가 성립함을 이용하면 편리하다.

01

▶ 25054-0059

등차수열 $\{a_n\}$의 첫째항이 1이고 공차가 3일 때, a_5의 값은?

① 9 ② 10 ③ 11
④ 12 ⑤ 13

02

▶ 25054-0060

이차방정식 $2x^2 + 3x - 15 = 0$의 서로 다른 두 실근을 각각 p, q라 하자. 공차가 d인 등차수열 $\{a_n\}$에 대하여 $a_2 = p + q$, $a_4 = pq$일 때, d의 값은?

① -5 ② -3 ③ -1
④ 1 ⑤ 3

03

▶ 25054-0061

첫째항이 a이고 공차가 자연수인 등차수열 $\{a_n\}$이 다음 조건을 만족시키도록 하는 모든 자연수 a의 값의 합은?

(가) $a_1 + a_4 = a_8$
(나) 어떤 자연수 m에 대하여 $a_m = 12$이다.

① 20 ② 22 ③ 24
④ 26 ⑤ 28

04

▶ 25054-0062

자연수 전체의 집합의 두 부분집합
$$A = \{x \mid x는\ 2의\ 배수\}, \ B = \{x \mid x는\ 3의\ 배수\}$$
에 대하여 집합 $A - B$의 모든 원소를 작은 수부터 크기순으로 나열할 때 n번째 수를 a_n이라 하자. 모든 자연수 n에 대하여 $b_n = a_{2n}$이라 할 때, 수열 $\{b_n\}$은 등차수열이다. $b_n > 50$을 만족시키는 n의 최솟값을 구하시오.

출제경향 | 주어진 조건으로부터 등차수열의 합을 구하거나 등차수열의 합을 이용하여 첫째항, 공차, 특정한 항의 값을 구하는 문제가 출제된다.

출제유형잡기 | 주어진 조건에서 첫째항과 공차를 구하고 등차수열의 합의 공식을 이용하여 문제를 해결한다.

등차수열의 첫째항부터 제n항까지의 합을 S_n이라 할 때, 다음을 이용하여 S_n을 구한다.

(1) 첫째항이 a, 제n항(끝항)이 l일 때,

$$S_n = \frac{n(a+l)}{2}$$

(2) 첫째항이 a, 공차가 d일 때,

$$S_n = \frac{n\{2a+(n-1)d\}}{2}$$

05

▶ 25054-0063

등차수열 $\{a_n\}$에 대하여 $a_1 = -1$, $a_2 = 3$일 때, 수열 $\{a_n\}$의 첫째항부터 제6항까지의 합을 구하시오.

06

▶ 25054-0064

첫째항이 1인 등차수열 $\{a_n\}$의 첫째항부터 제n항까지의 합을 S_n이라 하자. $S_6 - S_3 = 15$일 때, S_9의 값은?

① 18 ② 27 ③ 36

④ 45 ⑤ 54

07

▶ 25054-0065

첫째항이 1인 등차수열 $\{a_n\}$이 있다. 모든 자연수 n에 대하여 $b_n = a_{2n-1} + a_{2n}$이고 수열 $\{b_n\}$의 첫째항부터 제n항까지의 합을 S_n이라 할 때, $S_5 = 25$이다. a_4의 값은?

① 1 ② 2 ③ 3

④ 4 ⑤ 5

08

▶ 25054-0066

등차수열 $\{a_n\}$의 첫째항부터 제n항까지의 합을 S_n이라 할 때, a_n과 S_n이 다음 조건을 만족시킨다.

(가) $a_1 + a_{12} = 18$
(나) $S_{10} = 120$

$S_n < 0$을 만족시키는 자연수 n의 최솟값은?

① 17 ② 18 ③ 19

④ 20 ⑤ 21

유형 3 등비수열의 뜻과 일반항

출제경향 | 등비수열의 일반항을 이용하여 공비 또는 특정한 항의 값을 구하는 문제가 출제된다.

출제유형잡기 | 주어진 조건을 만족시키는 등비수열 $\{a_n\}$의 첫째항 a와 공비 r을 구한 후 등비수열의 일반항

$$a_n = ar^{n-1} \ (n=1, 2, 3, \cdots)$$

을 이용하여 문제를 해결한다.

특히 서로 다른 두 항 a_m과 a_n 사이에

$$\frac{a_m}{a_n} = r^{m-n} \ (a \neq 0, \ r \neq 0)$$

이 성립함을 이용하면 편리하다.

09
▶ 25054-0067

첫째항이 a이고 공비가 2인 등비수열 $\{a_n\}$에 대하여 $a_4=24$일 때, a의 값은?

① 1   ② 2   ③ 3

④ 4   ⑤ 5

10
▶ 25054-0068

모든 항이 양수인 등비수열 $\{a_n\}$에 대하여

$$a_2 = \frac{1}{4}, \ a_3 + a_4 = 5$$

일 때, a_6의 값을 구하시오.

11
▶ 25054-0069

모든 항이 0이 아닌 등비수열 $\{a_n\}$에 대하여

$$a_9 = 1, \ \frac{a_6 a_{12}}{a_7} - \frac{a_2 a_{10}}{a_3} = -\frac{2}{3}$$

일 때, a_3의 값은?

① 3   ② 9   ③ 27

④ 81   ⑤ 243

12
▶ 25054-0070

등차수열 $\{a_n\}$과 등비수열 $\{b_n\}$이 다음 조건을 만족시킨다.

(가) $a_1 = b_2 = 4$
(나) $b_4 + b_5 = a_2 \times a_3$

두 수열 $\{a_n\}$, $\{b_n\}$의 모든 항이 자연수일 때, $a_4 + b_3$의 값을 구하시오.

출제경향 | 주어진 조건으로부터 등비수열의 합을 구하거나 등비수열의 합을 이용하여 공비 또는 특정한 항의 값을 구하는 문제가 출제된다.

출제유형잡기 | 주어진 조건에서 첫째항과 공비를 구하고 등비수열의 합의 공식을 이용하여 문제를 해결한다.

첫째항이 a, 공비가 r $(r \neq 0)$인 등비수열의 첫째항부터 제n항까지의 합을 S_n이라 할 때, 다음을 이용하여 S_n을 구한다.

(1) $r = 1$일 때, $S_n = na$

(2) $r \neq 1$일 때, $S_n = \dfrac{a(1-r^n)}{1-r} = \dfrac{a(r^n-1)}{r-1}$

13

▶ 25054-0071

첫째항이 a이고 공비가 $\dfrac{1}{2}$인 등비수열의 첫째항부터 제n항까지의 합을 S_n이라 할 때, $S_4 = 1$이다. a의 값은?

① $\dfrac{4}{15}$ ② $\dfrac{2}{5}$ ③ $\dfrac{8}{15}$

④ $\dfrac{2}{3}$ ⑤ $\dfrac{4}{5}$

14

▶ 25054-0072

모든 항이 서로 다른 양수인 등비수열 $\{a_n\}$에 대하여 수열 $\{b_n\}$을 $b_n = a_{2n}$이라 하자. 수열 $\{a_n\}$의 첫째항부터 제n항까지의 합을 S_n이라 하고, 수열 $\{b_n\}$의 첫째항부터 제n항까지의 합을 T_n이라 할 때, $2S_8 = 3T_4$를 만족시킨다. $\dfrac{a_2}{b_2}$의 값은?

① $\dfrac{1}{4}$ ② $\dfrac{3}{8}$ ③ $\dfrac{1}{2}$

④ $\dfrac{5}{8}$ ⑤ $\dfrac{3}{4}$

15

▶ 25054-0073

두 함수 $y = \left(\dfrac{1}{2}\right)^x$, $y = -\left(\dfrac{1}{4}\right)^x + 2$의 그래프가 점 $R_1(0, 1)$에서 만난다. 직선 $x = 1$이 두 함수 $y = \left(\dfrac{1}{2}\right)^x$, $y = -\left(\dfrac{1}{4}\right)^x + 2$의 그래프와 만나는 점을 각각 P_1, Q_1이라 할 때, 삼각형 $P_1Q_1R_1$의 넓이를 a_1이라 하자. 선분 P_1Q_1 위의 점 중 y좌표가 1인 점을 R_2라 하고, 직선 $x = 2$가 두 함수 $y = \left(\dfrac{1}{2}\right)^x$, $y = -\left(\dfrac{1}{4}\right)^x + 2$의 그래프와 만나는 점을 각각 P_2, Q_2라 할 때, 삼각형 $P_2Q_2R_2$의 넓이를 a_2라 하자. 이와 같은 과정을 계속하여 n번째 얻은 삼각형 $P_nQ_nR_n$의 넓이를 a_n이라 하자.

모든 자연수 n에 대하여 $a_n + b_n = 1 - \left(\dfrac{1}{2}\right)^{n+1}$을 만족시키는 수열 $\{b_n\}$의 첫째항부터 제n항까지의 합을 S_n이라 할 때, $512S_4$의 값을 구하시오.

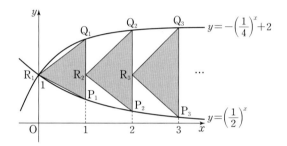

유형 5 등차중항과 등비중항

출제경향 | 3개 이상의 수가 등차수열 또는 등비수열을 이루는 조건이 주어지는 문제가 출제된다.

출제유형잡기 | 3개 이상의 수가 등차수열 또는 등비수열을 이루는 조건이 주어진 문제에서는 다음과 같은 등차중항 또는 등비중항의 성질을 이용하여 문제를 해결한다.

(1) 세 수 a, b, c가 이 순서대로 등차수열을 이루면 $2b=a+c$가 성립한다.

(2) 0이 아닌 세 수 a, b, c가 이 순서대로 등비수열을 이루면 $b^2=ac$가 성립한다.

16
▶ 25054-0074

세 실수 2, a, 18이 이 순서대로 공비가 양수인 등비수열을 이룰 때, 실수 a의 값은?

① 6   ② 7   ③ 8

④ 9   ⑤ 10

17
▶ 25054-0075

등차수열 $\{a_n\}$에 대하여

$$a_3+a_5=-6, \ a_7+a_8+a_9=a_{10}$$

일 때, a_1의 값은?

① -7 ② -6 ③ -5

④ -4 ⑤ -3

18
▶ 25054-0076

세 실수 a^2, $4a$, 15가 이 순서대로 등차수열을 이루고, 세 실수 a^2, 15, b가 이 순서대로 등비수열을 이룰 때, 모든 b의 값의 합을 구하시오.

19
▶ 25054-0077

첫째항과 공차가 모두 $\dfrac{2}{3}$인 등차수열 $\{a_n\}$에 대하여 m이 2 이상의 자연수일 때, 세 수 a_3, a_4+a_8, $a_{2m-2}+a_{2m}+a_{2m+2}$가 이 순서대로 등비수열을 이룬다. $3a_m$의 값을 구하시오.

▶ 25054-0080

유형 6 수열의 합과 일반항 사이의 관계

출제경향 | 수열의 합과 일반항 사이의 관계를 이용하여 일반항을 구하거나 특정한 항의 값을 구하는 문제가 출제된다.

출제유형잡기 | 수열 $\{a_n\}$의 첫째항부터 제n항까지의 합을 S_n이라 할 때, 다음과 같은 수열의 합과 일반항 사이의 관계를 이용하여 문제를 해결한다.

$$a_1=S_1, \; a_n=S_n-S_{n-1} \; (n=2, 3, 4, \cdots)$$

20

▶ 25054-0078

수열 $\{a_n\}$의 첫째항부터 제n항까지의 합을 S_n이라 하자. $S_n=n^2+n$일 때, a_4의 값은?

① 6　　　　　② 7　　　　　③ 8

④ 9　　　　　⑤ 10

21

▶ 25054-0079

등차수열 $\{a_n\}$의 첫째항부터 제n항까지의 합을 S_n이라 하자. $S_3-S_2=6$, $S_5-S_4=14$일 때, a_7의 값은?

① 18　　　　　② 19　　　　　③ 20

④ 21　　　　　⑤ 22

22

수열 $\{a_n\}$의 첫째항부터 제n항까지의 합을 S_n이라 할 때, $S_n=2^n+1$이다. $S_{2m}-S_m=56$을 만족시키는 자연수 m에 대하여 a_1+a_m의 값은?

① 4　　　　　② 5　　　　　③ 6

④ 7　　　　　⑤ 8

23

▶ 25054-0081

첫째항이 1인 수열 $\{a_n\}$의 첫째항부터 제n항까지의 합을 S_n이라 하자. S_n이 다음 조건을 만족시킬 때, S_8의 값을 구하시오.

(가) $S_4=S_3$
(나) 2 이상의 모든 자연수 n에 대하여 $S_{2n}-S_{n-1}=3(n+1)^2$이다.

유형 **7** 합의 기호 $\sum$의 뜻과 성질

출제경향 | 합의 기호 $\sum$의 뜻과 성질을 이용하여 수열의 합을 구하거나 특정한 항의 값을 구하는 문제가 출제된다.

출제유형잡기 | 수열 $\{a_n\}$에서 합의 기호 $\sum$가 포함된 문제는 다음을 이용하여 해결한다.

(1) $\sum$의 뜻

   ① $a_1+a_2+a_3+\cdots+a_n=\displaystyle\sum_{k=1}^{n}a_k$

   ② $\displaystyle\sum_{k=m}^{n}a_k=\sum_{k=1}^{n}a_k-\sum_{k=1}^{m-1}a_k\ (2\le m\le n)$

(2) $\sum$의 성질

   두 수열 $\{a_n\}$, $\{b_n\}$에 대하여

   ① $\displaystyle\sum_{k=1}^{n}(a_k+b_k)=\sum_{k=1}^{n}a_k+\sum_{k=1}^{n}b_k$

   ② $\displaystyle\sum_{k=1}^{n}(a_k-b_k)=\sum_{k=1}^{n}a_k-\sum_{k=1}^{n}b_k$

   ③ $\displaystyle\sum_{k=1}^{n}ca_k=c\sum_{k=1}^{n}a_k$ (c는 상수)

   ④ $\displaystyle\sum_{k=1}^{n}c=cn$ (c는 상수)

24

▶ 25054-0082

두 수열 $\{a_n\}$, $\{b_n\}$에 대하여

$$\sum_{k=1}^{10}3a_k=15,\ \sum_{k=1}^{10}(a_k+2b_k)=23$$

일 때, $\displaystyle\sum_{k=1}^{10}(b_k+1)$의 값은?

① 15   ② 16   ③ 17

④ 18   ⑤ 19

25

▶ 25054-0083

첫째항이 2인 수열 $\{a_n\}$에 대하여

$$\sum_{k=1}^{10}a_{2k}=15,\ \sum_{k=1}^{20}(a_k+a_{k+1})=a_{21}$$

일 때, $\displaystyle\sum_{k=1}^{10}a_{2k-1}$의 값은?

① -14 ② -12 ③ -10

④ -8 ⑤ -6

26

▶ 25054-0084

두 수열 $\{a_n\}$, $\{b_n\}$이 모든 자연수 n에 대하여 다음 조건을 만족시킨다.

(가) $b_n=a_n+a_{n+1}+a_{n+2}$

(나) $\displaystyle\sum_{k=1}^{n}(b_{3k}-a_{3k})=\sum_{k=3}^{3n+3}a_k$

$a_3=3$일 때, $\displaystyle\sum_{k=1}^{5}|a_{3k}|$의 값은?

① 3   ② 6   ③ 9

④ 12   ⑤ 15

유형 8 자연수의 거듭제곱의 합

출제경향 | 자연수의 거듭제곱의 합을 나타내는 $\sum$의 공식을 이용하여 식의 값을 구하는 문제가 출제된다.

출제유형잡기 | 자연수의 거듭제곱의 합을 나타내는 $\sum$의 공식을 이용하여 문제를 해결한다.

(1) $\displaystyle\sum_{k=1}^{n} k = \frac{n(n+1)}{2}$

(2) $\displaystyle\sum_{k=1}^{n} k^2 = \frac{n(n+1)(2n+1)}{6}$

(3) $\displaystyle\sum_{k=1}^{n} k^3 = \left\{\frac{n(n+1)}{2}\right\}^2$

27

▶ 25054-0085

$\displaystyle\sum_{k=1}^{10} (k-1)(k+2) + \sum_{k=1}^{10}(k+1)(k-2)$의 값은?

① 700   ② 710   ③ 720

④ 730   ⑤ 740

28

▶ 25054-0086

수열 $\{a_n\}$에 대하여

$$\sum_{k=1}^{10} \{2a_k - k(k-3)\} = 0$$

일 때, $\displaystyle\sum_{k=1}^{10} a_k$의 값을 구하시오.

29

▶ 25054-0087

$\displaystyle\sum_{k=1}^{m} \frac{k^3+1}{(k-1)k+1} = 44$를 만족시키는 자연수 m의 값은?

① 8   ② 9   ③ 10

④ 11   ⑤ 12

30

▶ 25054-0088

자연수 n에 대하여 x에 대한 이차부등식

$$x^2 - (n^2+3n+4)x + 3n^3 + 4n^2 \le 0$$

을 만족시키는 모든 자연수 x의 개수를 a_n이라 할 때, $\displaystyle\sum_{k=1}^{8} a_k$의 값은?

① 102   ② 104   ③ 106

④ 108   ⑤ 110

유형 9 여러 가지 수열의 합

출제경향 | 수열의 일반항을 소거되는 꼴로 변형하여 수열의 합을 구하는 문제가 출제된다.

출제유형잡기 | 수열의 일반항을 소거되는 꼴로 변형할 때에는 다음을 이용하여 해결한다.

(1) 일반항이 분수 꼴이고 분모가 서로 다른 두 일차식의 곱이면 다음과 같이 변형하여 문제를 해결한다.

① $\sum_{k=1}^{n} \dfrac{1}{k(k+a)} = \dfrac{1}{a} \sum_{k=1}^{n} \left(\dfrac{1}{k} - \dfrac{1}{k+a} \right) \ (a \neq 0)$

② $\sum_{k=1}^{n} \dfrac{1}{(k+a)(k+b)} = \dfrac{1}{b-a} \sum_{k=1}^{n} \left(\dfrac{1}{k+a} - \dfrac{1}{k+b} \right) \ (a \neq b)$

(2) 일반항의 분모가 근호가 있는 두 식의 합이면 다음과 같이 변형하여 문제를 해결한다.

① $\sum_{k=1}^{n} \dfrac{1}{\sqrt{k+a}+\sqrt{k}} = \dfrac{1}{a} \sum_{k=1}^{n} (\sqrt{k+a} - \sqrt{k}) \ (a \neq 0)$

② $\sum_{k=1}^{n} \dfrac{1}{\sqrt{k+a}+\sqrt{k+b}} = \dfrac{1}{a-b} \sum_{k=1}^{n} (\sqrt{k+a} - \sqrt{k+b}) \ (a \neq b)$

31

▶ 25054-0089

$\sum_{k=3}^{10} \dfrac{1}{2k^2 - 6k + 4}$ 의 값은?

① $\dfrac{5}{18}$ ② $\dfrac{1}{3}$ ③ $\dfrac{7}{18}$

④ $\dfrac{4}{9}$ ⑤ $\dfrac{1}{2}$

32

▶ 25054-0090

첫째항이 2인 등차수열 $\{a_n\}$에 대하여 $\sum_{k=1}^{4} a_k = 14$일 때, $\sum_{k=1}^{6} \dfrac{1}{a_k a_{k+1}}$ 의 값은?

① $\dfrac{1}{8}$ ② $\dfrac{1}{4}$ ③ $\dfrac{3}{8}$

④ $\dfrac{1}{2}$ ⑤ $\dfrac{5}{8}$

33

▶ 25054-0091

함수 $f(x) = \sqrt{x+4}$의 그래프가 x축, y축과 만나는 점을 각각 A, B라 하자. 자연수 n에 대하여 곡선 $y = f(x)$ 위의 x좌표가 n인 점을 P라 하고 두 삼각형 PBO, PBA의 넓이의 차를 S_n이라 할 때, $\sum_{n=1}^{11} \dfrac{1}{S_{n+1} + S_n + 8}$ 의 값은? (단, O는 원점이다.)

① $4 - \dfrac{\sqrt{5}}{4}$ ② $4 - \dfrac{\sqrt{5}}{2}$ ③ $4 - \sqrt{5}$

④ $2 - \dfrac{\sqrt{5}}{4}$ ⑤ $2 - \dfrac{\sqrt{5}}{2}$

출제경향 | 처음 몇 개의 항의 값과 여러 항 사이의 관계식으로 정의된 수열 $\{a_n\}$에서 특정한 항의 값을 구하는 문제. 귀납적으로 정의된 등차수열 또는 등비수열에 대한 문제가 출제된다.

출제유형잡기 | 첫째항 a_1의 값과 이웃하는 항들 사이의 관계식에서 n에 1, 2, 3, …을 차례로 대입하거나 귀납적으로 정의된 등차수열 또는 등비수열에 대한 문제를 해결한다.

(1) 등차수열과 수열의 귀납적 정의

　모든 자연수 n에 대하여

　① $a_{n+1}-a_n=d$ (d는 상수)를 만족시키는 수열 $\{a_n\}$은 공차가 d인 등차수열이다.

　② $2a_{n+1}=a_n+a_{n+2}$를 만족시키는 수열 $\{a_n\}$은 등차수열이다.

(2) 등비수열과 수열의 귀납적 정의

　모든 자연수 n에 대하여

　① $a_{n+1}=ra_n$ (r은 상수)를 만족시키는 수열 $\{a_n\}$은 공비가 r인 등비수열이다. (단, $a_n \neq 0$)

　② $a_{n+1}{}^2=a_n a_{n+2}$를 만족시키는 수열 $\{a_n\}$은 등비수열이다.

(단, $a_n \neq 0$)

34

▶ 25054-0092

수열 $\{a_n\}$이 모든 자연수 n에 대하여

$$2a_{n+1}=a_n+a_{n+2}$$

를 만족시킨다. $a_7-a_4=15$일 때, a_3-a_1의 값은?

① 4　　　　　② 6　　　　　③ 8

④ 10　　　　　⑤ 12

35

▶ 25054-0093

수열 $\{a_n\}$이 모든 자연수 n에 대하여

$$a_{n+2}=\begin{cases} a_n-a_{n+1} & (a_{n+1}>a_n) \\ n-a_n & (a_{n+1}\leq a_n) \end{cases}$$

을 만족시킨다. $a_5=2$이고 $\sum\limits_{k=1}^{5} a_k=-2$일 때, a_4의 값은?

① -3　　　　　② -2　　　　　③ -1

④ 0　　　　　⑤ 1

36

▶ 25054-0094

첫째항이 -20 이상의 음의 정수인 수열 $\{a_n\}$이 다음 조건을 만족시킬 때, 모든 a_1의 값의 합은?

(가) 모든 자연수 n에 대하여

$$a_{n+1}=\begin{cases} a_n{}^2 & (a_n\leq 0) \\ \dfrac{1}{2}a_n-2 & (a_n>0) \end{cases}$$

　이다.

(나) a_k의 값이 정수가 아닌 유리수인 k의 최솟값은 5이다.

① -64　　　　　② -60　　　　　③ -56

④ -52　　　　　⑤ -48

유형 11 다양한 수열의 규칙 찾기

출제경향 | 주어진 조건을 만족시키는 몇 개의 항을 나열하여 수열의 규칙을 찾는 문제가 출제된다.

출제유형잡기 | 주어진 조건을 만족시키는 몇 개의 항을 구하여 규칙을 찾아 문제를 해결한다.

37

▶ 25054-0095

첫째항이 1인 수열 $\{a_n\}$이 모든 자연수 n에 대하여

$$a_{n+1} = a_n + (-1)^n \times n$$

을 만족시킬 때, a_4의 값은?

① -5 ② -4 ③ -3

④ -2 ⑤ -1

38

▶ 25054-0096

수열 $\{a_n\}$이 모든 자연수 n에 대하여

$$\begin{cases} a_{2n+2} = a_{2n} + 3 \\ a_{2n} = a_{2n-1} + 1 \end{cases}$$

을 만족시킨다. $a_8 + a_{11} = 31$일 때, a_1의 값은?

① 3   ② 4   ③ 5

④ 6   ⑤ 7

39

▶ 25054-0097

수열 $\{a_n\}$이 모든 자연수 n에 대하여

$$a_{n+1} = \begin{cases} a_n + 2 & (a_n < 0) \\ a_n - 1 & (a_n \geq 0) \end{cases}$$

을 만족시킨다. $a_5 = 1$일 때, 모든 a_1의 값의 합은?

① -4 ② -5 ③ -6

④ -7 ⑤ -8

40

▶ 25054-0098

첫째항이 자연수이고 다음 조건을 만족시키는 모든 수열 $\{a_n\}$에 대하여 a_1의 값의 합을 구하시오.

(가) 모든 자연수 n에 대하여

$$a_{n+1} = \begin{cases} a_n - 3 & (a_n > 0) \\ |a_n| & (a_n \leq 0) \end{cases}$$

이다.

(나) 2 이상의 모든 자연수 n에 대하여 $a_{n+k} = a_n$을 만족시키는 자연수 k의 최솟값은 4이다.

유형 **12** 수학적 귀납법

출제경향 | 수학적 귀납법을 이용하여 명제를 증명하는 과정에서 빈칸에 알맞은 식이나 수를 구하는 문제가 출제된다.

출제유형잡기 | 주어진 명제를 수학적 귀납법으로 증명하는 과정의 앞뒤 관계를 파악하여 빈칸에 알맞은 식이나 수를 구한다.

41

▶ 25054-0099

다음은 모든 자연수 n에 대하여

$$\sum_{k=1}^{n}(2^k+n)(2k+2)=n(n^2+3n+2^{n+2}) \quad \cdots\cdots (*)$$

이 성립함을 수학적 귀납법을 이용하여 증명한 것이다.

(i) $n=1$일 때,
(좌변)=12, (우변)=12이므로 $(*)$이 성립한다.

(ii) $n=m$일 때 $(*)$이 성립한다고 가정하면

$$\sum_{k=1}^{m}(2^k+m)(2k+2)=m(m^2+3m+2^{m+2})$$

이다. $n=m+1$일 때,

$$\sum_{k=1}^{m+1}(2^k+m+1)(2k+2)$$

$$=\sum_{k=1}^{m}(2^k+m+1)(2k+2)+\boxed{(가)}$$

$$=\sum_{k=1}^{m}(2^k+m)(2k+2)+\boxed{(나)}$$

$$=m(m^2+3m+2^{m+2})+\boxed{(나)}$$

$$=(m+1)\{(m+1)^2+3(m+1)+2^{m+3}\}$$

이다. 따라서 $n=m+1$일 때도 $(*)$이 성립한다.

(i), (ii)에 의하여 모든 자연수 n에 대하여

$$\sum_{k=1}^{n}(2^k+n)(2k+2)=n(n^2+3n+2^{n+2})$$

이 성립한다.

위의 (가), (나)에 알맞은 식을 각각 $f(m)$, $g(m)$이라 할 때, $f(3)+g(2)$의 값은?

① 286　　　　② 290　　　　③ 294

④ 298　　　　⑤ 302

42

▶ 25054-0100

수열 $\{a_n\}$의 일반항은

$$a_n=\frac{2n^2+n+1}{n!}$$

이다. 다음은 모든 자연수 n에 대하여

$$\sum_{k=1}^{n}(-1)^k a_k=\frac{(-1)^n(2n^2+3n+1)}{(n+1)!}-1 \quad \cdots\cdots (*)$$

이 성립함을 수학적 귀납법을 이용하여 증명한 것이다.

(i) $n=1$일 때,
(좌변)=-4, (우변)=-4이므로 $(*)$이 성립한다.

(ii) $n=m$일 때 $(*)$이 성립한다고 가정하면

$$\sum_{k=1}^{m}(-1)^k a_k=\frac{(-1)^m(2m^2+3m+1)}{(m+1)!}-1$$

이다. $n=m+1$일 때,

$$\sum_{k=1}^{m+1}(-1)^k a_k$$

$$=\sum_{k=1}^{m}(-1)^k a_k+(-1)^{m+1}a_{m+1}$$

$$=\frac{(-1)^m(2m^2+3m+1)}{(m+1)!}-1+\boxed{(가)}$$

$$=\frac{(-1)^m\times(\boxed{(나)})}{(m+1)!}-1$$

$$=\frac{(-1)^{m+1}\times(\boxed{(나)})\times(\boxed{(다)})}{(m+2)!}-1$$

$$=\frac{(-1)^{m+1}\{2(m+1)^2+3(m+1)+1\}}{(m+2)!}-1$$

이다. 따라서 $n=m+1$일 때도 $(*)$이 성립한다.

(i), (ii)에 의하여 모든 자연수 n에 대하여

$$\sum_{k=1}^{n}(-1)^k a_k=\frac{(-1)^n(2n^2+3n+1)}{(n+1)!}-1$$

이 성립한다.

위의 (가), (나), (다)에 알맞은 식을 각각 $f(m)$, $g(m)$, $h(m)$이라 할 때, $\dfrac{g(4)\times h(1)}{f(2)}$의 값은?

① -13　　　　② -12　　　　③ -11

④ -10　　　　⑤ -9

04 함수의 극한과 연속

1 함수의 수렴과 발산

(1) 함수의 수렴

① 함수 $f(x)$에서 x의 값이 a가 아니면서 a에 한없이 가까워질 때, $f(x)$의 값이 일정한 값 L에 한없이 가까워지면 함수 $f(x)$는 L에 수렴한다고 한다. 이때 L을 함수 $f(x)$의 $x=a$에서의 극한값 또는 극한이라 하고, 이것을 기호로 다음과 같이 나타낸다.

$$\lim_{x \to a} f(x) = L \text{ 또는 } x \to a \text{일 때 } f(x) \to L$$

② 함수 $f(x)$에서 x의 값이 한없이 커질 때, $f(x)$의 값이 일정한 값 L에 한없이 가까워지면 함수 $f(x)$는 L에 수렴한다고 하고, 이것을 기호로 다음과 같이 나타낸다.

$$\lim_{x \to \infty} f(x) = L \text{ 또는 } x \to \infty \text{일 때 } f(x) \to L$$

③ 함수 $f(x)$에서 x의 값이 음수이면서 그 절댓값이 한없이 커질 때, $f(x)$의 값이 일정한 값 L에 한없이 가까워지면 함수 $f(x)$는 L에 수렴한다고 하고, 이것을 기호로 다음과 같이 나타낸다.

$$\lim_{x \to -\infty} f(x) = L \text{ 또는 } x \to -\infty \text{일 때 } f(x) \to L$$

(2) 함수의 발산

① 함수 $f(x)$에서 x의 값이 a가 아니면서 a에 한없이 가까워질 때, $f(x)$의 값이 한없이 커지면 함수 $f(x)$는 양의 무한대로 발산한다고 하고, 이것을 기호로 다음과 같이 나타낸다.

$$\lim_{x \to a} f(x) = \infty \text{ 또는 } x \to a \text{일 때 } f(x) \to \infty$$

② 함수 $f(x)$에서 x의 값이 a가 아니면서 a에 한없이 가까워질 때, $f(x)$의 값이 음수이면서 그 절댓값이 한없이 커지면 함수 $f(x)$는 음의 무한대로 발산한다고 하고, 이것을 기호로 다음과 같이 나타낸다.

$$\lim_{x \to a} f(x) = -\infty \text{ 또는 } x \to a \text{일 때 } f(x) \to -\infty$$

③ 함수 $f(x)$에서 x의 값이 한없이 커지거나 x의 값이 음수이면서 그 절댓값이 한없이 커질 때, 함수 $f(x)$가 양의 무한대 또는 음의 무한대로 발산하면 이것을 각각 기호로 다음과 같이 나타낸다.

$$\lim_{x \to \infty} f(x) = \infty, \ \lim_{x \to \infty} f(x) = -\infty, \ \lim_{x \to -\infty} f(x) = \infty, \ \lim_{x \to -\infty} f(x) = -\infty$$

2 함수의 우극한과 좌극한

(1) 함수 $f(x)$에서 x의 값이 a보다 크면서 a에 한없이 가까워질 때, $f(x)$의 값이 일정한 값 L에 한없이 가까워지면 L을 함수 $f(x)$의 $x=a$에서의 우극한이라고 하며, 이것을 기호로 다음과 같이 나타낸다.

$$\lim_{x \to a+} f(x) = L \text{ 또는 } x \to a+ \text{일 때 } f(x) \to L$$

또한 함수 $f(x)$에서 x의 값이 a보다 작으면서 a에 한없이 가까워질 때, $f(x)$의 값이 일정한 값 L에 한없이 가까워지면 L을 함수 $f(x)$의 $x=a$에서의 좌극한이라고 하며, 이것을 기호로 다음과 같이 나타낸다.

$$\lim_{x \to a-} f(x) = L \text{ 또는 } x \to a- \text{일 때 } f(x) \to L$$

(2) 함수 $f(x)$가 $x=a$에서의 우극한 $\lim\limits_{x \to a+} f(x)$와 좌극한 $\lim\limits_{x \to a-} f(x)$가 모두 존재하고 그 값이 서로 같으면 극한값 $\lim\limits_{x \to a} f(x)$가 존재한다. 또한 그 역도 성립한다.

즉, $\lim\limits_{x \to a+} f(x) = \lim\limits_{x \to a-} f(x) = L \iff \lim\limits_{x \to a} f(x) = L$ (단, L은 실수)

3 함수의 극한에 대한 성질

두 함수 $f(x)$, $g(x)$에 대하여 $\lim\limits_{x \to a} f(x) = \alpha$, $\lim\limits_{x \to a} g(x) = \beta$ (α, β는 실수)일 때

(1) $\lim\limits_{x \to a} \{cf(x)\} = c \lim\limits_{x \to a} f(x) = c\alpha$ (단, c는 상수)

(2) $\lim\limits_{x \to a} \{f(x) + g(x)\} = \lim\limits_{x \to a} f(x) + \lim\limits_{x \to a} g(x) = \alpha + \beta$

(3) $\lim\limits_{x \to a} \{f(x) - g(x)\} = \lim\limits_{x \to a} f(x) - \lim\limits_{x \to a} g(x) = \alpha - \beta$

(4) $\lim\limits_{x \to a}\{f(x)g(x)\}=\lim\limits_{x \to a}f(x)\times\lim\limits_{x \to a}g(x)=\alpha\beta$

(5) $\lim\limits_{x \to a}\dfrac{f(x)}{g(x)}=\dfrac{\lim\limits_{x \to a}f(x)}{\lim\limits_{x \to a}g(x)}=\dfrac{\alpha}{\beta}$ (단, $\beta\neq0$)

④ 미정계수의 결정
두 함수 $f(x)$, $g(x)$에 대하여 다음 성질을 이용하여 미정계수를 결정할 수 있다.

(1) $\lim\limits_{x \to a}\dfrac{f(x)}{g(x)}=\alpha$ (α는 실수)이고 $\lim\limits_{x \to a}g(x)=0$이면 $\lim\limits_{x \to a}f(x)=0$이다.

(2) $\lim\limits_{x \to a}\dfrac{f(x)}{g(x)}=\alpha$ (α는 0이 아닌 실수)이고 $\lim\limits_{x \to a}f(x)=0$이면 $\lim\limits_{x \to a}g(x)=0$이다.

⑤ 함수의 극한의 대소 관계
두 함수 $f(x)$, $g(x)$에 대하여 $\lim\limits_{x \to a}f(x)=\alpha$, $\lim\limits_{x \to a}g(x)=\beta$ (α, β는 실수)일 때, a에 가까운 모든 실수 x에 대하여

(1) $f(x)\leq g(x)$이면 $\alpha\leq\beta$이다.

(2) 함수 $h(x)$에 대하여 $f(x)\leq h(x)\leq g(x)$이고 $\alpha=\beta$이면 $\lim\limits_{x \to a}h(x)=\alpha$이다.

⑥ 함수의 연속
(1) 함수 $f(x)$가 실수 a에 대하여 다음 세 조건을 만족시킬 때, 함수 $f(x)$는 $x=a$에서 연속이라고 한다.
　(i) 함수 $f(x)$가 $x=a$에서 정의되어 있다.
　(ii) $\lim\limits_{x \to a}f(x)$가 존재한다.　　　　(iii) $\lim\limits_{x \to a}f(x)=f(a)$

(2) 함수 $f(x)$가 $x=a$에서 연속이 아닐 때, 함수 $f(x)$는 $x=a$에서 불연속이라고 한다.

(3) 함수 $f(x)$가 열린구간 (a, b)에 속하는 모든 실수에서 연속일 때, 함수 $f(x)$는 열린구간 (a, b)에서 연속 또는 연속함수라고 한다. 한편, 함수 $f(x)$가 다음 두 조건을 모두 만족시킬 때, 함수 $f(x)$는 닫힌구간 $[a, b]$에서 연속이라고 한다.
　(i) 함수 $f(x)$가 열린구간 (a, b)에서 연속이다.
　(ii) $\lim\limits_{x \to a+}f(x)=f(a)$, $\lim\limits_{x \to b-}f(x)=f(b)$

⑦ 연속함수의 성질
두 함수 $f(x)$, $g(x)$가 $x=a$에서 연속이면 다음 함수도 $x=a$에서 연속이다.

(1) $cf(x)$ (단, c는 상수)　(2) $f(x)+g(x)$, $f(x)-g(x)$　(3) $f(x)g(x)$　(4) $\dfrac{f(x)}{g(x)}$ (단, $g(a)\neq0$)

⑧ 최대 · 최소 정리
함수 $f(x)$가 닫힌구간 $[a, b]$에서 연속이면 함수 $f(x)$는 이 구간에서 반드시 최댓값과 최솟값을 갖는다.

⑨ 사잇값의 정리
함수 $f(x)$가 닫힌구간 $[a, b]$에서 연속이고 $f(a)\neq f(b)$이면 $f(a)$와 $f(b)$ 사이에 있는 임의의 값 k에 대하여
　$f(c)=k$
인 c가 열린구간 (a, b)에 적어도 하나 존재한다.

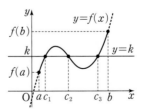

참고 사잇값의 정리에 의하여 함수 $f(x)$가 닫힌구간 $[a, b]$에서 연속이고 $f(a)$와 $f(b)$의 부호가 서로 다르면 $f(c)=0$인 c가 열린구간 (a, b)에 적어도 하나 존재한다. 즉, 방정식 $f(x)=0$은 열린구간 (a, b)에서 적어도 하나의 실근을 갖는다.

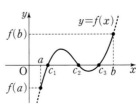

유형 1 함수의 좌극한과 우극한

출제경향 | 함수의 식과 그래프에서 좌극한과 우극한, 극한값을 구하는 문제가 출제된다.

출제유형잡기 | 구간에 따라 다르게 정의된 함수 또는 그 그래프에서 좌극한과 우극한, 극한값을 구하는 과정을 이해하여 해결한다.

01

▶ 25054-0101

함수 $y=f(x)$의 그래프가 그림과 같다.

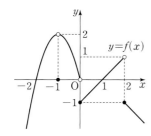

$\lim_{x \to -1-} f(x) + \lim_{x \to 0+} f(x)$의 값은?

① -3　　　　② -1　　　　③ 0

④ 1　　　　⑤ 3

02

▶ 25054-0102

함수 $y=f(x)$의 그래프가 그림과 같다.

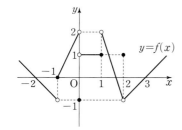

$f(2) + \lim_{x \to 1+} f(x)f(-x)$의 값은?

① -2　　　　② -1　　　　③ 0

④ 1　　　　⑤ 2

03

▶ 25054-0103

함수 $f(x) = \begin{cases} x+a & (x<1) \\ -3x^2+x+2a & (x \geq 1) \end{cases}$에 대하여

$\lim_{x \to 1-} f(x) \times \lim_{x \to 1+} f(x) = 16$이 되도록 하는 양수 a의 값은?

① 1　　　　② 2　　　　③ 3

④ 4　　　　⑤ 5

04

▶ 25054-0104

실수 전체의 집합에서 정의된 함수 $f(x)$가 다음 조건을 만족시킨다.

(가) $f(x) = \begin{cases} a(x-1)^2 & (0 \leq x < 2) \\ x-3 & (2 \leq x < 3) \end{cases}$

(나) 모든 실수 x에 대하여 $f(x+3)=f(x)$이다.

$\sum_{k=1}^{10} \left\{ \lim_{x \to 2k-} f(x) - \lim_{x \to 2k+} f(x) \right\} = 9$일 때, 상수 a의 값은?

① -3　　　　② -1　　　　③ 1

④ 3　　　　⑤ 5

유형 **2** 함수의 극한에 대한 성질

출제경향 | 함수의 극한에 대한 성질을 이용하여 함수의 극한값을 구하는 문제가 출제된다.

출제유형잡기 | 두 함수 $f(x)$, $g(x)$에 대하여
$\lim\limits_{x \to a} f(x) = \alpha$, $\lim\limits_{x \to a} g(x) = \beta$ (α, β는 실수)일 때

(1) $\lim\limits_{x \to a} \{cf(x)\} = c \lim\limits_{x \to a} f(x) = c\alpha$ (단, c는 상수)

(2) $\lim\limits_{x \to a} \{f(x) + g(x)\} = \lim\limits_{x \to a} f(x) + \lim\limits_{x \to a} g(x) = \alpha + \beta$

(3) $\lim\limits_{x \to a} \{f(x) - g(x)\} = \lim\limits_{x \to a} f(x) - \lim\limits_{x \to a} g(x) = \alpha - \beta$

(4) $\lim\limits_{x \to a} \{f(x)g(x)\} = \lim\limits_{x \to a} f(x) \times \lim\limits_{x \to a} g(x) = \alpha\beta$

(5) $\lim\limits_{x \to a} \dfrac{f(x)}{g(x)} = \dfrac{\lim\limits_{x \to a} f(x)}{\lim\limits_{x \to a} g(x)} = \dfrac{\alpha}{\beta}$ (단, $\beta \neq 0$)

05
▶ 25054-0105

함수 $f(x)$가

$$\lim_{x \to 2} xf(x) = \frac{2}{3}$$

를 만족시킬 때, $\lim\limits_{x \to 2} (2x^2 + 1)f(x)$의 값을 구하시오.

06
▶ 25054-0106

함수 $f(x)$가

$$\lim_{x \to 0} \frac{f(x) - x}{x} = 2$$

를 만족시킬 때, $\lim\limits_{x \to 0} \dfrac{2x + f(x)}{f(x)}$의 값은?

① $\dfrac{1}{3}$ ② $\dfrac{2}{3}$ ③ 1

④ $\dfrac{4}{3}$ ⑤ $\dfrac{5}{3}$

07
▶ 25054-0107

두 함수 $f(x)$, $g(x)$가

$$\lim_{x \to 0} \frac{f(x)}{x^2} = \lim_{x \to 0} \frac{g(x)}{x^2 + 2x} = 3$$

을 만족시킬 때, $\lim\limits_{x \to 0} \dfrac{f(x)g(x)}{x\{f(x) + xg(x)\}}$의 값은?

① 1 ② $\dfrac{3}{2}$ ③ 2

④ $\dfrac{5}{2}$ ⑤ 3

08
▶ 25054-0108

함수 $f(x)$가

$$f(x) = \begin{cases} -\dfrac{1}{2}x - \dfrac{3}{2} & (x < -1) \\ -x + 2 & (x \geq -1) \end{cases}$$

이다. $\lim\limits_{x \to -1} |f(x) - k|$의 값이 존재하도록 하는 상수 k에 대하여 $\lim\limits_{x \to a} \dfrac{f(x)}{|f(x) - k|}$의 값이 존재하지 않도록 하는 모든 실수 a의 값의 합은?

① -5 ② -3 ③ -1

④ 1 ⑤ 3

유형 3 함수의 극한값의 계산

출제경향 | $\dfrac{0}{0}$ 꼴, $\dfrac{\infty}{\infty}$ 꼴, $\infty-\infty$ 꼴의 함수의 극한값을 구하는 문제가 출제된다.

출제유형잡기 | (1) $\dfrac{0}{0}$ 꼴의 유리식은 분모, 분자를 각각 인수분해하고 약분한 후, 극한값을 구한다.

(2) $\dfrac{\infty}{\infty}$ 꼴은 분모의 최고차항으로 분모, 분자를 각각 나눈 후, 극한값을 구한다.

(3) $\infty-\infty$ 꼴의 무리식은 분모 또는 분자의 무리식을 유리화한 후, 극한값을 구한다.

09
▶ 25054-0109

$\displaystyle\lim_{x\to\infty}\dfrac{3x}{\sqrt{x^2+2x}+\sqrt{x^2-x}}$의 값은?

① $\dfrac{1}{2}$　　　　② 1　　　　③ $\dfrac{3}{2}$

④ 2　　　　⑤ $\dfrac{5}{2}$

10
▶ 25054-0110

$\displaystyle\lim_{x\to 3}\dfrac{x^2-9}{x^2-5x+6}$의 값은?

① 2　　　　② 4　　　　③ 6

④ 8　　　　⑤ 10

11
▶ 25054-0111

$\displaystyle\lim_{x\to 2}\dfrac{\sqrt{x^3-2x}-\sqrt{x^3-4}}{x^2-4}$의 값은?

① $-\dfrac{1}{10}$　　　　② $-\dfrac{1}{8}$　　　　③ $-\dfrac{1}{6}$

④ $-\dfrac{1}{4}$　　　　⑤ $-\dfrac{1}{2}$

12
▶ 25054-0112

양수 a에 대하여 함수 $f(x)=|x(x-a)|$가

$$\lim_{x\to 0}\dfrac{f(x)f(-x)}{x^2}=\dfrac{1}{2}$$

을 만족시킬 때, $\displaystyle\lim_{x\to a+}\dfrac{f(x)f(-x)}{x-a}$의 값은?

① $-\sqrt{2}$　　　　② -1　　　　③ $\dfrac{\sqrt{2}}{2}$

④ 1　　　　⑤ $\sqrt{2}$

유형 **4** 극한을 이용한 미정계수 또는 함수의 결정

출제경향 | 함수의 극한에 대한 조건이 주어졌을 때, 미정계수를 구하거나 다항함수 또는 함숫값을 구하는 문제가 출제된다.

출제유형잡기 | 두 함수 $f(x)$, $g(x)$에 대하여

$\lim\limits_{x \to a} \dfrac{f(x)}{g(x)} = \alpha$ (α는 실수)일 때

(1) $\lim\limits_{x \to a} g(x) = 0$이면 $\lim\limits_{x \to a} f(x) = 0$

(2) $\alpha \neq 0$이고 $\lim\limits_{x \to a} f(x) = 0$이면 $\lim\limits_{x \to a} g(x) = 0$

13

▶ 25054-0113

두 상수 a, b에 대하여

$$\lim_{x \to -2} \frac{\sqrt{2x+a}+b}{x+2} = \frac{1}{3}$$

일 때, $a+b$의 값은?

① 6　　　　② 7　　　　③ 8

④ 9　　　　⑤ 10

14

▶ 25054-0114

두 함수 $f(x)$, $g(x)$가

$$\lim_{x \to 1} \frac{f(x)-1}{x-1} = 2, \quad \lim_{x \to 1} \frac{g(x)+2}{\sqrt{x}-1} = -\frac{1}{3}$$

을 만족시킬 때, $\lim\limits_{x \to 1} \dfrac{\{f(x)-g(x)\}\{f(x)+g(x)+1\}}{x-1}$의 값은?

① $\dfrac{3}{2}$　　　　② $\dfrac{5}{2}$　　　　③ $\dfrac{7}{2}$

④ $\dfrac{9}{2}$　　　　⑤ $\dfrac{11}{2}$

15

▶ 25054-0115

양수 a와 최고차항의 계수가 1인 이차함수 $f(x)$에 대하여

$$\lim_{x \to 2} \frac{f(x)f(x-a)}{(x-2)^2} = -9$$

일 때, $f(5)$의 값을 구하시오.

16

▶ 25054-0116

삼차함수 $f(x)$가

$$\lim_{x \to 0} \left\{ \left(x^2 - \frac{1}{x} \right) f(x) \right\} = 4, \quad \lim_{x \to 1} \left\{ \left(x^2 - \frac{1}{x} \right) \frac{1}{f(x)} \right\} = 1$$

을 만족시킬 때, $f(-1)$의 값은?

① 10　　　　② 12　　　　③ 14

④ 16　　　　⑤ 18

17
▶ 25054-0117

실수 t $(0<t<1)$에 대하여 두 직선 $x=1+t$, $x=1-t$가 곡선 $y=x^2-1$과 만나는 점을 각각 A, B라 하자. 점 C$(-1, 0)$에 대하여 삼각형 ACB의 넓이를 $S(t)$라 할 때, $\lim\limits_{t \to 0+} \dfrac{S(t)}{t}$의 값은?

① 1   ② $\sqrt{2}$ ③ 2

④ $2\sqrt{2}$ ⑤ 4

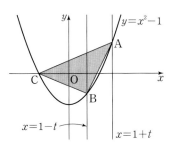

18
▶ 25054-0118

그림과 같이 양수 t에 대하여 원 $x^2+y^2=t^2$이 곡선 $y=ax^2$ $(a>0)$과 만나는 점을 각각 A, B라 하고, 원 $x^2+y^2=t^2$이 y축과 만나는 점 중 y좌표가 음수인 점을 C라 하자. $\angle ACB=\theta(t)$라 할 때, $\lim\limits_{t \to \infty} \{t \times \sin^2 \theta(t)\} = \dfrac{\sqrt{3}}{6}$을 만족시킨다. 상수 a의 값은? $\left(\text{단, 점 A의 } x\text{좌표는 양수이고, } 0<\theta(t)<\dfrac{\pi}{2}\text{이다.}\right)$

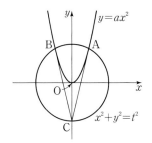

① $\sqrt{3}$ ② $\sqrt{6}$ ③ 3

④ $2\sqrt{3}$ ⑤ $\sqrt{15}$

19
▶ 25054-0119

상수 a $(a<0)$에 대하여 함수 $f(x)$가

$$f(x)=\begin{cases} ax(x+4) & (x \le 0) \\ \dfrac{1}{2}x & (x>0) \end{cases}$$

이다. 실수 t에 대하여 x에 대한 방정식 $f(x)=f(t)$의 서로 다른 실근의 개수를 $g(t)$라 하자. $\left| \lim\limits_{t \to k+} g(t) - \lim\limits_{t \to k-} g(t) \right| = 2$를 만족시키는 모든 실수 k의 값의 합이 2일 때, $f(-1) \times g(-1)$의 값은?

① $\dfrac{21}{4}$ ② 6   ③ $\dfrac{27}{4}$

④ $\dfrac{15}{2}$ ⑤ $\dfrac{33}{4}$

출제경향 | 함수 $f(x)$가 $x=a$ (a는 실수)에서 연속이기 위한 조건을 이용하여 함수 또는 미정계수를 구하는 문제가 출제된다.

출제유형잡기 | 함수 $f(x)$가 실수 a에 대하여 다음 세 조건을 만족시킬 때, 함수 $f(x)$는 $x=a$에서 연속임을 이용하여 문제를 해결한다.
(i) 함수 $f(x)$가 $x=a$에서 정의되어 있다.
(ii) $\lim\limits_{x \to a} f(x)$가 존재한다.
(iii) $\lim\limits_{x \to a} f(x)=f(a)$

20

▶ 25054-0120

함수

$$f(x)=\begin{cases} \dfrac{x^2+ax+b}{x-2} & (x \neq 2) \\ 3 & (x=2) \end{cases}$$

가 $x=2$에서 연속일 때, $a-2b$의 값은? (단, a, b는 상수이다.)

① 1   ② 3   ③ 5
④ 7   ⑤ 9

21

▶ 25054-0121

함수

$$f(x)=\begin{cases} x^2+2x+a & (x \leq 2) \\ \dfrac{3}{2}x+2a & (x>2) \end{cases}$$

에 대하여 함수 $\left| f(x)-\dfrac{1}{2} \right|$이 실수 전체의 집합에서 연속이 되도록 하는 모든 실수 a의 값의 합은?

① $\dfrac{1}{3}$ ② 1   ③ $\dfrac{5}{3}$
④ $\dfrac{7}{3}$ ⑤ 3

22

▶ 25054-0122

두 정수 a, b에 대하여 함수

$$f(x)=\begin{cases} \dfrac{6x+1}{2x-1} & (x<0) \\ -\dfrac{1}{2}x^2+ax+b & (x \geq 0) \end{cases}$$

이 다음 조건을 만족시킬 때, $a+b$의 값은?

(가) 함수 $|f(x)|$는 실수 전체의 집합에서 연속이다.
(나) x에 대한 방정식 $f(x)=t$의 실근이 존재하도록 하는 실수 t의 최댓값은 3이다.

① 1   ② 2   ③ 3
④ 4   ⑤ 5

23

▶ 25054-0123

$k>-2$인 실수 k에 대하여 함수 $f(x)$가

$$f(x)=\begin{cases} -2x^2-4x+6 & (x<1) \\ 2x+k & (x \geq 1) \end{cases}$$

이다. 실수 t에 대하여 닫힌구간 $[t,\ t+2]$에서 함수 $f(x)$의 최댓값을 $g(t)$라 하자. 함수 $g(t)$가 실수 전체의 집합에서 연속일 때, $g(2)$의 최댓값을 구하시오.

수학 II

유형 7 연속함수의 성질과 사잇값의 정리

출제경향 | 연속 또는 불연속인 함수들의 합, 차, 곱, 몫으로 만들어진 함수의 연속성을 묻는 문제와 연속함수에서 사잇값의 정리를 이용하는 문제가 출제된다.

출제유형잡기 | (1) 두 함수 $f(x)$, $g(x)$가 $x=a$에서 연속이면 함수 $cf(x)$, $f(x)+g(x)$, $f(x)-g(x)$, $f(x)g(x)$, $\dfrac{f(x)}{g(x)}$ $(g(a)\neq 0)$도 $x=a$에서 연속임을 이용한다. (단, c는 상수)

(2) 사잇값의 정리에 의하여 함수 $f(x)$가 닫힌구간 $[a, b]$에서 연속이고 $f(a)f(b)<0$이면 방정식 $f(x)=0$은 열린구간 (a, b)에서 적어도 하나의 실근을 갖는다는 것을 이용한다.

24
▶ 25054-0124

다항함수 $f(x)$가 모든 실수 x에 대하여
$$f(x)=x^3-3x+2\lim_{t\to 1}f(t)$$
를 만족시킬 때, $f(2)$의 값은?

① 2   ② 4   ③ 6

④ 8   ⑤ 10

25
▶ 25054-0125

두 함수
$$f(x)=\begin{cases} -x+3 & (x<-1) \\ 3x+a & (x\geq -1) \end{cases}, \quad g(x)=-x^2+4x+a$$
에 대하여 함수 $f(x)g(x)$가 실수 전체의 집합에서 연속이 되도록 하는 모든 실수 a의 값의 합은?

① 11   ② 12   ③ 13

④ 14   ⑤ 15

26
▶ 25054-0126

함수 $f(x)=x(x-a)$와 실수 t에 대하여 x에 대한 방정식 $|f(x)|=t$의 서로 다른 실근의 개수를 $g(t)$라 하자. 함수 $f(x)g(x)$가 실수 전체의 집합에서 연속일 때, $f(6)$의 값을 구하시오. (단, a는 0이 아닌 상수이다.)

27
▶ 25054-0127

최고차항의 계수가 1인 삼차함수 $f(x)$에 대하여 실수 전체의 집합에서 연속인 함수 $g(x)$가 다음 조건을 만족시킨다.

(가) $g(x)=\begin{cases} \dfrac{x}{f(x)} & (x\neq 0) \\ \dfrac{1}{3} & (x=0) \end{cases}$

(나) 열린구간 $(0, 1)$에서 방정식 $g(x)=\dfrac{1}{2}$은 오직 하나의 실근을 갖는다.

$f(1)$의 값이 자연수일 때, $g(4)$의 값은?

① 1   ② $\dfrac{1}{3}$ ③ $\dfrac{1}{5}$

④ $\dfrac{1}{7}$ ⑤ $\dfrac{1}{9}$

05 다항함수의 미분법

① 평균변화율

(1) 함수 $y=f(x)$에서 x의 값이 a에서 b까지 변할 때, 함수 $y=f(x)$의 평균변화율은

$$\frac{\Delta y}{\Delta x}=\frac{f(b)-f(a)}{b-a}=\frac{f(a+\Delta x)-f(a)}{\Delta x} \ (\text{단, } \Delta x=b-a)$$

(2) 함수 $y=f(x)$에서 x의 값이 a에서 b까지 변할 때의 함수 $y=f(x)$의 평균변화율은 곡선 $y=f(x)$ 위의 두 점 $\mathrm{P}(a, f(a))$, $\mathrm{Q}(b, f(b))$를 지나는 직선 PQ의 기울기를 나타낸다.

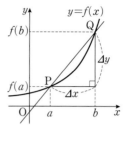

Note

② 미분계수

(1) 함수 $y=f(x)$의 $x=a$에서의 미분계수 $f'(a)$는

$$f'(a)=\lim_{\Delta x\to 0}\frac{\Delta y}{\Delta x}=\lim_{\Delta x\to 0}\frac{f(a+\Delta x)-f(a)}{\Delta x}=\lim_{x\to a}\frac{f(x)-f(a)}{x-a}$$

(2) 함수 $y=f(x)$의 $x=a$에서의 미분계수 $f'(a)$는 곡선 $y=f(x)$ 위의 점 $\mathrm{P}(a, f(a))$에서의 접선의 기울기를 나타낸다.

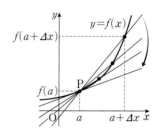

③ 미분가능과 연속

(1) 함수 $f(x)$에 대하여 $x=a$에서의 미분계수 $f'(a)$가 존재할 때, 함수 $f(x)$는 $x=a$에서 미분가능하다고 한다.

(2) 함수 $f(x)$가 어떤 열린구간에 속하는 모든 x에서 미분가능할 때, 함수 $f(x)$는 그 구간에서 미분가능하다고 한다. 또한 함수 $f(x)$를 그 구간에서 미분가능한 함수라고 한다.

(3) 함수 $f(x)$가 $x=a$에서 미분가능하면 함수 $f(x)$는 $x=a$에서 연속이다. 그러나 일반적으로 그 역은 성립하지 않는다.

④ 도함수

(1) 미분가능한 함수 $y=f(x)$의 정의역에 속하는 모든 x에 대하여 각각의 미분계수 $f'(x)$를 대응시키는 함수를 함수 $y=f(x)$의 도함수라 하고, 이것을 기호로 $f'(x)$, y', $\dfrac{dy}{dx}$, $\dfrac{d}{dx}f(x)$와 같이 나타낸다.

$$f'(x)=\lim_{\Delta x\to 0}\frac{f(x+\Delta x)-f(x)}{\Delta x}=\lim_{h\to 0}\frac{f(x+h)-f(x)}{h}$$

(2) 함수 $f(x)$의 도함수 $f'(x)$를 구하는 것을 함수 $f(x)$를 x에 대하여 미분한다고 하고, 그 계산법을 미분법이라고 한다.

⑤ 미분법의 공식

(1) 함수 $y=x^n$ (n은 양의 정수)와 상수함수의 도함수

    ① $y=x^n$ (n은 양의 정수)이면 $y'=nx^{n-1}$ ② $y=c$ (c는 상수)이면 $y'=0$

(2) 두 함수 $f(x)$, $g(x)$가 미분가능할 때

    ① $\{cf(x)\}'=cf'(x)$ (단, c는 상수)   ② $\{f(x)+g(x)\}'=f'(x)+g'(x)$

    ③ $\{f(x)-g(x)\}'=f'(x)-g'(x)$ ④ $\{f(x)g(x)\}'=f'(x)g(x)+f(x)g'(x)$

⑥ 접선의 방정식

함수 $f(x)$가 $x=a$에서 미분가능할 때, 곡선 $y=f(x)$ 위의 점 $\mathrm{P}(a, f(a))$에서의 접선의 방정식은

$$y-f(a)=f'(a)(x-a)$$

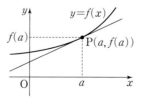

⑦ 평균값 정리

⑴ 롤의 정리

함수 $f(x)$가 닫힌구간 $[a, b]$에서 연속이고 열린구간 (a, b)에서 미분가능할 때, $f(a)=f(b)$이면 $f'(c)=0$인 c가 a와 b 사이에 적어도 하나 존재한다.

⑵ 평균값 정리

함수 $f(x)$가 닫힌구간 $[a, b]$에서 연속이고 열린구간 (a, b)에서 미분가능할 때, $\dfrac{f(b)-f(a)}{b-a}=f'(c)$인 c가 a와 b 사이에 적어도 하나 존재한다.

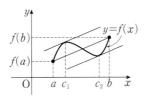

⑧ 함수의 증가와 감소

⑴ 함수 $f(x)$가 어떤 구간에 속하는 임의의 두 실수 x_1, x_2에 대하여

① $x_1<x_2$일 때 $f(x_1)<f(x_2)$이면 함수 $f(x)$는 그 구간에서 증가한다고 한다.

② $x_1<x_2$일 때 $f(x_1)>f(x_2)$이면 함수 $f(x)$는 그 구간에서 감소한다고 한다.

⑵ 함수 $f(x)$가 어떤 열린구간에서 미분가능할 때, 그 구간에 속하는 모든 x에 대하여

① $f'(x)>0$이면 함수 $f(x)$는 그 구간에서 증가한다.

② $f'(x)<0$이면 함수 $f(x)$는 그 구간에서 감소한다.

⑨ 함수의 극대와 극소

⑴ 함수의 극대와 극소

① 함수 $f(x)$가 $x=a$를 포함하는 어떤 열린구간에 속하는 모든 x에 대하여 $f(x)\leq f(a)$를 만족시키면 함수 $f(x)$는 $x=a$에서 극대라고 하며, 함숫값 $f(a)$를 극댓값이라고 한다.

② 함수 $f(x)$가 $x=b$를 포함하는 어떤 열린구간에 속하는 모든 x에 대하여 $f(x)\geq f(b)$를 만족시키면 함수 $f(x)$는 $x=b$에서 극소라고 하며, 함숫값 $f(b)$를 극솟값이라고 한다.

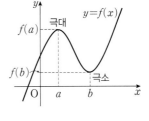

⑵ 미분가능한 함수 $f(x)$에 대하여 $f'(a)=0$일 때, $x=a$의 좌우에서 $f'(x)$의 부호가

① 양에서 음으로 바뀌면 함수 $f(x)$는 $x=a$에서 극대이다.

② 음에서 양으로 바뀌면 함수 $f(x)$는 $x=a$에서 극소이다.

⑩ 함수의 최대와 최소

함수 $f(x)$가 닫힌구간 $[a, b]$에서 연속이고 이 구간에서 극값을 가지면 함수 $f(x)$의 극댓값과 극솟값, $f(a)$, $f(b)$ 중에서 가장 큰 값이 이 구간에서 함수 $f(x)$의 최댓값이고, 가장 작은 값이 이 구간에서 함수 $f(x)$의 최솟값이다.

⑪ 방정식에의 활용

방정식 $f(x)=0$의 실근은 함수 $y=f(x)$의 그래프와 x축이 만나는 점의 x좌표와 같다. 따라서 방정식 $f(x)=0$의 서로 다른 실근의 개수는 함수 $y=f(x)$의 그래프와 x축이 만나는 점의 개수와 같다.

⑫ 부등식에의 활용

어떤 구간에서 부등식 $f(x)\geq 0$이 성립함을 보이려면 함수 $y=f(x)$의 그래프를 이용하여 주어진 구간에 속하는 모든 x에 대하여 $f(x)$의 값이 0보다 크거나 같음을 보이면 된다.

⑬ 속도와 가속도

수직선 위를 움직이는 점 P의 시각 t에서의 위치가 $x=f(t)$일 때, 점 P의 시각 t에서의 속도 v와 가속도 a는

⑴ $v=\lim\limits_{\varDelta t \to 0}\dfrac{\varDelta x}{\varDelta t}=\dfrac{dx}{dt}=f'(t)$

⑵ $a=\lim\limits_{\varDelta t \to 0}\dfrac{\varDelta v}{\varDelta t}=\dfrac{dv}{dt}$

유형 1 평균변화율과 미분계수

출제경향 | 평균변화율과 미분계수의 뜻을 이해하고 이를 이용하여 해결하는 문제가 출제된다.

출제유형잡기 | (1) 함수 $y=f(x)$에서 x의 값이 a에서 b까지 변할 때, 함수 $y=f(x)$의 평균변화율은

$$\frac{\Delta y}{\Delta x}=\frac{f(b)-f(a)}{b-a}=\frac{f(a+\Delta x)-f(a)}{\Delta x}$$

(단, $\Delta x=b-a$)

(2) 함수 $y=f(x)$의 $x=a$에서의 미분계수 $f'(a)$는

$$f'(a)=\lim_{h\to 0}\frac{f(a+h)-f(a)}{h}=\lim_{x\to a}\frac{f(x)-f(a)}{x-a}$$

01

▶ 25054-0128

0이 아닌 모든 실수 h에 대하여 다항함수 $y=f(x)$에서 x의 값이 $1-h$에서 $1+h$까지 변할 때의 평균변화율이 h^2-3h+4일 때, $f'(1)$의 값은?

① 2 ② $\dfrac{5}{2}$ ③ 3

④ $\dfrac{7}{2}$ ⑤ 4

02

▶ 25054-0129

다항함수 $f(x)$에 대하여

$$\lim_{x\to 2}\frac{f(x)+3}{x^2-2x}=\{f(2)\}^2$$

일 때, $f'(2)$의 값을 구하시오.

03

▶ 25054-0130

두 다항함수 $f(x)$, $g(x)$가

$$\lim_{x\to 0}\frac{f(x)-g(x)}{x}=2,\ \lim_{x\to 0}\frac{g(2x)-x}{f(x)-2x}=4$$

를 만족시킬 때, $f'(0)+g'(0)$의 값은?

① 1 ② 2 ③ 3

④ 4 ⑤ 5

04

▶ 25054-0131

이차함수 $f(x)=ax^2+bx$와 실수 t에 대하여 함수 $y=f(x)$의 $x=t$에서 $x=t+2$까지의 평균변화율을 $g(t)$라 할 때, 함수 $g(t)$가 다음 조건을 만족시킨다.

(가) $\lim\limits_{t\to\infty}\dfrac{g(t)}{t}=3$

(나) $g(f(t_1))=g(f(t_2))=0$이고 $t_1+t_2=4$를 만족시키는 서로 다른 두 상수 t_1, t_2가 존재한다.

$g(t_1\times t_2)$의 값은? (단, a, b는 상수이다.)

① -9 ② -7 ③ -5

④ -3 ⑤ -1

유형 2 미분가능과 연속

출제경향 | 함수 $f(x)$의 $x=a$에서의 미분가능성과 연속의 관계를 묻는 문제가 출제된다.

출제유형잡기 | 함수 $f(x)$가 $x=a$에서 미분가능할 때,

$$\lim_{x \to a-} f(x) = \lim_{x \to a+} f(x) = f(a)$$

$$\lim_{h \to 0-} \frac{f(a+h)-f(a)}{h} = \lim_{h \to 0+} \frac{f(a+h)-f(a)}{h}$$

가 성립함을 이용한다.

05

▶ 25054-0132

함수

$$f(x) = \begin{cases} x^3 + ax + b & (x \le -1) \\ -2x + 3 & (x > -1) \end{cases}$$

이 실수 전체의 집합에서 미분가능할 때, $a+b$의 값은?

(단, a, b는 상수이다.)

① -5 ② -4 ③ -3

④ -2 ⑤ -1

06

▶ 25054-0133

최고차항의 계수가 1인 이차함수 $f(x)$에 대하여 함수

$$g(x) = \begin{cases} f(x) & (x < 0) \\ x & (0 \le x \le 3) \\ -f(x-a)+b & (x > 3) \end{cases}$$

이 실수 전체의 집합에서 미분가능하다. $a+b$의 값은?

(단, a, b는 상수이다.)

① 6   ② 7   ③ 8

④ 9   ⑤ 10

07

▶ 25054-0134

실수 전체의 집합에서 연속인 함수

$$f(x) = \begin{cases} x^2 + a & (x < 1) \\ -3x^2 + bx + c & (x \ge 1) \end{cases}$$

에 대하여 함수 $|f(x)|$가 $x=3$에서만 미분가능하지 않을 때, $a+b+c$의 값은? (단, a, b, c는 상수이고, $a>0$이다.)

① 12   ② 14   ③ 16

④ 18   ⑤ 20

08

▶ 25054-0135

함수

$$f(x) = \begin{cases} 2x-4 & (x < 3) \\ x-1 & (x \ge 3) \end{cases}$$

과 최고차항의 계수가 1인 이차함수 $g(x)$에 대하여 함수 $g(x) \times (f \circ f)(x)$가 실수 전체의 집합에서 미분가능할 때, $g(0)$의 값을 구하시오.

출제경향 | 미분법을 이용하여 미분계수를 구하거나 미정계수를 구하는 문제가 출제된다.

출제유형잡기 | 두 함수 $f(x)$, $g(x)$가 미분가능할 때

(1) $y=x^n$ (n은 양의 정수)이면 $y'=nx^{n-1}$

(2) $y=c$ (c는 상수)이면 $y'=0$

(3) $\{cf(x)\}'=cf'(x)$ (단, c는 상수)

(4) $\{f(x)+g(x)\}'=f'(x)+g'(x)$

(5) $\{f(x)-g(x)\}'=f'(x)-g'(x)$

(6) $\{f(x)g(x)\}'=f'(x)g(x)+f(x)g'(x)$

09

▶ 25054-0136

함수 $f(x)=2x^3-4x^2+ax-1$이

$$\lim_{h \to 0} \frac{f(1+h)-f(1)}{h}=2$$

를 만족시킬 때, 상수 a의 값은?

① 1   ② 2   ③ 3

④ 4   ⑤ 5

10

▶ 25054-0137

다항함수 $f(x)$에 대하여 함수 $g(x)$가

$$g(x)=(x^2+3x)f(x)$$

일 때, 곡선 $y=g(x)$ 위의 점 $(-1, -8)$에서의 접선의 기울기가 3이다. $f'(-1)$의 값은?

① $\dfrac{1}{2}$ ② 1   ③ $\dfrac{3}{2}$

④ 2   ⑤ $\dfrac{5}{2}$

11

▶ 25054-0138

최고차항의 계수가 1인 이차함수 $f(x)$가

$$\lim_{x \to \infty} \frac{f(x)-x^2}{x}=\lim_{x \to \infty} x\left\{f\left(1+\frac{2}{x}\right)-f(1)\right\}$$

을 만족시킨다. $f(2)=-1$일 때, $f(5)$의 값은?

① 6   ② 8   ③ 10

④ 12   ⑤ 14

12

▶ 25054-0139

최고차항의 계수가 1인 다항함수 $f(x)$가

$$\lim_{x \to \infty} \frac{f(x)}{xf'(x)}=\lim_{x \to 0} \frac{f(x)}{xf'(x)}=\frac{1}{3}$$

을 만족시킬 때, $f(2)$의 값을 구하시오.

출제경향 | 곡선 위의 점에서의 접선의 방정식을 구하는 문제가 출제된다.

출제유형잡기 | 함수 $f(x)$가 $x=a$에서 미분가능할 때, 곡선 $y=f(x)$ 위의 점 $P(a, f(a))$에서의 접선의 방정식은

$$y-f(a)=f'(a)(x-a)$$

13

▶ 25054-0140

곡선 $y=x^3-4x^2+5$ 위의 점 $(1, 2)$에서의 접선의 y절편은?

① 1   ② 3   ③ 5

④ 7   ⑤ 9

14

▶ 25054-0141

점 $(2, 0)$에서 곡선 $y=\dfrac{1}{3}x^3-x+2$에 그은 두 접선의 기울기의 곱은?

① -10 ② -8 ③ -6

④ -4 ⑤ -2

15

▶ 25054-0142

$f(0)=0$인 삼차함수 $f(x)$에 대하여 곡선 $y=f(x)$ 위의 점 $(-2, 4)$에서의 접선의 방정식을 $y=g(x)$라 하자. 두 함수 $f(x)$, $g(x)$가

$$\lim_{x \to 0} \frac{f(x)}{g(x)}=6$$

을 만족시킬 때, $f'(-1)$의 값은?

① $\dfrac{1}{2}$ ② $\dfrac{3}{4}$ ③ 1

④ $\dfrac{5}{4}$ ⑤ $\dfrac{3}{2}$

16

▶ 25054-0143

최고차항의 계수가 양수인 삼차함수 $f(x)$에 대하여 그림과 같이 곡선 $y=f(x)$와 직선 $y=\dfrac{1}{2}x$가 서로 다른 세 점 O, A, B에서 만난다. 곡선 $y=f(x)$ 위의 점 A에서의 접선이 x축과 만나는 점을 C라 하자. $\overline{OA}=\overline{AB}$이고 $\overline{OC}=\overline{BC}=\dfrac{5}{2}$일 때, $f(6)$의 값을 구하시오.

(단, 점 A의 x좌표는 양수이고, O는 원점이다.)

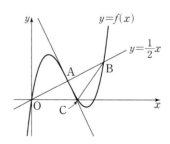

유형 **5** 함수의 증가와 감소

출제경향 | 함수가 증가 또는 감소하는 구간을 찾거나, 증가 또는 감소할 조건을 이용하여 미정계수를 구하는 문제가 출제된다.

출제유형잡기 | (1) 함수 $f(x)$가 어떤 구간에 속하는 임의의 두 실수 x_1, x_2에 대하여

① $x_1 < x_2$일 때 $f(x_1) < f(x_2)$이면 함수 $f(x)$는 그 구간에서 증가한다고 한다.

② $x_1 < x_2$일 때 $f(x_1) > f(x_2)$이면 함수 $f(x)$는 그 구간에서 감소한다고 한다.

(2) 함수 $f(x)$가 상수함수가 아닌 다항함수일 때

① $f(x)$가 어떤 열린구간에서 증가하기 위한 필요충분조건은 이 열린구간에 속하는 모든 x에 대하여 $f'(x) \geq 0$이다.

② $f(x)$가 어떤 열린구간에서 감소하기 위한 필요충분조건은 이 열린구간에 속하는 모든 x에 대하여 $f'(x) \leq 0$이다.

17
▶ 25054-0144

함수 $f(x) = x^3 + (a-2)x^2 - 3ax + 4$가 실수 전체의 집합에서 증가하도록 하는 실수 a의 최댓값은?

① -4　　　　② -3　　　　③ -2

④ -1　　　　⑤ 0

18
▶ 25054-0145

함수 $f(x) = -x^3 + ax^2 + 2ax$가 임의의 서로 다른 두 실수 x_1, x_2에 대하여

$$(x_1 - x_2)\{f(x_1) - f(x_2)\} < 0$$

을 만족시키도록 하는 모든 정수 a의 개수는?

① 5　　　　② 6　　　　③ 7

④ 8　　　　⑤ 9

19
▶ 25054-0146

함수

$$f(x) = \frac{1}{3}x^3 + ax^2 - 3a^2 x$$

가 열린구간 $(k, k+2)$에서 감소하도록 하는 양수 a에 대하여 a의 값이 최소일 때, $f(2k)$의 값은? (단, k는 실수이다.)

① $-\dfrac{5}{2}$　　　　② $-\dfrac{9}{4}$　　　　③ -2

④ $-\dfrac{7}{4}$　　　　⑤ $-\dfrac{3}{2}$

20
▶ 25054-0147

최고차항의 계수가 1인 삼차함수 $f(x)$가 다음 조건을 만족시킬 때, $f(2)$의 최댓값과 최솟값의 합을 구하시오.

(가) $\displaystyle \lim_{x \to 0} \frac{|f(x) - 3x|}{x}$의 값이 존재한다.

(나) 함수 $f(x)$는 실수 전체의 집합에서 증가한다.

출제경향 | 함수의 극값을 구하거나 극값을 가질 조건을 구하는 것과
같이 극대, 극소와 관련된 다양한 문제들이 출제된다.

출제유형잡기 | 미분가능한 함수 $f(x)$에 대하여 $f'(a)=0$일 때,
$x=a$의 좌우에서 $f'(x)$의 부호가
① 양에서 음으로 바뀌면 함수 $f(x)$는 $x=a$에서 극대이다.
② 음에서 양으로 바뀌면 함수 $f(x)$는 $x=a$에서 극소이다.

21
▶ 25054-0148

함수 $f(x)=-x^3+ax^2+6x-3$이 $x=-1$에서 극소일 때, 함수 $f(x)$의 극댓값은? (단, a는 상수이다.)

① 1   ② 3   ③ 5
④ 7   ⑤ 9

22
▶ 25054-0149

함수 $f(x)=x^4-\dfrac{8}{3}x^3-2x^2+8x+k$의 모든 극값의 합이 1일 때, 상수 k의 값은?

① $\dfrac{1}{9}$ ② $\dfrac{2}{9}$ ③ $\dfrac{1}{3}$
④ $\dfrac{4}{9}$ ⑤ $\dfrac{5}{9}$

23
▶ 25054-0150

함수 $f(x)=3x^4-4ax^3-6x^2+12ax+5$가 다음 조건을 만족시킬 때, $f(2)$의 값은? (단, a는 상수이다.)

(가) 함수 $f(x)$가 극값을 갖는 실수 x의 개수는 1이다.
(나) 함수 $f(|x|)$가 극값을 갖는 실수 x의 개수는 3이다.

① 31   ② 33   ③ 35
④ 37   ⑤ 39

24
▶ 25054-0151

양수 a에 대하여 함수 $f(x)$가 다음과 같다.

$$f(x)=x^3+\dfrac{1}{2}x^2+a|x|+2$$

함수 $f(x)$가

$$\lim_{h\to 0-}\frac{f(h)-f(0)}{h}\times\lim_{h\to 0+}\frac{f(h)-f(0)}{h}=-4$$

를 만족시킬 때, 함수 $f(x)$의 모든 극값의 합은?

① 5   ② $\dfrac{11}{2}$ ③ 6
④ $\dfrac{13}{2}$ ⑤ 7

▶ 25054-0152

▶ 25054-0153

▶ 25054-0154

▶ 25054-0155

유형 7   함수의 그래프

출제경향 | 함수의 그래프를 그려서 주어진 조건을 만족시키는 상수를 구하거나 함수 $y=f'(x)$의 그래프 또는 도함수 $f'(x)$의 여러 가지 성질을 이용하여 함수 $y=f(x)$의 그래프의 개형을 추론하는 문제가 출제된다.

출제유형잡기 | 함수 $f(x)$의 도함수 $f'(x)$의 부호를 조사하여 함수 $f(x)$의 증가와 감소를 파악하고, 극대와 극소를 찾아 함수 $y=f(x)$의 그래프의 개형을 그려서 문제를 해결한다.

25

함수 $f(x)=3x^4-8x^3-6x^2+24x$의 그래프와 직선 $y=k$가 서로 다른 세 점에서 만나도록 하는 모든 실수 k의 값의 합을 구하시오.

26

최고차항의 계수가 1인 삼차함수 $f(x)$에 대하여 함수 $y=f'(x)$의 그래프가 그림과 같다.

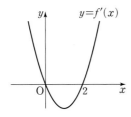

$0 \leq x \leq 2$인 모든 실수 x에 대하여 부등식 $f(x)f'(x) \leq 0$이 성립할 때, $f(4)$의 최솟값은? (단, $f'(0)=0$, $f'(2)=0$)

① 12   ② 16   ③ 20
④ 24   ⑤ 28

27

함수 $f(x)=x^3-3x^2+8$과 양의 실수 a에 대하여 함수 $y=|f(x)-f(a)|$가 $x=a$에서만 미분가능하지 않다. a의 최솟값을 m이라 할 때, $m+f(m)$의 값을 구하시오.

28

실수 t에 대하여 닫힌구간 $[t, t+1]$에서 함수

$$f(x)=\begin{cases} -x(x+2) & (x<0) \\ x(x-2) & (x \geq 0) \end{cases}$$

의 최댓값을 $g(t)$라 하자. 함수 $g(t)$가 $t=\alpha$에서 미분가능하지 않을 때, $g(\alpha)$의 값은?

① $-\dfrac{1}{2}$ ② $-\dfrac{7}{12}$ ③ $-\dfrac{2}{3}$

④ $-\dfrac{3}{4}$ ⑤ $-\dfrac{5}{6}$

유형 8 함수의 최대와 최소

출제경향 | 주어진 구간에서 연속함수의 최댓값과 최솟값을 구하는 문제, 도형의 길이, 넓이, 부피의 최댓값과 최솟값을 구하는 문제가 출제된다.

출제유형잡기 | 함수 $f(x)$가 닫힌구간 $[a, b]$에서 연속이고 이 구간에서 극값을 가지면 함수 $f(x)$의 극댓값과 극솟값, $f(a)$, $f(b)$ 중에서 가장 큰 값이 함수 $f(x)$의 최댓값이고, 가장 작은 값이 함수 $f(x)$의 최솟값이다.

29

▶ 25054-0156

두 함수 $f(x)=x^4-2x^2$, $g(x)=-x^2+4x+k$가 있다. 임의의 두 실수 a, b에 대하여

$$f(a) \geq g(b)$$

가 성립할 때, 실수 k의 최댓값은?

① -1 ② -2 ③ -3

④ -4 ⑤ -5

30

▶ 25054-0157

곡선 $y=-x^2+4$ 위의 점 $(t, -t^2+4)$와 원점 사이의 거리의 제곱을 $f(t)$라 하자. 닫힌구간 $[0, 2]$에서 함수 $f(t)$의 최댓값과 최솟값을 각각 M, m이라 할 때, $M \times m$의 값을 구하시오.

31

▶ 25054-0158

그림과 같이 닫힌구간 $[0, 2]$에서 정의된 함수

$$f(x)=\begin{cases} x & (0 \leq x < 1) \\ \sqrt{-x+2} & (1 \leq x \leq 2) \end{cases}$$

와 실수 t $(0 < t < 1)$에 대하여 함수 $y=f(x)$의 그래프와 직선 $y=t$가 만나는 두 점을 각각 P, Q라 하고, 점 Q에서 x축에 내린 수선의 발을 H라 하자. 사각형 POHQ의 넓이를 $S(t)$라 할 때, $S(t)$의 최댓값은?

(단, O는 원점이고, 점 P의 x좌표는 점 Q의 x좌표보다 작다.)

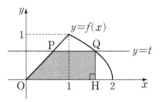

① $\dfrac{20}{27}$ ② $\dfrac{22}{27}$ ③ $\dfrac{8}{9}$

④ $\dfrac{26}{27}$ ⑤ $\dfrac{28}{27}$

유형 9 방정식의 실근의 개수

출제경향 | 함수의 그래프의 개형을 이용하여 방정식의 실근의 개수를 구하거나 실근의 개수가 주어졌을 때 미정계수의 값 또는 범위를 구하는 문제가 출제된다.

출제유형잡기 | 방정식 $f(x)=g(x)$의 서로 다른 실근의 개수는 함수 $y=f(x)$의 그래프와 함수 $y=g(x)$의 그래프의 교점의 개수와 같음을 이용하거나 함수 $y=f(x)-g(x)$의 그래프와 x축의 교점의 개수와 같음을 이용한다.

32
▶ 25054-0159

x에 대한 방정식 $x^3+3x^2-9x=k$의 서로 다른 실근의 개수가 2가 되도록 하는 모든 실수 k의 값의 합을 구하시오.

33
▶ 25054-0160

x에 대한 방정식 $-x^3+12x-11=k$가 서로 다른 양의 실근 2개와 음의 실근 1개를 갖도록 하는 모든 정수 k의 개수는?

① 11   ② 13   ③ 15
④ 17   ⑤ 19

34
▶ 25054-0161

자연수 n에 대하여 x에 대한 방정식 $x^3-3x^2+6-n=0$의 서로 다른 실근의 개수를 a_n이라 하자. $\sum\limits_{k=1}^{10} a_k$의 값을 구하시오.

35
▶ 25054-0162

양의 실수 t에 대하여 x에 대한 방정식 $x^3+3x^2-27=tx$의 서로 다른 실근의 개수를 $f(t)$라 하자.
$$\lim_{t \to a+} f(t) \neq \lim_{t \to a-} f(t)$$
를 만족시키는 양의 실수 a의 값은?

① 6   ② 7   ③ 8
④ 9   ⑤ 10

유형 10 부등식에의 활용

출제경향 | 주어진 범위에서 부등식이 항상 성립하기 위한 조건을 구하는 문제가 출제된다.

출제유형잡기 | 어떤 구간에서 부등식 $f(x) \geq 0$이 성립함을 보이려면 주어진 구간에서 함수 $f(x)$의 최솟값을 구하여 $(f(x)$의 최솟값$) \geq 0$임을 보이면 된다.

36
▶ 25054-0163

모든 실수 x에 대하여 부등식 $3x^4 + 4x^3 \geq 6x^2 + 12x + a$가 성립하도록 하는 실수 a의 최댓값은?

① -11 ② -12 ③ -13

④ -14 ⑤ -15

37
▶ 25054-0164

두 함수

$$f(x) = 4x^3 + 3x^2,\ g(x) = x^4 - 5x^2 + a$$

가 있다. 모든 실수 x에 대하여 부등식 $f(x) \leq g(x)$가 항상 성립하도록 하는 실수 a의 최솟값을 구하시오.

38
▶ 25054-0165

함수 $f(x) = -x^4 - 4x^2 - 5$에 대하여 실수 전체의 집합에서 부등식

$$f(x) \leq 4x^3 + a \leq -f(x)$$

가 성립하도록 하는 모든 정수 a의 개수는?

① 11   ② 12   ③ 13

④ 14   ⑤ 15

39
▶ 25054-0166

$x \geq 0$에서 부등식 $2x^3 - 3(a+1)x^2 + 6ax + a^3 - 120 \geq 0$이 항상 성립하도록 하는 자연수 a의 최솟값은?

① 4   ② 5   ③ 6

④ 7   ⑤ 8

유형 11 속도와 가속도

출제경향 | 수직선 위를 움직이는 점의 시각 t에서의 위치가 주어졌을 때, 속도나 가속도를 구하는 문제가 출제된다.

출제유형잡기 | 수직선 위를 움직이는 점 P의 시각 t에서의 위치가 $x = f(t)$일 때

(1) 점 P의 시각 t에서의 속도 v는 $v = \dfrac{dx}{dt} = f'(t)$

(2) 점 P의 시각 t에서의 가속도 a는 $a = \dfrac{dv}{dt}$

40

▶ 25054-0167

수직선 위를 움직이는 점 P의 시각 t $(t \geq 0)$에서의 위치 x가
$$x = t^3 - t^2 - 2t$$
이다. $t > 0$에서 점 P가 원점을 지나는 시각이 $t = t_1$일 때, 시각 $t = t_1$에서의 점 P의 속도는?

① 6 ② 7 ③ 8

④ 9 ⑤ 10

41

▶ 25054-0168

수직선 위를 움직이는 점 P의 시각 t $(t \geq 0)$에서의 위치 x가
$$x = 2t^3 - 3t^2 - 12t$$
이다. 시각 $t = t_1$ $(t_1 > 0)$에서 점 P가 운동 방향을 바꿀 때, 시각 $t = 2t_1$에서의 점 P의 가속도는?

① 40 ② 42 ③ 44

④ 46 ⑤ 48

42

▶ 25054-0169

수직선 위를 움직이는 두 점 P, Q의 시각 t $(t \geq 0)$에서의 위치를 각각 x_1, x_2라 할 때, x_1, x_2는 등식
$$x_2 = x_1 + t^3 - 3t^2 - 9t$$
를 만족시킨다. 두 점 P, Q의 속도가 같아지는 순간 두 점 P, Q 사이의 거리를 구하시오.

43

▶ 25054-0170

수직선 위를 움직이는 점 P의 시각 t $(t \geq 0)$에서의 위치 x가
$$x = -t^4 + 4t^3 + kt^2$$
이다. 점 P의 가속도의 최댓값이 48일 때, 점 P의 속도의 최댓값은? (단, k는 상수이다.)

① 102 ② 104 ③ 106

④ 108 ⑤ 110

06 다항함수의 적분법

Note

① 부정적분

(1) 함수 $f(x)$에 대하여 $F'(x)=f(x)$를 만족시키는 함수 $F(x)$를 $f(x)$의 부정적분이라 하고, $f(x)$의 부정적분을 구하는 것을 $f(x)$를 적분한다고 한다.

(2) 함수 $f(x)$의 한 부정적분을 $F(x)$라 하면

$$\int f(x)dx=F(x)+C \text{ (단, } C\text{는 상수)}$$

로 나타내며, C를 적분상수라고 한다.

설명 두 함수 $F(x)$, $G(x)$가 모두 함수 $f(x)$의 부정적분이면 $F'(x)=G'(x)=f(x)$이므로

$$\{G(x)-F(x)\}'=f(x)-f(x)=0$$

이다. 그런데 도함수가 0인 함수는 상수함수이므로 그 상수를 C라 하면

$$G(x)-F(x)=C, \text{ 즉 } G(x)=F(x)+C$$

따라서 함수 $f(x)$의 임의의 부정적분은 $F(x)+C$의 꼴로 나타낼 수 있다.

참고 미분가능한 함수 $f(x)$에 대하여

① $\dfrac{d}{dx}\left\{\displaystyle\int f(x)\,dx\right\}=f(x)$　　　② $\displaystyle\int\left\{\dfrac{d}{dx}f(x)\right\}dx=f(x)+C$ (단, C는 적분상수)

② 함수 $y=x^n$ (n은 양의 정수)와 함수 $y=1$의 부정적분

(1) n이 양의 정수일 때,

$$\int x^n dx=\frac{1}{n+1}x^{n+1}+C \text{ (단, } C\text{는 적분상수)}$$

(2) $\displaystyle\int 1\,dx=x+C$ (단, C는 적분상수)

③ 함수의 실수배, 합, 차의 부정적분

두 함수 $f(x)$, $g(x)$의 부정적분이 각각 존재할 때

(1) $\displaystyle\int kf(x)dx=k\int f(x)dx$ (단, k는 0이 아닌 상수)

(2) $\displaystyle\int\{f(x)+g(x)\}dx=\int f(x)dx+\int g(x)dx$

(3) $\displaystyle\int\{f(x)-g(x)\}dx=\int f(x)dx-\int g(x)dx$

④ 정적분

함수 $f(x)$가 두 실수 a, b를 포함하는 구간에서 연속일 때, $f(x)$의 한 부정적분을 $F(x)$라 하면 $f(x)$의 a에서 b까지의 정적분은

$$\int_a^b f(x)dx=\Big[F(x)\Big]_a^b=F(b)-F(a)$$

이때 정적분 $\displaystyle\int_a^b f(x)dx$의 값을 구하는 것을 함수 $f(x)$를 a에서 b까지 적분한다고 한다.

참고 함수 $f(x)$가 닫힌구간 $[a, b]$에서 연속일 때

① $\displaystyle\int_a^a f(x)dx=0$　　　② $\displaystyle\int_a^b f(x)dx=-\int_b^a f(x)dx$

⑤ 정적분과 미분의 관계

함수 $f(t)$가 닫힌구간 $[a, b]$에서 연속일 때,

$$\frac{d}{dx}\int_a^x f(t)dt=f(x) \text{ (단, } a<x<b)$$

⑥ 정적분의 성질

(1) 두 함수 $f(x)$, $g(x)$가 닫힌구간 $[a, b]$에서 연속일 때

① $\displaystyle\int_a^b kf(x)dx = k\int_a^b f(x)dx$ (단, k는 상수)

② $\displaystyle\int_a^b \{f(x)+g(x)\}dx = \int_a^b f(x)dx + \int_a^b g(x)dx$

③ $\displaystyle\int_a^b \{f(x)-g(x)\}dx = \int_a^b f(x)dx - \int_a^b g(x)dx$

(2) 함수 $f(x)$가 임의의 세 실수 a, b, c를 포함하는 닫힌구간에서 연속일 때,

$$\int_a^c f(x)dx + \int_c^b f(x)dx = \int_a^b f(x)dx$$

설명 $\displaystyle\int_a^c f(x)dx + \int_c^b f(x)dx = \Big[F(x)\Big]_a^c + \Big[F(x)\Big]_c^b$

$$= \{F(c)-F(a)\} + \{F(b)-F(c)\} = F(b)-F(a)$$

$$= \int_a^b f(x)dx$$

참고 함수의 성질을 이용한 정적분

① 연속함수 $y=f(x)$의 그래프가 y축에 대하여 대칭일 때, 즉 모든 실수 x에 대하여

$f(-x)=f(x)$이면 $\displaystyle\int_{-a}^a f(x)dx = 2\int_0^a f(x)dx$

② 연속함수 $y=f(x)$의 그래프가 원점에 대하여 대칭일 때, 즉 모든 실수 x에 대하여

$f(-x)=-f(x)$이면 $\displaystyle\int_{-a}^a f(x)dx = 0$

⑦ 정적분으로 나타내어진 함수의 극한

함수 $f(x)$가 실수 a를 포함하는 구간에서 연속일 때

(1) $\displaystyle\lim_{h\to 0}\frac{1}{h}\int_a^{a+h} f(t)dt = f(a)$

(2) $\displaystyle\lim_{x\to a}\frac{1}{x-a}\int_a^x f(t)dt = f(a)$

⑧ 곡선과 x축 사이의 넓이

함수 $f(x)$가 닫힌구간 $[a, b]$에서 연속일 때, 곡선 $y=f(x)$와 x축 및 두 직선 $x=a$, $x=b$로 둘러싸인 부분의 넓이 S는

$$S = \int_a^b |f(x)|dx$$

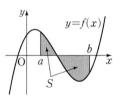

⑨ 두 곡선 사이의 넓이

두 함수 $f(x)$, $g(x)$가 닫힌구간 $[a, b]$에서 연속일 때, 두 곡선 $y=f(x)$, $y=g(x)$와 두 직선 $x=a$, $x=b$로 둘러싸인 부분의 넓이 S는

$$S = \int_a^b |f(x)-g(x)|dx$$

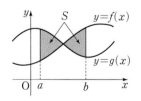

⑩ 수직선 위를 움직이는 점의 위치와 거리

수직선 위를 움직이는 점 P의 시각 t에서의 속도를 $v(t)$, 시각 t에서의 위치를 $x(t)$라 하자.

(1) 시각 t에서의 점 P의 위치는 $x(t) = x(a) + \displaystyle\int_a^t v(s)ds$

(2) 시각 $t=a$에서 $t=b$까지 점 P의 위치의 변화량은 $\displaystyle\int_a^b v(t)dt$

(3) 시각 $t=a$에서 $t=b$까지 점 P가 움직인 거리 s는 $s = \displaystyle\int_a^b |v(t)|dt$

06 다항함수의 적분법

부정적분의 뜻과 성질

출제경향 | 부정적분의 뜻과 부정적분의 성질을 이용하여 함숫값을 구하거나 부정적분을 활용하는 문제가 출제된다.

출제유형잡기 | (1) n이 양의 정수일 때,

$$\int x^n dx = \frac{1}{n+1}x^{n+1}+C \text{ (단, } C\text{는 적분상수)}$$

(2) 두 함수 $f(x)$, $g(x)$의 부정적분이 각각 존재할 때

① $\int kf(x)dx = k\int f(x)dx$ (단, k는 0이 아닌 상수)

② $\int \{f(x)+g(x)\}dx = \int f(x)dx + \int g(x)dx$

③ $\int \{f(x)-g(x)\}dx = \int f(x)dx - \int g(x)dx$

[참고] 미분가능한 함수 $f(x)$에 대하여

(1) $\dfrac{d}{dx}\left\{\displaystyle\int f(x)dx\right\} = f(x)$

(2) $\displaystyle\int \left\{\dfrac{d}{dx}f(x)\right\}dx = f(x)+C$ (단, C는 적분상수)

01
▶ 25054-0171

함수 $f(x) = \displaystyle\int (3x^2-4x)dx$에 대하여 $f(1)=2$일 때, $f(3)$의 값을 구하시오.

02
▶ 25054-0172

함수

$$f(x) = \int (x^2+x+a)dx - \int (x^2-3x)dx$$

에 대하여 $\displaystyle\lim_{x \to 2}\frac{f(x)}{x-2}=3$일 때, $f(4)$의 값을 구하시오.

(단, a는 상수이다.)

03
▶ 25054-0173

곡선 $y=f(x)$ 위의 임의의 점 $(x, f(x))$에서의 접선의 기울기는 다음과 같다.

> (가) $x<1$일 때, $3x^2-4$
> (나) $x \geq 1$일 때, $-4x+3$

함수 $f(x)$가 실수 전체의 집합에서 연속이고, $f(0)=0$일 때, $f(1)+f(2)$의 값은?

① -6 ② -7 ③ -8

④ -9 ⑤ -10

04
▶ 25054-0174

다항함수 $f(x)$의 한 부정적분을 $F(x)$라 할 때, 함수 $F(x)$는 실수 전체의 집합에서

$$2F(x) = (2x+1)f(x) - 3x^4 - 2x^3 + x^2 + x + 4$$

를 만족시킨다. $f(0)=0$일 때, $F(2)$의 값은?

① 6   ② 7   ③ 8

④ 9   ⑤ 10

수학 II

▶ 25054-0177

유형 2 정적분의 뜻과 성질

출제경향 | 정적분의 뜻과 성질을 이용하여 정적분의 값을 구하거나 정적분을 활용하는 문제가 출제된다.

출제유형잡기 | ⑴ 두 함수 $f(x)$, $g(x)$가 닫힌구간 $[a, b]$에서 연속
일 때

① $\displaystyle\int_a^b kf(x)dx = k\int_a^b f(x)dx$ (단, k는 상수)

② $\displaystyle\int_a^b \{f(x)+g(x)\}dx = \int_a^b f(x)dx + \int_a^b g(x)dx$

③ $\displaystyle\int_a^b \{f(x)-g(x)\}dx = \int_a^b f(x)dx - \int_a^b g(x)dx$

⑵ 함수 $f(x)$가 임의의 세 실수 a, b, c를 포함하는 닫힌구간에서 연
속일 때,

$$\int_a^c f(x)dx + \int_c^b f(x)dx = \int_a^b f(x)dx$$

05

▶ 25054-0175

$\displaystyle\int_0^3 |6x(x-1)|dx$의 값을 구하시오.

06

▶ 25054-0176

$\displaystyle\int_{-1}^{\sqrt{2}} (x^3-2x)dx + \int_{-1}^{\sqrt{2}} (-x^3+3x^2)dx + \int_{\sqrt{2}}^{2} (3x^2-2x)dx$
의 값은?

① 5   ② 6   ③ 7

④ 8   ⑤ 9

07

최고차항의 계수가 3인 이차함수 $f(x)$에 대하여

$$\int_0^1 f(x)dx = f(1), \quad \int_0^2 f(x)dx = f(2)$$

일 때, $f(3)$의 값을 구하시오.

08

▶ 25054-0178

최고차항의 계수가 양수인 삼차함수 $f(x)$의 도함수 $y=f'(x)$
의 그래프가 그림과 같고, $f'(1)=f'(2)=0$이다.

$\displaystyle\int_0^3 |f'(x)|dx = f(3)-f(0)+4$일 때, $f(2)-f(1)$의 값은?

① -2 ② -4 ③ -6

④ -8 ⑤ -10

유형 3 함수의 성질을 이용한 정적분

출제경향 | 함수의 그래프가 y축 또는 원점에 대하여 대칭임을 이용하거나 함수의 그래프를 평행이동하여 정적분의 값을 구하는 문제가 출제된다.

출제유형잡기 | (1) 연속함수 $y=f(x)$의 그래프가 y축에 대하여 대칭일 때, 즉 모든 실수 x에 대하여 $f(-x)=f(x)$이면

$$\int_{-a}^{a} f(x)dx=2\int_{0}^{a} f(x)dx$$

(2) 연속함수 $y=f(x)$의 그래프가 원점에 대하여 대칭일 때, 즉 모든 실수 x에 대하여 $f(-x)=-f(x)$이면

$$\int_{-a}^{a} f(x)dx=0$$

09
▶ 25054-0179

최고차항의 계수가 1인 이차함수 $f(x)$가 모든 실수 x에 대하여 $f(-x)=f(x)$를 만족시킨다. $\int_{-3}^{3} f(x)dx=60$일 때, $f(3)$의 값을 구하시오.

10
▶ 25054-0180

함수 $f(x)$는 실수 전체의 집합에서 연속이고, $\int_{1}^{3} f(x)dx=5$일 때, $\int_{0}^{2} \{3f(x+1)+4\}dx$의 값을 구하시오.

11
▶ 25054-0181

일차함수 $f(x)$에 대하여

$$\int_{-1}^{1} f(x)dx=12, \quad \int_{-1}^{1} xf(x)dx=8$$

일 때, $\int_{0}^{2} x^2f(x)dx$의 값을 구하시오.

12
▶ 25054-0182

최고차항의 계수가 1인 삼차함수 $f(x)$가 다음 조건을 만족시킨다.

(가) 모든 실수 x에 대하여 $f(-x)=-f(x)$이다.
(나) $\int_{-1}^{1} (x+5)^2f(x)dx=64$

$\int_{1}^{2} \dfrac{f(x)}{x} dx$의 값은?

① $\dfrac{34}{3}$ ② $\dfrac{23}{2}$ ③ $\dfrac{35}{3}$

④ $\dfrac{71}{6}$ ⑤ 12

15

다항함수 $f(x)$가 모든 실수 x에 대하여

$$\int_{-1}^{x} f(t)dt + (x+1)\int_{-1}^{2} f(t)dt = 4x^2 - 4$$

를 만족시킬 때, $f(4)$의 값을 구하시오.

출제경향 | 정적분으로 나타내어진 함수에서 미분을 통해 함수를 구하거나 함숫값을 구하는 문제가 출제된다.

출제유형잡기 | (1) 함수 $f(x)$가

$$f(x) = g(x) + \int_{a}^{b} f(t)dt \ (a, b\text{는 상수})$$

로 주어지면 다음을 이용하여 문제를 해결한다.

① $\int_{a}^{b} f(t)dt = k \ (k\text{는 상수})$라 하면 $f(x) = g(x) + k$

② $\int_{a}^{b} \{g(t) + k\}dt = k$로부터 구한 k의 값에서 $f(x)$를 구한다.

(2) 함수 $f(x)$에 대하여 함수 $g(x)$가

$$g(x) = \int_{a}^{x} f(t)dt \ (a\text{는 상수})$$

로 주어지면 다음을 이용하여 문제를 해결한다.

① 양변에 $x = a$를 대입하면 $g(a) = 0$

② 양변을 x에 대하여 미분하면 $g'(x) = f(x)$

13

함수 $f(x)$가 모든 실수 x에 대하여

$$f(x) = 3x^2 + x\int_{0}^{2} f(t)dt$$

를 만족시킬 때, $f(4)$의 값은?

① 12   ② 14   ③ 16

④ 18   ⑤ 20

16

다항함수 $f(x)$가 모든 실수 x에 대하여

$$x^2\int_{1}^{x} f(t)dt = \int_{1}^{x} t^2 f(t)dt + x^4 + ax^3 + bx^2$$

을 만족시킨다. $f(a+b)$의 값은? (단, a, b는 상수이다.)

① -6 ② -7 ③ -8

④ -9 ⑤ -10

14

다항함수 $f(x)$가 모든 실수 x에 대하여

$$\int_{1}^{x} f(t)dt = x^3 + ax^2 + bx$$

를 만족시키고 $f(1) = 4$일 때, $f(a+b)$의 값은?

(단, a, b는 상수이다.)

① -1 ② -2 ③ -3

④ -4 ⑤ -5

유형 **5** **정적분으로 나타내어진 함수의 활용**

출제경향 | 정적분으로 나타내어진 함수에 대하여 함수의 극댓값과 극솟값, 함수의 그래프의 개형, 방정식의 실근의 개수 등과 관련된 미분법을 활용하는 문제가 출제된다.

출제유형잡기 | 함수 $f(x)$에 대하여 함수 $g(x)$가

$$g(x) = \int_a^x f(t)\,dt \ (a는 \ 상수)$$

와 같이 주어지면 다음을 이용하여 문제를 해결한다.

① 양변을 x에 대하여 미분하여 방정식 $g'(x) = 0$, 즉 $f(x) = 0$을 만족시키는 x의 값을 구한다.

② ①에서 구한 x의 값을 이용하여 함수 $y = g(x)$의 그래프의 개형을 그려 본다.

17
▸ 25054-0187

함수 $f(x) = x^2 + ax + b$에 대하여

$$\lim_{x \to 1} \frac{1}{x-1} \int_1^x f(t)\,dt = 3, \quad \lim_{h \to 0} \frac{1}{h} \int_{2-h}^{2+h} tf(t)\,dt = 36$$

일 때, $f(3)$의 값을 구하시오. (단, a, b는 상수이다.)

18
▸ 25054-0188

함수 $f(x) = \int_{-1}^x (t-1)(t-2)\,dt$의 극솟값은?

① $\dfrac{25}{6}$
② $\dfrac{13}{3}$
③ $\dfrac{9}{2}$

④ $\dfrac{14}{3}$
⑤ $\dfrac{29}{6}$

19
▸ 25054-0189

최고차항의 계수가 1인 이차함수 $f(x)$에 대하여 함수

$$g(x) = \int_0^x f(t)\,dt$$

가 $x = 2$에서 극솟값 $-\dfrac{10}{3}$을 가질 때, $g'(4)$의 값을 구하시오.

20
▸ 25054-0190

다항함수 $f(x)$에 대하여 함수

$$g(x) = x \int_1^x f(t)\,dt - \int_1^x tf(t)\,dt$$

와 그 도함수 $g'(x)$가 다음 조건을 만족시킨다.

(가) $\displaystyle \lim_{x \to \infty} \frac{g'(x) - 4x^3}{x^2 + x + 1} = 3$

(나) $\displaystyle \lim_{x \to 1} \frac{g(x) + (x-1)f(x)}{x-1} = \int_1^3 f(x)\,dx$

$\displaystyle \int_0^1 f(x)\,dx$의 값은?

① -101
② -103
③ -105

④ -107
⑤ -109

▶ 25054-0193

유형 6 곡선과 x축 사이의 넓이

출제경향 | 곡선과 x축 사이의 넓이를 정적분을 이용하여 구하는 문제가 출제된다.

출제유형잡기 | 함수 $f(x)$가 닫힌구간 $[a, b]$에서 연속일 때, 곡선 $y=f(x)$와 x축 및 두 직선 $x=a$, $x=b$로 둘러싸인 부분의 넓이 S는

$$S=\int_a^b |f(x)|\, dx$$

21

▶ 25054-0191

곡선 $y=(x-10)(x-13)$과 x축으로 둘러싸인 부분의 넓이는?

① $\dfrac{25}{6}$ ② $\dfrac{17}{4}$ ③ $\dfrac{13}{3}$

④ $\dfrac{53}{12}$ ⑤ $\dfrac{9}{2}$

22

▶ 25054-0192

양수 a에 대하여 함수 $f(x)=x^3-ax^2$의 그래프와 x축으로 둘러싸인 부분의 넓이가 108일 때, a의 값은?

① 2 ② 4 ③ 6
④ 8 ⑤ 10

23

▶ 25054-0193

삼차함수 $f(x)$가 다음 조건을 만족시킨다.

(가) $\lim\limits_{x\to 0}\dfrac{f(x)}{x}=9$

(나) $\lim\limits_{x\to 3}\dfrac{f(x)}{x-3}=0$

곡선 $y=f(x)$와 x축으로 둘러싸인 부분의 넓이는?

① 6 ② $\dfrac{25}{4}$ ③ $\dfrac{13}{2}$

④ $\dfrac{27}{4}$ ⑤ 7

24

▶ 25054-0194

$a<b$인 두 양수 a, b에 대하여 최고차항의 계수가 양수인 삼차함수 $f(x)$가

$$f(a)=f(-b)=f(b)=0$$

을 만족시킨다.

$$\int_{-b}^{b} \{f(x)+f(-x)\}\, dx=54,$$

$$\int_{-b}^{b} \{f(x)+|f(x)|\}\, dx=64$$

일 때, 닫힌구간 $[a, b]$에서 곡선 $y=f(x)$와 x축으로 둘러싸인 부분의 넓이를 구하시오.

유형 7 두 곡선 사이의 넓이

출제경향 | 두 곡선으로 둘러싸인 부분의 넓이를 정적분을 이용하여 구하는 문제가 출제된다.

출제유형잡기 | 두 함수 $f(x)$, $g(x)$가 닫힌구간 $[a, b]$에서 연속일 때, 두 곡선 $y=f(x)$, $y=g(x)$와 두 직선 $x=a$, $x=b$로 둘러싸인 부분의 넓이 S는

$$S=\int_a^b |f(x)-g(x)|\, dx$$

25

▶ 25054-0195

곡선 $y=ax^2$과 직선 $y=a(x+2)$로 둘러싸인 부분의 넓이가 27일 때, 양수 a의 값을 구하시오.

26

▶ 25054-0196

함수 $f(x)=x^3+x^2$에 대하여 점 $(0, -3)$에서 곡선 $y=f(x)$에 그은 접선의 방정식을 $y=g(x)$라 하자. 곡선 $y=f(x)$와 직선 $y=g(x)$로 둘러싸인 부분의 넓이는?

① $\dfrac{127}{6}$ ② $\dfrac{64}{3}$ ③ $\dfrac{43}{2}$

④ $\dfrac{65}{3}$ ⑤ $\dfrac{131}{6}$

27

▶ 25054-0197

최고차항의 계수가 1인 삼차함수 $f(x)$와 그 도함수 $f'(x)$가 다음 조건을 만족시킨다.

(가) $f(0)=f'(0)=2$
(나) $f(3)=f'(3)$

두 곡선 $y=f(x)$, $y=f'(x)$로 둘러싸인 부분의 넓이는?

① $\dfrac{37}{12}$ ② $\dfrac{19}{6}$ ③ $\dfrac{13}{4}$

④ $\dfrac{10}{3}$ ⑤ $\dfrac{41}{12}$

28

▶ 25054-0198

그림과 같이 함수 $f(x)=(x-4)^2$의 그래프와 직선 $g(x)=-2x+k\,(7<k<16)$이 서로 다른 두 점에서 만난다. 곡선 $y=f(x)$, 직선 $y=g(x)$ 및 y축으로 둘러싸인 부분의 넓이를 S_1, 곡선 $y=f(x)$와 직선 $y=g(x)$로 둘러싸인 부분의 넓이를 S_2라 하자. $S_2=2S_1$일 때, 상수 k의 값은?

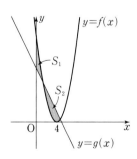

① 8   ② 9   ③ 10

④ 11   ⑤ 12

▶ 25054-0199

▶ 25054-0200

▶ 25054-0201

유형 8 여러 가지 조건이 포함된 정적분의 활용

출제경향 | 주기를 갖는 함수의 성질, 함수의 그래프의 개형, 정적분의 정의와 성질 등의 여러 가지 조건이 포함된 정적분을 활용하는 문제가 출제된다.

출제유형잡기 | 함수의 성질을 이해하고 주기를 구하거나 함수의 그래프의 개형 및 여러 가지 조건을 이해하여 정적분의 정의와 넓이의 관계로부터 정적분의 값을 구한다.

29

$x \geq -1$에서 정의된 함수 $f(x) = a(x+1)^2 + b \ (a > 0)$의 역함수를 $g(x)$라 할 때, 두 곡선 $y = f(x)$, $y = g(x)$는 두 점 $(0, f(0))$, $(2, f(2))$에서 만난다. 두 곡선 $y = f(x)$, $y = g(x)$로 둘러싸인 부분의 넓이는?

① $\dfrac{1}{2}$　　　② $\dfrac{7}{12}$　　　③ $\dfrac{2}{3}$

④ $\dfrac{3}{4}$　　　⑤ $\dfrac{5}{6}$

30

실수 전체의 집합에서 연속인 함수 $f(x)$가 모든 실수 x에 대하여 $f(x+3) = f(x)$를 만족시킨다.

$$\int_{-1}^{1} f(x)dx = 1, \quad \int_{1}^{4} \{f(x)+1\}dx = 6$$

일 때, $\displaystyle\int_{1}^{8} \{f(x)+2\}dx$의 값을 구하시오.

31

함수

$$f(x) = \begin{cases} 4x^2 & (x < 1) \\ (x-3)^2 & (x \geq 1) \end{cases}$$

과 $0 < t < 1$인 실수 t에 대하여 함수 $y = f(x)$의 그래프와 x축 및 두 직선 $x = t$, $x = t+1$로 둘러싸인 부분의 넓이를 $S(t)$라 하자. 함수 $S(t)$가 최대가 되도록 하는 실수 t의 값은?

① $\dfrac{7}{12}$　　　② $\dfrac{5}{8}$　　　③ $\dfrac{2}{3}$

④ $\dfrac{17}{24}$　　　⑤ $\dfrac{3}{4}$

유형 9 수직선 위를 움직이는 점의 속도와 거리

출제경향 | 수직선 위를 움직이는 점의 시각 t에서의 속도에 대한 식이나 그래프로부터 점의 위치, 위치의 변화량, 움직인 거리를 구하는 문제가 출제된다.

출제유형잡기 | 수직선 위를 움직이는 점 P의 시각 t에서의 속도가 $v(t)$이고, 시각 t에서의 위치가 $x(t)$일 때

(1) 시각 t에서의 점 P의 위치는

$$x(t)=x(a)+\int_a^t v(s)ds$$

(2) 시각 $t=a$에서 $t=b$까지 점 P의 위치의 변화량은

$$\int_a^b v(t)dt$$

(3) 시각 $t=a$에서 $t=b$까지 점 P가 움직인 거리 s는

$$s=\int_a^b |v(t)|dt$$

32

▶ 25054-0202

수직선 위를 움직이는 점 P의 시각 t $(t\geq0)$에서의 속도 $v(t)$가

$$v(t)=-2t+4$$

이다. 시각 $t=0$일 때부터 운동 방향이 바뀔 때까지 점 P가 움직인 거리는?

① 2   ② 4   ③ 6
④ 8   ⑤ 10

33

▶ 25054-0203

수직선 위를 움직이는 점 P의 시각 t $(t\geq0)$에서의 속도 $v(t)$가

$$v(t)=-2t+k \ (k는 상수)$$

이다. 시각 $t=3$에서의 점 P의 속도는 2이고, 점 P의 위치는 10이다. 시각 $t=0$에서의 점 P의 위치는?

① -1 ② -2 ③ -3
④ -4 ⑤ -5

34

▶ 25054-0204

시각 $t=0$일 때 원점을 출발하여 수직선 위를 움직이는 점 P의 시각 t $(t\geq0)$에서의 속도 $v(t)$는 다음과 같다.

$$v(t)=\begin{cases} \dfrac{1}{3}t & (0\leq t<6) \\ -t+8 & (t\geq6) \end{cases}$$

$t>0$에서 점 P가 원점을 지나는 시각은 $t=k$이다. 상수 k의 값은?

① 10   ② 11   ③ 12
④ 13   ⑤ 14

35

▶ 25054-0205

시각 $t=0$일 때 동시에 원점을 출발하여 수직선 위를 움직이는 두 점 P, Q의 시각 t $(t\geq0)$에서의 속도를 각각 $v_1(t)$, $v_2(t)$라 하면

$$v_1(t)=v_2(t)-3t^2+3t+6$$

이고, 시각 $t=k$일 때 두 점 P, Q의 속도가 같다. 시각 $t=k$에서의 두 점 P, Q의 위치를 각각 $x_1(k)$, $x_2(k)$라 할 때, $x_1(k)-x_2(k)$의 값은?

① 10   ② 12   ③ 14
④ 16   ⑤ 18

07 수열의 극한

① 수열의 수렴과 발산

(1) 수열 $\{a_n\}$이 수렴하는 경우 : $\lim\limits_{n\to\infty}a_n=\alpha$ (단, α는 상수)

(2) 수열 $\{a_n\}$이 발산하는 경우 : $\begin{cases} \lim\limits_{n\to\infty}a_n=\infty \text{ (양의 무한대로 발산)} \\ \lim\limits_{n\to\infty}a_n=-\infty \text{ (음의 무한대로 발산)} \\ \text{진동} \end{cases}$

② 수열의 극한에 대한 기본 성질

두 수열 $\{a_n\}$, $\{b_n\}$이 수렴하고 $\lim\limits_{n\to\infty}a_n=\alpha$, $\lim\limits_{n\to\infty}b_n=\beta$ (α, β는 상수)일 때

(1) $\lim\limits_{n\to\infty}ka_n=k\lim\limits_{n\to\infty}a_n=k\alpha$ (단, k는 상수)

(2) $\lim\limits_{n\to\infty}(a_n+b_n)=\lim\limits_{n\to\infty}a_n+\lim\limits_{n\to\infty}b_n=\alpha+\beta$

(3) $\lim\limits_{n\to\infty}(a_n-b_n)=\lim\limits_{n\to\infty}a_n-\lim\limits_{n\to\infty}b_n=\alpha-\beta$

(4) $\lim\limits_{n\to\infty}a_nb_n=\lim\limits_{n\to\infty}a_n\times\lim\limits_{n\to\infty}b_n=\alpha\beta$

(5) $\lim\limits_{n\to\infty}\dfrac{a_n}{b_n}=\dfrac{\lim\limits_{n\to\infty}a_n}{\lim\limits_{n\to\infty}b_n}=\dfrac{\alpha}{\beta}$ (단, $b_n\neq0$, $\beta\neq0$)

③ 수열의 극한값의 계산

(1) $\dfrac{\infty}{\infty}$ 꼴의 극한

분모, 분자가 다항식인 경우 분모의 최고차항으로 분자, 분모를 각각 나누어서 극한값을 구한다.

　① (분모의 차수)=(분자의 차수) : 극한값은 분자와 분모의 최고차항의 계수의 비와 같다.

　② (분모의 차수)>(분자의 차수) : 극한값은 0이다.

　③ (분모의 차수)<(분자의 차수) : ∞ 또는 $-\infty$로 발산한다.

(2) 무리식이 포함된 $\infty-\infty$ 꼴의 극한

$\sqrt{a_n}-\sqrt{b_n}=\dfrac{a_n-b_n}{\sqrt{a_n}+\sqrt{b_n}}$임을 이용하여 주어진 식을 변형한 후 극한값을 구한다. (단, $a_n>0$, $b_n>0$)

(3) $0\times\infty$ 꼴의 극한

통분, 유리화 등의 방법으로 주어진 식을 변형한 후 극한값을 구한다.

④ 수열의 극한의 대소 관계

두 수열 $\{a_n\}$, $\{b_n\}$에 대하여 $\lim\limits_{n\to\infty}a_n=\alpha$, $\lim\limits_{n\to\infty}b_n=\beta$ (α, β는 상수)일 때

(1) 모든 자연수 n에 대하여 $a_n\leq b_n$이면 $\alpha\leq\beta$이다.

(2) 수열 $\{c_n\}$이 모든 자연수 n에 대하여 $a_n\leq c_n\leq b_n$이고 $\alpha=\beta$이면 $\lim\limits_{n\to\infty}c_n=\alpha$이다.

⑤ 등비수열의 극한

등비수열 $\{r^n\}$의 수렴과 발산은 r의 값의 범위에 따라 다음과 같다.

(1) $r>1$일 때, $\lim\limits_{n\to\infty}r^n=\infty$ (발산)
(2) $r=1$일 때, $\lim\limits_{n\to\infty}r^n=1$ (수렴)

(3) $|r|<1$일 때, $\lim\limits_{n\to\infty}r^n=0$ (수렴)
(4) $r\leq-1$일 때, 수열 $\{r^n\}$은 진동한다. (발산)

⑥ **급수**

(1) 수열 $\{a_n\}$의 각 항을 차례로 덧셈 기호 $+$를 사용하여 연결한 식

$$\sum_{n=1}^{\infty} a_n = a_1 + a_2 + a_3 + \cdots + a_n + \cdots$$

을 급수라고 한다.

(2) 급수 $\sum_{n=1}^{\infty} a_n$에서 첫째항부터 제n항까지의 합

$$S_n = a_1 + a_2 + a_3 + \cdots + a_n = \sum_{k=1}^{n} a_k$$

를 이 급수의 제n항까지의 부분합이라고 한다.

Note

⑦ **급수의 수렴과 발산**

(1) 급수 $\sum_{n=1}^{\infty} a_n$의 제n항까지의 부분합으로 이루어진 수열 $\{S_n\}$이 일정한 값 S에 수렴할 때, 급수 $\sum_{n=1}^{\infty} a_n$은 S에 수렴한다고 하고, S를 급수의 합이라고 한다. 즉,

$$\sum_{n=1}^{\infty} a_n = \lim_{n \to \infty} S_n = \lim_{n \to \infty} \sum_{k=1}^{n} a_k = S$$

(2) 급수 $\sum_{n=1}^{\infty} a_n$의 제n항까지의 부분합으로 이루어진 수열 $\{S_n\}$이 발산할 때, 급수 $\sum_{n=1}^{\infty} a_n$은 발산한다고 한다.

⑧ **급수와 수열의 극한 사이의 관계**

(1) 급수 $\sum_{n=1}^{\infty} a_n$이 수렴하면 $\lim_{n \to \infty} a_n = 0$이다.

(2) $\lim_{n \to \infty} a_n \neq 0$이면 급수 $\sum_{n=1}^{\infty} a_n$은 발산한다.

참고 일반적으로 (1)의 역은 성립하지 않는다. 즉, $\lim_{n \to \infty} a_n = 0$일 때 급수 $\sum_{n=1}^{\infty} a_n$은 발산하는 경우가 있다.

⑨ **급수의 성질**

두 급수 $\sum_{n=1}^{\infty} a_n$, $\sum_{n=1}^{\infty} b_n$이 수렴하고 그 합이 각각 S, T일 때

(1) $\sum_{n=1}^{\infty} k a_n = k \sum_{n=1}^{\infty} a_n = kS$ (단, k는 상수)

(2) $\sum_{n=1}^{\infty} (a_n + b_n) = \sum_{n=1}^{\infty} a_n + \sum_{n=1}^{\infty} b_n = S + T$

(3) $\sum_{n=1}^{\infty} (a_n - b_n) = \sum_{n=1}^{\infty} a_n - \sum_{n=1}^{\infty} b_n = S - T$

⑩ **등비급수**

(1) 첫째항이 a $(a \neq 0)$, 공비가 r인 등비수열 $\{ar^{n-1}\}$의 각 항을 차례로 덧셈 기호 $+$를 사용하여 연결한 급수

$$\sum_{n=1}^{\infty} ar^{n-1} = a + ar + ar^2 + \cdots + ar^{n-1} + \cdots$$

을 등비급수라고 한다.

(2) 등비급수 $\sum_{n=1}^{\infty} ar^{n-1}$ $(a \neq 0)$은

① $|r| < 1$일 때, 수렴하고 그 합은 $\dfrac{a}{1-r}$이다.

② $|r| \geq 1$일 때, 발산한다.

▶ 25055-0208

03

두 수열 $\{a_n\}$, $\{b_n\}$이

$$\lim_{n\to\infty}(a_n+2b_n)=5, \quad \lim_{n\to\infty}(a_n^{\,2}+4b_n^{\,2})=17$$

을 만족시킬 때, $\lim_{n\to\infty}a_nb_n$의 값은?

① $\dfrac{1}{2}$ ② 1 ③ $\dfrac{3}{2}$

④ 2 ⑤ $\dfrac{5}{2}$

유형 1 **수열의 극한에 대한 기본 성질**

출제경향 | 수열의 극한에 대한 기본 성질을 이용하여 극한값을 구하는 문제가 출제된다.

출제유형잡기 | 두 수열 $\{a_n\}$, $\{b_n\}$이 수렴하고
$\lim_{n\to\infty}a_n=\alpha$, $\lim_{n\to\infty}b_n=\beta$ (α, β는 상수)일 때

(1) $\lim_{n\to\infty}ka_n=k\lim_{n\to\infty}a_n=k\alpha$ (단, k는 상수)

(2) $\lim_{n\to\infty}(a_n+b_n)=\lim_{n\to\infty}a_n+\lim_{n\to\infty}b_n=\alpha+\beta$

(3) $\lim_{n\to\infty}(a_n-b_n)=\lim_{n\to\infty}a_n-\lim_{n\to\infty}b_n=\alpha-\beta$

(4) $\lim_{n\to\infty}a_nb_n=\lim_{n\to\infty}a_n\times\lim_{n\to\infty}b_n=\alpha\beta$

(5) $\lim_{n\to\infty}\dfrac{a_n}{b_n}=\dfrac{\lim\limits_{n\to\infty}a_n}{\lim\limits_{n\to\infty}b_n}=\dfrac{\alpha}{\beta}$ (단, $b_n\ne0$, $\beta\ne0$)

01

▶ 25055-0206

두 수열 $\{a_n\}$, $\{b_n\}$에 대하여

$$\lim_{n\to\infty}a_n=3, \quad \lim_{n\to\infty}b_n=2$$

일 때, $\lim_{n\to\infty}(2a_n-3b_n)$의 값은?

① -4 ② -2 ③ 0

④ 2 ⑤ 4

04

▶ 25055-0209

수렴하는 수열 $\{a_n\}$에 대하여

$$\lim_{n\to\infty}2a_{3n-2}-10\lim_{n\to\infty}\left(a_{3n-1}+\frac{1}{2}\right)+\lim_{n\to\infty}(a_{3n}+1)^2=-13$$

일 때, $\lim_{n\to\infty}a_n$의 값은?

① 3 ② $\dfrac{7}{2}$ ③ 4

④ $\dfrac{9}{2}$ ⑤ 5

02

▶ 25055-0207

두 수열 $\{a_n\}$, $\{b_n\}$이

$$\lim_{n\to\infty}(2a_n+b_n)=4, \quad \lim_{n\to\infty}(4a_n-b_n)=-1$$

을 만족시킬 때, $\lim_{n\to\infty}a_n(b_n+3)$의 값은?

① 1 ② 2 ③ 3

④ 4 ⑤ 5

유형2 수열의 극한

출제경향 | 일반항이 다양한 형태로 주어진 수열의 극한을 구하는 문제가 출제된다.

출제유형잡기 | (1) 일반항의 분자와 분모가 n에 대한 다항식인 분수꼴의 식으로 주어진 수열은 분모의 최고차항으로 분자와 분모를 각각 나누어서 극한값을 구한다.

(2) 일반항이 무리식이 포함된 $\infty - \infty$ 꼴로 주어진 수열은 $\sqrt{a_n} - \sqrt{b_n} = \dfrac{a_n - b_n}{\sqrt{a_n} + \sqrt{b_n}}$ 임을 이용하여 주어진 식을 변형한 후 극한값을 구한다. (단, $a_n > 0$, $b_n > 0$)

05
▶ 25055-0210

$\displaystyle\lim_{n \to \infty} \dfrac{3n^3 - n^2 - 2}{2n^3 + n - 3}$ 의 값은?

① $\dfrac{1}{2}$ ② 1 ③ $\dfrac{3}{2}$

④ 2 ⑤ $\dfrac{5}{2}$

06
▶ 25055-0211

두 자연수 a, b에 대하여

$$\lim_{n \to \infty} (\sqrt{an^2 + 2an - 1} - \sqrt{an^2 - an + 2}) = b$$

일 때, $a + b$의 최솟값은?

① 4 ② 5 ③ 6

④ 7 ⑤ 8

07
▶ 25055-0212

모든 항이 양수인 수열 $\{a_n\}$에 대하여 $\displaystyle\lim_{n \to \infty} \dfrac{a_n}{n} = 0$일 때,

$$\lim_{n \to \infty} \dfrac{n(\sqrt{pn^2 + 2a_n} - \sqrt{9n^2 + a_n})}{a_n} = q$$

를 만족시키는 두 상수 p, q에 대하여 $p \times q$의 값은? (단, $p > 0$)

① $\dfrac{1}{2}$ ② 1 ③ $\dfrac{3}{2}$

④ 2 ⑤ $\dfrac{5}{2}$

08
▶ 25055-0213

다항함수 $f(x)$가 다음 조건을 만족시킨다.

(가) $\displaystyle\lim_{n \to \infty} f(n) = \infty$

(나) $\displaystyle\lim_{n \to \infty} \dfrac{\{f(n) - 2n^2\} \times \{f(n) + 3n\}}{n^3 + 2n - 1} = 2$

$f(3) - f(0)$의 값은?

① 9 ② 12 ③ 15

④ 18 ⑤ 21

▶ 25055-0216

11

수열 $\{a_n\}$이 모든 자연수 n에 대하여

$$a_n^2 < 8n(1-2n-a_n)$$

을 만족시킬 때, $\left| \lim\limits_{n \to \infty} \dfrac{a_n^2 + 8na_n + 4n^2}{a_n^2 - na_n} \right| = \dfrac{q}{p}$ 이다.

$p+q$의 값을 구하시오. (단, p와 q는 서로소인 자연수이다.)

출제경향 | 수열의 극한의 대소 관계를 이용하여 수열의 극한값을 구하는 문제가 출제된다.

출제유형잡기 | (1) 수열의 일반항 a_n이 포함된 모든 자연수 n에 대하여 성립하는 부등식이 주어지거나 그 부등식을 구할 수 있을 때, 수열의 극한의 대소 관계를 이용하여 극한값을 구한다.

(2) 세 수열 $\{a_n\}$, $\{b_n\}$, $\{c_n\}$이 모든 자연수 n에 대하여 $a_n \leq c_n \leq b_n$이고, $\lim\limits_{n \to \infty} a_n = \lim\limits_{n \to \infty} b_n = \alpha$ (α는 상수)이면 $\lim\limits_{n \to \infty} c_n = \alpha$이다.

09

▶ 25055-0214

수열 $\{a_n\}$이 모든 자연수 n에 대하여

$$\sqrt{4n^4 - 1} < a_n < 2n^2 + n + 3$$

을 만족시킬 때, $\lim\limits_{n \to \infty} \dfrac{n^2 a_n + n^4 - 2n^2}{(a_n + 3)^2}$의 값은?

① $\dfrac{1}{2}$ ② $\dfrac{3}{4}$ ③ 1

④ $\dfrac{5}{4}$ ⑤ $\dfrac{3}{2}$

12

▶ 25055-0217

두 수열 $\{a_n\}$, $\{b_n\}$이 다음 조건을 만족시킨다.

(가) 모든 자연수 n에 대하여
$$n^2(\sqrt{4n^2 + 2n} - 2n) < a_n + nb_n < n^2(\sqrt{4n^2 + 2n + 1} - 2n)$$
이다.

(나) $\lim\limits_{n \to \infty} \dfrac{(5n-1)b_n}{n^2 - 3n + 1} = 10$

$\lim\limits_{n \to \infty} \dfrac{a_n}{n^2}$의 값은?

① $-\dfrac{1}{2}$ ② $-\dfrac{3}{4}$ ③ -1

④ $-\dfrac{5}{4}$ ⑤ $-\dfrac{3}{2}$

10

▶ 25055-0215

수열 $\{a_n\}$의 일반항이

$$a_n = \sum_{k=1}^{n} (4k - 1)$$

일 때, 수열 $\{b_n\}$이 2 이상의 모든 자연수 n에 대하여 부등식

$$a_n < b_n < a_{n+1} - a_n + a_{n-1}$$

을 만족시킨다. $\lim\limits_{n \to \infty} \dfrac{b_n - n}{n^2 + 3}$의 값은?

① $\dfrac{2}{3}$ ② 1 ③ $\dfrac{4}{3}$

④ $\dfrac{5}{3}$ ⑤ 2

유형 4 등비수열의 극한

출제경향 | 등비수열의 일반항을 포함하는 수열의 극한값을 구하는 문제, x^n을 포함하는 수열의 극한으로 정의되는 함수에 대한 문제가 출제된다.

출제유형잡기 | 등비수열 $\{r^n\}$의 수렴과 발산은 다음과 같다.

(1) $r>1$일 때, $\lim\limits_{n\to\infty} r^n=\infty$ (발산)

(2) $r=1$일 때, $\lim\limits_{n\to\infty} r^n=1$ (수렴)

(3) $|r|<1$일 때, $\lim\limits_{n\to\infty} r^n=0$ (수렴)

(4) $r\leq-1$일 때, 수열 $\{r^n\}$은 진동한다. (발산)

13
▶ 25055-0218

$\lim\limits_{n\to\infty}\dfrac{(2^{n+1}-1)^3}{2^{2-n}(2^{2n}+2^n+1)(2^{2n}-2^n+1)}$의 값은?

① $\dfrac{1}{4}$　　　　② $\dfrac{1}{2}$　　　　③ 1

④ 2　　　　⑤ 4

14
▶ 25055-0219

자연수 r에 대하여

$$\lim_{n\to\infty}\frac{r^{n+\frac{1}{2}}+4^{n+1}}{r^n+4^n}=4$$

가 성립하도록 하는 모든 r의 값의 합은?

① 21　　　　② 22　　　　③ 23

④ 24　　　　⑤ 25

15
▶ 25055-0220

$x>0$에서 정의된 함수 $f(x)=x^2-4x$에 대하여 함수 $h(x)$를

$$h(x)=\lim_{n\to\infty}\frac{\{f(x)\}^{2n+1}+5x^{2n}}{\{f(x)\}^{2n}+x^{2n}}$$

이라 하자. 함수 $h(x)$가 $x=k\ (k>0)$에서 불연속일 때, $k+h(k)$의 값을 구하시오.

16
▶ 25055-0221

$x\neq-1$인 모든 실수 x에서 정의된 함수

$$f(x)=\lim_{n\to\infty}\frac{(2x+1)x^n}{(x+1)x^n+1}$$

에 대하여 직선 $y=t(x+1)+2$가 함수 $y=f(x)$의 그래프와 오직 한 점에서 만나도록 하는 실수 t의 최댓값을 M, 최솟값을 m이라 할 때, $M\times m$의 값은?

① $\dfrac{1}{4}$　　　　② $\dfrac{1}{2}$　　　　③ $\dfrac{3}{4}$

④ 1　　　　⑤ $\dfrac{5}{4}$

유형 **5** 수열의 극한의 활용

출제경향 | 주어진 방정식이나 도형 및 수열에서 일반항을 찾아 극한 값을 구하는 문제가 출제된다.

출제유형잡기 | 주어진 함수의 그래프의 성질, 도형의 성질을 이용하여 수열의 일반항을 찾아 문제를 해결한다.

17

▶ 25055-0222

자연수 n에 대하여 x에 대한 방정식 $x^2-2nx+k=0$이 실근을 갖도록 하는 자연수 k의 개수를 a_n이라 할 때, $\lim_{n \to \infty} \dfrac{n^2+1}{a_n}$의 값은?

① 1   ② 2   ③ 3

④ 4   ⑤ 5

18

▶ 25055-0223

자연수 n에 대하여 직선 $y=n$과 두 곡선 $y=\log_2(1-x)$, $y=\log_4(2x-4)+1$이 만나는 점을 각각 A_n, B_n이라 하자. 선분 A_nB_n의 길이를 l_n이라 할 때, $\lim_{n \to \infty} \dfrac{4^n}{l_n}$의 값을 구하시오.

19

▶ 25055-0224

자연수 n에 대하여 x에 대한 부등식 $x^2-2nx-3n^2 \le 0$을 만족시키는 정수 x의 개수를 a_n이라 하자. 두 상수 p, q에 대하여

$$\lim_{n \to \infty}(\sqrt{na_n}-pn)=q$$

일 때, $p+q$의 값은?

① $\dfrac{3}{2}$ ② $\dfrac{7}{4}$ ③ 2

④ $\dfrac{9}{4}$ ⑤ $\dfrac{5}{2}$

20

▶ 25055-0225

자연수 n에 대하여 함수 $f(x)$는

$$f(x)=-(x-n)^2(x-4n)$$

이다. 실수 k에 대하여 함수 $g(x)$를

$$g(x)=\begin{cases} f(x) & (x<k) \\ f'(k)(x-k)+f(k) & (x \ge k) \end{cases}$$

라 할 때, 함수 $g(x)$의 최솟값이 0이 되도록 하는 실수 k의 최댓값을 a_n, 최솟값을 b_n이라 하자. $\lim_{n \to \infty} \dfrac{a_nb_n}{n^2+5n+4}$의 값은?

① 1   ② 2   ③ 3

④ 4   ⑤ 5

유형 **6** 급수의 계산

출제경향 | 급수의 성질을 이해하고 여러 가지 급수의 합을 구하는 문제가 출제된다.

출제유형잡기 | (1) 급수 $\sum\limits_{n=1}^{\infty} a_n$에서 첫째항부터 제$n$항까지의 부분합을

S_n이라 할 때, 수열 $\{S_n\}$의 극한값으로 급수 $\sum\limits_{n=1}^{\infty} a_n$의 합을 구한다.

(2) 급수 $\sum\limits_{n=1}^{\infty} a_n$이 수렴하면 $\lim\limits_{n\to\infty} a_n = 0$이다.

(3) 두 급수 $\sum\limits_{n=1}^{\infty} a_n$, $\sum\limits_{n=1}^{\infty} b_n$이 수렴하고 그 합이 각각 S, T일 때

① $\sum\limits_{n=1}^{\infty} ka_n = k\sum\limits_{n=1}^{\infty} a_n = kS$ (단, k는 상수)

② $\sum\limits_{n=1}^{\infty} (a_n + b_n) = \sum\limits_{n=1}^{\infty} a_n + \sum\limits_{n=1}^{\infty} b_n = S + T$

③ $\sum\limits_{n=1}^{\infty} (a_n - b_n) = \sum\limits_{n=1}^{\infty} a_n - \sum\limits_{n=1}^{\infty} b_n = S - T$

21
▶ 25055-0226

수열 $\{a_n\}$에 대하여 급수 $\sum\limits_{n=1}^{\infty}\left(\dfrac{a_n}{n} - \dfrac{3n}{n+1}\right)$이 수렴할 때,

$\lim\limits_{n\to\infty}\dfrac{a_n + 2n - 1}{3n + 1}$의 값은?

① $\dfrac{1}{3}$ ② $\dfrac{2}{3}$ ③ 1

④ $\dfrac{4}{3}$ ⑤ $\dfrac{5}{3}$

22
▶ 25055-0227

자연수 n에 대하여 x에 대한 이차방정식

$(n^2 + 2n)x^2 - 2x - 1 = 0$의 두 근의 합을 a_n이라 할 때, $\sum\limits_{n=1}^{\infty} a_n$

의 값은?

① $\dfrac{1}{2}$ ② 1 ③ $\dfrac{3}{2}$

④ 2 ⑤ $\dfrac{5}{2}$

23
▶ 25055-0228

첫째항이 1인 등차수열 $\{a_n\}$에 대하여

$$a_4 - a_2 = 4$$

일 때, $\sum\limits_{n=1}^{\infty} (2\log a_{n+1} - \log a_n - \log a_{n+2})$의 값은?

① $\log\dfrac{3}{2}$ ② $\log 2$ ③ $\log\dfrac{5}{2}$

④ $\log 3$ ⑤ $\log\dfrac{7}{2}$

24
▶ 25055-0229

등차수열 $\{a_n\}$에 대하여 첫째항부터 제n항까지의 합을 S_n이라 하자.

$$7a_1 = a_6, \quad 4S_5 = S_{10} + 20$$

일 때, $\sum\limits_{n=1}^{\infty} \dfrac{a_{n+1} + a_{n+2}}{S_n S_{n+2}}$의 값은?

① $\dfrac{1}{4}$ ② $\dfrac{21}{80}$ ③ $\dfrac{11}{40}$

④ $\dfrac{23}{80}$ ⑤ $\dfrac{3}{10}$

출제경향 | 등비급수 $\sum\limits_{n=1}^{\infty} ar^{n-1}$ $(a \neq 0)$이 수렴할 조건을 찾는 문제, 등비급수의 합을 구하는 문제가 출제된다.

출제유형잡기 | (1) 등비급수 $\sum\limits_{n=1}^{\infty} ar^{n-1}$ $(a \neq 0)$이 수렴할 조건은 $|r| < 1$이다.

(2) 등비급수 $\sum\limits_{n=1}^{\infty} ar^{n-1}$ $(a \neq 0)$은

① $|r| < 1$일 때, 수렴하고 그 합은 $\dfrac{a}{1-r}$이다.

② $|r| \geq 1$일 때, 발산한다.

25

▸ 25055-0230

$\sum\limits_{n=1}^{\infty} \left(\dfrac{x}{5}\right)^n = x$를 만족시키는 모든 실수 x의 값의 합은?

① 1   ② 2   ③ 3

④ 4   ⑤ 5

26

▸ 25055-0231

등비수열 $\{a_n\}$에 대하여

$$\sum_{n=1}^{\infty} a_{2n-1} = \dfrac{9}{4}, \quad \sum_{n=1}^{\infty} a_{2n} = \dfrac{3}{4}$$

일 때, $\sum\limits_{n=1}^{\infty} a_n^{\;2}$의 값은?

① $\dfrac{15}{4}$ ② 4   ③ $\dfrac{17}{4}$

④ $\dfrac{9}{2}$ ⑤ $\dfrac{19}{4}$

27

▸ 25055-0232

자연수 n에 대하여 곡선 $y = x^2$과 직선 $y = 4^n$이 만나는 두 점 중 제1사분면 위의 점을 A라 하자. 곡선 $y = x^2$ 위의 점 A에서의 접선이 x축과 만나는 점의 x좌표를 a_n이라 할 때, $\sum\limits_{n=1}^{\infty} \dfrac{1}{a_n}$의 값은?

① $\dfrac{1}{4}$ ② $\dfrac{1}{2}$ ③ 1

④ 2   ⑤ 4

28

▸ 25055-0233

함수 $f(x)$가 다음 조건을 만족시킨다.

(가) $0 < x \leq 1$일 때, $f(x) = 2x$이다.

(나) 모든 실수 x에 대하여 $f(x+1) = -f(x)$이다.

자연수 n에 대하여 직선 $y = \dfrac{1}{n}x$가 함수 $y = f(x)$의 그래프와 만나는 서로 다른 점의 개수를 a_n이라 하자. $\sum\limits_{n=1}^{\infty} \dfrac{1}{2^{a_n}}$의 값은?

① $\dfrac{1}{5}$ ② $\dfrac{1}{4}$ ③ $\dfrac{1}{3}$

④ $\dfrac{1}{2}$ ⑤ 1

29

▶ 25055-0234

그림과 같이 한 변의 길이가 2인 정사각형 $OA_1B_1C_1$에서 선분 OB_1을 $2:1$로 내분하는 점을 B_2라 하고, 점 B_1을 중심으로 하고 점 B_2를 지나는 원이 두 선분 A_1B_1, B_1C_1과 만나는 점을 각각 D_1, E_1이라 할 때, 중심각의 크기가 $\dfrac{\pi}{2}$인 부채꼴 $B_1D_1E_1$에 색칠하여 얻은 그림을 R_1이라 하자.

그림 R_1에서 선분 OB_2를 $2:1$로 내분하는 점을 B_3이라 하고, 점 B_2에서 선분 OA_1, 선분 OC_1에 내린 수선의 발을 각각 A_2, C_2라 하자. 점 B_2를 중심으로 하고 점 B_3을 지나는 원이 두 선분 A_2B_2, B_2C_2와 만나는 점을 각각 D_2, E_2라 할 때, 중심각의 크기가 $\dfrac{\pi}{2}$인 부채꼴 $B_2D_2E_2$에 색칠하여 얻은 그림을 R_2라 하자. 이와 같은 과정을 계속하여 n번째 얻은 그림 R_n에 색칠된 부분의 넓이를 S_n이라 할 때, $\lim\limits_{n\to\infty} S_n$의 값은?

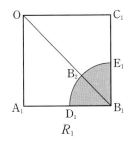 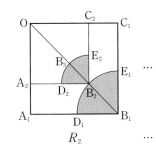

① $\dfrac{\pi}{5}$ ② $\dfrac{3}{10}\pi$ ③ $\dfrac{2}{5}\pi$

④ $\dfrac{\pi}{2}$ ⑤ $\dfrac{3}{5}\pi$

30

▶ 25055-0235

그림과 같이 $\overline{A_1B_1}=2$, $\overline{A_1D_1}=1$인 직사각형 $A_1B_1C_1D_1$이 있다. 중심이 A_1이고 반지름의 길이가 $\overline{A_1D_1}$인 원과 선분 A_1B_1의 교점을 E_1이라 할 때, 중심각의 크기가 $\dfrac{\pi}{2}$인 부채꼴 $A_1D_1E_1$의 호 D_1E_1 위의 점 A_2와 선분 C_1D_1 위의 두 점 C_2, D_2, 선분 C_1E_1 위의 점 B_2를 꼭짓점으로 하고 $\overline{A_2B_2}:\overline{A_2D_2}=2:1$인 직사각형 $A_2B_2C_2D_2$를 그린다. 호 D_1E_1과 선분 E_1C_1, 선분 C_1D_1로 둘러싸인 부분의 내부와 직사각형 $A_2B_2C_2D_2$의 외부의 공통부분에 색칠하여 얻은 그림을 R_1이라 하자.

그림 R_1에서 직사각형 $A_2B_2C_2D_2$의 내부에 그림 R_1을 얻은 것과 같은 방법으로 색칠하여 얻은 그림을 R_2라 하자. 이와 같은 과정을 계속하여 n번째 얻은 그림 R_n에 색칠되어 있는 부분의 넓이를 S_n이라 할 때, $\lim\limits_{n\to\infty} S_n$의 값은?

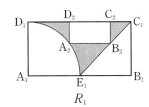 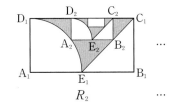

① $\dfrac{118-25\pi}{60}$ ② $\dfrac{120-25\pi}{64}$ ③ $\dfrac{118-25\pi}{64}$

④ $\dfrac{120-25\pi}{84}$ ⑤ $\dfrac{118-25\pi}{84}$

① 지수함수와 로그함수의 극한

(1) 지수함수의 극한

　① $a>1$일 때, $\lim\limits_{x \to -\infty} a^x=0$, $\lim\limits_{x \to \infty} a^x=\infty$

　② $0<a<1$일 때, $\lim\limits_{x \to -\infty} a^x=\infty$, $\lim\limits_{x \to \infty} a^x=0$

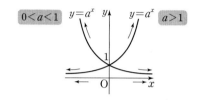

(2) 로그함수의 극한

　① $a>1$일 때, $\lim\limits_{x \to 0+} \log_a x=-\infty$, $\lim\limits_{x \to \infty} \log_a x=\infty$

　② $0<a<1$일 때, $\lim\limits_{x \to 0+} \log_a x=\infty$, $\lim\limits_{x \to \infty} \log_a x=-\infty$

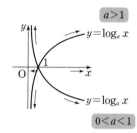

② 무리수 e의 정의와 자연로그

(1) $\lim\limits_{x \to 0}(1+x)^{\frac{1}{x}}=e$, $\lim\limits_{x \to \infty}\left(1+\dfrac{1}{x}\right)^{x}=e$ (단, $e=2.718\cdots$)

(2) 무리수 e를 밑으로 하는 로그, 즉 $\log_e x$를 x의 자연로그라고 하며, 이것을 간단히 $\ln x$와 같이 나타낸다.

③ 무리수 e의 정의를 이용한 극한

(1) $\lim\limits_{x \to 0}\dfrac{\ln(1+x)}{x}=1$, $\lim\limits_{x \to 0}\dfrac{\log_a(1+x)}{x}=\dfrac{1}{\ln a}$ (단, $a>0$, $a\neq 1$)

(2) $\lim\limits_{x \to 0}\dfrac{e^x-1}{x}=1$, $\lim\limits_{x \to 0}\dfrac{a^x-1}{x}=\ln a$ (단, $a>0$, $a\neq 1$)

④ 지수함수와 로그함수의 도함수

(1) $y=e^x$이면 $y'=e^x$

(2) $y=a^x$이면 $y'=a^x \ln a$ (단, $a>0$, $a\neq 1$)

(3) $y=\ln x$이면 $y'=\dfrac{1}{x}$

(4) $y=\log_a x$이면 $y'=\dfrac{1}{x \ln a}$ (단, $a>0$, $a\neq 1$)

⑤ 삼각함수 사이의 관계

(1) 삼각함수 $\csc \theta$, $\sec \theta$, $\cot \theta$의 정의 : 좌표평면의 원점 O에서 x축의 양의 방향을 시초선으로 할 때, 반지름의 길이가 r이고 중심이 원점 O인 원 위의 임의의 점 $\mathrm{P}(x, y)$에 대하여 동경 OP가 나타내는 일반각의 크기를 θ라 하면 θ에 대하여 $\sin \theta$, $\cos \theta$, $\tan \theta$의 역수의 값을 대응시킨 관계

$$\theta \to \frac{r}{y}\ (y\neq 0),\ \theta \to \frac{r}{x}\ (x\neq 0),\ \theta \to \frac{x}{y}\ (y\neq 0)$$

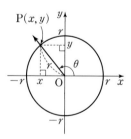

은 각각 θ에 대한 함수이다. 이 함수를 각각 코시컨트함수, 시컨트함수, 코탄젠트함수라 하고, 기호로

$$\csc \theta=\frac{r}{y}\ (y\neq 0),\ \sec \theta=\frac{r}{x}\ (x\neq 0),\ \cot \theta=\frac{x}{y}\ (y\neq 0)$$

과 같이 나타낸다.

사인함수, 코사인함수, 탄젠트함수, 코시컨트함수, 시컨트함수, 코탄젠트함수를 통틀어 θ에 대한 삼각함수라고 한다.

(2) 삼각함수 사이의 관계

　① $\csc \theta=\dfrac{1}{\sin \theta}$, $\sec \theta=\dfrac{1}{\cos \theta}$, $\cot \theta=\dfrac{1}{\tan \theta}$

　② $1+\tan^2 \theta=\sec^2 \theta$, $1+\cot^2 \theta=\csc^2 \theta$

⑥ 삼각함수의 덧셈정리

(1) $\sin(\alpha+\beta)=\sin\alpha\cos\beta+\cos\alpha\sin\beta$, $\sin(\alpha-\beta)=\sin\alpha\cos\beta-\cos\alpha\sin\beta$

(2) $\cos(\alpha+\beta)=\cos\alpha\cos\beta-\sin\alpha\sin\beta$, $\cos(\alpha-\beta)=\cos\alpha\cos\beta+\sin\alpha\sin\beta$

(3) $\tan(\alpha+\beta)=\dfrac{\tan\alpha+\tan\beta}{1-\tan\alpha\tan\beta}$, $\tan(\alpha-\beta)=\dfrac{\tan\alpha-\tan\beta}{1+\tan\alpha\tan\beta}$

⑦ 삼각함수의 극한

(1) $\lim\limits_{x\to0}\dfrac{\sin x}{x}=1$, $\lim\limits_{x\to0}\dfrac{\tan x}{x}=1$

(2) $\lim\limits_{x\to0}\dfrac{\sin bx}{ax}=\dfrac{b}{a}$, $\lim\limits_{x\to0}\dfrac{\tan bx}{ax}=\dfrac{b}{a}$ (단, $a\neq0$)

(3) $\lim\limits_{x\to0}\dfrac{1-\cos x}{x^2}=\dfrac{1}{2}$

⑧ 사인함수와 코사인함수의 도함수

(1) $y=\sin x$이면 $y'=\cos x$

(2) $y=\cos x$이면 $y'=-\sin x$

⑨ 여러 가지 미분법

(1) 함수의 몫의 미분법 : 두 함수 $f(x)$, $g(x)$ ($g(x)\neq0$)이 미분가능할 때

　① $y=\dfrac{f(x)}{g(x)}$이면 $y'=\dfrac{f'(x)g(x)-f(x)g'(x)}{\{g(x)\}^2}$

　② $y=\dfrac{1}{g(x)}$이면 $y'=-\dfrac{g'(x)}{\{g(x)\}^2}$

(2) 합성함수의 미분법 : 미분가능한 두 함수 $y=f(u)$, $u=g(x)$에 대하여 합성함수 $y=f(g(x))$의 도함수는

　$\dfrac{dy}{dx}=\dfrac{dy}{du}\times\dfrac{du}{dx}$ 또는 $y'=f'(g(x))g'(x)$

(3) 매개변수로 나타내어진 함수의 미분법 : 매개변수 t로 나타내어진 함수 $x=f(t)$, $y=g(t)$에서 두 함수 $f(t)$, $g(t)$가 각각 미분가능할 때,

　$\dfrac{dy}{dx}=\dfrac{\frac{dy}{dt}}{\frac{dx}{dt}}=\dfrac{g'(t)}{f'(t)}$ (단, $f'(t)\neq0$)

(4) 음함수의 미분법 : x에 대한 함수 y가 음함수 $f(x,y)=0$의 꼴로 주어졌을 때에는 y를 x에 대한 함수로 보고 각 항을 x에 대하여 미분하여 $\dfrac{dy}{dx}$를 구한다.

(5) 역함수의 미분법 : 미분가능한 함수 $f(x)$의 역함수 $f^{-1}(x)$가 존재하고 미분가능할 때, 함수 $y=f^{-1}(x)$의 도함수는

　$\dfrac{dy}{dx}=\dfrac{1}{\frac{dx}{dy}}$ 또는 $(f^{-1})'(x)=\dfrac{1}{f'(f^{-1}(x))}=\dfrac{1}{f'(y)}$ $\left(단, \dfrac{dx}{dy}\neq0, f'(y)\neq0\right)$

(6) 이계도함수 : 함수 $f(x)$의 도함수 $f'(x)$가 미분가능할 때, 함수 $f'(x)$의 도함수 $\lim\limits_{h\to0}\dfrac{f'(x+h)-f'(x)}{h}$를 함수 $y=f(x)$의 이계도함수라고 하며, 이것을 기호로

　$f''(x)$, y'', $\dfrac{d^2y}{dx^2}$, $\dfrac{d^2}{dx^2}f(x)$

와 같이 나타낸다.

⑩ 도함수의 활용 (1)

(1) **접선의 방정식** : 함수 $f(x)$가 $x=a$에서 미분가능할 때, 곡선 $y=f(x)$ 위의 점 $(a, f(a))$에서의 접선의 방정식은

$$y-f(a)=f'(a)(x-a)$$

(2) **함수의 증가와 감소의 판정** : 함수 $f(x)$가 어떤 열린구간에서 미분가능하고, 이 구간의 모든 x에 대하여
 ① $f'(x)>0$이면 $f(x)$는 이 구간에서 증가한다.　② $f'(x)<0$이면 $f(x)$는 이 구간에서 감소한다.

(3) **도함수를 이용한 함수의 극대와 극소의 판정** : 미분가능한 함수 $f(x)$에 대하여 $f'(a)=0$이고 $x=a$의 좌우에서
 ① $f'(x)$의 부호가 양에서 음으로 바뀌면 $f(x)$는 $x=a$에서 극대이다.
 ② $f'(x)$의 부호가 음에서 양으로 바뀌면 $f(x)$는 $x=a$에서 극소이다.

(4) **이계도함수를 이용한 함수의 극대와 극소의 판정** : 이계도함수를 갖는 함수 $f(x)$에 대하여 $f'(a)=0$일 때
 ① $f''(a)<0$이면 $f(x)$는 $x=a$에서 극대이다.　② $f''(a)>0$이면 $f(x)$는 $x=a$에서 극소이다.

(5) **곡선의 오목과 볼록** : 이계도함수를 갖는 함수 $f(x)$가 어떤 구간의 모든 x에 대하여
 ① $f''(x)>0$이면 곡선 $y=f(x)$는 이 구간에서 아래로 볼록하다.
 ② $f''(x)<0$이면 곡선 $y=f(x)$는 이 구간에서 위로 볼록하다.

(6) **변곡점의 판정** : 이계도함수를 갖는 함수 $f(x)$에 대하여 $f''(a)=0$이고 $x=a$의 좌우에서 $f''(x)$의 부호가 바뀌면 점 $(a, f(a))$는 곡선 $y=f(x)$의 변곡점이다.

(7) **함수의 그래프** : 함수 $y=f(x)$의 그래프의 개형은 다음을 고려하여 그린다.
 ① 함수의 정의역과 치역　　　　　　② 대칭성과 주기
 ③ 좌표축과 만나는 점　　　　　　　④ 함수의 증가와 감소, 극대와 극소
 ⑤ 곡선의 오목과 볼록, 변곡점　　　⑥ $\lim\limits_{x\to\infty} f(x)$, $\lim\limits_{x\to-\infty} f(x)$, 곡선의 점근선

(8) **함수의 최대와 최소** : 함수 $f(x)$가 닫힌구간 $[a, b]$에서 연속이면 최대 · 최소 정리에 의하여 함수 $f(x)$는 이 구간에서 반드시 최댓값과 최솟값을 갖는다. 이때 함수 $f(x)$의 극댓값과 극솟값, $f(a)$, $f(b)$의 값 중에서 가장 큰 값이 최댓값이고 가장 작은 값이 최솟값이다.

⑪ 도함수의 활용 (2)

(1) **방정식에의 활용**
 ① 방정식 $f(x)=0$의 실근은 함수 $y=f(x)$의 그래프와 x축이 만나는 점의 x좌표와 같다. 따라서 방정식 $f(x)=0$의 서로 다른 실근의 개수는 함수 $y=f(x)$의 그래프와 x축이 만나는 서로 다른 점의 개수를 조사하여 구할 수 있다.
 ② 방정식 $f(x)=g(x)$의 실근은 두 함수 $y=f(x)$, $y=g(x)$의 그래프가 만나는 점의 x좌표와 같다. 따라서 방정식 $f(x)=g(x)$의 서로 다른 실근의 개수는 두 함수 $y=f(x)$, $y=g(x)$의 그래프가 만나는 서로 다른 점의 개수를 조사하여 구할 수 있다.

(2) **부등식에의 활용**
 ① 어떤 구간에서 부등식 $f(x)>0$이 성립함을 보이려면 일반적으로 이 구간에서 함수 $y=f(x)$의 그래프가 x축보다 위쪽에 있음을 보이면 된다.
 ② 어떤 구간에서 부등식 $f(x)>g(x)$가 성립함을 보이려면 $h(x)=f(x)-g(x)$로 놓고 이 구간에서 부등식 $h(x)>0$이 성립함을 보이면 된다.

(3) **속도와 가속도** : 좌표평면 위를 움직이는 점 $\mathrm{P}(x, y)$의 시각 t에서의 위치가 $x=f(t)$, $y=g(t)$일 때
 ① 시각 t에서의 점 P의 속도는 $\left(\dfrac{dx}{dt}, \dfrac{dy}{dt}\right)$ 또는 $(f'(t), g'(t))$

 ② 시각 t에서의 점 P의 속력은 $\sqrt{\left(\dfrac{dx}{dt}\right)^2+\left(\dfrac{dy}{dt}\right)^2}=\sqrt{\{f'(t)\}^2+\{g'(t)\}^2}$

 ③ 시각 t에서의 점 P의 가속도는 $\left(\dfrac{d^2x}{dt^2}, \dfrac{d^2y}{dt^2}\right)$ 또는 $(f''(t), g''(t))$

 ④ 시각 t에서의 점 P의 가속도의 크기는 $\sqrt{\left(\dfrac{d^2x}{dt^2}\right)^2+\left(\dfrac{d^2y}{dt^2}\right)^2}=\sqrt{\{f''(t)\}^2+\{g''(t)\}^2}$

유형 1 지수함수와 로그함수의 극한

출제경향 | 무리수 e의 정의를 이용하여 함수의 극한값을 구하는 문제가 출제된다.

출제유형잡기 | 무리수 e의 정의를 이용하여 극한값을 구한다.

(1) $\lim_{x \to 0}(1+x)^{\frac{1}{x}}=e$, $\lim_{x \to \infty}\left(1+\frac{1}{x}\right)^{x}=e$

(2) $\lim_{x \to 0}\frac{\ln(1+x)}{x}=1$, $\lim_{x \to 0}\frac{\log_a(1+x)}{x}=\frac{1}{\ln a}$ (단, $a>0$, $a \neq 1$)

(3) $\lim_{x \to 0}\frac{e^x-1}{x}=1$, $\lim_{x \to 0}\frac{a^x-1}{x}=\ln a$ (단, $a>0$, $a \neq 1$)

01

▶ 25055-0236

$\lim_{x \to 0+}\dfrac{x^2}{\ln(5x^3+6x)-\ln 6x}$의 값은?

① $\dfrac{3}{5}$ ② $\dfrac{4}{5}$ ③ 1

④ $\dfrac{6}{5}$ ⑤ $\dfrac{7}{5}$

02

▶ 25055-0237

실수 전체의 집합에서 미분가능한 함수 $f(x)$에 대하여

$$\lim_{x \to 0}\frac{f(x)}{e^{4x}-1}=1$$

일 때, $f'(0)$의 값은?

① $\dfrac{1}{4}$ ② $\dfrac{1}{2}$ ③ 1

④ 2 ⑤ 4

03

▶ 25055-0238

두 함수 $f(x)=a^x-1$, $g(x)=\ln(x+b)$에 대하여

$$\lim_{x \to 0}\frac{xf(x)}{g(2x^2)}=1$$

일 때, ab의 값은? (단, $a>0$, $b>0$)

① 2 ② e ③ $2e$

④ e^2 ⑤ $2e^2$

04

▶ 25055-0239

$a>0$일 때, 점 $\mathrm{A}\left(f(a), \dfrac{a}{e^2}\right)$가 곡선 $y=e^{-x}$ 위에 있도록 하는 함수 $f(a)$에 대하여 $\lim_{a \to e^2}\dfrac{f(a)}{e^2-a}$의 값은?

① $\dfrac{1}{e^2}$ ② $\dfrac{1}{e}$ ③ 1

④ e ⑤ e^2

유형 **2** 지수함수와 로그함수의 미분

출제경향 | 지수함수와 로그함수의 도함수를 이용하여 주어진 함수의 미분계수를 구하는 문제가 출제된다.

출제유형잡기 | 지수함수와 로그함수의 도함수를 이용하여 주어진 함수의 미분계수를 구한다.

(1) $y = e^x$이면 $y' = e^x$

(2) $y = a^x$이면 $y' = a^x \ln a$ (단, $a > 0$, $a \neq 1$)

(3) $y = \ln x$이면 $y' = \dfrac{1}{x}$

(4) $y = \log_a x$이면 $y' = \dfrac{1}{x \ln a}$ (단, $a > 0$, $a \neq 1$)

05

▶ 25055-0240

함수 $f(x) = (x^2 - x + 3)e^x$에 대하여 $f'(1)$의 값은?

① e ② $2e$ ③ $3e$

④ $4e$ ⑤ $5e$

06

▶ 25055-0241

두 실수 a, b에 대하여 함수

$$f(x) = \begin{cases} ae^x & (x < 0) \\ \ln(bx + e^2) & (x \geq 0) \end{cases}$$

이 실수 전체의 집합에서 미분가능할 때, ab의 값은?

① $2e$ ② $4e$ ③ $2e^2$

④ $4e^2$ ⑤ $2e^3$

07

▶ 25055-0242

양의 실수 전체의 집합에서 미분가능한 함수 $f(x)$가 $x > 0$인 모든 실수 x에 대하여 부등식

$$3 + 2\ln x \leq f(x) \leq 2e^{x-1} + 1$$

을 만족시킨다. $g(x) = (e^{x-1} + \ln x)f(x)$에 대하여 $g'(1)$의 값은?

① 2   ② 4   ③ 6

④ 8   ⑤ 10

08

▶ 25055-0243

양수 t에 대하여 두 곡선 $y = 3^{x+1}$, $y = \log_3 x$가 직선 $y = t$와 만나는 점을 각각 A, B라 하자. 삼각형 OAB의 넓이를 $S(t)$라 할 때, $S'(1)$의 값은? (단, O는 원점이다.)

① $\dfrac{\ln 3}{2} - \dfrac{1}{2 \ln 3} + 2$ ② $\ln 3 - \dfrac{1}{2 \ln 3} + 2$

③ $\dfrac{3 \ln 3}{2} - \dfrac{1}{2 \ln 3} + 2$ ④ $\ln 3 - \dfrac{1}{\ln 3} + 2$

⑤ $\dfrac{3 \ln 3}{2} - \dfrac{1}{\ln 3} + 2$

유형 3 삼각함수 사이의 관계와 삼각함수의 덧셈정리

출제경향 | 삼각함수의 정의, 삼각함수 사이의 관계와 삼각함수의 덧셈정리를 이용하여 식의 값을 구하는 문제가 출제된다.

출제유형잡기 | 삼각함수의 정의, 삼각함수 사이의 관계와 삼각함수의 덧셈정리를 이용하여 주어진 문제를 해결한다.

(1) 삼각함수 사이의 관계

① $\csc\theta=\dfrac{1}{\sin\theta}$, $\sec\theta=\dfrac{1}{\cos\theta}$, $\cot\theta=\dfrac{1}{\tan\theta}$

② $1+\tan^2\theta=\sec^2\theta$, $1+\cot^2\theta=\csc^2\theta$

(2) 삼각함수의 덧셈정리

① $\sin(\alpha+\beta)=\sin\alpha\cos\beta+\cos\alpha\sin\beta$

　$\sin(\alpha-\beta)=\sin\alpha\cos\beta-\cos\alpha\sin\beta$

② $\cos(\alpha+\beta)=\cos\alpha\cos\beta-\sin\alpha\sin\beta$

　$\cos(\alpha-\beta)=\cos\alpha\cos\beta+\sin\alpha\sin\beta$

③ $\tan(\alpha+\beta)=\dfrac{\tan\alpha+\tan\beta}{1-\tan\alpha\tan\beta}$

　$\tan(\alpha-\beta)=\dfrac{\tan\alpha-\tan\beta}{1+\tan\alpha\tan\beta}$

09

▶ 25055-0244

$\overline{AB}=\overline{AC}$인 이등변삼각형 ABC에서 $\angle A=\alpha$, $\angle B=\beta$라 하자. $\sin(\alpha+\beta)=\dfrac{4}{5}$일 때, $\cos\alpha$의 값은?

① $\dfrac{1}{5}$　　　② $\dfrac{6}{25}$　　　③ $\dfrac{7}{25}$

④ $\dfrac{8}{25}$　　　⑤ $\dfrac{9}{25}$

10

▶ 25055-0245

그림과 같이 $\overline{AB}=3$이고 $\angle ABC=\dfrac{\pi}{2}$인 직각삼각형 ABC에서 $\angle BAC=\alpha$라 하고, $\angle ACD=\dfrac{\pi}{2}$인 직각삼각형 ACD에서 $\angle CAD=\beta$라 하자. $\cos\alpha=\dfrac{3}{5}$, $\tan(\alpha+\beta)=-7$일 때, 선분 BD의 길이는? (단, $\overline{BD}>\overline{AD}$)

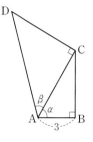

① 8　　　② $\sqrt{65}$　　　③ $\sqrt{66}$

④ $\sqrt{67}$　　　⑤ $2\sqrt{17}$

11

▶ 25055-0246

그림과 같이 곡선 $y=x^2$ 위의 두 점 $A(t,\ t^2)$, $B(-t,\ t^2)$에서의 접선을 각각 l, m이라 하고, 두 직선 l과 m의 교점을 C라 하자. $\angle ACB=30°$일 때, 선분 AB의 길이는? (단, $t>0$)

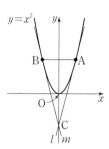

① $1+\sqrt{3}$　　　② $2+\sqrt{3}$　　　③ $1+2\sqrt{3}$

④ $2+2\sqrt{3}$　　　⑤ $3+2\sqrt{3}$

▶ 25055-0249

유형 4 삼각함수의 극한 및 삼각함수의 미분

출제경향 | 삼각함수의 극한을 이용하여 식의 극한값을 구하거나 주어진 도형에서 선분의 길이 또는 도형의 넓이의 극한값을 구하는 문제가 출제된다. 또 사인함수와 코사인함수의 도함수를 구하는 문제가 출제된다.

출제유형잡기 | (1) 주어진 식이나 도형의 길이 또는 넓이의 식에서

$$\lim_{x \to 0} \frac{\sin x}{x} = 1, \lim_{x \to 0} \frac{\tan x}{x} = 1$$

임을 이용하여 문제를 해결한다.

(2) 삼각함수의 미분

$$(\sin x)' = \cos x, (\cos x)' = -\sin x$$

임을 이용하여 문제를 해결한다.

14

그림과 같이 $\overline{AB}=2$인 선분 AB를 지름으로 하는 반원의 호 위에 두 점 A, B가 아닌 점 P가 있다. 호 BP 위에 점 Q를 $\angle QBP = 2\angle QPB$가 되도록 잡는다. $\angle PBA = \theta$라 할 때, 삼각형 QPB의 넓이를 $f(\theta)$라 하자. $\displaystyle\lim_{\theta \to \frac{\pi}{2}^-} \frac{f(\theta)}{\left(\frac{\pi}{2}-\theta\right)^3}$의 값은?

$$\left(단, 0<\theta<\frac{\pi}{2}\right)$$

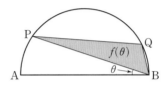

① $\dfrac{1}{3}$ ② $\dfrac{4}{9}$ ③ $\dfrac{5}{9}$

④ $\dfrac{2}{3}$ ⑤ $\dfrac{7}{9}$

12

▶ 25055-0247

$\displaystyle\lim_{x \to 0} \frac{\tan(2x^2-3x)}{3x^2+2x}$의 값은?

① $-\dfrac{3}{2}$ ② $-\dfrac{2}{3}$ ③ $\dfrac{2}{3}$

④ 1 ⑤ $\dfrac{3}{2}$

13

▶ 25055-0248

함수 $f(x)=a\sin x+2\cos x$에 대하여

$\displaystyle\lim_{h \to 0} \frac{f(\pi+h)+2}{h}=3$일 때, $f\left(\dfrac{3\pi}{2}\right)$의 값은?

(단, a는 상수이다.)

① -3 ② -2 ③ 1

④ 2 ⑤ 3

유형 5 함수의 몫의 미분법과 합성함수의 미분법

출제경향 | 함수의 몫의 미분법과 합성함수의 미분법을 이용하여 미분계수를 구하는 문제가 출제된다.

출제유형잡기 | (1) 함수의 몫의 미분법

두 함수 $f(x)$, $g(x)$ $(g(x) \neq 0)$이 미분가능할 때

① $y = \dfrac{f(x)}{g(x)}$이면 $y' = \dfrac{f'(x)g(x) - f(x)g'(x)}{\{g(x)\}^2}$

② $y = \dfrac{1}{g(x)}$이면 $y' = -\dfrac{g'(x)}{\{g(x)\}^2}$

임을 이용하여 문제를 해결한다.

(2) 합성함수의 미분법

미분가능한 두 함수 $y = f(u)$, $u = g(x)$에 대하여 합성함수 $y = f(g(x))$의 도함수는

$$y' = f'(g(x))g'(x)$$

임을 이용하여 문제를 해결한다.

15
▶ 25055-0250

$0 < x < \dfrac{\pi}{2}$에서 정의된 함수 $f(x) = \dfrac{\tan x}{e^x}$에 대하여

$\lim\limits_{h \to 0} \dfrac{f\left(\dfrac{\pi}{4} + 2h\right) - f\left(\dfrac{\pi}{4} - h\right)}{h}$의 값은?

① $2e^{-\frac{\pi}{4}}$ ② $3e^{-\frac{\pi}{4}}$ ③ $4e^{-\frac{\pi}{4}}$

④ $3e^{\frac{\pi}{4}}$ ⑤ $4e^{\frac{\pi}{4}}$

16
▶ 25055-0251

함수 $f(x) = \ln(x^2 + ax + b)$에 대하여 $\lim\limits_{x \to 0} \dfrac{f(x) - 2}{x} = \dfrac{1}{e}$일 때, $f(e)$의 값은? (단, a, b는 상수이다.)

① $1 + \ln 2$ ② $1 + \ln 3$ ③ $2 + \ln 2$

④ $2 + \ln 3$ ⑤ $3 + \ln 3$

17
▶ 25055-0252

실수 전체의 집합에서 미분가능한 두 함수 $f(x)$, $g(x)$가

$$\lim\limits_{x \to 0} \dfrac{f(x) - 3}{x} = 1, \quad \lim\limits_{x \to 2} \dfrac{f(g(x)) - 3}{x - 2} = 4$$

를 만족시킨다. 함수 $f(x)$가 일대일대응일 때, 곡선 $y = g(x)$ 위의 점 $(2, g(2))$에서의 접선과 x축, y축으로 둘러싸인 부분의 넓이는?

① 6   ② $\dfrac{13}{2}$ ③ 7

④ $\dfrac{15}{2}$ ⑤ 8

18
▶ 25055-0253

함수 $f(x) = x^2 - ax$에 대하여 함수 $g(x)$를

$$g(x) = f(\cos x)$$

라 하자. $0 < x < 2\pi$에서 방정식 $g'(x) = 0$의 서로 다른 실근의 개수가 3일 때, $0 < x < 2\pi$에서 방정식 $g'(x) = 0$의 서로 다른 모든 실근의 합은? (단, a는 상수이다.)

① π ② $\dfrac{3}{2}\pi$ ③ 2π

④ $\dfrac{5}{2}\pi$ ⑤ 3π

미적분

유형 6 매개변수로 나타내어진 함수, 음함수의 미분법

유형 6 매개변수로 나타내어진 함수, 음함수의 미분법

출제경향 | 매개변수로 나타내어진 함수의 미분법, 음함수의 미분법을 이용하여 미분계수를 구하는 문제가 출제된다.

출제유형잡기 | (1) 매개변수로 나타내어진 함수의 미분법

매개변수 t로 나타내어진 함수 $x=f(t)$, $y=g(t)$에서 두 함수 $f(t)$, $g(t)$가 각각 미분가능할 때,

$$\frac{dy}{dx}=\frac{\dfrac{dy}{dt}}{\dfrac{dx}{dt}}=\frac{g'(t)}{f'(t)} \ (\text{단, } f'(t)\neq 0)$$

임을 이용하여 문제를 해결한다.

(2) 음함수의 미분법

x에 대한 함수 y가 음함수 $f(x, y)=0$의 꼴로 주어졌을 때에는 y를 x에 대한 함수로 보고 각 항을 x에 대하여 미분하여 $\dfrac{dy}{dx}$를 구한다.

19
▶ 25055-0254

매개변수 $\theta \left(0<\theta<\dfrac{\pi}{2}\right)$로 나타내어진 곡선

$$x=\cos^3\theta, \ y=\sin^3\theta$$

가 있다. $\tan\theta=2$일 때, $\dfrac{dy}{dx}$의 값은?

① -2 ② $-\dfrac{1}{2}$ ③ $\dfrac{1}{2}$

④ 1 ⑤ 2

20
▶ 25055-0255

곡선 $x^3+2xy-ay^2=1$ 위의 점 $(1, 1)$에서의 접선의 기울기가 m일 때, $a+m$의 값은? (단, a는 상수이다.)

① $\dfrac{5}{2}$ ② $\dfrac{7}{2}$ ③ $\dfrac{9}{2}$

④ $\dfrac{11}{2}$ ⑤ $\dfrac{13}{2}$

21
▶ 25055-0256

좌표평면에서 매개변수 $t \ (t\geq 0)$으로 나타내어진 곡선

$$x=\frac{t}{t^2+1}, \ y=\frac{t+3}{t^2+1}$$

이 직선 $y=5x+\dfrac{4}{5}$와 만나는 점을 P라 할 때, 곡선 위의 점 P에서의 접선의 기울기는?

① -3 ② $-\dfrac{8}{3}$ ③ $-\dfrac{7}{3}$

④ -2 ⑤ $-\dfrac{5}{3}$

22
▶ 25055-0257

곡선 $x^2+xy+2y^2=14$ 위의 서로 다른 두 점 P, Q에서의 접선의 기울기가 모두 -1일 때, 선분 PQ의 길이는?

① 4 ② $2\sqrt{6}$ ③ $4\sqrt{2}$

④ $2\sqrt{10}$ ⑤ $4\sqrt{3}$

미적분

유형 **7** 역함수의 미분법과 이계도함수

출제경향 | 역함수의 미분법을 이용하여 미분계수를 구하는 문제와 이계도함수를 구하는 문제가 출제된다.

출제유형잡기 | (1) 역함수의 미분법

미분가능한 함수 $f(x)$의 역함수 $f^{-1}(x)$가 존재하고 미분가능할 때, 함수 $y=f^{-1}(x)$의 도함수는

$$\frac{dy}{dx}=\frac{1}{\frac{dx}{dy}} \text{ 또는 } (f^{-1})'(x)=\frac{1}{f'(f^{-1}(x))}=\frac{1}{f'(y)}$$

$$\left(\text{단, } \frac{dx}{dy}\neq 0, f'(y)\neq 0\right)$$

임을 이용하여 문제를 해결한다.

(2) 이계도함수

함수 $f'(x)$의 도함수 $\lim\limits_{h \to 0}\dfrac{f'(x+h)-f'(x)}{h}$ 를 함수 $y=f(x)$

의 이계도함수라고 하며, 이것을 기호로 $f''(x), y'', \dfrac{d^2y}{dx^2}, \dfrac{d^2}{dx^2}f(x)$

와 같이 나타낸다.

23

▶ 25055-0258

미분가능한 함수 $f(x)$의 역함수가 존재하고 미분가능하다.

$$f(0)=1, f'(0)=-3$$

일 때, $(f^{-1})'(1)$의 값은?

① $-\dfrac{1}{5}$ ② $-\dfrac{1}{4}$ ③ $-\dfrac{1}{3}$

④ $-\dfrac{1}{2}$ ⑤ -1

24

▶ 25055-0259

함수 $f(x)=(x^2+ax)e^{-x}$에 대하여 부등식

$$f'(x)\geq f''(x)$$

를 만족시키는 모든 실수 x의 값의 범위가 $-1\leq x\leq 2$일 때, 상수 a의 값은?

① 1   ② 2   ③ 3

④ 4   ⑤ 5

25

▶ 25055-0260

실수 전체의 집합에서 미분가능한 함수 $f(x)$가 모든 실수 x에 대하여 $f'(x)>0$이다. 함수 $f(-3x+2)$의 역함수를 $g(x)$라 할 때, 함수 $g(x)$는 실수 전체의 집합에서 미분가능하고 함수 $f(x)$가 다음 조건을 만족시킨다.

(가) $f(-1)=-1$
(나) $f'(-1)g(-1)+27g'(-1)=0$

$9 \times \{g(-1)+g'(-1)\}$의 값을 구하시오.

출제경향 | 미분을 이용하여 곡선 위의 점에서의 접선의 방정식을 구하는 문제가 출제된다.

출제유형잡기 | (1) 함수 $f(x)$가 $x=a$에서 미분가능할 때, 곡선 $y=f(x)$ 위의 점 $(a, f(a))$에서의 접선의 방정식은

$$y-f(a)=f'(a)(x-a)$$

임을 이용하여 문제를 해결한다.

(2) 매개변수 t로 나타내어진 함수 $x=f(t)$, $y=g(t)$가 $t=t_1$에서 각각 미분가능하고 $f'(t_1)\neq0$일 때, 곡선 위의 점 $(f(t_1), g(t_1))$에서의 접선의 방정식은

$$y-g(t_1)=\frac{g'(t_1)}{f'(t_1)}\{x-f(t_1)\}$$

임을 이용하여 문제를 해결한다.

26
▶ 25055-0261

매개변수 t $(t>0)$으로 나타내어진 곡선

$$x=\ln t, \ y=e^t+1$$

에 대하여 $t=1$에 대응하는 점에서의 접선의 x절편은?

① $-\dfrac{e+2}{e}$ ② $-\dfrac{e+1}{e}$ ③ $\dfrac{e+1}{e}$

④ $\dfrac{e+2}{e}$ ⑤ $\dfrac{e+3}{e}$

27
▶ 25055-0262

자연수 n에 대하여 두 곡선

$$y=1-\ln(-x), \ y=\ln\{a(x+n)\}$$

이 한 점에서 만나고 그 점에서의 접선의 기울기가 일치하도록 하는 실수 a의 값을 a_n이라 하자. $\displaystyle\sum_{k=1}^{10}\dfrac{4e}{a_k}$의 값을 구하시오.

28
▶ 25055-0263

0이 아닌 실수 a에 대하여 곡선

$y=a\sin\left(\dfrac{\pi}{2}\sin x\right)$ $(0<x<2\pi)$ 위의 점 P와 원점 O를 잇는 선분 OP의 중점을 M이라 하자. 점 M이 나타내는 곡선 C 위의 점 $\left(\dfrac{\pi}{12}, -1\right)$에서의 접선의 기울기는?

① $-\dfrac{\sqrt{5}}{2}\pi$ ② -2π ③ $-\dfrac{\sqrt{3}\pi}{2}$

④ $-\dfrac{\sqrt{2}\pi}{2}$ ⑤ $-\dfrac{\pi}{2}$

29
▶ 25055-0264

0이 아닌 실수 a에 대하여 함수 $f(x)=\dfrac{ax}{1+e^x}$의 그래프 위의 점 $(1, f(1))$에서의 접선이 x축, y축과 만나는 점을 각각 P, Q라 할 때, 삼각형 OPQ의 넓이를 $g(a)$라 하자.

$\displaystyle\lim_{a\to0+}\dfrac{g(a)+g(-a)}{a}$의 값은? (단, O는 원점이다.)

① $\dfrac{e^2}{2(1+e)^2}$ ② $\dfrac{e^2}{(1+e)^2}$ ③ $\dfrac{3e^2}{2(1+e)^2}$

④ $\dfrac{2e^2}{(1+e)^2}$ ⑤ $\dfrac{5e^2}{2(1+e)^2}$

유형 9 함수의 증가와 감소, 극대와 극소

출제경향 | 미분을 이용하여 함수 $f(x)$의 증가와 감소를 판정하는 문제 또는 함수 $f(x)$의 극댓값과 극솟값을 구하는 문제가 출제된다.

출제유형잡기 | (1) 함수 $f(x)$의 도함수 $f'(x)$를 구하고 $f'(x)$의 부호를 통해 함수의 증가와 감소를 조사하여 문제를 해결한다.

(2) $f'(x)=0$을 만족시키는 x의 값을 구한 후 이 x의 값의 좌우에서 $f'(x)$의 부호의 변화를 조사하여 극댓값과 극솟값을 구하고 문제를 해결한다.

30

▶ 25055-0265

함수 $f(x)=e^{x^3-3x}$의 극솟값은?

① e^{-3} ② e^{-2} ③ e^{-1}

④ 1 ⑤ e

31

▶ 25055-0266

양수 a와 실수 b에 대하여 열린구간 $\left(-\dfrac{\pi}{2},\ \dfrac{\pi}{2}\right)$에서 정의된 함수 $f(x)=e^{ax}\cos x$가 $x=b$에서 극값 $\dfrac{e^{ab}}{3}$을 가질 때, $a\cos b$의 값은?

① $\dfrac{2}{3}$ ② $\dfrac{\sqrt{5}}{3}$ ③ $\dfrac{\sqrt{6}}{3}$

④ $\dfrac{\sqrt{7}}{3}$ ⑤ $\dfrac{2\sqrt{2}}{3}$

32

▶ 25055-0267

함수 $f(x)$가 다음 조건을 만족시킨다.

> (가) 모든 실수 x에 대하여 $f(x+2)=f(x)-4$이다.
>
> (나) $0\le x<2$일 때, $f(x)=\dfrac{x(a-x)}{x+2}$이다.

함수 $f(x)$가 실수 전체의 집합에서 감소하도록 하는 실수 a의 최댓값과 최솟값의 합은?

① -6 ② -4 ③ -2

④ 0 ⑤ 2

33

▶ 25055-0268

두 함수

$$f(x)=4(e^x+e^{-x}-2),\ g(x)=\frac{x^4}{4}-x^3+x^2$$

에 대하여 $-\ln 2<x<\ln 2$에서 함수 $g(f(x))$가 극대 또는 극소가 되는 x의 개수는?

① 1 ② 2 ③ 3

④ 4 ⑤ 5

유형 **10** 함수의 그래프와 최대, 최소

출제경향 | 도함수를 이용하여 함수의 그래프의 개형을 파악하여 함수의 최댓값과 최솟값 등을 구하는 문제가 출제된다.

출제유형잡기 | 도함수를 이용하여 함수의 증가와 감소, 함수의 극대와 극소, 곡선의 오목과 볼록, 곡선의 변곡점, 점근선 등을 파악하여 함수의 그래프의 개형을 그려서 문제를 해결한다.

34

▶ 25055-0269

곡선 $y=\dfrac{2}{5}x^6-x^4+x+1$의 두 변곡점 사이의 거리는?

① $\sqrt{7}$　　　　　② $2\sqrt{2}$　　　　　③ 3

④ $\sqrt{10}$　　　　　⑤ $\sqrt{11}$

35

▶ 25055-0270

모든 실수 t에 대하여 함수

$$f(x)=\dfrac{x^2+(k+4)x+2k+6}{e^x}$$

의 그래프가 직선 $y=t$와 만나는 점의 개수가 1 이하가 되도록 하는 정수 k의 개수는?

① 3　　　　　② 4　　　　　③ 5

④ 6　　　　　⑤ 7

36

▶ 25055-0271

곡선 $y=\ln(1+x^2)+1$ 위의 점 $\mathrm{P}(t,\ \ln(1+t^2)+1)$에서의 접선 l과 x축 및 y축으로 둘러싸인 부분의 넓이를 S라 하자. 직선 l의 기울기가 최대일 때, S의 값은? (단, $t\neq0$)

① $\dfrac{(\ln2)^2}{8}$　　　② $\dfrac{(\ln2)^2}{4}$　　　③ $\dfrac{(\ln2)^2}{2}$

④ $(\ln2)^2$　　　　　⑤ $2(\ln2)^2$

37

▶ 25055-0272

$0<a\leq2\pi$인 실수 a에 대하여 닫힌구간 $[0,\ a]$에서 함수

$$f(x)=(1+\cos x)\sin x$$

의 최댓값과 최솟값의 차가 $\dfrac{3\sqrt{3}}{4}$일 때, a의 최댓값은?

① $\dfrac{\pi}{3}$　　　　　② $\dfrac{2}{3}\pi$　　　　　③ π

④ $\dfrac{4}{3}\pi$　　　　　⑤ $\dfrac{5}{3}\pi$

► 25055-0273

► 25055-0274

► 25055-0275

유형 **11** 방정식과 부등식에의 활용 및 속도와 가속도

출제경향 | 함수의 그래프를 이용하여 방정식의 서로 다른 실근의 개수나 부등식이 성립하도록 하는 조건을 구하는 문제가 출제된다. 또한 좌표평면 위를 움직이는 점의 속도와 가속도를 구하는 문제가 출제된다.

출제유형잡기 | (1) 방정식과 부등식에의 활용

도함수를 이용하여 함수의 그래프의 개형을 그린 후, 방정식의 서로 다른 실근의 개수를 구하거나 부등식이 성립하도록 하는 조건을 구하여 문제를 해결한다.

(2) 속도와 가속도

좌표평면 위를 움직이는 점 $P(x, y)$의 시각 t에서의 위치가 $x=f(t)$, $y=g(t)$일 때, 시각 t에서의 점 P의 속도와 가속도는 각각

$$\left(\frac{dx}{dt}, \frac{dy}{dt}\right), \left(\frac{d^2x}{dt^2}, \frac{d^2y}{dt^2}\right)$$

이고 속도의 크기(속력)와 가속도의 크기는 각각

$$\sqrt{\left(\frac{dx}{dt}\right)^2+\left(\frac{dy}{dt}\right)^2}, \sqrt{\left(\frac{d^2x}{dt^2}\right)^2+\left(\frac{d^2y}{dt^2}\right)^2}$$

임을 이용하여 문제를 해결한다.

38

구간 $(0, \infty)$에서 정의된 함수

$$f(x)=\frac{x^2}{2}-5x+k\ln x$$

의 역함수가 존재할 때, 실수 k의 최솟값은?

① $\dfrac{11}{2}$ ② $\dfrac{23}{4}$ ③ 6

④ $\dfrac{25}{4}$ ⑤ $\dfrac{13}{2}$

39

시각 $t=0$일 때 출발하여 좌표평면 위를 움직이는 점 P의 시각 $t\,(t\geq0)$에서의 위치 (x, y)가

$$x=2t^2-3t+1, \; y=\ln(t+1)$$

이다. 점 P가 출발한 후 처음으로 y축과 만나는 시각에서 점 P의 속력은?

① $\dfrac{\sqrt{10}}{3}$ ② $\dfrac{\sqrt{11}}{3}$ ③ $\dfrac{2\sqrt{3}}{3}$

④ $\dfrac{\sqrt{13}}{3}$ ⑤ $\dfrac{\sqrt{14}}{3}$

40

양수 a와 실수 b에 대하여 함수

$$f(x)=a\cos 2x+b\sin x$$

가 다음 조건을 만족시킬 때, $a+b$의 값을 구하시오.

(가) $\displaystyle\lim_{x\to\frac{\pi}{2}+} f''(x) \times \lim_{x\to\frac{\pi}{2}-} f''(x) \leq 0$

(나) $-\pi\leq x\leq\pi$에서 방정식 $f(x)=3$의 서로 다른 실근의 개수는 3이다.

09 적분법

① 여러 가지 함수의 부정적분 (단, C는 적분상수)

(1) $\displaystyle\int x^{\alpha}\,dx=\dfrac{1}{\alpha+1}x^{\alpha+1}+C$ (단, $\alpha\neq-1$)

$\displaystyle\int\dfrac{1}{x}\,dx=\ln|x|+C$

(2) $\displaystyle\int e^{x}\,dx=e^{x}+C,\ \int a^{x}\,dx=\dfrac{a^{x}}{\ln a}+C$ (단, $a>0,\ a\neq1$)

(3) $\displaystyle\int\sin x\,dx=-\cos x+C,\ \int\cos x\,dx=\sin x+C$

$\displaystyle\int\sec^{2}x\,dx=\tan x+C,\ \int\csc^{2}x\,dx=-\cot x+C$

② 치환적분법과 부분적분법

(1) 미분가능한 함수 $g(x)$에 대하여 $g(x)=t$로 놓으면 $g'(x)=\dfrac{dt}{dx}$이므로

$\displaystyle\int f(g(x))g'(x)dx=\int f(t)dt$

참고 $\displaystyle\int\dfrac{f'(x)}{f(x)}\,dx=\ln|f(x)|+C$ (단, $f(x)\neq0$이고, C는 적분상수)

(2) 미분가능한 두 함수 $f(x),\ g(x)$에 대하여

$\displaystyle\int f(x)g'(x)dx=f(x)g(x)-\int f'(x)g(x)dx$

③ 부정적분과 미분의 관계

(1) $\dfrac{d}{dx}\left\{\displaystyle\int f(x)dx\right\}=f(x)$

(2) $\displaystyle\int\left\{\dfrac{d}{dx}f(x)\right\}dx=f(x)+C$ (단, C는 적분상수)

④ 정적분의 정의와 성질

(1) 함수 $f(x)$가 닫힌구간 $[a,\ b]$에서 연속이고 $f(x)$의 한 부정적분을 $F(x)$라 할 때,

$\displaystyle\int_{a}^{b}f(x)dx=\Big[F(x)\Big]_{a}^{b}=F(b)-F(a)$

(2) 임의의 세 실수 $a,\ b,\ c$를 포함하는 구간에서 두 함수 $f(x),\ g(x)$가 연속일 때

① $\displaystyle\int_{a}^{b}kf(x)dx=k\int_{a}^{b}f(x)dx$ (단, k는 상수)

② $\displaystyle\int_{a}^{b}\{f(x)+g(x)\}dx=\int_{a}^{b}f(x)dx+\int_{a}^{b}g(x)dx$

③ $\displaystyle\int_{a}^{b}\{f(x)-g(x)\}dx=\int_{a}^{b}f(x)dx-\int_{a}^{b}g(x)dx$

④ $\displaystyle\int_{a}^{c}f(x)dx+\int_{c}^{b}f(x)dx=\int_{a}^{b}f(x)dx$

⑤ 정적분의 치환적분법과 부분적분법

(1) 닫힌구간 $[a,\ b]$에서 연속인 함수 $f(t)$에 대하여 미분가능한 함수 $t=g(x)$의 도함수 $g'(x)$가 닫힌구간 $[\alpha,\ \beta]$에서 연속일 때, $g(\alpha)=a,\ g(\beta)=b$이면

$\displaystyle\int_{\alpha}^{\beta}f(g(x))g'(x)dx=\int_{a}^{b}f(t)dt$

(2) 두 함수 $f(x),\ g(x)$가 미분가능하고 $f'(x),\ g'(x)$가 닫힌구간 $[a,\ b]$에서 연속일 때,

$\displaystyle\int_{a}^{b}f(x)g'(x)dx=\Big[f(x)g(x)\Big]_{a}^{b}-\int_{a}^{b}f'(x)g(x)dx$

⑥ 정적분으로 나타낸 함수의 미분

연속함수 $f(x)$와 미분가능한 함수 $g(x)$ 및 상수 a에 대하여

(1) $\dfrac{d}{dx}\displaystyle\int_a^x f(t)dt=f(x)$

(2) $\dfrac{d}{dx}\displaystyle\int_a^{g(x)} f(t)dt=f(g(x))g'(x)$

⑦ 정적분으로 나타낸 함수의 극한

연속함수 $f(x)$와 상수 a에 대하여

(1) $\displaystyle\lim_{x\to a}\dfrac{1}{x-a}\int_a^x f(t)dt=f(a)$

(2) $\displaystyle\lim_{h\to 0}\dfrac{1}{h}\int_a^{a+h} f(t)dt=f(a)$

⑧ 정적분과 급수

함수 $f(x)$가 닫힌구간 $[a,\ b]$에서 연속일 때,

$$\lim_{n\to\infty}\sum_{k=1}^{n} f\Big(a+\dfrac{b-a}{n}k\Big)\dfrac{b-a}{n}=\int_a^b f(x)dx$$

참고 $\displaystyle\lim_{n\to\infty}\sum_{k=1}^{n} f\Big(a+\dfrac{p}{n}k\Big)\dfrac{p}{n}=\int_a^{a+p} f(x)dx=\int_0^p f(a+x)dx=p\int_0^1 f(a+px)dx$ (단, a, p는 상수이다.)

⑨ 곡선과 x축 사이의 넓이

함수 $f(x)$가 닫힌구간 $[a,\ b]$에서 연속일 때, 곡선 $y=f(x)$와 x축 및 두 직선 $x=a$, $x=b$로 둘러싸인 부분의 넓이 S는

$$S=\int_a^b |f(x)|dx$$

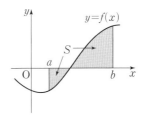

⑩ 두 곡선 사이의 넓이

두 함수 $f(x)$, $g(x)$가 닫힌구간 $[a,\ b]$에서 연속일 때, 두 곡선 $y=f(x)$, $y=g(x)$ 및 두 직선 $x=a$, $x=b$로 둘러싸인 부분의 넓이 S는

$$S=\int_a^b |f(x)-g(x)|dx$$

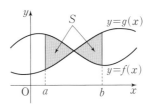

⑪ 입체도형의 부피

닫힌구간 $[a,\ b]$에서 x좌표가 x인 점을 지나고 x축에 수직인 평면으로 자른 단면의 넓이가 $S(x)$인 입체도형의 부피 V는

$$V=\int_a^b S(x)dx$$

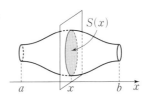

⑫ 좌표평면 위를 움직이는 점이 움직인 거리

좌표평면 위를 움직이는 점 P의 시각 t에서의 위치 $(x,\ y)$가 $x=f(t)$, $y=g(t)$일 때, 시각 $t=a$에서 $t=b$까지 점 P가 움직인 거리 s는

$$s=\int_a^b \sqrt{\Big(\dfrac{dx}{dt}\Big)^2+\Big(\dfrac{dy}{dt}\Big)^2}\,dt=\int_a^b \sqrt{\{f'(t)\}^2+\{g'(t)\}^2}\,dt$$

⑬ 곡선의 길이

(1) 곡선 $x=f(t)$, $y=g(t)$ $(a\le t\le b)$의 겹치는 부분이 없을 때, 길이 l은

$$l=\int_a^b \sqrt{\Big(\dfrac{dx}{dt}\Big)^2+\Big(\dfrac{dy}{dt}\Big)^2}\,dt=\int_a^b \sqrt{\{f'(t)\}^2+\{g'(t)\}^2}\,dt$$

(2) 곡선 $y=f(x)$ $(a\le x\le b)$의 길이 l은

$$l=\int_a^b \sqrt{1+\Big(\dfrac{dy}{dx}\Big)^2}\,dx=\int_a^b \sqrt{1+\{f'(x)\}^2}\,dx$$

Note

미적분

유형 1 여러 가지 함수의 부정적분과 정적분의 계산

유형 1 여러 가지 함수의 부정적분과 정적분의 계산

출제경향 | 여러 가지 함수의 부정적분을 구하거나 정적분의 정의와 성질을 이용하여 정적분의 값을 구하는 문제가 출제된다.

출제유형잡기 | 함수 $y=x^a$ (a는 실수), 지수함수, 로그함수, 삼각함수 의 부정적분과 정적분의 정의와 성질을 이용하여 문제를 해결한다.

01
▶ 25055-0276

$\displaystyle\int_0^{\ln 2}(e^x-2x)dx$의 값은?

① $-(\ln 2)^2$ ② $1-(\ln 2)^2$ ③ $2-(\ln 2)^2$

④ $3-(\ln 2)^2$ ⑤ $4-(\ln 2)^2$

02
▶ 25055-0277

$\displaystyle\int_1^4 \frac{x\sqrt{x}}{x+\sqrt{x}}\,dx-\int_4^1 \frac{1}{x+\sqrt{x}}\,dx$의 값은?

① $\dfrac{7}{3}$ ② $\dfrac{8}{3}$ ③ 3

④ $\dfrac{10}{3}$ ⑤ $\dfrac{11}{3}$

03
▶ 25055-0278

실수 전체의 집합에서 미분가능하고 도함수가 연속인 함수 $f(x)$에 대하여

$$f'(x)=\begin{cases} \sin x+a & (x<0) \\ -3x^2+2x & (x\geq 0) \end{cases}$$

이다. $f(2)=3$일 때, $f\left(-\dfrac{\pi}{3}\right)$의 값은? (단, a는 상수이다.)

① 6 ② $\dfrac{13}{2}$ ③ 7

④ $\dfrac{15}{2}$ ⑤ 8

04
▶ 25055-0279

양의 실수 전체의 집합에서 이계도함수를 갖는 함수 $y=f(x)$의 그래프 위의 점 $(t, f(t))$에서의 접선의 y절편을 $g(t)$라 하자.

$$g(1)=\frac{7}{2},\ g'(t)=-\frac{12}{t^4}$$

일 때, $\dfrac{f(2)}{f'(2)}$의 값은? (단, $f'(2)\neq 0$)

① 1 ② $\dfrac{3}{2}$ ③ 2

④ $\dfrac{5}{2}$ ⑤ 3

유형 2 치환적분법을 이용한 정적분

출제경향 | 치환적분법을 이용하여 정적분의 값을 구하는 문제가 출제된다.

출제유형잡기 | 닫힌구간 $[a, b]$에서 연속인 함수 $f(t)$에 대하여 미분가능한 함수 $t=g(x)$의 도함수 $g'(x)$가 닫힌구간 $[\alpha, \beta]$에서 연속일 때, $g(\alpha)=a$, $g(\beta)=b$이면

$$\int_{\alpha}^{\beta} f(g(x))g'(x)dx = \int_{a}^{b} f(t)dt$$

임을 이용하여 문제를 해결한다.

05

▶ 25055-0280

$\displaystyle\int_{0}^{\sqrt{2}} xe^{2x^2+1}\,dx$의 값은?

① $\dfrac{e^4}{4}$ 　　② $\dfrac{e^4+e}{4}$ 　　③ $\dfrac{e^5-e}{4}$

④ $\dfrac{e^5}{4}$ 　　⑤ $\dfrac{e^5+e}{4}$

06

▶ 25055-0281

실수 전체의 집합에서 미분가능한 함수 $f(x)$가 다음 조건을 만족시킬 때, $f(\ln 2)$의 값은?

> (가) 모든 실수 x에 대하여 $f'(x)f(x) = \dfrac{e^x - e^{-x}}{2}$이다.
> (나) $f(0)=1$

① 0 　　② $\dfrac{\sqrt{2}}{2}$ 　　③ 1

④ $\dfrac{\sqrt{6}}{2}$ 　　⑤ $\sqrt{2}$

07

▶ 25055-0282

실수 전체의 집합에서 연속인 함수 $f(x)$가 다음 조건을 만족시킨다.

> 모든 양의 실수 x에 대하여
> $$f(\ln x) = xf\left(\dfrac{x-1}{e-1}\right) + 2x^2 - 2$$
> 이다.

$(2-e)\displaystyle\int_{0}^{1} f(x)dx$의 값은?

① e^2-3 　　② e^2-2 　　③ e^2-1

④ e^2 　　⑤ e^2+1

08

▶ 25055-0283

$0<p<\pi$인 상수 p와 함수 $f(x)=\sin^2 x \cos^3 x$에 대하여

$$\lim_{x \to p} \dfrac{f'(x)}{5\cos^2 x - 3} = 0$$

일 때, $\displaystyle\int_{0}^{p} f(x)dx$의 값은?

① $\dfrac{1}{10}$ 　　② $\dfrac{2}{15}$ 　　③ $\dfrac{1}{6}$

④ $\dfrac{1}{5}$ 　　⑤ $\dfrac{7}{30}$

▶ 25055-0284

유형 3 부분적분법을 이용한 정적분

출제경향 | 부분적분법을 이용하여 정적분의 값을 구하는 문제가 출제된다.

출제유형잡기 | 두 함수 $f(x)$, $g(x)$가 미분가능하고 $f'(x)$, $g'(x)$가 닫힌구간 $[a, b]$에서 연속일 때,

$$\int_a^b f(x)g'(x)dx = \left[f(x)g(x) \right]_a^b - \int_a^b f'(x)g(x)dx$$

임을 이용하여 문제를 해결한다.

09

$\int_1^2 \dfrac{\ln 2x}{x^2}\,dx$의 값은?

① $\dfrac{1}{4}$　　　　② $\dfrac{1}{2}$　　　　③ $\dfrac{3}{4}$

④ 1　　　　⑤ $\dfrac{5}{4}$

10

▶ 25055-0285

$\int_0^{\frac{3}{2}\pi} x \sin\left(\dfrac{3}{2}\pi - x\right)dx$의 값은?

① $\dfrac{3}{2}\pi + 1$　　　　② $\dfrac{3}{2}\pi + \dfrac{3}{2}$　　　　③ $\dfrac{3}{2}\pi + 2$

④ $2\pi + \dfrac{3}{2}$　　　　⑤ $2\pi + 2$

11

▶ 25055-0286

양의 실수 전체의 집합에서 미분가능한 함수 $f(x)$의 한 부정적분을 $F(x)$라 할 때, 함수 $F(x)$가 다음 조건을 만족시킨다.

(가) 모든 양의 실수 x에 대하여
$$F(x) = xf(x) + (x^2 - 2x + 2)e^x$$
이다.

(나) $F(1) = 2e$

$F(3)$의 값은?

① $3e - 2e^3$　　　　② $3e - e^3$　　　　③ $3e$

④ $3e + e^3$　　　　⑤ $3e + 2e^3$

유형 4 정적분으로 나타낸 함수의 미분

출제경향 | 연속함수 $f(x)$와 미분가능한 함수 $g(x)$ 및 상수 a에 대하여 정적분으로 나타낸 함수 $\int_a^x f(t)dt$, $\int_a^{g(x)} f(t)dt$를 미분하는 문제가 출제된다.

출제유형잡기 | 연속함수 $f(x)$와 미분가능한 함수 $g(x)$ 및 상수 a에 대하여 $\int_a^x f(t)dt$, $\int_a^{g(x)} f(t)dt$를 포함하는 함수가 주어질 때, 다음을 이용하여 문제를 해결한다.

(1) $\dfrac{d}{dx}\int_a^x f(t)dt = f(x)$

(2) $\dfrac{d}{dx}\int_a^{g(x)} f(t)dt = f(g(x))g'(x)$

12

▶ 25055-0287

함수 $f(x) = \displaystyle\int_{\cos x}^{\sin x} \sec^2 t\, dt$에 대하여 $f'(0)$의 값은?

① -1 　　② $-\dfrac{\sqrt{3}}{3}$ 　　③ 0

④ $\dfrac{\sqrt{3}}{3}$ 　　⑤ 1

13

▶ 25055-0288

실수 전체의 집합에서 연속인 함수 $f(x)$가 모든 양의 실수 t에 대하여

$$\int_0^{\ln t} f(e^x)dx = a(t\ln t - 1)^2 - 2$$

를 만족시킬 때, $f(e)$의 값은? (단, a는 상수이다.)

① $6e^2$ 　　② $6e(e+1)$ 　　③ $8e(e-1)$

④ $8e^2$ 　　⑤ $8e(e+1)$

14

▶ 25055-0289

실수 전체의 집합에서 정의된 함수 $f(x)$가

$$f(x) = \int_{\pi x}^{\pi(x+1)} (\cos t - \sin t)dt$$

일 때, 닫힌구간 $[0, 4]$에서 방정식 $f'(x)=0$의 서로 다른 실근의 개수를 구하시오.

15

▶ 25055-0290

실수 전체의 집합에서 연속인 두 함수 $f(x)$, $g(x)$가 다음 조건을 만족시킨다.

(가) 모든 실수 x에 대하여 $g(x) = \displaystyle\int_{-2}^x f(t)dt$이다.

(나) $\displaystyle\int_0^2 x\{f(x)+f(x-2)\}dx = 0$

$g(0) = -2$, $\displaystyle\int_{-2}^2 g(x)dx = -6$일 때, $\displaystyle\int_{-2}^2 f(x)g(x)dx$의 값은?

① -1 　　② $-\dfrac{1}{2}$ 　　③ 0

④ $\dfrac{1}{2}$ 　　⑤ 1

출제경향 | 정적분의 정의와 미분계수의 정의를 이용하여 함수의 극한 값을 구하는 문제가 출제된다.

출제유형잡기 | 연속함수 $f(x)$와 상수 a에 대하여

$\lim\limits_{x \to a} \dfrac{1}{x-a} \int_a^x f(t)dt$, $\lim\limits_{h \to 0} \dfrac{1}{h} \int_a^{a+h} f(t)dt$의 값을 구할 때, 다음을 이용하여 문제를 해결한다.

(1) $\lim\limits_{x \to a} \dfrac{1}{x-a} \int_a^x f(t)dt = f(a)$

(2) $\lim\limits_{h \to 0} \dfrac{1}{h} \int_a^{a+h} f(t)dt = f(a)$

16
▶ 25055-0291

$\lim\limits_{h \to 0} \dfrac{1}{h} \int_0^{2h} \ln(3+\cos x)dx$의 값은?

① $4 \ln 2$ ② $5 \ln 2$ ③ $6 \ln 2$
④ $7 \ln 2$ ⑤ $8 \ln 2$

17
▶ 25055-0292

함수 $f(x) = \int_1^{x^2} e^{a-t^2} dt$에 대하여

$$\lim_{x \to 1} \frac{f(x)-f(1)}{x^3-x} = 1$$

을 만족시키는 상수 a의 값은?

① 1   ② 2   ③ 3
④ 4   ⑤ 5

18
▶ 25055-0293

$\lim\limits_{n \to \infty} n^2 \left(a + \int_{-\frac{1}{n}}^{3+\frac{1}{n}} \pi \sin \pi x \, dx \right) = b$일 때, $a \times b$의 값은?

(단, a, b는 상수이다.)

① $-\pi^2$ ② $-\pi$ ③ π
④ π^2 ⑤ $2\pi^2$

19
▶ 25055-0294

구간 $[0, \infty)$에서 정의된 함수

$$f(x) = \int_0^x \frac{1}{2e^t - 1} dt$$

에 대하여 $\lim\limits_{h \to \ln 3} \dfrac{1}{h - \ln 3} \int_{\ln 3}^h f(x)dx$의 값은?

① $\ln 2$ ② $\ln \dfrac{5}{3}$ ③ $\ln \dfrac{3}{2}$
④ $\ln \dfrac{7}{5}$ ⑤ $\ln \dfrac{4}{3}$

유형 6 정적분과 급수의 합

출제경향 | 정적분을 이용하여 급수의 합을 구하는 문제가 출제된다.

출제유형잡기 | 급수의 합은 경우에 따라 여러 가지 정적분으로 나타낼 수 있음을 알고 이를 이용하여 문제를 해결한다.

$$\lim_{n \to \infty} \sum_{k=1}^{n} f\left(a + \frac{p}{n}k\right)\frac{p}{n} = \int_{a}^{a+p} f(x)dx$$

$$= \int_{0}^{p} f(a+x)dx$$

$$= p\int_{0}^{1} f(a+px)dx$$

(단, a, p는 상수이다.)

20
▶ 25055-0295

함수 $f(x) = \dfrac{1}{x^2+x}$에 대하여

$$\lim_{n \to \infty} \sum_{k=1}^{n} f\left(1 + \frac{2k}{n}\right)\frac{1}{n}$$

의 값은?

① $\dfrac{1}{2}\ln 2$ ② $\dfrac{1}{2}\ln\dfrac{3}{2}$ ③ $\dfrac{1}{2}\ln\dfrac{4}{3}$

④ $\dfrac{1}{2}\ln\dfrac{5}{4}$ ⑤ $\dfrac{1}{2}\ln\dfrac{6}{5}$

21
▶ 25055-0296

$\lim\limits_{n \to \infty} \sum\limits_{k=1}^{n} \dfrac{k}{n^2}\cos\left(\dfrac{k\pi}{2n}+\pi\right)$의 값은?

① $\dfrac{4}{\pi^2} - \dfrac{3}{\pi}$ ② $\dfrac{4}{\pi^2} - \dfrac{2}{\pi}$ ③ $\dfrac{4}{\pi^2} - \dfrac{1}{\pi}$

④ $\dfrac{4}{\pi^2}$ ⑤ $\dfrac{4}{\pi^2} + \dfrac{1}{\pi}$

22
▶ 25055-0297

최고차항의 계수가 양수인 사차함수 $f(x)$가 다음 조건을 만족시킨다.

(가) 방정식 $f(x)=0$의 실근은 0, 2, 5뿐이다.
(나) $f'(2) < f'(0) < f'(5)$

$\lim\limits_{n \to \infty} \dfrac{1}{n} \sum\limits_{k=1}^{n} f\left(m+\dfrac{k}{n}\right) < 0$을 만족시키는 모든 정수 m의 값의 합을 구하시오.

23
▶ 25055-0298

실수 전체의 집합에서 연속인 함수 $f(x)$의 역함수 $f^{-1}(x)$가 존재한다. 함수 $f^{-1}(x)$는 실수 전체의 집합에서 연속이고 함수 $f(x)$가 다음 조건을 만족시킨다.

(가) $f(1)=1$, $f(3)=2$
(나) $\int_{1}^{3} f(x)dx = \dfrac{13}{4}$

$\lim\limits_{n \to \infty} \sum\limits_{k=1}^{n} \left\{ f^{-1}\left(1+\dfrac{k+1}{n}\right) - f^{-1}\left(1+\dfrac{k}{n}\right) \right\}\dfrac{2k}{n}$의 값은?

① 1 ② $\dfrac{3}{2}$ ③ 2

④ $\dfrac{5}{2}$ ⑤ 3

출제경향 | 정적분을 이용하여 곡선과 좌표축 사이의 넓이, 두 곡선으로 둘러싸인 부분의 넓이를 구하는 문제가 출제된다.

출제유형잡기 | 곡선으로 둘러싸인 부분의 넓이를 구할 때는 다음을 이용하여 문제를 해결한다.

(1) 함수 $f(x)$가 닫힌구간 $[a, b]$에서 연속일 때, 곡선 $y=f(x)$와 x축 및 두 직선 $x=a$, $x=b$로 둘러싸인 부분의 넓이 S는

$$S=\int_a^b |f(x)|\,dx$$

(2) 두 함수 $f(x)$, $g(x)$가 닫힌구간 $[a, b]$에서 연속일 때, 두 곡선 $y=f(x)$, $y=g(x)$ 및 두 직선 $x=a$, $x=b$로 둘러싸인 부분의 넓이 S는

$$S=\int_a^b |f(x)-g(x)|\,dx$$

24

▶ 25055-0299

곡선 $y=\cos^2 x \cos\left(x+\dfrac{\pi}{2}\right)\left(0 \le x \le \dfrac{\pi}{2}\right)$와 x축으로 둘러싸인 부분의 넓이는?

① $\dfrac{1}{3}$ ② $\dfrac{1}{2}$ ③ $\dfrac{2}{3}$

④ $\dfrac{5}{6}$ ⑤ 1

25

▶ 25055-0300

양의 실수 t에 대하여 곡선 $y=t \ln x$와 두 직선 $x=1$, $y=-x+2$로 둘러싸인 부분의 넓이를 A, 곡선 $y=t \ln x$와 두 직선 $x=2$, $y=-x+2$로 둘러싸인 부분의 넓이를 B라 하자. $A=B$일 때, t의 값은?

① $\dfrac{1}{2(2 \ln 2-1)}$ ② $\dfrac{1}{4 \ln 2}$ ③ $\dfrac{1}{2(2 \ln 2+1)}$

④ $\dfrac{1}{4(\ln 2+1)}$ ⑤ $\dfrac{1}{2(2 \ln 2+3)}$

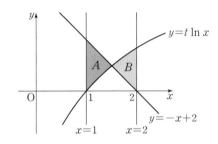

26

▶ 25055-0301

$t \ne 0$인 실수 t와 함수 $f(x)=e^x+e^{-x}$에 대하여 곡선 $y=f(x)$와 직선 $y=f(t)$로 둘러싸인 부분의 넓이를 $g(t)$라 하자. $g\left(\dfrac{1}{2}\right)+g\left(-\dfrac{1}{2}\right)$의 값은?

① $5e^{-\frac{1}{2}}-e^{\frac{1}{2}}$ ② $5e^{-\frac{1}{2}}$ ③ $5e^{-\frac{1}{2}}+e^{\frac{1}{2}}$

④ $6e^{-\frac{1}{2}}-2e^{\frac{1}{2}}$ ⑤ $6e^{-\frac{1}{2}}-e^{\frac{1}{2}}$

유형 **8** 입체도형의 부피

출제경향 | 정적분을 이용하여 입체도형의 부피를 구하는 문제가 출제된다.

출제유형잡기 | 닫힌구간 $[a, b]$에서 x좌표가 x인 점을 지나고 x축에 수직인 평면으로 자른 단면의 넓이가 $S(x)$인 입체도형의 부피 V는

$$V=\int_a^b S(x)dx$$

임을 이용하여 문제를 해결한다.

27

▸ 25055-0302

곡선 $y=x\sqrt{x+1}$ $(0\le x\le 1)$과 x축 및 직선 $x=1$로 둘러싸인 부분을 밑면으로 하고, x축에 수직인 평면으로 자른 단면이 모두 정사각형인 입체도형의 부피는?

① $\dfrac{5}{12}$ ② $\dfrac{1}{2}$ ③ $\dfrac{7}{12}$

④ $\dfrac{2}{3}$ ⑤ $\dfrac{3}{4}$

28

▸ 25055-0303

그림과 같이 곡선 $y=\ln x$와 x축, y축 및 직선 $y=1$로 둘러싸인 부분을 밑면으로 하고, y축에 수직인 평면으로 자른 단면이 모두 정삼각형인 입체도형의 부피는?

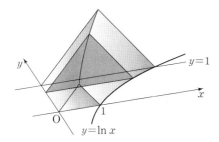

① $\dfrac{\sqrt{3}(e-1)}{16}$ ② $\dfrac{\sqrt{3}(e-1)}{8}$ ③ $\dfrac{\sqrt{3}(e-1)}{4}$

④ $\dfrac{\sqrt{3}(e^2-1)}{8}$ ⑤ $\dfrac{\sqrt{3}(e^2-1)}{4}$

29

▸ 25055-0304

그림과 같이 곡선 $y=\dfrac{\ln x}{x}$와 세 직선 $y=x$, $x=1$, $x=2$로 둘러싸인 부분을 밑면으로 하고, x축에 수직인 평면으로 자른 단면이 모두 정사각형인 입체도형의 부피는 $p+q\ln 2-\dfrac{(\ln 2)^2}{2}$이다. $|3pq|$의 값을 구하시오.

(단, $\ln 2$는 무리수이고, p, q는 유리수이다.)

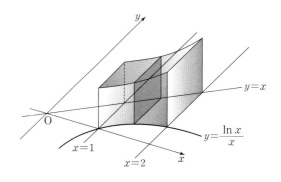

미적분

30
▶ 25055-0305

$x=1$에서 $x=4$까지 곡선 $y=\dfrac{1}{3}(x-3)\sqrt{x}$의 길이는?

① $\dfrac{10}{3}$ ② 4 ③ $\dfrac{14}{3}$

④ $\dfrac{16}{3}$ ⑤ 6

31
▶ 25055-0306

좌표평면 위를 움직이는 점 P의 시각 t ($t\geq0$)에서의 위치 (x, y)가

$$x=t-\frac{e^{2t}}{2},\ y=2e^t$$

이다. 시각 $t=a$에서 점 P의 y좌표가 4일 때, 시각 $t=0$에서 $t=a$까지 점 P가 움직인 거리는?

① $\ln 2+1$ ② $\ln 2+\dfrac{3}{2}$ ③ $\ln 2+2$

④ $\ln 2+\dfrac{5}{2}$ ⑤ $\ln 2+3$

32
▶ 25055-0307

실수 전체의 집합에서 미분가능하고 도함수가 연속인 함수 $f(x)$에 대하여 좌표평면 위를 움직이는 점 P의 시각 t ($t\geq0$)에서의 위치 (x, y)가

$$x=\sin f(t),\ y=\cos f(t)$$

이다. 시각 $t=0$에서 $t=2$까지 점 P가 움직인 거리가 4일 때, 곡선 $y=f'(x)$와 x축, y축 및 직선 $x=2$로 둘러싸인 부분의 넓이를 구하시오.

33
▶ 25055-0308

시각 $t=0$일 때 원점을 출발하여 좌표평면 위를 움직이는 점 P의 시각 t ($t\geq0$)에서의 위치 (x, y)가

$$x=t,\ y=f(t)$$

이다. 점 P가 다음 조건을 만족시킬 때, 시각 $t=\ln 5$에서 점 P의 y좌표는?

(가) $t>0$인 모든 실수 t에 대하여 함수 $f'(t)$는 연속이고, $f'(\ln 5)>0$이다.

(나) 모든 양의 실수 a에 대하여 점 P가 시각 $t=0$에서 $t=a$까지 움직인 거리가 s일 때, $a=\ln (s+\sqrt{s^2+1})$이다.

---

① $\dfrac{6}{5}$ ② $\dfrac{13}{10}$ ③ $\dfrac{7}{5}$

④ $\dfrac{3}{2}$ ⑤ $\dfrac{8}{5}$

이 책의 차례 CONTENTS

실전편

5지선다형

01
▸ 25054-1001

$54^{\frac{1}{3}} \times \sqrt{\sqrt[3]{16}}$의 값은? [2점]

① 3   ② 6   ③ 9

④ 12   ⑤ 15

02
▸ 25054-1002

함수 $f(x)=x^3+x^2-2$에 대하여 $\displaystyle\lim_{x \to -1}\frac{f(x)-f(-1)}{x+1}$의 값은? [2점]

① 1   ② 2   ③ 3

④ 4   ⑤ 5

03
▸ 25054-1003

$\pi < \theta < \dfrac{3}{2}\pi$인 θ에 대하여 $\cos^2\left(\theta-\dfrac{\pi}{2}\right)=\dfrac{1}{4}$일 때, $\sin\theta$의 값은? [3점]

① $-\dfrac{\sqrt{3}}{2}$ ② $-\dfrac{\sqrt{2}}{2}$ ③ $-\dfrac{1}{2}$

④ $\dfrac{1}{2}$ ⑤ $\dfrac{\sqrt{2}}{2}$

04
▸ 25054-1004

함수

$$f(x)=\begin{cases} \dfrac{x^2+3x-a}{x-1} & (x \neq 1) \\ b & (x=1) \end{cases}$$

이 실수 전체의 집합에서 연속일 때, 두 상수 a, b에 대하여 $a+b$의 값은? [3점]

① 7   ② 8   ③ 9

④ 10   ⑤ 11

05

▶ 25054-1005

다항함수 $f(x)$가
$$f'(x)=3x^2+a, \; f(3)-f(1)=30$$
을 만족시킬 때, $f'(1)$의 값은? (단, a는 상수이다.) [3점]

① 3   ② 4   ③ 5
④ 6   ⑤ 7

06

▶ 25054-1006

수열 $\{a_n\}$에 대하여
$$\sum_{k=1}^{10} 2a_k=14, \; \sum_{k=1}^{10}(a_k+a_{k+1})=23$$
일 때, $a_{11}-a_1$의 값은? [3점]

① 9   ② 10   ③ 11
④ 12   ⑤ 13

07

▶ 25054-1007

함수 $f(x)=x^3-9x^2+24x+6$이 $x=a$에서 극대일 때, $a+f(a)$의 값은? (단, a는 상수이다.) [3점]

① 28   ② 29   ③ 30
④ 31   ⑤ 32

08

▶ 25054-1008

다항함수 $f(x)$가 모든 실수 x에 대하여

$$\int_0^x tf(t)dt = x^4 + 2x^3 - x^2$$

을 만족시킬 때, $f(2)$의 값은? [3점]

① 24   ② 26   ③ 28

④ 30   ⑤ 32

09

▶ 25054-1009

함수 $f(x) = \sin x \ (0 \le x \le 4\pi)$의 그래프와 직선 $y = k$가 서로 다른 네 점 A, B, C, D에서만 만나고 이 네 점의 x좌표를 각각 $x_1,\ x_2,\ x_3,\ x_4\ (x_1 < x_2 < x_3 < x_4)$라 할 때,

$$x_1 + x_2 + x_3 + x_4 = 6\pi,\ \sin(x_4 - x_1) = \frac{\sqrt{3}}{2}$$

을 만족시키는 모든 x_1의 값의 합은? (단, k는 상수이다.) [4점]

① $\dfrac{\pi}{6}$ ② $\dfrac{\pi}{4}$ ③ $\dfrac{\pi}{3}$

④ $\dfrac{5}{12}\pi$ ⑤ $\dfrac{\pi}{2}$

10

▶ 25054-1010

양수 a와 실수 b에 대하여 수직선 위를 움직이는 두 점 P, Q의 시각 $t\ (t \ge 0)$에서의 속도가 각각

$$v_1(t) = t^2 - 4t + a,\ v_2(t) = 2t - b$$

이다. 시각 $t = a$에서 두 점 P, Q의 속도가 같고, 시각 $t = 0$에서 $t = a$까지 두 점 P, Q의 위치의 변화량이 같을 때, $a + b$의 값은? [4점]

① $\dfrac{13}{2}$ ② $\dfrac{27}{4}$ ③ 7

④ $\dfrac{29}{4}$ ⑤ $\dfrac{15}{2}$

11

▶ 25054-1011

모든 항이 자연수인 수열 $\{a_n\}$이 모든 자연수 n에 대하여 다음 조건을 만족시킨다.

(가) $a_{2n-1} = n^2 + 2n$

(나) $a_n < a_{n+1}$이고 $a_{2n+1} - a_{2n}$의 값이 일정하다.

$\sum\limits_{n=1}^{16} a_n$의 최솟값은? [4점]

① 568   ② 580   ③ 592

④ 604   ⑤ 616

12

▶ 25054-1012

함수 $f(x) = x(x-2)(x-3)$과 실수 t에 대하여 함수 $g(x)$가

$$g(x) = \begin{cases} f(x) & (x < t) \\ -f(x) & (x \geq t) \end{cases}$$

일 때, 함수 $g(x)$는 다음 조건을 만족시킨다.

(가) 함수 $g(x)$는 실수 전체의 집합에서 연속이다.

(나) $0 < a < 2$인 모든 실수 a에 대하여 $\int_a^3 g(x)dx > 0$이다.

$\int_1^3 g(x)dx$의 값은? [4점]

① $\dfrac{1}{2}$ ② $\dfrac{3}{4}$ ③ 1

④ $\dfrac{5}{4}$ ⑤ $\dfrac{3}{2}$

13

▶ 25054-1013

그림과 같이 길이가 8인 선분 AB를 지름으로 하는 원 위의 점 C에 대하여 $\cos(\angle CBA)=\dfrac{3}{4}$이다. 선분 AB를 1 : 3으로 외분하는 점을 D, 선분 CD와 원이 만나는 점 중 C가 아닌 점을 E라 하자. 직선 BC 위의 점 F가 $\angle CDF = \angle CBA$를 만족시킬 때, 삼각형 CEF의 넓이는? (단, $\overline{BF} > \overline{CF}$) [4점]

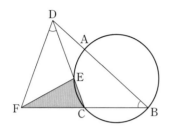

① $2\sqrt{7}$ ② $3\sqrt{7}$ ③ $4\sqrt{7}$

④ $5\sqrt{7}$ ⑤ $6\sqrt{7}$

14

▶ 25054-1014

실수 t에 대하여 최고차항의 계수가 1인 삼차함수 $y=f(x)$의 그래프 위의 점 $(t, f(t))$에서의 접선이 y축과 만나는 점을 $(0, g(t))$라 할 때, 함수 $g(t)$는 다음 조건을 만족시킨다.

(가) 함수 $g(t)$의 극댓값은 $\dfrac{35}{27}$이다.

(나) 함수 $|g(t)-g(0)|$은 $t=1$에서만 미분가능하지 않다.

$g(-2)$의 값은? [4점]

① 23   ② 24   ③ 25

④ 26   ⑤ 27

15

▶ 25054-1015

수열 $\{a_n\}$이 다음 조건을 만족시킨다.

> (가) a_1은 자연수이다.
> (나) 모든 자연수 n에 대하여
> $$a_{n+1}=\begin{cases} \dfrac{24}{a_n}+2 & (a_n\text{이 }24\text{의 약수인 경우}) \\ a_n+5 & (a_n\text{이 }24\text{의 약수가 아닌 경우}) \end{cases}$$
> 이다.

$a_{k+1}-a_k=5$이고 $a_{k+2}-a_{k+1}\neq 5$를 만족시키는 자연수 k가 존재할 때, k의 최댓값은? [4점]

① 3   ② 5   ③ 7

④ 9   ⑤ 11

단답형

16

▶ 25054-1016

방정식
$$\log_{\sqrt{2}}(3x+1)=\log_2(6x+10)$$
을 만족시키는 실수 x의 값을 구하시오. [3점]

17

▶ 25054-1017

함수 $f(x)=(x-1)(x^3+3)$에 대하여 $f'(1)$의 값을 구하시오.
[3점]

18

▸ 25054-1018

등차수열 $\{a_n\}$의 첫째항부터 제n항까지의 합을 S_n이라 하자.

$$S_5 - 5a_1 = 10, \quad S_3 = a_2 + 6$$

일 때, a_5의 값을 구하시오. [3점]

19

▸ 25054-1019

2 이상의 자연수 n에 대하여 $2^{n^2-5n-2} - 16$의 n제곱근 중 실수인 것의 개수를 $f(n)$이라 하자. 2 이상의 자연수 k에 대하여 $f(k)f(k+1)f(k+2) = 0$인 k의 최댓값을 M, $f(k)f(k+1)f(k+2) = 4$인 k의 최솟값을 m이라 할 때, $M+m$의 값을 구하시오. [3점]

20

▸ 25054-1020

최고차항의 계수가 $\frac{1}{2}$인 사차함수 $f(x)$에 대하여

$$\lim_{x \to 0} \frac{f(x)-2}{x} = 0$$

이 성립한다. 실수 t에 대하여 방정식 $|f(x)| = t$의 서로 다른 실근의 개수를 $g(t)$라 할 때, 함수 $y = g(t)$의 그래프는 그림과 같다.

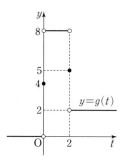

$f(2) = p - q\sqrt{2}$일 때, 두 자연수 p, q에 대하여 $p \times q$의 값을 구하시오. [4점]

21

▶ 25054-1021

그림과 같이 1보다 큰 두 상수 a, b에 대하여 직선 $x+2y=0$이 곡선 $y=a^x$과 만나는 점을 P, 곡선 $y=-b^x$과 만나는 두 점 중 x좌표가 작은 점을 Q라 하자. 곡선 $y=a^x$ 위에 있는 제1사분면 위의 점 R에 대하여 세 점 P, Q, R이 다음 조건을 만족시킬 때, $a^3 \times b^4$의 값을 구하시오. (단, O는 원점이다.) [4점]

(가) $\overline{OP} : \overline{OR} = \overline{OR} : \overline{OQ} = 1 : 2$
(나) $\angle RPO = \angle QRO$

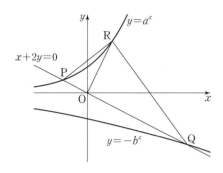

22

▶ 25054-1022

실수 t에 대하여 $x \le t$에서 다항함수 $f(x)$의 최댓값을 $g(t)$라 할 때, 두 함수 $f(x)$, $g(t)$는 다음 조건을 만족시킨다.

(가) $f'(x)=3(x-1)(x-k)$ (단, k는 $k>1$인 상수이다.)
(나) 실수 a에 대하여 집합
$$A=\left\{ a \,\middle|\, \lim_{t \to a-} \frac{g(t)-g(a)}{t-a} \times \lim_{t \to a+} \frac{g(t)-g(a)}{t-a}=0 \right\}$$
의 원소 중 정수인 것의 개수가 4이다.

$f(0)=0$일 때, $f(6)$의 최댓값을 구하시오. [4점]

23

▶ 25055-1023

$\lim\limits_{n \to \infty} \dfrac{(3n^2+n)(2n-1)}{(n+1)(n^2+1)}$의 값은? [2점]

① 2   ② 3   ③ 4

④ 5   ⑤ 6

5지선다형

24

▶ 25055-1024

매개변수 t로 나타내어진 곡선

$$x = 1 + \frac{1}{2}e^{2t}, \ y = t + 2e^{-t}$$

위의 점 (a, b)에서의 접선의 기울기가 -1일 때, $a+b$의 값은? [3점]

① $\dfrac{13}{4}$ ② $\dfrac{7}{2}$ ③ $\dfrac{15}{4}$

④ 4   ⑤ $\dfrac{17}{4}$

25

▶ 25055-1025

실수 전체의 집합에서 미분가능한 함수 $f(x)$에 대하여 함수 $g(x)$는

$$g(x) = \ln f(x)$$

이고 함수 $g(x)$의 도함수 $g'(x)$가 실수 전체의 집합에서 연속이다. 모든 실수 x에 대하여

$$\int_{\ln 2}^{x} g'(t)f(t)\,dt = e^{ax} + e^{x} - 6$$

이고 $f(\ln 2) = 6$일 때, $f(\ln 4)$의 값은?

(단, $f(x) > 0$이고, a는 상수이다.) [3점]

① 12   ② 14   ③ 16

④ 18   ⑤ 20

26

▶ 25055-1026

그림과 같이 곡선 $y = \sqrt{\dfrac{\ln(x^2 + 2x + 1)}{x + 1}}$ $\left(\dfrac{e}{2} - 1 \leq x \leq e - 1\right)$

과 x축 및 두 직선 $x = \dfrac{e}{2} - 1$, $x = e - 1$로 둘러싸인 부분을 밑면으로 하는 입체도형이 있다. 이 입체도형을 x축에 수직인 평면으로 자른 단면이 모두 정사각형일 때, 이 입체도형의 부피는? [3점]

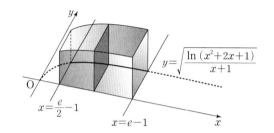

① $(1 - \ln 2) \ln 2$ ② $(2 - \ln 2) \ln 2$

③ $(3 - \ln 2) \ln 2$ ④ $2(1 - \ln 2) \ln 2$

⑤ $2(2 - \ln 2) \ln 2$

27

▶ 25055-1027

실수 전체의 집합에서 증가하고 미분가능한 함수 $f(x)$가 다음 조건을 만족시킨다.

(가) 방정식 $f(x)-x=0$의 실근은 1뿐이다.

(나) $\displaystyle\lim_{x \to a} \dfrac{f(x)-a}{x^3-a^3}=\dfrac{1}{a^2}$ 을 만족시키는 0이 아닌 실수 a가 존재한다.

두 함수 $f^{-1}(x)$, $g(x)$가 미분가능하고 모든 실수 x에 대하여
$$(g \circ f^{-1})(x)=x^3$$
을 만족시킬 때, $g'(1)$의 값은? [3점]

① 6　　　　　② 9　　　　　③ 12

④ 15　　　　　⑤ 18

28

▶ 25055-1028

$0<k<2$인 상수 k와 닫힌구간 $[0, 2]$에서 정의된 함수 $f(x)=1-\cos \pi x$에 대하여 함수
$$g(x)=|f(x)-k|$$
의 최댓값을 M이라 하고, 방정식 $f(x)=M$의 두 실근 중 작은 근을 α라 하자. $p \leq t \leq \alpha$인 모든 실수 t에 대하여
$$\int_t^{2-t}\{f(x)-g(x)\}dx=k(2-2t)$$
를 만족시키는 실수 p의 최솟값이 $\alpha-\dfrac{1}{3}$일 때, $g(k)$의 값은? [4점]

① $\dfrac{1}{6}$　　　　　② $\dfrac{1}{5}$　　　　　③ $\dfrac{1}{4}$

④ $\dfrac{1}{3}$　　　　　⑤ $\dfrac{1}{2}$

단답형

29

▶ 25055-1029

첫째항이 2이고 공비 r이 2 이상 6 이하의 자연수인 등비수열 $\{a_n\}$이 있다. 등비수열 $\{a_n\}$의 첫째항부터 제n항까지의 합을 S_n이라 할 때, 수열 $\{b_n\}$을

$$b_n = \frac{a_n + 2^{2n+1}}{S_n + 4^n}$$

이라 하자. $\lim\limits_{n \to \infty} b_n$의 값이 존재하고 $\lim\limits_{n \to \infty} b_n < 1$을 만족시키는 서로 다른 모든 r의 값의 합을 구하시오. [4점]

30

▶ 25055-1030

두 양수 a, b에 대하여 함수 $f(x)$를 $f(x) = xe^{ax+b} + x$라 하자. 음수 k에 대하여 함수

$$g(x) = \int_k^x f(t)f'(t)\,dt$$

가 다음 조건을 만족시킨다.

> (가) 함수 $y = |g(x)|$가 $x = \alpha$ $(\alpha > 0)$에서만 미분가능하지 않다.
>
> (나) $f\left(-\dfrac{2}{a}\right) = g\left(-\dfrac{2}{a}\right) - 8$

$16(a+b)$의 값을 구하시오. $\left(\text{단, } \lim\limits_{x \to -\infty} xe^x = 0\right)$ [4점]

5지선다형

01

▶ 25054-1031

$\sqrt[4]{\dfrac{1}{8}} \times \sqrt[8]{\dfrac{1}{4}}$의 값은? [2점]

① $\dfrac{\sqrt{2}}{8}$ ② $\dfrac{1}{4}$ ③ $\dfrac{\sqrt{2}}{4}$

④ $\dfrac{1}{2}$ ⑤ $\dfrac{\sqrt{2}}{2}$

02

▶ 25054-1032

함수 $f(x)=x^4-5x^2+3$에 대하여
$\displaystyle\lim_{h \to 0}\dfrac{f(-1+h)-f(-1)}{h}$의 값은? [2점]

① 2 ② 4 ③ 6

④ 8 ⑤ 10

03

▶ 25054-1033

$\dfrac{\pi}{2}<\theta<\pi$인 θ에 대하여 $\sin\theta+2\cos\theta=0$일 때,
$\sin\theta-\cos\theta$의 값은? [3점]

① $\dfrac{7\sqrt{5}}{15}$ ② $\dfrac{\sqrt{5}}{2}$ ③ $\dfrac{8\sqrt{5}}{15}$

④ $\dfrac{17\sqrt{5}}{30}$ ⑤ $\dfrac{3\sqrt{5}}{5}$

04

▶ 25054-1034

함수
$$f(x)=\begin{cases} 2x-3 & (x<a) \\ x^2-3x+a & (x\geq a) \end{cases}$$
가 실수 전체의 집합에서 연속이 되도록 하는 모든 실수 a의 값의 합은? [3점]

① 1 ② 2 ③ 3

④ 4 ⑤ 5

05

▸ 25054-1035

함수 $f(x)=\displaystyle\int (2x+a)dx$에 대하여 $f'(0)=f(0)$이고
$f(2)=-5$일 때, $f(4)$의 값은? (단, a는 상수이다.) [3점]

① 1   ② 2   ③ 3

④ 4   ⑤ 5

06

▸ 25054-1036

첫째항과 공비가 모두 0이 아닌 등비수열 $\{a_n\}$의 첫째항부터 제
n항까지의 합을 S_n이라 하자.

$$\frac{S_2}{a_2}-\frac{S_4}{a_4}=4,\ a_5=\frac{5}{4}$$

일 때, a_1+a_2의 값은? [3점]

① 10   ② 12   ③ 14

④ 16   ⑤ 18

07

▸ 25054-1037

최고차항의 계수가 1인 삼차함수 $f(x)$가 $x=-1$에서 극댓값을
갖고, $x=2$에서 극솟값을 갖는다. $f(2)=4$일 때, $f(4)$의 값은?
[3점]

① 22   ② 24   ③ 26

④ 28   ⑤ 30

▶ 25054-1038

함수 $f(x)=(x+a)|x^2+2x|$ 가 $x=0$에서만 미분가능하지 않을 때, $\int_{-1}^{1} f(x)dx$의 값은? (단, a는 상수이다.) [3점]

① $\dfrac{13}{3}$ ② $\dfrac{9}{2}$ ③ $\dfrac{14}{3}$

④ $\dfrac{29}{6}$ ⑤ 5

09

▶ 25054-1039

1보다 큰 두 실수 a, b가 다음 조건을 만족시킨다.

(가) $\dfrac{\log ab}{5}=\dfrac{\log a-\log b}{3}$

(나) $a^{-1+\log b}=1000$

$\log a+2\log b$의 값은? [4점]

① 6   ② 7   ③ 8

④ 9   ⑤ 10

▶ 25054-1040

시각 $t=0$일 때 동시에 원점을 출발하여 수직선 위를 움직이는 두 점 P, Q의 시각 $t\,(t\geq0)$에서의 속도가 각각

$$v_1(t)=3t^2+4at+10,\ v_2(t)=4t+a$$

이고, 시각 t에서의 두 점 P, Q 사이의 거리를 $f(t)$라 하자. $t\geq0$에서 함수 $f(t)$가 증가할 때, $f(2)$의 최댓값과 최솟값의 합은? (단, a는 실수이다.) [4점]

① 80   ② 82   ③ 84

④ 86   ⑤ 88

11

▶ 25054-1041

모든 항이 양수인 등차수열 $\{a_n\}$의 첫째항부터 제n항까지의 합을 S_n이라 하자. $a_2=2a_1$이고 $\sum\limits_{k=1}^{5}\dfrac{1}{S_k}=5$일 때, $\sum\limits_{k=1}^{14}\dfrac{a_{k+1}}{S_kS_{k+1}}$의 값은? [4점]

① $\dfrac{115}{40}$ ② $\dfrac{29}{10}$ ③ $\dfrac{117}{40}$

④ $\dfrac{59}{20}$ ⑤ $\dfrac{119}{40}$

12

▶ 25054-1042

최고차항의 계수가 양수인 삼차함수 $f(x)$가 다음 조건을 만족시킨다.

(가) $f'(0)=f'(2)=0$
(나) 방정식 $f(f'(x))=0$의 서로 다른 실근의 개수는 3이다.

$f(5)$의 값은? [4점]

① 18 ② 21 ③ 24
④ 27 ⑤ 30

13
▸ 25054-1043

그림과 같이 선분 AB를 지름으로 하는 반원의 호 위에 두 점 C, D가 있다.

$$\overline{AC}=3, \ \overline{AD}=5, \ \tan(\angle CAD)=\frac{3}{4}$$

일 때, 사각형 ABDC의 넓이는? [4점]

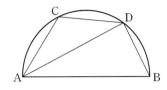

① $\dfrac{49}{6}$ 　② $\dfrac{25}{3}$ 　③ $\dfrac{17}{2}$

④ $\dfrac{26}{3}$ 　⑤ $\dfrac{53}{6}$

14
▸ 25054-1044

최고차항의 계수가 1인 이차함수 $f(x)$에 대하여 함수 $g(x)$는

$$g(x)=\int_{x}^{x+3} f(|t|)dt$$

이다. 함수 $g(x)$가 $x=\dfrac{1}{2}$에서 극소이고 $g(1)=0$일 때, 함수 $g(x)$의 극댓값은? [4점]

① $\dfrac{5}{4}$ 　② $\dfrac{3}{2}$ 　③ $\dfrac{7}{4}$

④ 2 　⑤ $\dfrac{9}{4}$

15

▸ 25054-1045

모든 항이 자연수인 수열 $\{a_n\}$이 모든 자연수 n에 대하여

$$a_{n+1}=\begin{cases}\dfrac{a_n}{3} & (a_n\text{이 3의 배수인 경우}) \\ a_n+2 & (a_n\text{이 3의 배수가 아닌 경우})\end{cases}$$

를 만족시킬 때, a_1은 3의 배수가 아니고 $a_5+a_6=16$이 되도록 하는 모든 a_1의 값의 합은? [4점]

① 1011 ② 1013 ③ 1015
④ 1017 ⑤ 1019

16

▸ 25054-1046

부등식 $\log_3(x+4)<1+\log_3(1-x)$를 만족시키는 정수 x의 개수를 구하시오. [3점]

17

▸ 25054-1047

다항함수 $f(x)$에 대하여 함수 $g(x)$를 $g(x)=(x+1)f(x)$라 하자.

$$\lim_{x\to 3}\frac{g(x)-8}{x-3}=30$$

일 때, $f(3)\times f'(3)$의 값을 구하시오. [3점]

18

▶ 25054-1048

수열 $\{a_n\}$이 모든 자연수 n에 대하여

$$\sum_{k=1}^{n}(a_k+a_{k+1})=\frac{1}{n}+\frac{1}{n+1}$$

을 만족시킨다. $a_5=\frac{1}{4}$일 때, $a_1=\frac{q}{p}$이다. $p+q$의 값을 구하시오. (단, p와 q는 서로소인 자연수이다.) [3점]

19

▶ 25054-1049

함수 $f(x)=2\sin\frac{\pi x}{6}$에 대하여 부등식

$$f(x+3)f(x-3)\geq-1$$

을 만족시키는 12 이하의 모든 자연수 x의 값의 합을 구하시오.

[3점]

20

▶ 25054-1050

상수 k와 함수 $f(x)=a(x^3-4x)$ $(a>0)$에 대하여 실수 전체의 집합에서 연속인 함수 $g(x)$가

$$g(x)=\begin{cases} f(x) & (x\leq k) \\ -f(x) & (x>k) \end{cases}$$

이다. 열린구간 $(-2,\,2)$에서 정의된 함수

$$h(x)=\int_{-2}^{x}g(t)dt-\int_{x}^{2}g(t)dt$$

가 $x=0$에서 최댓값 2를 가질 때, $\left|\int_{0}^{4}g(x)dx\right|$의 값을 구하시오. (단, a는 상수이다.) [4점]

21

▸ 25054-1051

자연수 k에 대하여 양의 실수 전체의 집합에서 정의된 함수

$$f(x) = \begin{cases} -\log_2(k+1)x & (0<x<1) \\ \log_2 \dfrac{x}{k+1} & (x \geq 1) \end{cases}$$

의 그래프와 직선 $y=\log_2(k+2)$가 만나는 서로 다른 두 점 사이의 거리를 $g(k)$라 하자. $\dfrac{18}{7} \times \displaystyle\sum_{k=1}^{7} g(k)$의 값을 구하시오.

[4점]

22

▸ 25054-1052

최고차항의 계수가 음수인 사차함수 $f(x)$에 대하여 함수

$$g(x) = \begin{cases} (x+2)^2 & (x<1) \\ f(x) & (x \geq 1) \end{cases}$$

이 다음 조건을 만족시킨다.

$$\left\{ a \,\middle|\, \lim_{x \to a+} \frac{g(x)-g(a)}{x-a} \times \lim_{x \to (a+4)+} \frac{g(x)-g(a+4)}{x-(a+4)} \leq 0 \right\}$$
$$= \{a \mid -6 \leq a \leq 2\} \cup \{5\}$$

$g(5)=0$이고 방정식 $g(x)=9$의 서로 다른 실근의 개수가 2일 때, $g(3)=\dfrac{q}{p}$이다. $p+q$의 값을 구하시오.

(단, p와 q는 서로소인 자연수이다.) [4점]

5지선다형

23

▶ 25055-1053

$\lim\limits_{x \to 0} \dfrac{e^{4x}-1}{\sin 2x}$의 값은? [2점]

① $\dfrac{1}{4}$ ② $\dfrac{1}{2}$ ③ 1

④ 2 ⑤ 4

24

▶ 25055-1054

매개변수 t로 나타내어진 곡선

$$x=3t+\cos t, \ y=3t-\sin 2t$$

에서 $t=\dfrac{5}{6}\pi$일 때, $\dfrac{dy}{dx}$의 값은? [3점]

① $\dfrac{1}{2}$ ② $\dfrac{3}{5}$ ③ $\dfrac{7}{10}$

④ $\dfrac{4}{5}$ ⑤ $\dfrac{9}{10}$

25

▶ 25055-1055

함수 $f(x)=e^{2x}+e^x-1$의 역함수를 $g(x)$라 할 때,

$\displaystyle\int_1^5 \frac{x}{f'(g(x))}dx$의 값은? [3점]

① $\dfrac{1}{2}-\ln 2$ ② $\dfrac{3}{2}-\ln 2$ ③ $\dfrac{5}{2}-\ln 2$

④ $\dfrac{7}{2}-\ln 2$ ⑤ $\dfrac{9}{2}-\ln 2$

26

▶ 25055-1056

그림과 같이 곡선 $y=\sqrt{ax\ln(x+1)}$ $(x\geq1)$과 x축 및 두 직선 $x=1$, $x=t$ $(t>1)$로 둘러싸인 부분을 밑면으로 하는 입체도형이 있다. 이 입체도형을 x축에 수직인 평면으로 자른 단면이 모두 정사각형일 때, 이 입체도형의 부피를 $V(t)$라 하자. $V'(3)=12\ln 2$일 때, $V(3)$의 값은?

(단, a는 양의 상수이다.) [3점]

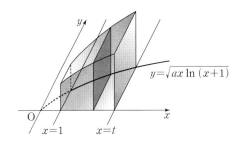

① $14\ln 2-4$ ② $14\ln 2-2$ ③ $16\ln 2-6$

④ $16\ln 2-4$ ⑤ $16\ln 2-2$

27

▶ 25055-1057

공비가 0이 아닌 등비수열 $\{a_n\}$과 최고차항의 계수가 1인 삼차
함수 $f(x)$가 다음 조건을 만족시킨다.

> (가) 급수 $\sum\limits_{n=1}^{\infty} a_n$이 수렴하고, 그 합은 15이다.
>
> (나) 급수 $\sum\limits_{n=1}^{\infty} \dfrac{f(a_n)}{a_n}$이 수렴하고, 그 합은 0이다.

$f(1)=-2$일 때, a_3의 값은? [3점]

① $\dfrac{5}{3}$ ② $\dfrac{20}{9}$ ③ $\dfrac{25}{9}$

④ $\dfrac{10}{3}$ ⑤ $\dfrac{35}{9}$

28

▶ 25055-1058

좌표평면에 점 $A(0, 1)$이 있다. $\dfrac{1}{2}$보다 큰 실수 t에 대하여 점
A를 지나는 원 C는 반지름의 길이가 t이고 중심이 제1사분면에
있으면서 x축에 접한다. 원 C에 접하고 기울기가 $-\dfrac{3}{4}$인 두 직
선의 y절편을 각각 $f(t)$, $g(t)$ $(f(t)<g(t))$라 하자.
$f'(k)=0$인 상수 k에 대하여 $g'(k+8)$의 값은? [4점]

① $\dfrac{11}{5}$ ② $\dfrac{23}{10}$ ③ $\dfrac{12}{5}$

④ $\dfrac{5}{2}$ ⑤ $\dfrac{13}{5}$

단답형

29

▶ 25055-1059

실수 t에 대하여 함수 $f(x)=\ln x+e^t$이 있다. 원점 O에서 곡선 $y=f(x)$에 그은 접선을 l이라 할 때, 직선 l과 곡선 $y=f(x)$가 만나는 점을 A라 하고, 점 A를 지나고 직선 l에 수직인 직선이 x축, y축과 만나는 점을 각각 B, C라 하자. 직선 l의 기울기를 $g(t)$, $\dfrac{\overline{\text{AB}}}{\overline{\text{AC}}}$의 값을 $h(t)$라 할 때, $h(a)=e^4$을 만족시키는 실수 a에 대하여 $\dfrac{1}{e^6}\times g'(a)\times h'(a)$의 값을 구하시오. [4점]

30

▶ 25055-1060

두 실수 a, b가 $a<-\dfrac{1}{2}$, $b>1$일 때, 함수 $f(x)=(ax^3+bx^2)e^{-x}$에 대하여 두 함수

$$g(x)=\int_0^x f(t)dt,$$

$$h(x)=\int_{x+1}^{x+2}\{f'(t)e^t+2t\}dt$$

는 다음 조건을 만족시킨다.

(가) 곡선 $y=g(x)$는 서로 다른 3개의 변곡점을 갖고, 변곡점의 x좌표를 각각 a_1, a_2, a_3 $(a_1<a_2<a_3)$이라 하면 $a_1+a_2+a_3=5$이다.

(나) 방정식 $h'(x)=0$을 만족시키는 모든 x의 값의 곱은 $-\dfrac{2}{3}$이다.

열린구간 $(2a_1,\ 2a_3)$에서 함수 $H(x)=h\left(\sin\dfrac{\pi}{2}x\right)$가 $x=\beta$에서 극값을 갖도록 하는 모든 β의 값의 합을 구하시오. [4점]

5지선다형

01
▶ 25054-1061

$\left(\dfrac{\sqrt[3]{16}}{4}\right)^{\frac{3}{2}}$의 값은? [2점]

① $\dfrac{1}{4}$ ② $\dfrac{1}{2}$ ③ 1

④ 2 ⑤ 4

02
▶ 25054-1062

함수 $f(x)=x^2+2x+5$에 대하여 $\lim\limits_{h \to 0}\dfrac{f(2+h)-f(2)}{h}$의 값은? [2점]

① 6 ② 7 ③ 8

④ 9 ⑤ 10

03
▶ 25054-1063

이차방정식 $9x^2-3x-1=0$의 두 실근이 $\cos\alpha$, $\cos\beta$일 때, $\sin^2\alpha+\sin^2\beta$의 값은? [3점]

① $\dfrac{7}{6}$ ② $\dfrac{4}{3}$ ③ $\dfrac{3}{2}$

④ $\dfrac{5}{3}$ ⑤ $\dfrac{11}{6}$

04
▶ 25054-1064

함수 $y=f(x)$의 그래프가 그림과 같다.

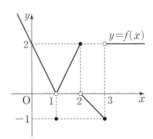

$\lim\limits_{x \to 1-}f(x)+\lim\limits_{x \to 2+}f(x)+\lim\limits_{x \to 3-}f(x)$의 값은? [3점]

① -2 ② -1 ③ 0

④ 1 ⑤ 2

05

▶ 25054-1065

등비수열 $\{a_n\}$의 첫째항부터 제n항까지의 합을 S_n이라 하자. $S_{10}=8$, $S_{20}=40$일 때, S_{30}의 값은? [3점]

① 160   ② 164   ③ 168

④ 172   ⑤ 176

06

▶ 25054-1066

다항함수 $f(x)$에 대하여 $f'(x)=12x^2-8x$이고, 곡선 $y=f(x)$ 위의 점 $(1, f(1))$에서의 접선의 y절편이 3일 때, $f(-1)$의 값은? [3점]

① -2 ② -1 ③ 0

④ 1   ⑤ 2

07

▶ 25054-1067

1이 아닌 세 양수 a, b, c에 대하여

$$\log_c a=2\log_b a, \quad \log_a b+\log_a c=2$$

일 때, $\log_a b-\log_a c$의 값은? [3점]

① $\dfrac{1}{6}$ ② $\dfrac{1}{3}$ ③ $\dfrac{1}{2}$

④ $\dfrac{2}{3}$ ⑤ $\dfrac{5}{6}$

08
▸ 25054-1068

함수 $f(x)=2x^3-3x^2-12x+a$에 대하여 함수 $|f(x)|$가 $x=p$, $x=q$ ($p<q$)에서 극대이고, $|f(p)|>|f(q)|$를 만족시키는 모든 정수 a의 개수는? (단, p, q는 상수이다.) [3점]

① 11   ② 12   ③ 13

④ 14   ⑤ 15

09
▸ 25054-1069

$0\leq x<2\pi$에서 부등식

$$2\sin^2\frac{x-\pi}{3}-3\cos\frac{2x+\pi}{6}\leq 2$$

의 해가 $\alpha\leq x\leq\beta$일 때, $\cos\dfrac{\beta-\alpha}{2}$의 값은? [4점]

① $-\dfrac{\sqrt{2}}{2}$ ② $-\dfrac{1}{2}$ ③ $\dfrac{1}{2}$

④ $\dfrac{\sqrt{2}}{2}$ ⑤ $\dfrac{\sqrt{3}}{2}$

10
▸ 25054-1070

최고차항의 계수가 1인 삼차함수 $f(x)$가 다음 조건을 만족시킬 때, $f(1)-f(-1)$의 최댓값은? [4점]

> (가) 모든 실수 x에 대하여 $f'(x)\geq f'(-1)$이다.
> (나) 열린구간 $(-2, 2)$에서 함수 $f(x)$는 감소한다.

① -50 ② -48 ③ -46

④ -44 ⑤ -42

11

▶ 25054-1071

수직선 위를 움직이는 두 점 P, Q의 시각 t $(t \geq 0)$에서의 위치를 각각 $x_1(t)$, $x_2(t)$라 하면 $x_1(0)=1$, $x_2(0)=5$이고, 두 점 P, Q의 시각 t $(t \geq 0)$에서의 속도는 각각

$$v_1(t) = 4t^2 - 9t + 3, \quad v_2(t) = t^2 - 3t + 12$$

이다. $x_1(t) \leq x_2(t)$인 시각 t에 대하여 두 점 P, Q 사이의 거리는 시각 $t=a$ $(a \geq 0)$일 때 최댓값 M을 갖는다. $a+M$의 값은? [4점]

① 30   ② 32   ③ 34

④ 36   ⑤ 38

12

▶ 25054-1072

모든 항이 자연수인 수열 $\{a_n\}$이 모든 자연수 n에 대하여

$$a_{n+1} = \begin{cases} a_n + 3 & (a_n \text{이 홀수인 경우}) \\ \dfrac{a_n}{2} + 5 & (a_n \text{이 짝수인 경우}) \end{cases}$$

를 만족시킬 때, $a_{30}=10$이 되도록 하는 모든 a_1의 값의 합은? [4점]

① 21   ② 22   ③ 23

④ 24   ⑤ 25

13

▶ 25054-1073

실수 a에 대하여 닫힌구간 $[-1, 1]$에서 함수
$f(x)=x^3+3x^2-6ax+2$의 최솟값을 $g(a)$라 할 때,
$g(-1)+g(1)$의 값은? [4점]

① $6-6\sqrt{3}$ ② $8-6\sqrt{3}$ ③ $8-4\sqrt{3}$

④ $10-4\sqrt{3}$ ⑤ $10-2\sqrt{3}$

14

▶ 25054-1074

그림과 같이 1보다 큰 상수 a에 대하여 곡선 $y=\log_4 x$가 세 직
선 $x=\dfrac{1}{a}$, $x=a$, $x=2a$와 만나는 점을 각각 A, B, C라 하고,
곡선 $y=\log_{\frac{1}{2}} x$가 세 직선 $x=\dfrac{1}{a}$, $x=a$, $x=2a$와 만나는 점
을 각각 D, E, F라 하자. 사각형 BEFC의 넓이가 $3a$일 때, 사
각형 AEBD의 넓이는 $p\times\left(a-\dfrac{1}{a}\right)$이다. 상수 p의 값은? [4점]

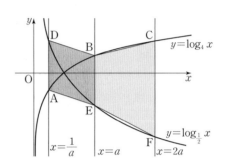

① $\dfrac{3}{4}$ ② $\dfrac{3}{2}$ ③ $\dfrac{9}{4}$

④ 3 ⑤ $\dfrac{15}{4}$

15

▶ 25054-1075

두 함수

$$f(x)=x^3-x^2+3x-k, \ g(x)=\frac{2}{3}x^3+x^2-x+4|x-1|$$

에 대하여 방정식 $f(x)=g(x)$의 서로 다른 실근의 개수가 3이 되도록 하는 정수 k의 최댓값을 M, 최솟값을 m이라 하자. $M-m$의 값은? [4점]

① 6   ② 7   ③ 8

④ 9   ⑤ 10

단답형

16

▶ 25054-1076

방정식 $2\log_3(x+1)=\log_3(2x+7)-1$을 만족시키는 실수 x의 값을 α라 할 때, 60α의 값을 구하시오. [3점]

17

▶ 25054-1077

수열 $\{a_n\}$에 대하여

$$\sum_{k=1}^{10}(a_k+3)(a_k-2)=8, \ \sum_{k=1}^{10}(a_k+1)(a_k-1)=48$$

일 때, $\displaystyle\sum_{k=1}^{10}a_k$의 값을 구하시오. [3점]

18
▶ 25054-1078

$\lim\limits_{x \to \infty}(a\sqrt{2x^2+x+1}-bx)=1$을 만족시키는 두 실수 a, b에 대하여 $a^2 \times b^2$의 값을 구하시오. [3점]

19
▶ 25054-1079

그림과 같이 두 곡선 $y=x^3-8x-2$, $y=x^2+4x-2$로 둘러싸인 두 부분의 넓이를 각각 S_1, S_2라 할 때,

$|S_1-S_2|=\dfrac{q}{p}$이다. $p+q$의 값을 구하시오.

(단, p와 q는 서로소인 자연수이다.) [3점]

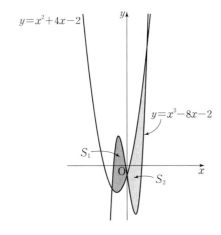

20
▶ 25054-1080

두 자연수 a, b에 대하여 열린구간 $(0, 2\pi)$에서 정의된 함수 $f(x)=a \sin 2x+b$가 있다. 자연수 n에 대하여 함수 $y=f(x)$의 그래프와 직선 $y=n$이 만나는 서로 다른 점의 개수를 $g(n)$이라 하자.

$$g(1)+g(2)+g(3)+g(4)+g(5)=17$$

이 되도록 하는 두 수 a, b의 모든 순서쌍 (a, b)에 대하여 a^2+b^2의 최댓값을 M, 최솟값을 m이라 할 때, $M+m$의 값을 구하시오. [4점]

21

▸ 25054-1081

수열 $\{a_n\}$이 다음 조건을 만족시킨다.

(가) $a_1 > 0$
(나) 모든 자연수 n에 대하여 $a_{n+1} \neq a_n$이고
$$\sum_{k=1}^{n} a_k = a_n^2 + na_n - 4$$
이다.

$\sum_{k=1}^{49} (-a_k)$의 값을 구하시오. [4점]

22

▸ 25054-1082

두 다항함수 $f(x)$, $g(x)$에 대하여 $f(x)$의 한 부정적분을 $F(x)$라 하고 $g(x)$의 한 부정적분을 $G(x)$라 하자. 네 함수 $f(x)$, $g(x)$, $F(x)$, $G(x)$가 모든 실수 x에 대하여 다음 조건을 만족시킨다.

(가) $\int_{1}^{x} f(t)dt = xg(x) + ax + 2$
(나) $g(x) = x\int_{0}^{1} f(t)dt + b$
(다) $f(x)G(x) + F(x)g(x) = 8x^3 + 3x^2 + 4$

두 상수 a, b에 대하여 $120 \times \int_{b}^{a} f(x)g(x)dx$의 값을 구하시오. [4점]

미적분

5지선다형

23

▸ 25055-1083

$\lim\limits_{n\to\infty}\dfrac{2^{2n+1}+3^{n+1}}{2^{2n-1}+4^{n-1}}$의 값은? [2점]

① 2

② $\dfrac{7}{3}$

③ $\dfrac{8}{3}$

④ 3

⑤ $\dfrac{10}{3}$

24

▸ 25055-1084

두 곡선 $y=e^x$, $y=e^{-x}$ 및 직선 $x=2\ln 2$로 둘러싸인 부분의 넓이를 S_1, 두 곡선 $y=e^x$, $y=e^{-x}$ 및 직선 $x=-\ln 2$로 둘러싸인 부분의 넓이를 S_2라 할 때, S_1-S_2의 값은? [3점]

① $\dfrac{3}{2}$

② $\dfrac{7}{4}$

③ 2

④ $\dfrac{9}{4}$

⑤ $\dfrac{5}{2}$

25

▶ 25055-1085

최고차항의 계수가 1인 이차함수 $f(x)$에 대하여 함수 $g(x)$를

$$g(x) = \frac{\{f(x)\}^2}{e^x}$$

이라 하자. $g(0) = 4$이고 $g'(0) = 4f'(0)$일 때, $f(4)$의 값은?

[3점]

① 4   ② 6   ③ 8

④ 10   ⑤ 12

26

▶ 25055-1086

공차가 음수인 등차수열 $\{a_n\}$에 대하여 $a_2 = 1$이고

$$\sum_{n=1}^{\infty} \frac{1}{a_n a_{n+1}} = \sum_{n=1}^{\infty} \frac{1}{a_{n+1} a_{n+3}}$$

일 때, a_5의 값은? (단, 모든 자연수 n에 대하여 $a_n \neq 0$이다.)

[3점]

① -10 ② -8 ③ -6

④ -4 ⑤ -2

27

▶ 25055-1087

그림과 같이 정삼각형 ABC와 선분 BC를 지름으로 하는 반원이 있다. 반원의 호 위의 점 D에 대하여 $\tan(\angle DBC)=\dfrac{\sqrt{3}}{2}$일 때, $\tan(\angle DAC)$의 값은?

(단, 점 D는 정삼각형 ABC의 외부에 있다.) [3점]

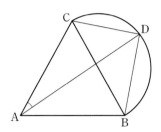

① $\dfrac{3\sqrt{3}}{17}$ ② $\dfrac{7\sqrt{3}}{34}$ ③ $\dfrac{4\sqrt{3}}{17}$

④ $\dfrac{9\sqrt{3}}{34}$ ⑤ $\dfrac{5\sqrt{3}}{17}$

28

▶ 25055-1088

두 상수 a, b에 대하여 함수 $f(x)$를

$$f(x)=\frac{x^2+ax+b}{e^x}$$

라 하고, 실수 t에 대하여 직선 $y=t$가 곡선 $y=f(x)$와 만나는 점의 개수를 $g(t)$라 하자. 두 함수 $f(x)$, $g(t)$가 다음 조건을 만족시킨다.

> (가) 함수 $g(t)$가 $t=k$에서 불연속인 실수 k의 값이 2개이다.
> (나) 곡선 $y=f(x)$의 서로 다른 두 변곡점 P, Q의 중점의 x좌표가 1이다.

곡선 $y=f(x)$ 위의 점 P에서의 접선의 기울기와 곡선 $y=f(x)$ 위의 점 Q에서의 접선의 기울기의 곱은? (단, $\lim\limits_{x\to\infty}f(x)=0$)

[4점]

① $-\dfrac{8}{e^2}$ ② $-\dfrac{6}{e^2}$ ③ $-\dfrac{4}{e^2}$

④ $-\dfrac{6}{e^4}$ ⑤ $-\dfrac{4}{e^4}$

단답형

29

▶ 25055-1089

실수 전체의 집합에서 미분가능한 함수 $f(x)$와 양수 k가 다음 조건을 만족시킬 때, $\int_0^1 \{f(x)\}^2 e^{2x} dx$의 값을 구하시오. [4점]

(가) $\int_0^1 \{f(x)\}^2 e^{2x} dx = -\dfrac{14}{23} \int_0^1 f(x)f'(x)e^{2x} dx = 7k$

(나) 모든 실수 x에 대하여 $f(x) + f'(x) = \dfrac{k}{e^x}$이다.

(다) $-\dfrac{e}{2} f(1) = \dfrac{ef(1) + f(0)}{f(0)}$

30

▶ 25055-1090

일차함수 $f(x)$와 최고차항의 계수가 1인 이차함수 $g(x)$가 다음 조건을 만족시킨다.

(가) 모든 실수 x에 대하여 $g(x) > 0$이다.

(나) $f(-1) = 0$, $g(2) = 5$

함수

$$h(x) = \int_{-3}^x f(t) \ln \frac{g(x)}{g(t)} dt$$

가 오직 하나의 극값을 갖고 $h'(3) = 4$일 때, $f(5) + g(5)$의 값을 구하시오. [4점]

5지선다형

01

▶ 25054-1091

$\sqrt[5]{\left(\dfrac{\sqrt[3]{3}}{9}\right)^{-6}}$의 값은? [2점]

① $\dfrac{1}{9}$ ② $\dfrac{1}{3}$ ③ 1

④ 3   ⑤ 9

02

▶ 25054-1092

함수 $f(x)=2x^3-x+3$에 대하여 $\lim\limits_{x\to 1}\dfrac{2f(x)-8}{x-1}$의 값은? [2점]

① 8   ② 9   ③ 10

④ 11   ⑤ 12

03

▶ 25054-1093

두 수열 $\{a_n\}$, $\{b_n\}$에 대하여

$$\sum_{k=1}^{10}(a_k+b_k+2)=35,\ \sum_{k=1}^{5}b_{2k-1}=\sum_{k=1}^{5}b_{2k}=5$$

일 때, $\sum\limits_{k=1}^{10}a_k$의 값은? [3점]

① -10 ② -5 ③ 0

④ 5   ⑤ 10

04

▶ 25054-1094

함수 $y=f(x)$의 그래프가 그림과 같다.

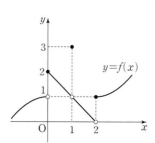

$\lim\limits_{x\to 0+}f(x)+\lim\limits_{x\to 0-}f(x+2)$의 값은? [3점]

① 1   ② 2   ③ 3

④ 4   ⑤ 5

05

▶ 25054-1095

다항함수 $f(x)$에 대하여 함수 $g(x)$를
$$g(x) = (x^3 - 1)f(x)$$
라 하자. 곡선 $y = f(x)$ 위의 점 $(2, 0)$에서의 접선의 기울기가 1일 때, $g'(2)$의 값은? [3점]

① 7　　　　② 9　　　　③ 11

④ 13　　　⑤ 15

06

▶ 25054-1096

$\dfrac{3}{2}\pi < \theta < 2\pi$인 θ에 대하여 $\tan\left(\theta - \dfrac{3}{2}\pi\right) = \dfrac{3}{4}$일 때, $\sin\theta$의 값은? [3점]

① $-\dfrac{4}{5}$　　　② $-\dfrac{3}{4}$　　　③ $-\dfrac{3}{5}$

④ $\dfrac{3}{5}$　　　⑤ $\dfrac{4}{5}$

07

▶ 25054-1097

방정식 $x^4 - \dfrac{20}{3}x^3 + 12x^2 - k = 0$의 서로 다른 실근의 개수가 3이 되도록 하는 모든 실수 k의 값의 합은? [3점]

① $\dfrac{56}{3}$　　　② 19　　　③ $\dfrac{58}{3}$

④ $\dfrac{59}{3}$　　　⑤ 20

08

▶ 25054-1098

두 상수 a, b에 대하여 함수

$$f(x) = \begin{cases} x & (x < b-2 \text{ 또는 } x > b+2) \\ x^2 - 5x + a & (b-2 \leq x \leq b+2) \end{cases}$$

가 실수 전체의 집합에서 연속일 때, $a+b$의 값은? [3점]

① 6　　　　　② 8　　　　　③ 10

④ 12　　　　　⑤ 14

09

▶ 25054-1099

다음 조건을 만족시키는 삼각형 ABC의 외접원의 넓이가 4π일 때, 삼각형 ABC의 넓이는? [4점]

(가) $\sin A = \sin C$
(나) $\sin A \sin B = \cos C \cos\left(\dfrac{\pi}{2} - B\right)$

① $2\sqrt{2}$　　　　② $\sqrt{10}$　　　　③ $2\sqrt{3}$

④ $\sqrt{14}$　　　　⑤ 4

10

▶ 25054-1100

함수 $f(x) = x^2 - 8x + k$에 대하여 다음 조건을 만족시키는 모든 자연수 k의 값의 합은? [4점]

$1 \leq t \leq 10$인 실수 t에 대하여 $2^{f(t)}$의 세제곱근 중 실수인 값 전체의 집합을 A라 할 때, $8 \in A$이다.

① 225　　　　② 250　　　　③ 275

④ 300　　　　⑤ 325

11

▶ 25054-1101

최고차항의 계수가 1인 사차함수 $f(x)$가 다음 조건을 만족시킬 때, $f(2)$의 값은? [4점]

> (가) 모든 실수 t에 대하여 $\lim\limits_{x \to t} \dfrac{f(x)-f(-x)}{x-t}$의 값이 존재한다.
>
> (나) 곡선 $y=f(x)$ 위의 점 $(1,\ 7)$에서의 접선의 y절편이 -1이다.

① 28   ② 30   ③ 32

④ 34   ⑤ 36

12

▶ 25054-1102

$a_1=-9$이고 공차가 d인 등차수열 $\{a_n\}$의 첫째항부터 제n항까지의 합을 S_n이라 하자. $S_p=S_q$를 만족시키는 서로 다른 두 자연수 p, $q\ (p<q)$의 모든 순서쌍 $(p,\ q)$의 개수가 4가 되도록 하는 모든 실수 d의 값의 합은? [4점]

① $\dfrac{15}{4}$ ② 4   ③ $\dfrac{17}{4}$

④ $\dfrac{9}{2}$ ⑤ $\dfrac{19}{4}$

13

▶ 25054-1103

두 자연수 a, b에 대하여 함수

$$f(x) = \begin{cases} |3^{x+2} - 5| & (x \le 0) \\ 2^{-x+a} - b & (x > 0) \end{cases}$$

이 다음 조건을 만족시킨다.

> 두 집합 $A = \{f(x) \,|\, x \le k\}$, $B = \{\alpha \,|\, \alpha \in A,\ \alpha \text{는 정수}\}$에 대하여 $n(B) = 5$가 되도록 하는 모든 실수 k의 값의 범위는 $\log_3 \dfrac{5}{9} \le k < 1$이다.

$a + b$의 최댓값을 M, 최솟값을 m이라 할 때, $M \times m$의 값은?

[4점]

① 21   ② 24   ③ 27
④ 30   ⑤ 33

14

▶ 25054-1104

실수 전체의 집합에서 연속인 함수 $f(x)$가 양수 a에 대하여 $0 \le x < 2$일 때

$$f(x) = \begin{cases} ax^2 & (0 \le x < 1) \\ -a(x-2)^2 + 2a & (1 \le x < 2) \end{cases}$$

이고, 모든 실수 x에 대하여 $f(x+2) = f(x) + b$를 만족시킨다. 함수 $y = f(x)$의 그래프와 x축 및 직선 $x = 7$로 둘러싸인 부분의 넓이가 73일 때, $a + b$의 값은? (단, a, b는 상수이다.) [4점]

① 6   ② 7   ③ 8
④ 9   ⑤ 10

15

▶ 25054-1105

최고차항의 계수가 1이고 $f(-1)=0$인 삼차함수 $f(x)$와 최고차항의 계수가 1이고 $g(a)=0$ $(a<-1)$인 이차함수 $g(x)$가 다음 조건을 만족시킨다.

(가) 함수 $|f(x)|$는 $x=a$에서만 미분가능하지 않다.

(나) 모든 실수 x에 대하여 $\displaystyle\int_a^x f(t)g(t)dt \geq 0$이다.

(다) 다항함수 $h(x)$가 모든 실수 x에 대하여
$$(x+1)h(x)=f(x)g(x)$$
일 때, 함수 $h(x)$의 극솟값은 -27이다.

방정식 $h'(x)=0$을 만족시키는 서로 다른 모든 실수 x의 값의 합은? [4점]

① -9 ② -8 ③ -7

④ -6 ⑤ -5

단답형

16

▶ 25054-1106

함수 $f(x)$에 대하여 $f'(x)=3x^2+2x+1$일 때, $f(2)-f(1)$의 값을 구하시오. [3점]

17

▶ 25054-1107

부등식 $x\log_2 x - 2\log_2 x - 3x + 6 \leq 0$을 만족시키는 모든 정수 x의 값의 합을 구하시오. [3점]

18

▶ 25054-1108

수열 $\{a_n\}$에 대하여

$$\sum_{n=1}^{20} a_n = 30, \quad \sum_{n=1}^{18} a_{n+1} = 22$$

일 때, $a_1 + a_{20}$의 값을 구하시오. [3점]

19

▶ 25054-1109

수직선 위를 움직이는 점 P의 시각 t $(t \geq 0)$에서의 위치 x가

$$x = t^4 + pt^3 + qt^2$$

이다. 점 P가 시각 $t=1$과 $t=2$에서 운동 방향을 바꿀 때, 시각 $t=3$에서의 점 P의 가속도를 구하시오. (단, p, q는 상수이다.)

[3점]

20

▶ 25054-1110

양수 a와 $0 \leq t \leq 1$인 실수 t에 대하여 x에 대한 방정식

$$\left(\sin \frac{2x}{a} - t \right)\left(\cos \frac{2x}{a} - t \right) = 0$$

의 실근 중에서 집합 $\{x \mid 0 \leq x \leq 2a\pi\}$에 속하는 모든 값을 작은 수부터 크기순으로 나열한 것을 a_1, a_2, a_3, $\cdots$, a_n (n은 자연수)라 할 때, a_n이 다음 조건을 만족시킨다.

$d \neq 3$인 자연수 d에 대하여

$$a_3 - a_1 = d\pi, \quad a_4 - a_2 = 6\pi - d\pi$$

이다.

$t \times (10a + d)$의 값을 구하시오. [4점]

21

▶ 25054-1111

삼차함수 $f(x)$가 다음 조건을 만족시킨다.

(가) 방정식 $f(x)=0$의 서로 다른 실근의 개수는 2이다.
(나) 방정식 $f(x-f(x))=0$의 서로 다른 실근의 개수는 5이다.

$f(0)=\dfrac{4}{9}$, $f'(0)=0$일 때, $f(4)=\dfrac{q}{p}$이다. $p+q$의 값을 구하시오. (단, p와 q는 서로소인 자연수이다.) [4점]

22

▶ 25054-1112

수열 $\{a_n\}$이 모든 자연수 n에 대하여

$$a_{n+1}=\begin{cases} a_n+3 & (\,|a_n|<8) \\ -\dfrac{1}{3}a_n & (\,|a_n|\geq 8) \end{cases}$$

을 만족시킨다. 모든 자연수 k에 대하여

$$a_{3+5k}=a_3\times\left(-\dfrac{1}{3}\right)^k$$

이고, 부등식 $|a_m|\geq 8$을 만족시키는 100 이하의 자연수 m의 개수가 20 이상이 되도록 하는 모든 정수 a_1의 값의 합을 구하시오. [4점]

5지선다형

23

▶ 25055-1113

$\lim\limits_{n \to \infty} \dfrac{2n - \sqrt{4n^2 + n}}{3}$ 의 값은? [2점]

① $-\dfrac{1}{12}$ ② $-\dfrac{1}{6}$ ③ $-\dfrac{1}{4}$

④ $-\dfrac{1}{3}$ ⑤ $-\dfrac{5}{12}$

24

▶ 25055-1114

함수 $f(x) = \dfrac{x+1}{x^2+1}$ 에 대하여 곡선 $y = f(x)$ 위의 점 $(1, f(1))$ 에서의 접선이 점 $(5, a)$를 지날 때, a의 값은? [3점]

① $-\dfrac{3}{2}$ ② -1 ③ $-\dfrac{1}{2}$

④ 0 ⑤ $\dfrac{1}{2}$

25

▶ 25055-1115

$0 \le t \le \dfrac{\ln 5}{a}$에서 매개변수 t로 나타내어진 곡선

$$x = e^{at} \cos t + 1, \ y = e^{at} \sin t - 1$$

의 길이가 6일 때, 양수 a의 값은? [3점]

① 2   ② $\sqrt{2}$ ③ $\dfrac{2\sqrt{3}}{3}$

④ 1   ⑤ $\dfrac{2\sqrt{5}}{5}$

26

▶ 25055-1116

다항식 $f(x)$에 대하여

$$\lim_{n \to \infty} \frac{f(n^2+1) - n^4}{n^2+1} = \frac{3}{2}, \ \sum_{n=1}^{\infty} \{f(1)\}^{n-1} = 4$$

일 때, $f(-1)$의 값은? [3점]

① 1   ② $\dfrac{5}{4}$ ③ $\dfrac{3}{2}$

④ $\dfrac{7}{4}$ ⑤ 2

27

▶ 25055-1117

그림과 같이 중심이 O이고 반지름의 길이가 1인 원 위의 두 점 A, B에 대하여 점 B를 지나고 직선 OA에 평행한 직선이 원과 만나는 점 중 B가 아닌 점을 C라 하자. ∠AOB=θ라 할 때, ∠BCD=2θ가 되도록 원 위의 점 D를 잡는다. 두 직선 OB, CD의 교점을 E라 하고, 두 직선 OA, BD의 교점을 F라 하자. 사각형 OEDF의 넓이를 $f(\theta)$라 할 때, $\lim\limits_{\theta \to 0+} \dfrac{f(\theta)}{\theta}$의 값은? $\left(\text{단, } 0<\theta<\dfrac{\pi}{4}\text{이고, 두 선분 AD, BC는 만나지 않는다.}\right)$ [3점]

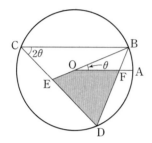

① $\dfrac{5}{3}$ ② $\dfrac{11}{6}$ ③ 2

④ $\dfrac{13}{6}$ ⑤ $\dfrac{7}{3}$

28

▶ 25055-1118

양의 실수 t에 대하여 곡선 $y=\ln x$ 위의 점 $(t, \ln t)$에서의 접선의 방정식을 $y=f(x)$라 할 때, 함수 $y=|f(x)-x^2+m|$이 양의 실수 전체의 집합에서 미분가능하도록 하는 실수 m의 최댓값을 $g(t)$라 하자. $\displaystyle\int_1^e g(t)\,dt$의 값은? [4점]

① $e+\dfrac{1}{4e}-\dfrac{9}{4}$ ② $e+\dfrac{1}{4e}-2$ ③ $e+\dfrac{1}{4e}-\dfrac{7}{4}$

④ $e+\dfrac{1}{4e}-\dfrac{3}{2}$ ⑤ $e+\dfrac{1}{4e}-\dfrac{5}{4}$

단답형

29

▶ 25055-1119

실수 m에 대하여 기울기가 m인 직선이 함수

$$f(x)=(x^2+1)e^{-x}$$

의 그래프와 만나는 서로 다른 점의 개수의 최댓값과 최솟값의
차를 $g(m)$이라 하자. 집합

$$A=\{g(m)\,|\,m \text{은 실수}\}$$

의 원소의 개수를 p, 모든 원소의 합을 q라 할 때, $p+q$의 값을
구하시오. (단, $\lim_{x \to \infty} f(x)=0$) [4점]

30

▶ 25055-1120

최고차항의 계수가 1인 사차함수 $f(x)$와 최고차항의 계수가
-1인 이차함수 $g(x)$가 다음 조건을 만족시킨다.

> (가) 모든 실수 x에 대하여 $f(x) \geq g(x)$이다.
> (나) 두 곡선 $y=f(x)$, $y=g(x)$는 두 점에서만 만난다.
> (다) 상수 a에 대하여 $f(a)=g(a)=g(a+2)=0$이다.

$f'(1)=f''(1)=0$, $g(1)=1$일 때, $\displaystyle\int_{2}^{4} \frac{g'(x)}{f'(x)}\,dx=\ln p$이다.

$100 \times p^6$의 값을 구하시오. [4점]

5지선다형

01
▶ 25054-1121

$\sqrt[3]{4} \times 8^{-\frac{5}{9}}$의 값은? [2점]

① $\dfrac{1}{4}$ ② $\dfrac{1}{2}$ ③ 1

④ 2   ⑤ 4

02
▶ 25054-1122

함수 $f(x)=3x^2-3x$에 대하여 $\lim\limits_{x \to 2}\dfrac{f(x)-6}{x-2}$의 값은? [2점]

① 3   ② 6   ③ 9

④ 12   ⑤ 15

03
▶ 25054-1123

모든 항이 양수인 등비수열 $\{a_n\}$에 대하여

$$\frac{a_1 \times a_4}{a_2}=3,\ a_3+a_5=15$$

일 때, a_6의 값은? [3점]

① 12   ② 16   ③ 20

④ 24   ⑤ 28

04
▶ 25054-1124

함수 $y=f(x)$의 그래프가 그림과 같다.

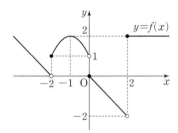

$\lim\limits_{x \to -2-} f(x) + \lim\limits_{x \to 1+} f(x+1)$의 값은? [3점]

① 1   ② 2   ③ 3

④ 4   ⑤ 5

05

▸ 25054-1125

$\pi<\theta<\dfrac{3}{2}\pi$인 θ에 대하여 $\cos\theta-\dfrac{1}{\cos\theta}=\dfrac{\tan\theta}{3}$일 때, $\cos(\pi-\theta)$의 값은? [3점]

① $-\dfrac{2\sqrt{2}}{3}$
② $-\dfrac{\sqrt{5}}{3}$
③ $-\dfrac{1}{3}$

④ $\dfrac{1}{3}$
⑤ $\dfrac{2\sqrt{2}}{3}$

06

▸ 25054-1126

함수 $f(x)=x^3+ax^2+bx+2$는 $x=1$, $x=3$에서 각각 극값을 갖는다. 함수 $f(x)$의 극솟값은? (단, a, b는 상수이다.) [3점]

① 1
② 2
③ 3

④ 4
⑤ 5

07

▸ 25054-1127

다항함수 $f(x)$가 모든 실수 x에 대하여

$$\int_{-1}^{x} f(t)dt=2x^3+ax^2+bx+2$$

를 만족시킨다. $f(1)=0$일 때, $a+b$의 값은?

(단, a, b는 상수이다.) [3점]

① -4
② -2
③ 0

④ 2
⑤ 4

08

▶ 25054-1128

두 양수 a, b가

$$\log_2 a - \log_4 b = \frac{1}{2},\ a + b = 6 \log_3 2 \times \log_2 9$$

를 만족시킬 때, $b-a$의 값은? [3점]

① 4   ② 6   ③ 8

④ 10   ⑤ 12

09

▶ 25054-1129

시각 $t=0$일 때 동시에 원점을 출발하여 수직선 위를 움직이는 두 점 P, Q의 시각 t $(t \geq 0)$에서의 속도가 각각

$$v_1(t) = 3t^2 - 2t,\ v_2(t) = 2t$$

이다. 시각 $t=a$에서의 두 점 P, Q의 위치가 서로 같을 때, 점 P가 시각 $t=0$에서 $t=a$까지 움직인 거리는?

(단, a는 양수이다.) [4점]

① $\dfrac{104}{27}$ ② $\dfrac{107}{27}$ ③ $\dfrac{110}{27}$

④ $\dfrac{113}{27}$ ⑤ $\dfrac{116}{27}$

10

▶ 25054-1130

최고차항의 계수가 1인 삼차함수 $f(x)$에 대하여 곡선 $y=f(x)$ 위의 점 $(1, 0)$에서의 접선의 기울기가 1이고, 곡선 $y=(x-2)f(x)$ 위의 점 $(2, 0)$에서의 접선의 기울기가 4일 때, $f(-1)$의 값은? [4점]

① -5 ② -4 ③ -3

④ -2 ⑤ -1

11

▶ 25054-1131

최고차항의 계수가 1인 사차함수 $f(x)$에 대하여

$$\lim_{x \to 0} \frac{f(x)}{x} = 2$$

이다. 상수 k에 대하여 함수 $g(x)$가

$$g(x) = \begin{cases} \dfrac{x(x+1)}{f(x)} & (f(x) \neq 0) \\ k & (f(x) = 0) \end{cases}$$

이고 함수 $g(x)$가 실수 전체의 집합에서 연속일 때, $f(1)$의 값은? [4점]

① 4   ② 5   ③ 6

④ 7   ⑤ 8

12

▶ 25054-1132

모든 항이 정수인 수열 $\{a_n\}$이 모든 자연수 n에 대하여

$$a_{n+1} = \begin{cases} a_n - 8 & (a_n \geq 0) \\ a_n^2 & (a_n < 0) \end{cases}$$

을 만족시킬 때, $a_6 + a_8 = 0$이 되도록 하는 모든 a_1의 값의 합은? [4점]

① 74   ② 78   ③ 82

④ 86   ⑤ 90

13
▶ 25054-1133

함수 $f(x)=3\sin \pi x+2$가 있다. $0\le x\le 3$일 때, 양수 t에 대하여 x에 대한 방정식 $\{f(x)-t\}\{2f(x)+t\}=0$의 서로 다른 실근의 개수를 $g(t)$, 서로 다른 모든 실근의 합을 $h(t)$라 하자. $h(t)-g(t)$의 최댓값은?

(단, $g(t)=0$이면 $h(t)=0$으로 한다.) [4점]

① $\dfrac{3}{2}$

② 2

③ $\dfrac{5}{2}$

④ 3

⑤ $\dfrac{7}{2}$

14
▶ 25054-1134

최고차항의 계수가 1인 삼차함수 $f(x)$가 다음 조건을 만족시킨다.

(가) 함수 $|f(x)|$는 $x=-1$에서만 미분가능하지 않다.

(나) 방정식 $|f(x)|=f(-1)$은 서로 다른 두 실근을 갖고, 이 두 실근의 합은 1보다 크다.

(다) 방정식 $|f(x)|=f(2)$의 서로 다른 실근의 개수는 3이다.

0이 아닌 두 상수 m, n에 대하여 함수 $g(x)$가

$$g(x)=\begin{cases} f(x-m)+n & (x<2) \\ f(x) & (x\ge 2) \end{cases}$$

이다. 함수 $g(x)$가 실수 전체의 집합에서 미분가능하도록 하는 m, n에 대하여 $m+n$의 값은? [4점]

① 84

② 90

③ 96

④ 102

⑤ 108

15

▶ 25054-1135

자연수 $a\ (a>1)$과 정수 b에 대하여 두 함수

$f(x)=\log_2(x+a)$, $g(x)=4^x+\dfrac{b}{8}$가 다음 조건을 만족시킨다.

(가) 곡선 $y=f(x)$를 직선 $y=x$에 대하여 대칭이동한 곡선 $y=h(x)$에 대하여 두 곡선 $y=g(x)$, $y=h(x)$는 서로 다른 두 점에서 만난다.

(나) 곡선 $y=f(x)$와 x축 및 y축으로 둘러싸인 영역의 내부 또는 그 경계에 포함되고 x좌표와 y좌표가 모두 정수인 점의 개수가 8이다.

$a+b$의 값은? [4점]

① -28 ② -27 ③ -26

④ -25 ⑤ -24

단답형

16

▶ 25054-1136

방정식 $\log_3(x-2)=\log_9(x+10)$을 만족시키는 실수 x의 값을 구하시오. [3점]

17

▶ 25054-1137

두 수열 $\{a_n\}$, $\{b_n\}$에 대하여

$$\sum_{k=1}^{10}(1+2a_k)=48,\ \sum_{k=1}^{10}(k+b_k)=60$$

일 때, $\sum_{k=1}^{10}(a_k-b_k)$의 값을 구하시오. [3점]

18

▶ 25054-1138

함수 $f(x) = (x^2-1)(x^2+ax+a)$에 대하여 $f'(-2)=0$일 때, 상수 a의 값을 구하시오. [3점]

19

▶ 25054-1139

$a > 2$인 실수 a에 대하여 곡선 $y=x^2-4$와 직선 $y=a^2-4$로 둘러싸인 부분의 넓이가 x축에 의하여 이등분될 때, a^3의 값을 구하시오. [3점]

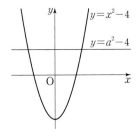

20

▶ 25054-1140

그림과 같이 $\overline{AB}=1$, $\overline{BC}=x$, $\overline{CA}=3-x$인 삼각형 ABC의 변 BC 위에 $\overline{AB}=\overline{BD}$인 점 D를 잡는다. $\cos(\angle ABC)=\dfrac{1}{3}$일 때, $\sin^2(\angle BAD)+\sin^2(\angle CAD)=k$이다. $81k$의 값을 구하시오. (단, $1 < x < 2$) [4점]

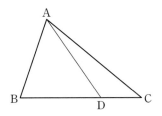

21

▶ 25054-1141

모든 항이 정수이고 다음 조건을 만족시키는 모든 등차수열 $\{a_n\}$에 대하여 $|a_1|$의 최댓값을 구하시오. [4점]

(가) 모든 자연수 n에 대하여 $a_6 a_8 < a_n a_{n+1}$이다.

(나) $\displaystyle\sum_{k=1}^{10}(|a_k|+a_k)=30$

22

▶ 25054-1142

상수함수가 아닌 두 다항함수 $f(x)$, $g(x)$에 대하여 $g(x)$의 한 부정적분을 $G(x)$라 할 때, 세 함수 $f(x)$, $g(x)$, $G(x)$가 다음 조건을 만족시킨다.

(가) 모든 실수 x에 대하여
$$\{f(x)g(x)\}' = 18\{G(x)+2f'(x)+22\}$$이다.

(나) 모든 실수 x에 대하여
$$f(x) = \int_1^x g(t)dt + 6(3x-2)$$이다.

(다) $g(1)<0$이고 $G(0)=1$이다.

닫힌구간 $[0, 2]$에서 함수 $h(x)$가

$$h(x) = \begin{cases} -f(x)+12 & (0 \le x < 1) \\ f(x) & (1 \le x \le 2) \end{cases}$$

이고, 모든 실수 x에 대하여 $h(x) = h(x-2)+6$을 만족시킬 때, $\displaystyle\int_{g(4)}^{g(6)} h(x)dx$의 값을 구하시오. [4점]

미적분

23

▶ 25055-1143

$\lim\limits_{x \to 0} \dfrac{e^{2x+1}-e}{\ln(x+1)}$의 값은? [2점]

① $\dfrac{1}{2}$

② $\dfrac{e}{4}$

③ $\dfrac{e}{2}$

④ 2

⑤ $2e$

24

▶ 25055-1144

매개변수 t로 나타내어진 곡선

$$x=t \cos t, \; y=t \sin t$$

에서 $t=\dfrac{\pi}{2}$일 때, $\dfrac{dy}{dx}$의 값은? [3점]

① $-\dfrac{4}{\pi}$

② $-\dfrac{2}{\pi}$

③ 0

④ $\dfrac{2}{\pi}$

⑤ $\dfrac{4}{\pi}$

25

▶ 25055-1145

함수 $f(x)=2x+e^{2x}$에 대하여 $\displaystyle\int_0^{\frac{1}{2}} \frac{1+e^{2x}}{f(x)}\,dx$의 값은? [3점]

① $\dfrac{\ln(1+e)}{2}$

② $\dfrac{\ln(2+e)}{2}$

③ $\dfrac{\ln(1+2e)}{2}$

④ $\dfrac{\ln(4+e)}{2}$

⑤ $\dfrac{\ln(4+2e)}{2}$

26

▶ 25055-1146

첫째항이 1이고 공차가 4인 등차수열 $\{a_n\}$과 첫째항이 1이고 공비가 $r\,(0<r<1)$인 등비수열 $\{b_n\}$에 대하여

$$\sum_{n=1}^{\infty}\left(\frac{1}{a_n a_{n+1}}+b_{2n}\right)=\frac{11}{12}$$

일 때, $\displaystyle\sum_{n=1}^{\infty} b_n$의 값은? [3점]

① $\dfrac{5}{4}$

② $\dfrac{3}{2}$

③ $\dfrac{7}{4}$

④ 2

⑤ $\dfrac{9}{4}$

27

▶ 25055-1147

열린구간 $\left(-\dfrac{\pi}{2}, \dfrac{\pi}{2}\right)$에서 미분가능한 함수 $f(x)$와 실수 전체의 집합에서 미분가능한 함수 $g(x)$가 다음 조건을 만족시킨다.

(가) 모든 실수 x에 대하여
$$\int_0^x tg(t)dt - \int_0^x xg(t)dt = -\sin x + x$$이다.

(나) $-\dfrac{\pi}{2} < x < \dfrac{\pi}{2}$인 모든 실수 x에 대하여
$$\{f'(x)\}^2 = \dfrac{\{g'(x)\}^2}{1-2\{g(x)\}^2+\{g(x)\}^4} - 1$$이다.

$x=0$에서 $x=\dfrac{\pi}{6}$까지의 곡선 $y=f(x)$의 길이는? [3점]

① $\dfrac{1}{2}\ln 2$　　　② $\dfrac{1}{2}\ln 3$　　　③ $\ln 2$

④ $\ln 3$　　　⑤ $2\ln 2$

28

▶ 25055-1148

최고차항의 계수가 양수인 이차함수 $f(x)$에 대하여 함수 $g(x)$를
$$g(x) = e^x f(x)$$
라 할 때, 함수 $g(x)$는 다음 조건을 만족시킨다.

(가) 함수 $g(x)$는 $x=-\sqrt{2}$와 $x=\sqrt{2}$에서 극값을 갖는다.

(나) 서로 다른 두 실수 α, β에 대하여 곡선 $y=g(x)$의 변곡점은 $(\alpha, g(\alpha))$, $(\beta, g(\beta))$이고, $g(\alpha) \times g(\beta) = -\dfrac{12}{e^2}$이다.

$t < \sqrt{2}$인 실수 t에 대하여 함수 $h(x)$를
$$h(x) = g(|x|+t)$$
라 할 때, 함수 $h(x)$의 극댓값을 $k(t)$, 극솟값을 $l(t)$라 하자. $k(t)$의 최댓값을 M, $l(t)$의 최솟값을 m이라 할 때, $\displaystyle\int_{mM}^0 f(x)dx$의 값은? (단, $\displaystyle\lim_{x \to -\infty} g(x) = 0$) [4점]

① 36　　　② $\dfrac{110}{3}$　　　③ $\dfrac{112}{3}$

④ 38　　　⑤ $\dfrac{116}{3}$

29

▶ 25055-1149

실수 a $(a>1)$과 자연수 b $(b>1)$이 다음 조건을 만족시킨다.

(가) $\displaystyle\lim_{n\to\infty}\frac{a\times 4^{n-1}+4\times a^{n+1}}{a^n+4^n}=\frac{1}{2}$

(나) 두 함수 $y=4^x$, $y=b^{x+1}$의 그래프가 제2사분면에서만 만나도록 하는 b의 최솟값은 k이다.

$\displaystyle\lim_{n\to\infty}\frac{k\times\left(\dfrac{1}{a}\right)^{n+1}+a\times\left(\dfrac{1}{k}\right)^{n+1}}{\left(\dfrac{1}{a}\right)^{n}+\left(\dfrac{1}{k}\right)^{n}}=\frac{q}{p}$ 일 때, $p+q$의 값을 구하시오. (단, p와 q는 서로소인 자연수이다.) [4점]

30

▶ 25055-1150

그림과 같이 곡선 $y=\log_a x$ 위의 점 P에서의 접선 l이 원점 O를 지난다. 점 P에서 직선 $y=x$에 내린 수선의 발을 H라 하고, 삼각형 OPH의 넓이를 $S(a)$라 할 때, $\displaystyle\lim_{a\to\infty}\frac{100\times S(a)}{e^2}$의 값을 구하시오. (단, a는 실수이고, $a^e>e$이다.) [4점]

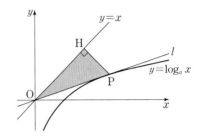

01 지수함수와 로그함수
본문 6~13쪽

01 ③	02 ②	03 ⑤	04 ①	05 ①
06 ④	07 ②	08 30	09 ④	10 ⑤
11 12	12 ④	13 ①	14 ②	15 ①
16 ③	17 ④	18 ②	19 6	20 ②
21 15	22 7	23 ①	24 5	25 ③
26 ②	27 ②	28 1	29 ⑤	30 ②
31 ③	32 ④			

03 수열
본문 25~36쪽

01 ⑤	02 ②	03 ③	04 9	05 54
06 ④	07 ②	08 ③	09 ③	10 64
11 ③	12 18	13 ③	14 ①	15 85
16 ①	17 ②	18 34	19 16	20 ③
21 ⑤	22 ④	23 103	24 ⑤	25 ①
26 ②	27 ④	28 110	29 ①	30 ②
31 ④	32 ③	33 ⑤	34 ④	35 ①
36 ②	37 ⑤	38 ①	39 ②	40 12
41 ④	42 ⑤			

02 삼각함수
본문 16~22쪽

01 ④	02 ②	03 ①	04 151	05 ⑤
06 ④	07 ①	08 ①	09 ④	10 ②
11 ⑤	12 ③	13 ⑤	14 ②	15 ⑤
16 ③	17 ⑤	18 23	19 ④	20 ④
21 ②	22 ③	23 ②	24 4	25 ④
26 4				

04 함수의 극한과 연속
본문 39~45쪽

01 ④	02 ②	03 ③	04 ⑤	05 3
06 ⑤	07 ③	08 ①	09 ③	10 ③
11 ②	12 ③	13 ⑤	14 ⑤	15 18
16 ①	17 ⑤	18 ④	19 ③	20 ②
21 ③	22 ③	23 14	24 ③	25 ②
26 12	27 ④			

05 다항함수의 미분법　본문 48~58쪽

01 ⑤	02 18	03 ①	04 ③	05 ②
06 ②	07 ④	08 12	09 ④	10 ①
11 ②	12 8	13 ④	14 ②	15 ①
16 33	17 ④	18 ③	19 ②	20 28
21 ④	22 ①	23 ④	24 ②	25 21
26 ③	27 11	28 ④	29 ⑤	30 60
31 ②	32 22	33 ③	34 18	35 ④
36 ①	37 128	38 ①	39 ④	40 ①
41 ②	42 27	43 ④		

08 미분법　본문 83~93쪽

01 ④	02 ⑤	03 ④	04 ①	05 ④
06 ④	07 ④	08 ③	09 ③	10 ②
11 ②	12 ①	13 ⑤	14 ②	15 ②
16 ④	17 ⑤	18 ⑤	19 ①	20 ③
21 ①	22 ④	23 ②	24 ②	25 8
26 ②	27 385	28 ②	29 ②	30 ②
31 ⑤	32 ①	33 ③	34 ②	35 ③
36 ③	37 ③	38 ④	39 ④	40 15

06 다항함수의 적분법　본문 61~69쪽

01 12	02 14	03 ④	04 ③	05 29
06 ②	07 19	08 ①	09 16	10 23
11 64	12 ①	13 ③	14 ④	15 29
16 ②	17 17	18 ③	19 10	20 ②
21 ⑤	22 ③	23 ④	24 5	25 6
26 ②	27 ①	28 ③	29 ③	30 22
31 ③	32 ②	33 ⑤	34 ③	35 ①

09 적분법　본문 96~104쪽

01 ②	02 ⑤	03 ④	04 ③	05 ③
06 ④	07 ①	08 ②	09 ②	10 ①
11 ②	12 ⑤	13 ③	14 4	15 ④
16 ①	17 ①	18 ⑤	19 ②	20 ②
21 ②	22 9	23 ④	24 ①	25 ①
26 ④	27 ③	28 ④	29 80	30 ①
31 ②	32 4	33 ⑤		

07 수열의 극한　본문 72~79쪽

01 ③	02 ③	03 ④	04 ①	05 ③
06 ④	07 ③	08 ⑤	09 ②	10 ⑤
11 8	12 ⑤	13 ④	14 ②	15 4
16 ①	17 ①	18 8	19 ④	20 ③
21 ⑤	22 ③	23 ④	24 ②	25 ④
26 ④	27 ④	28 ③	29 ③	30 ⑤

실전편

실전 모의고사 1회
본문 106~117쪽

01 ②	02 ①	03 ③	04 ③	05 ③
06 ①	07 ①	08 ②	09 ⑤	10 ②
11 ⑤	12 ⑤	13 ②	14 ③	15 ①
16 1	17 4	18 6	19 12	20 80
21 16	22 54	23 ⑤	24 ②	25 ⑤
26 ②	27 ②	28 ⑤	29 11	30 40

실전 모의고사 4회
본문 142~153쪽

01 ⑤	02 ③	03 ④	04 ②	05 ①
06 ①	07 ④	08 ②	09 ⑤	10 ⑤
11 ①	12 ③	13 ②	14 ④	15 ③
16 11	17 35	18 8	19 44	20 31
21 29	22 50	23 ①	24 ②	25 ⑤
26 ④	27 ④	28 ①	29 11	30 36

실전 모의고사 2회
본문 118~129쪽

01 ④	02 ③	03 ⑤	04 ④	05 ①
06 ①	07 ⑤	08 ②	09 ④	10 ⑤
11 ⑤	12 ①	13 ④	14 ⑤	15 ④
16 3	17 14	18 33	19 36	20 10
21 611	22 19	23 ④	24 ④	25 ③
26 ⑤	27 ②	28 ③	29 18	30 36

실전 모의고사 5회
본문 154~165쪽

01 ②	02 ③	03 ④	04 ②	05 ⑤
06 ②	07 ①	08 ①	09 ⑤	10 ④
11 ⑤	12 ①	13 ③	14 ④	15 ②
16 6	17 14	18 4	19 16	20 60
21 27	22 252	23 ⑤	24 ②	25 ①
26 ④	27 ②	28 ③	29 7	30 25

실전 모의고사 3회
본문 130~141쪽

01 ②	02 ①	03 ④	04 ②	05 ③
06 ②	07 ④	08 ③	09 ①	10 ③
11 ③	12 ②	13 ②	14 ③	15 ③
16 40	17 10	18 128	19 355	20 54
21 598	22 80	23 ③	24 ②	25 ⑤
26 ②	27 ⑤	28 ③	29 21	30 28

2026학년도 수능 연계교재

수능완성

수학영역 | 수학Ⅰ·수학Ⅱ·미적분

정답과 풀이

01 지수함수와 로그함수

본문 6~13쪽

01 ③	02 ②	03 ⑤	04 ①	05 ①
06 ④	07 ②	08 30	09 ④	10 ⑤
11 12	12 ④	13 ①	14 ②	15 ①
16 ③	17 ④	18 ②	19 6	20 ②
21 15	22 7	23 ①	24 5	25 ③
26 ②	27 ②	28 1	29 ⑤	30 ②
31 ③	32 ④			

01

$$\sqrt[3]{9}\times\sqrt{3\sqrt[3]{3}}\div\sqrt[3]{9^2}=\sqrt[3]{9}\times\sqrt{\sqrt[3]{3^3}\times\sqrt[3]{3}}\times\frac{1}{(\sqrt[3]{9})^2}$$
$$=\sqrt{\sqrt[3]{3^3\times3}}\times\frac{1}{\sqrt[3]{9}}$$
$$=\sqrt[3]{\sqrt{3^4}}\times\frac{1}{\sqrt[3]{9}}$$
$$=\sqrt[3]{3^2}\times\frac{1}{\sqrt[3]{3^2}}=1$$

답 ③

02

$$\sqrt[3]{m}=2^n \quad\cdots\cdots \text{㉠}$$
$$\sqrt[4]{4^n}=k \quad\cdots\cdots \text{㉡}$$
$\sqrt[4]{(2^n)^2}=\sqrt[4]{4^n}$이므로 ㉡에 ㉠을 대입하면
$$\sqrt[4]{(\sqrt[3]{m})^2}=k$$
$k=\sqrt{2m}$이고, $\sqrt[3]{m}>0$이므로
$$\sqrt[4]{(\sqrt[3]{m})^2}=\sqrt{2m}$$
$$\sqrt{\sqrt[3]{m}}=\sqrt{2m}$$
$$\sqrt[3]{m}=2m$$
양변을 세제곱하면 $m=8m^3$

$m>0$이므로 $m^2=\frac{1}{8}$

따라서 $m=\frac{1}{\sqrt{8}}=\frac{\sqrt{2}}{4}$

답 ②

03

$$\sqrt[4n]{8^n}=\sqrt[4n]{2^{3n}}=\sqrt[4]{2^3}$$
$$\sqrt[4n+2]{2\times4^n}=\sqrt[4n+2]{2\times2^{2n}}=\sqrt[4n+2]{2^{2n+1}}=\sqrt[2n+1]{\sqrt{2^{2n+1}}}=\sqrt{2}$$
계수가 실수인 이차방정식 $x^2-ax+b=0$의 한 근이 $\sqrt[4]{2^3}+\sqrt{2}i$이므로
나머지 한 근은 $\sqrt[4]{2^3}-\sqrt{2}i$이다.
이차방정식의 근과 계수의 관계에 의하여
$$a=(\sqrt[4]{2^3}+\sqrt{2}i)+(\sqrt[4]{2^3}-\sqrt{2}i)=2\sqrt[4]{2^3}$$
$$b=(\sqrt[4]{2^3}+\sqrt{2}i)(\sqrt[4]{2^3}-\sqrt{2}i)=(\sqrt[4]{2^3})^2+(\sqrt{2})^2=\sqrt[4]{2^6}+2=\sqrt{2^3}+2$$
$$a^2=(2\sqrt[4]{2^3})^2=4\sqrt{2^3}$$
$$b^2=(\sqrt{2^3}+2)^2=12+4\sqrt{2^3}$$
따라서 $a^2-b^2=-12$

답 ⑤

04

$|x+3|\leq n-k$에서
$$-n+k\leq x+3\leq n-k$$
$$-n+k-3\leq x\leq n-k-3$$
n, k가 자연수이므로 조건을 만족시키는 정수 x의 최댓값 m은
$$m=n-k-3$$
$2\leq k\leq n\leq6$인 두 자연수 n, k에 대하여 m의 n제곱근 중 음수인 것이 존재하려면 n이 홀수이고 m이 음수이거나, n이 짝수이고 m이 양수인 경우이다.

(i) n이 홀수이고 m이 음수인 경우
  $m=n-k-3<0$에서 $k>n-3$
  $n=3$인 경우 $k>0$이고 $2\leq k\leq n$이므로 $k=2$, 3
  $n=5$인 경우 $k>2$이고 $2\leq k\leq n$이므로 $k=3$, 4, 5

(ii) n이 짝수이고 m이 양수인 경우
  $m=n-k-3>0$에서 $k<n-3$
  $n=2$ 또는 $n=4$인 경우 조건을 만족시키는 자연수 k는 존재하지 않는다.
  $n=6$인 경우 $k<3$이고 $2\leq k\leq n$이므로 $k=2$

(i), (ii)에 의하여 조건을 만족시키는 순서쌍 $(n,\,k)$는
$(3,\,2)$, $(3,\,3)$, $(5,\,3)$, $(5,\,4)$, $(5,\,5)$, $(6,\,2)$
이므로 그 개수는 6이다.

답 ①

05

$$3^{\sqrt{2}-1}\times\left(\frac{1}{27}\right)^{\frac{\sqrt{2}+1}{3}}=3^{\sqrt{2}-1}\times(3^{-3})^{\frac{\sqrt{2}+1}{3}}$$
$$=3^{\sqrt{2}-1}\times3^{-\sqrt{2}-1}$$
$$=3^{\sqrt{2}-1-\sqrt{2}-1}=3^{-2}=\frac{1}{9}$$

답 ①

06

$5^x\div5^{\frac{4}{x}}=5^{x-\frac{4}{x}}$, $5^0=1$이므로
$$x-\frac{4}{x}=0$$
양변에 0이 아닌 실수 x를 곱하면
$$x^2-4=0,\ (x+2)(x-2)=0$$
$$x=-2 \text{ 또는 } x=2$$
따라서 구하는 모든 실수 x의 값의 곱은
$$(-2)\times2=-4$$

답 ④

07

$$\sqrt[6]{10^{n^2}}\times(64^6)^{\frac{1}{n}}=10^{\frac{n^2}{6}}\times2^{6\times6\times\frac{1}{n}}=5^{\frac{n^2}{6}}\times2^{\frac{n^2}{6}}\times2^{\frac{36}{n}}=5^{\frac{n^2}{6}}\times2^{\frac{n^2}{6}+\frac{36}{n}}$$

$5^{\frac{n^2}{6}}\times2^{\frac{n^2}{6}+\frac{36}{n}}$이 자연수가 되기 위해서는 $\frac{n^2}{6}$, $\frac{n^2}{6}+\frac{36}{n}$이 모두 음이 아닌 정수이어야 한다.

$\frac{n^2}{6}$이 음이 아닌 정수가 되기 위해서는 n^2이 6의 배수이어야 하므로 자연수 n도 6의 배수이다. $\frac{n^2}{6}+\frac{36}{n}$이 음이 아닌 정수가 되기 위해서는 n이 6의 배수인 동시에 36의 약수이어야 한다.

36의 약수는 1, 2, 3, 4, 6, 9, 12, 18, 36이고,

이 중 6의 배수는 6, 12, 18, 36이므로 구하는 자연수 n의 개수는 4이다.

답 ②

08

$a \times (\sqrt[4]{18})^b \times 256^{\frac{1}{c}} = 72$에서 a가 자연수이므로

$(\sqrt[4]{18})^b \times 256^{\frac{1}{c}}$은 72의 약수이다.

$(\sqrt[4]{18})^b \times 256^{\frac{1}{c}} = (2^{\frac{1}{4}} \times 3^{\frac{1}{2}})^b \times (2^8)^{\frac{1}{c}} = 2^{\frac{b}{4}+\frac{8}{c}} \times 3^{\frac{b}{2}}$

$72 = 2^3 \times 3^2$이고 $b > 0$, $c > 0$이므로

$\frac{b}{4} + \frac{8}{c}$은 3 이하의 자연수이고

$\frac{b}{2}$는 2 이하의 자연수이다.

이때 b는 자연수이므로 $b = 2$ 또는 $b = 4$

(i) $b = 2$인 경우

$\frac{b}{4} + \frac{8}{c} = \frac{1}{2} + \frac{8}{c}$이 3 이하의 자연수이다.

$\frac{1}{2} + \frac{8}{c} = 1$이면 $c = 16$이고, $2^{\frac{b}{4}+\frac{8}{c}} \times 3^{\frac{b}{2}} = 6$이므로 $a = 12$

$\frac{1}{2} + \frac{8}{c} = 2$ 또는 $\frac{1}{2} + \frac{8}{c} = 3$인 자연수 c는 존재하지 않는다.

(ii) $b = 4$인 경우

$\frac{b}{4} + \frac{8}{c} = 1 + \frac{8}{c}$이 3 이하의 자연수이다.

$1 + \frac{8}{c} = 1$인 자연수 c는 존재하지 않는다.

$1 + \frac{8}{c} = 2$이면 $c = 8$이고, $2^{\frac{b}{4}+\frac{8}{c}} \times 3^{\frac{b}{2}} = 36$이므로 $a = 2$

$1 + \frac{8}{c} = 3$이면 $c = 4$이고, $2^{\frac{b}{4}+\frac{8}{c}} \times 3^{\frac{b}{2}} = 72$이므로 $a = 1$

(i), (ii)에 의하여 순서쌍 (a, b, c)는

$(1, 4, 4)$, $(2, 4, 8)$, $(12, 2, 16)$

이므로 $a + b + c$의 최댓값은

$12 + 2 + 16 = 30$

답 30

09

$\log_3 36 - \log_3 \frac{4}{9} = \log_3 \left(36 \times \frac{9}{4}\right) = \log_3 81$

$\qquad = \log_3 3^4 = 4$

답 ④

10

$\log_3 \frac{36}{5} + \log_3 \frac{15}{4} = \log_3 \left(\frac{36}{5} \times \frac{15}{4}\right)$

$\qquad = \log_3 27 = 3$

점 $(3, \log_2 a)$가 원 $x^2 + y^2 = 25$ 위의 점이므로

$3^2 + (\log_2 a)^2 = 25$

$(\log_2 a)^2 = 16$

$\log_2 a = -4$ 또는 $\log_2 a = 4$

$a = \frac{1}{16}$ 또는 $a = 16$

따라서 모든 양수 a의 값의 합은

$\frac{1}{16} + 16 = \frac{1 + 256}{16} = \frac{257}{16}$

답 ⑤

11

$\log_2 \frac{36}{n+6}$이 자연수가 되기 위해서는 $\frac{36}{n+6} = 2^k$ (k는 자연수)이어야 한다.

$36 = 2^2 \times 3^2$이므로

$n + 6$은 36의 약수 중에서 36이 아닌 3^2의 배수이어야 한다.

이때 $n + 6$이 될 수 있는 수는 9, 18이므로

n이 될 수 있는 수는 3, 12이다.

$n = 3$이면 $\log_2 \frac{n}{3} = \log_2 1 = 0$

$n = 12$이면 $\log_2 \frac{n}{3} = \log_2 4 = 2$

따라서 $\log_2 \frac{36}{n+6}$, $\log_2 \frac{n}{3}$이 모두 자연수가 되도록 하는 n의 값은 12이다.

답 12

12

이차방정식 $3x^2 - (\log_6 \sqrt{n^m})x - \log_6 n + 12 = 0$의 한 실근이 2이므로

$12 - 2\log_6 \sqrt{n^m} - \log_6 n + 12 = 0$

$24 - \log_6 (\sqrt{n^m})^2 - \log_6 n = 0$

$24 - (\log_6 n^m + \log_6 n) = 0$

$24 - \log_6 n^{m+1} = 0$

$\log_6 n^{m+1} = 24$에서 $n^{m+1} = 6^{24}$

$(6^1)^{24} = (6^2)^{12} = (6^3)^8 = (6^4)^6 = (6^6)^4 = (6^8)^3 = (6^{12})^2 = (6^{24})^1$

$m + 1 \geq 2$이므로 순서쌍 (m, n)은

$(23, 6)$, $(11, 6^2)$, $(7, 6^3)$, $(5, 6^4)$, $(3, 6^6)$, $(2, 6^8)$, $(1, 6^{12})$

이고 그 개수는 7이다.

답 ④

13

$\log_2 60 + \log_{\frac{1}{4}} 36 - \frac{1}{\log_{25} 4} = \log_2 60 - \frac{1}{2} \log_2 36 - \log_4 25$

$\qquad = \log_2 60 - \log_2 \sqrt{36} - \frac{2}{2} \log_2 5$

$\qquad = \log_2 60 - \log_2 6 - \log_2 5$

$\qquad = \log_2 \frac{60}{6 \times 5} = \log_2 2 = 1$

답 ①

14

$a \log_b 49 = \log_7 16 \times \log_{4^7} 49 = \log_7 4^2 \times \frac{1}{7} \log_4 7^2$

$\qquad = \frac{4}{7} \log_7 4 \times \log_4 7 = \frac{4}{7} \log_7 4 \times \frac{1}{\log_7 4} = \frac{4}{7}$

답 ②

15

$6^{\log_3 4} \div n^{\log_3 2} = 4^{\log_3 6} \div 2^{\log_3 n} = 2^{2\log_3 6} \div 2^{\log_3 n} = 2^{\log_3 36} \div 2^{\log_3 n}$

$\qquad = 2^{\log_3 36 - \log_3 n} = 2^{\log_3 \frac{36}{n}}$

$2^{\log_3 \frac{36}{n}} = 2^k$에서 $\log_3 \frac{36}{n} = k$, $\frac{36}{n} = 3^k$

$n = \frac{36}{3^k} = \frac{4 \times 3^2}{3^k}$

n, k가 자연수이므로

$k=1$일 때 $n=12$, $k=2$일 때 $n=4$

따라서 순서쌍 (n, k)는 $(12, 1)$, $(4, 2)$이므로 $n+k$의 최솟값은
$4+2=6$

답 ①

16

$$8a^3-b^3=\log_{16} n^3-\frac{1}{2} \qquad \cdots\cdots \ \text{㉠}$$

$$6ab^2-12a^2b=\log_{16} \frac{1}{9}\times\log_3 3\sqrt{n} \qquad \cdots\cdots \ \text{㉡}$$

㉠, ㉡을 변끼리 더하면

$$(\text{좌변})=(8a^3-b^3)+(6ab^2-12a^2b)=8a^3-12a^2b+6ab^2-b^3$$
$$=(2a-b)^3$$

$$(\text{우변})=\left(\log_{16} n^3-\frac{1}{2}\right)+\log_{16}\frac{1}{9}\times\log_3 3\sqrt{n}$$
$$=\frac{1}{4}\log_2 n^3-\log_2 2^{\frac{1}{2}}-\frac{1}{2}\log_2 3\times\log_3 3\sqrt{n}$$
$$=\log_2 n^{\frac{3}{4}}-\log_2 2^{\frac{1}{2}}-\frac{1}{2}\log_2 3\sqrt{n}$$
$$=\log_2 n^{\frac{3}{4}}-\log_2 2^{\frac{1}{2}}-\log_2 3^{\frac{1}{2}}n^{\frac{1}{4}}$$
$$=\log_2 \frac{n^{\frac{3}{4}}}{2^{\frac{1}{2}}\times 3^{\frac{1}{2}}\times n^{\frac{1}{4}}}$$
$$=\log_2 \left(\frac{n}{6}\right)^{\frac{1}{2}}$$

$2a-b=k$ (k는 자연수)라 하면

$$k^3=\log_2\left(\frac{n}{6}\right)^{\frac{1}{2}}, \ \left(\frac{n}{6}\right)^{\frac{1}{2}}=2^{k^3}, \ \frac{n}{6}=2^{2k^3}$$

$$n=6\times 2^{2k^3}$$

$k=1$일 때 자연수 n의 값이 최소이므로 n의 최솟값은
$6\times 2^2=24$

$2a-b=1$, $n=24$가 ㉠, ㉡을 만족시키는지 확인해 보자.

$2a-b=1$에서 $b=2a-1$ $\qquad \cdots\cdots \ \text{㉢}$

㉠에서 $8a^3-(2a-1)^3=\log_{16} 24^3-\frac{1}{2}$

$$8a^3-(8a^3-12a^2+6a-1)=\log_{2^4}(2^9\times 3^3)-\frac{1}{2}$$

$$12a^2-6a+1=\frac{9}{4}+\frac{3}{4}\log_2 3-\frac{1}{2}$$

$$12a^2-6a-\frac{3}{4}(1+\log_2 3)=0 \qquad \cdots\cdots \ \text{㉣}$$

이 이차방정식의 판별식을 D라 하면
$\frac{D}{4}=9+12\times\frac{3}{4}(1+\log_2 3)>0$에서 조건을 만족시키는 실수 a의 값
이 존재하고 ㉢에서 실수 b의 값이 존재하므로 ㉠을 만족시킨다.

$n=24$와 ㉢을 ㉡에 대입하여 정리하면 ㉣이므로 이 a, b의 값은 ㉡도 만
족시킨다.

따라서 n의 최솟값은 24이다.

답 ③

17

곡선 $y=2^{x-3}+a$와 직선 $y=3$이 만나는 점의 x좌표가 5이므로
$3=2^{5-3}+a$, $a=3-2^2=-1$

따라서 곡선 $y=2^{x-3}-1$이 y축과 만나는 점의 y좌표는
$2^{0-3}-1=-\frac{7}{8}$

답 ④

18

$y=\log_3(ax+b)$에 $y=0$을 대입하면
$0=\log_3(ax+b)$, $ax+b=1$

$x=\frac{1-b}{a}$이므로 점 A의 좌표는 $\left(\frac{1-b}{a}, 0\right)$

$y=\log_3(ax+b)$에 $x=0$을 대입하면
$y=\log_3 b$이므로 점 B의 좌표는 $(0, \log_3 b)$

함수 $y=f(x)$의 그래프의 점근선의 방정식은
$x=-\frac{b}{a}$이므로 점 H의 좌표는 $\left(-\frac{b}{a}, 0\right)$

점 A는 선분 OH의 중점이므로

$$\frac{0+\left(-\frac{b}{a}\right)}{2}=\frac{1-b}{a}$$

$-\frac{b}{2}=1-b$에서 $b=2$

$\overline{\text{OA}}=\overline{\text{OB}}$이므로 $\frac{b-1}{a}=\log_3 b$에서 $\frac{1}{a}=\log_3 2$

$a=\frac{1}{\log_3 2}=\log_2 3$

따라서 $b^a=2^{\log_2 3}=3^{\log_2 2}=3$

답 ②

19

함수 $f(x)=\log_2(x+2)+a$의 그래프의 점근선 l은 직선 $x=-2$이
고 함수 $g(x)=\log_2(-x+6)+b$의 그래프의 점근선 m은 직선 $x=6$
이다. 곡선 $y=f(x)$와 직선 m이 만나는 점이 A이므로 A$(6, a+3)$

곡선 $y=g(x)$와 직선 l이 만나는 점이 B이므로 B$(-2, b+3)$

$\overline{\text{AB}}=\sqrt{(-2-6)^2+\{(b+3)-(a+3)\}^2}=\sqrt{64+(b-a)^2}$

$\overline{\text{AB}}=10$이므로

$64+(b-a)^2=100$, $(b-a)^2=36$

따라서 $|a-b|=6$

답 6

20

$$g(-x)=-\left(\frac{1}{4}\right)^{-x}+b=-4^x+b$$

x의 값이 증가하면 $g(x)=-\left(\frac{1}{4}\right)^x+b$의 값은 증가하고, $g(-x)$의
값은 감소하며, $f(x)=a^{x+1}$의 값은 증가한다.

$h(0)=g(-0)=g(0)$, $h(p)=f(p)=g(-p)$이므로 함수 $y=h(x)$
의 그래프는 그림과 같다.

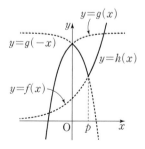

곡선 $y=h(x)$와 직선 $y=k$가 만나는 점의 개수가 2인 경우는
$k=g(0)$인 경우와 $k=f(p)=g(-p)$인 경우이다.

조건을 만족시키는 모든 실수 k의 값의 합이 11이므로
$g(0)+f(p)=11$

$-1+b+a^{p+1}=11$

$a^{p+1}=12-b$ ...... ㉠

$a^{p+1}>0$이므로 $b<12$ ...... ㉡

$f(p)=g(-p)$이므로

$a^{p+1}=-4^p+b$ ...... ㉢

㉠, ㉢에서

$12-b=-4^p+b$

$4^p=2(b-6)$ ...... ㉣

$4^p>0$이므로 $b>6$ ...... ㉤

㉡, ㉤에서 자연수 b는 $7 \le b \le 11$

p가 자연수이므로 ㉣을 만족시키는 두 자연수 b, p의 값은

$b=8$, $p=1$

$b=8$, $p=1$을 ㉠에 대입하면 $a^2=4$에서 자연수 a의 값은 2이다.

따라서 $a+b=2+8=10$ 📄 ②

21

$3^{1-3x} \ge \left(\dfrac{1}{9}\right)^{x+7}$에서 $3^{1-3x} \ge 3^{-2x-14}$

밑 3이 1보다 크므로

$1-3x \ge -2x-14$

$-x \ge -15$, $x \le 15$

따라서 실수 x의 최댓값은 15이다. 📄 15

22

로그의 진수의 조건에 의하여

$x^2-9>0$, $x+3>0$, $x-5>0$이므로

$x>5$ ...... ㉠

$\log_2(x^2-9)-\log_2(x+3)=\log_{\sqrt{2}}(x-5)$에서

$\log_2 \dfrac{x^2-9}{x+3}=2\log_2(x-5)$

$\log_2(x-3)=\log_2(x-5)^2$

$x-3=(x-5)^2$

$x^2-11x+28=0$

$(x-4)(x-7)=0$

$x=4$ 또는 $x=7$

따라서 ㉠을 만족시키는 실수 x의 값은 7이다. 📄 7

23

$x=2$가 부등식 $2^{-x}(32-2^{x+a})+2^x \le 0$의 해이므로

$2^{-2}(32-2^{2+a})+2^2 \le 0$

$8-2^a+4 \le 0$, $2^a \ge 12=2^{\log_2 12}$

밑 2가 1보다 크므로 $a \ge \log_2 12$

이때 실수 a의 최솟값은 $k=\log_2 12$이므로 $2^k=12$

$2^{-x}(32-2^{x+k})+2^x=0$에서

$2^{-x}(32-12\times2^x)+2^x=0$

양변에 2^x을 곱하면

$(2^x)^2-12\times2^x+32=0$

$2^x=t$ $(t>0)$이라 하면

$t^2-12t+32=0$, $(t-4)(t-8)=0$

$t=4$ 또는 $t=8$

즉, $2^x=4$에서 $x=2$, $2^x=8$에서 $x=3$

따라서 조건을 만족시키는 실수 x의 최댓값은 3이다. 📄 ①

24

곡선 $y=\dfrac{3}{2}\log_3 x$와 x축이 만나는 점 P의 좌표는 $(1, 0)$이다.

$\overline{PQ}=\dfrac{20}{3}$이고 점 Q의 x좌표가 음수이므로 점 Q의 좌표는

$\left(-\dfrac{17}{3}, 0\right)$이다.

점 Q가 곡선 $y=\log_9(x+a)+b$ 위의 점이므로

$\log_9\left(a-\dfrac{17}{3}\right)+b=0$ ...... ㉠

곡선 $y=\log_9(x+a)+b$와 y축이 만나는 점의 y좌표가 $\log_9 18$이므로

$\log_9 a+b=\log_9 18$ ...... ㉡

㉠, ㉡에서

$\log_9\left(a-\dfrac{17}{3}\right)=\log_9 a-\log_9 18$

$\log_9\left(a-\dfrac{17}{3}\right)=\log_9 \dfrac{a}{18}$

$a-\dfrac{17}{3}=\dfrac{a}{18}$

$a=6$

이 값을 ㉠에 대입하면 $\log_9 \dfrac{1}{3}+b=0$

$b=-\log_9 \dfrac{1}{3}=-\log_{3^2} 3^{-1}=\dfrac{1}{2}$

두 곡선 $y=\dfrac{3}{2}\log_3 x$, $y=\log_9(x+6)+\dfrac{1}{2}$이 만나는 점 R의 x좌표는

$\dfrac{3}{2}\log_3 x=\log_9(x+6)+\dfrac{1}{2}$에서

$\log_9 x^3=\log_9(x+6)+\log_9 3$

$\log_9 x^3=\log_9 3(x+6)$

$x^3=3(x+6)$

$x^3-3x-18=0$

$(x-3)(x^2+3x+6)=0$

$x^2+3x+6=\left(x+\dfrac{3}{2}\right)^2+\dfrac{15}{4}>0$이므로 $x=3$

따라서 점 R의 y좌표는 $\dfrac{3}{2}\log_3 3=\dfrac{3}{2}$이므로

삼각형 QPR의 넓이는

$\dfrac{1}{2}\times\dfrac{20}{3}\times\dfrac{3}{2}=5$ 📄 5

25

함수 $y=3^{x-1}+2$의 역함수는

$x=3^{y-1}+2$, $3^{y-1}=x-2$, $y-1=\log_3(x-2)$

$y=\log_3(x-2)+1$이므로 $a=1$

함수 $g(x)=\log_3(x-2)+1$의 그래프의 점근선의 방정식은 $x=2$이므로 $b=2$

따라서 $a+b=1+2=3$ 📄 ③

26

직선 $x=k$와 함수 $y=g(x)$의 그래프가 만나도록 하는 모든 실수 k의 값의 범위는 $k>1$이므로 함수 $y=g(x)$의 그래프의 점근선은 직선 $x=1$이다. 즉, $b=1$

$f(1)=\dfrac{1}{2}+a$이므로 $\mathrm{P}\left(1,\ a+\dfrac{1}{2}\right)$이고 $\overline{\mathrm{AP}}=a-\dfrac{1}{2}$

$\angle \mathrm{PAQ}=\dfrac{\pi}{2}$, $\overline{\mathrm{AP}}=\overline{\mathrm{AQ}}$에서

점 Q는 직선 $y=1$ 위의 점이고 $\overline{\mathrm{AQ}}=\overline{\mathrm{AP}}=a-\dfrac{1}{2}$이므로

$\mathrm{Q}\left(a+\dfrac{1}{2},\ 1\right)$

점 Q가 함수 $y=g(x)$의 그래프 위의 점이므로

$1=-\log_2\left(a+\dfrac{1}{2}-1\right)$, $\log_2\left(a-\dfrac{1}{2}\right)=-1$

$a-\dfrac{1}{2}=\dfrac{1}{2}$이므로 $a=1$

따라서 $a+b=1+1=2$ 🔒 ②

27

두 함수 $y=f(x)$, $y=g(x)$의 그래프는 직선 $y=x$에 대하여 대칭이므로 함수 $y=g(x)$의 그래프와 직선 $y=x$가 만나는 점과 함수 $y=f(x)$의 그래프와 직선 $y=x$가 만나는 점이 같다.

$x_1=k$라 하면 $x_2=k+1$이고

$f(k)=k$, $f(k+1)=k+1$

$\log_2(k-a)+2a^2=k$ …… ㉠

$\log_2(k+1-a)+2a^2=k+1$ …… ㉡

㉡$-$㉠을 하면

$\log_2(k+1-a)-\log_2(k-a)=1$

$\log_2\dfrac{k+1-a}{k-a}=1$

$\dfrac{k+1-a}{k-a}=2$, $k+1-a=2k-2a$, $k=a+1$

$k=a+1$을 ㉠에 대입하면

$\log_2(a+1-a)+2a^2=a+1$

$2a^2-a-1=0$, $(2a+1)(a-1)=0$

$a=-\dfrac{1}{2}$ 또는 $a=1$

따라서 실수 a의 최솟값은 $-\dfrac{1}{2}$이다.   🔒 ②

28

점 $(-3,\ f(-3))$은 직선 $y=-x$ 위의 점이므로 $f(-3)=3$

즉, $\log_2(3+a)+b=3$ …… ㉠

점 $(2+2a,\ g(2+2a))$는 직선 $y=x-2a$ 위의 점이므로

$g(2+2a)=(2+2a)-2a$

즉, $\log_2(2+a)+b=2$ …… ㉡

㉠$-$㉡을 하면

$\log_2(3+a)-\log_2(2+a)=1$

$\log_2\dfrac{3+a}{2+a}=1$, $\dfrac{3+a}{2+a}=2$, $3+a=4+2a$, $a=-1$

이 값을 ㉡에 대입하면 $\log_2(2-1)+b=2$, $b=2$

즉, $f(x)=\log_2(-x-1)+2$, $g(x)=\log_2(x+1)+2$

곡선 $y=f(x)$를 y축에 대하여 대칭이동한 곡선은 $y=\log_2(x-1)+2$이고, 이 곡선을 x축의 방향으로 -2만큼 평행이동한 곡선은 $y=\log_2(x+1)+2$, 즉 $y=g(x)$이다.

그러므로 곡선 $y=f(x)$ 위의 점 $(-3,\ 3)$을 y축에 대하여 대칭이동한 후 x축의 방향으로 -2만큼 평행이동한 점 $(1,\ 3)$은 곡선 $y=g(x)$ 위의 점이다.   …… ㉢

점 $(2+2a,\ 2)$, 즉 점 $(0,\ 2)$는 곡선 $y=g(x)$ 위의 점이다.   …… ㉣

직선 $y=x-2$를 직선 $y=x$에 대하여 대칭이동한 직선은 $y=x+2$이므로 곡선 $y=h(x)$와 직선 $y=x-2$가 만나는 점의 y좌표는 곡선 $y=g(x)$와 직선 $y=x+2$가 만나는 점의 x좌표와 같다.

㉢, ㉣에서 곡선 $y=g(x)$ 위의 두 점 $(1,\ 3)$, $(0,\ 2)$는 직선 $y=x+2$ 위에 있으므로 이 두 점의 x좌표의 합은 $1+0=1$

따라서 곡선 $y=h(x)$와 직선 $y=x-2$가 만나는 서로 다른 두 점의 y좌표의 합은 1이다.   🔒 1

29

함수 $f(x)=\left(\dfrac{1}{2}\right)^{x-2}+a$에서 밑 $\dfrac{1}{2}$이 1보다 작으므로

닫힌구간 $[1,\ 3]$에서 함수 $f(x)$의

최댓값은 $f(1)=\left(\dfrac{1}{2}\right)^{-1}+a=2+a$, 최솟값은 $f(3)=\dfrac{1}{2}+a$이다.

이때 최댓값이 5이므로 $2+a=5$에서 $a=3$

따라서 $m=\dfrac{1}{2}+a=\dfrac{1}{2}+3=\dfrac{7}{2}$ 🔒 ⑤

30

$\log_3 x=t$라 하면 $1\le x\le 27$일 때, $0\le t\le 3$이므로

닫힌구간 $[1,\ 27]$에서 함수 $y=(\log_3 x)^2-a\log_3 x$의 최솟값은 닫힌구간 $[0,\ 3]$에서 함수 $y=t^2-at$의 최솟값과 같다.

$y=t^2-at=\left(t-\dfrac{a}{2}\right)^2-\dfrac{a^2}{4}$

(i) $\dfrac{a}{2}\ge 3$, 즉 $a\ge 6$인 경우

함수 $y=t^2-at$는 $t=3$일 때 최소이고 최솟값은

$9-3a=-1$

$a=\dfrac{10}{3}$이므로 $a\ge 6$을 만족시키지 않는다.

(ii) $0<\dfrac{a}{2}<3$, 즉 $0<a<6$인 경우

함수 $y=t^2-at$는 $t=\dfrac{a}{2}$일 때 최소이고 최솟값은

$-\dfrac{a^2}{4}=-1$, $a^2=4$

$0<a<6$이므로 $a=2$

(i), (ii)에서 구하는 a의 값은 2이다.   🔒 ②

31

함수 $f(x)=\log_a x+1$이 $x=k$에서 최댓값 M을 갖고 $x=k+2$에서 최솟값 m을 가지므로 $0<a<1$이고

$M=f(k)=\log_a k+1$

$m=f(k+2)=\log_a(k+2)+1$

$Mm=0$에서 $M=0$ 또는 $m=0$

(ⅰ) $M=0$일 때, $\log_a k=-1$, $k=\dfrac{1}{a}$

$M-m=-\log_a 2$이므로 $m=\log_a 2$

즉, $\log_a(k+2)+1=\log_a 2$

$\log_a\left(\dfrac{1}{a}+2\right)+\log_a a=\log_a 2$, $\log_a(1+2a)=\log_a 2$

$1+2a=2$, $a=\dfrac{1}{2}$

(ⅱ) $m=0$일 때, $\log_a(k+2)=-1$, $k=\dfrac{1}{a}-2$

$M-m=-\log_a 2$이므로 $M=-\log_a 2$

즉, $\log_a k+1=-\log_a 2$

$\log_a\left(\dfrac{1}{a}-2\right)+\log_a a=\log_a \dfrac{1}{2}$, $\log_a(1-2a)=\log_a \dfrac{1}{2}$

$1-2a=\dfrac{1}{2}$, $a=\dfrac{1}{4}$

(ⅰ), (ⅱ)에서 모든 실수 a의 값의 합은

$\dfrac{1}{2}+\dfrac{1}{4}=\dfrac{3}{4}$

답 ③

32

$g(x)=\log_{\frac{1}{3}}(-x+a)+2$, $h(x)=\left(\dfrac{1}{9}\right)^{x+b}+1$이라 하자.

함수 $g(x)$의 밑 $\dfrac{1}{3}$이 1보다 작으므로 함수 $g(x)$는 x의 값이 증가할 때, y의 값도 증가한다.

함수 $h(x)$의 밑 $\dfrac{1}{9}$은 1보다 작으므로 함수 $h(x)$는 x의 값이 증가할 때, y의 값은 감소한다.

$a>3$이므로 닫힌구간 $[1, 5]$에서 함수 $f(x)$의 그래프는 그림과 같다.

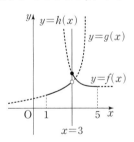

$g(3)>h(3)$이면 닫힌구간 $[1, 5]$에서 함수 $f(x)$의 최댓값이 존재하지 않으므로 $g(3)\le h(3)$이고, 닫힌구간 $[1, 5]$에서 함수 $f(x)$의 최댓값은 $h(3)$이다.

$h(3)=\left(\dfrac{1}{9}\right)^{3+b}+1=2$에서 $\left(\dfrac{1}{9}\right)^{3+b}=1$

$3+b=\log_{\frac{1}{9}}1=0$, $b=-3$

닫힌구간 $[1, 5]$에서 함수 $f(x)$의 최솟값은 $g(1)$ 또는 $h(5)$이다.

$h(5)=\left(\dfrac{1}{9}\right)^{5+b}+1>1$이므로 함수 $f(x)$의 최솟값이 1이 되기 위해서는

$g(1)=1$

$\log_{\frac{1}{3}}(a-1)+2=1$에서 $\log_{\frac{1}{3}}(a-1)=-1$

$a-1=\left(\dfrac{1}{3}\right)^{-1}=3$, $a=4$

따라서 $a-b=4-(-3)=7$

답 ④

01 ④	02 ②	03 ①	04 151	05 ⑤
06 ④	07 ①	08 ①	09 ④	10 ②
11 ⑤	12 ③	13 ⑤	14 ②	15 ⑤
16 ③	17 ③	18 23	19 ④	20 ④
21 ②	22 ③	23 ②	24 4	25 ④
26 4				

01

반지름의 길이가 2, 중심각의 크기가 $\dfrac{\pi}{3}$이므로 구하는 부채꼴의 넓이는

$\dfrac{1}{2}\times 2^2\times\dfrac{\pi}{3}=\dfrac{2}{3}\pi$

답 ④

02

$S_1=\dfrac{1}{2}\times(4\sqrt{3})^2\times\theta=24\theta$

$S_2=\dfrac{1}{2}\times r^2\times 3\theta=\dfrac{3}{2}r^2\theta$

$S_1=4S_2$에서

$24\theta=4\times\dfrac{3}{2}r^2\theta$, $r^2=4$

$r>0$이므로 $r=2$

답 ②

03

부채꼴 OAB의 반지름의 길이가 2이므로

부채꼴 OAP의 넓이는 $\dfrac{1}{2}\times 2^2\times\theta=2\theta$

부채꼴 OAQ의 넓이는 $\dfrac{1}{2}\times 2^2\times 4\theta=8\theta$

부채꼴 OAQ의 넓이와 부채꼴 OAP의 넓이의 차가 $\dfrac{2}{3}\pi$이므로

$8\theta-2\theta=6\theta=\dfrac{2}{3}\pi$에서 $\theta=\dfrac{\pi}{9}$

따라서 부채꼴 OQB의 넓이는

$\dfrac{1}{2}\times 2^2\times\left(\dfrac{\pi}{2}-4\theta\right)=\dfrac{1}{2}\times 4\times\dfrac{\pi}{18}=\dfrac{\pi}{9}$

답 ①

다른 풀이

부채꼴 OAQ의 넓이와 부채꼴 OAP의 넓이의 차는 부채꼴 OPQ의 넓이이고, 부채꼴 OPQ의 중심각의 크기는 $4\theta-\theta=3\theta$이므로

$\dfrac{1}{2}\times 2^2\times 3\theta=\dfrac{2}{3}\pi$에서 $\theta=\dfrac{\pi}{9}$

$\dfrac{\pi}{2}=\dfrac{9}{2}\theta$이므로 부채꼴 OQB의 중심각의 크기는

$\dfrac{9}{2}\theta-4\theta=\dfrac{\theta}{2}$

반지름의 길이가 같은 두 부채꼴 OQB, OPQ의 넓이를 각각 S_1, S_2라 하면

$S_1:S_2=\dfrac{\theta}{2}:3\theta=1:6$

따라서 $S_1=\dfrac{1}{6}S_2=\dfrac{1}{6}\times\dfrac{2}{3}\pi=\dfrac{\pi}{9}$

04

부채꼴 OEF의 내부와 부채꼴 OCD의 외부의 공통부분의 넓이는 부채꼴 OEF의 넓이에서 부채꼴 OCD의 넓이를 뺀 것과 같다.

이때 $\overline{OC}=r$이라 하면 $\overline{OE}=r+1$이므로

$\dfrac{1}{2}\times(r+1)^2\times\dfrac{6}{7}\pi-\dfrac{1}{2}\times r^2\times\dfrac{6}{7}\pi$

$=\dfrac{3}{7}\pi\times\{(r+1)^2-r^2\}=\dfrac{3}{7}(2r+1)\pi$

$\dfrac{3}{7}(2r+1)\pi=3\pi$에서 $2r+1=7$, $r=3$

부채꼴 OAB의 내부와 부채꼴 OEF의 외부의 공통부분의 넓이가 부채꼴 OAB의 넓이의 $\dfrac{2}{3}$이므로 부채꼴 OEF의 넓이는 부채꼴 OAB의 넓이의 $\dfrac{1}{3}$이다.

부채꼴 OAB의 넓이를 S라 하면

$\dfrac{1}{2}\times4^2\times\dfrac{6}{7}\pi=\dfrac{1}{3}S$

$S=\dfrac{144}{7}\pi$

따라서 $p=7$, $q=144$이므로 $p+q=151$ **답** 151

05

$\sin^2\theta+\cos^2\theta=1$에서

$\dfrac{1}{9}+\cos^2\theta=1$이므로 $\cos^2\theta=\dfrac{8}{9}$ **답** ⑤

06

$\tan\theta=-\dfrac{1}{2}$에서 $\dfrac{\sin\theta}{\cos\theta}=-\dfrac{1}{2}$이므로

$\cos\theta=-2\sin\theta$ ······ ㉠

㉠을 $\sin^2\theta+\cos^2\theta=1$에 대입하면 $5\sin^2\theta=1$, $\sin^2\theta=\dfrac{1}{5}$

$\dfrac{\pi}{2}<\theta<\pi$일 때, $\sin\theta>0$이므로 $\sin\theta=\dfrac{1}{\sqrt{5}}$

이것을 ㉠에 대입하면 $\cos\theta=-\dfrac{2}{\sqrt{5}}$

따라서 $\sin\theta+\cos\theta=\dfrac{1}{\sqrt{5}}+\left(-\dfrac{2}{\sqrt{5}}\right)=-\dfrac{1}{\sqrt{5}}=-\dfrac{\sqrt{5}}{5}$ **답** ④

07

그림과 같이 원 $x^2+y^2=1$과 직선 $x=\dfrac{1}{2}$은 서로 다른 두 점에서 만난다.

이 중 제1사분면 위의 점을 P_1이라 하고 동경 OP_1이 나타내는 각을 $\theta_1\left(0<\theta_1<\dfrac{\pi}{2}\right)$, 제4사분면 위의 점을 P_2라 하고 동경 OP_2가 나타내는 각을 $\theta_2\left(\dfrac{3}{2}\pi<\theta_2<2\pi\right)$라 하자.

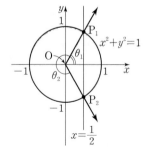

$\sin\theta_1>0$이고 $\sin\theta_2<0$이므로 $\theta=\theta_2$

원의 반지름의 길이가 1이므로

$\cos\theta=\dfrac{1}{2}$, $\sin\theta=-\dfrac{\sqrt{3}}{2}$

따라서 $\tan\theta=\dfrac{\sin\theta}{\cos\theta}=-\sqrt{3}$ **답** ①

08

$\dfrac{3}{2}\pi<\theta<2\pi$이므로 $\sin\theta<0$에서

$|\sin\theta|=-\sin\theta$ ······ ㉠

또 $\cos\theta>0$에서 $\sin\theta-\cos\theta<0$이므로

$\sqrt{(\sin\theta-\cos\theta)^2}=|\sin\theta-\cos\theta|$

$\qquad\qquad\qquad=-\sin\theta+\cos\theta$ ······ ㉡

또 $\sqrt[3]{(\sin\theta-\cos\theta)^3}=\sin\theta-\cos\theta$ ······ ㉢

이고 ㉠, ㉡, ㉢에 의하여 주어진 식을 정리하면

$-\sin\theta+\cos\theta+\sin\theta=\sin\theta-\cos\theta-2\sin\theta$에서

$2\cos\theta=-\sin\theta$, $\cos\theta=-\dfrac{1}{2}\sin\theta$ ······ ㉣

㉣을 $\sin^2\theta+\cos^2\theta=1$에 대입하면

$\sin^2\theta+\left(-\dfrac{1}{2}\sin\theta\right)^2=\dfrac{5}{4}\sin^2\theta=1$에서 $\sin^2\theta=\dfrac{4}{5}$

따라서 $\sin\theta<0$이므로

$\sin\theta=-\dfrac{2}{\sqrt{5}}=-\dfrac{2\sqrt{5}}{5}$ **답** ①

09

함수 $f(x)=a\cos bx$에서 $f(0)=a\cos0=a$이므로

$a=2$

한편, 주어진 함수의 주기가 3이고 $b>0$이므로 $\dfrac{2\pi}{b}=3$에서

$b=\dfrac{2}{3}\pi$

따라서 $a\times b=2\times\dfrac{2}{3}\pi=\dfrac{4}{3}\pi$ **답** ④

10

함수 $f(x)$의 최댓값은 $|a|+1$이고 최솟값은 $-|a|+1$이므로

$(|a|+1)-(-|a|+1)=2|a|=10$에서

$a=-5$ 또는 $a=5$

한편, 함수 $y=\cos2x$의 주기는 $\dfrac{2\pi}{2}=\pi$이므로 두 함수 $y=\cos2x$, $y=|\cos2x|$의 그래프는 그림과 같다.

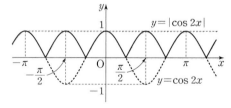

즉, 함수 $g(x)$의 주기는 $\dfrac{\pi}{2}$이다.

이때 함수 $f(x)=a\sin bx+1$의 주기도 $\dfrac{\pi}{2}$이므로

$\dfrac{2\pi}{|b|}=\dfrac{\pi}{2}$에서 $|b|=4$

$b=-4$ 또는 $b=4$

따라서 $a\times b$의 값은 -20 또는 20이므로 $a\times b$의 최솟값은 -20이다.

답 ②

11

점 $\mathrm{P}(1,\,0)$을 지나고 기울기가 2인 직선의 방정식은 $y=2x-2$

두 점 A, B는 점 $\mathrm{P}(1,\,0)$에 대하여 대칭이고 직선 $y=2x-2$ 위의 점이므로 양수 k에 대하여

$\mathrm{A}(1-k,\,-2k)$, $\mathrm{B}(1+k,\,2k)$이다.

삼각형 OAB의 넓이는 두 삼각형 OPA, OPB의 넓이의 합과 같다.

이때 두 삼각형 OPA, OPB의 밑변을 $\overline{\mathrm{OP}}$라 하면 높이는 모두 $2k$이므로 삼각형 OAB의 넓이는

$2\times\left(\dfrac{1}{2}\times1\times2k\right)=2k=\dfrac{2}{3}$에서 $k=\dfrac{1}{3}$

즉, $\mathrm{B}\left(\dfrac{4}{3},\,\dfrac{2}{3}\right)$

점 B는 함수 $y=a\tan\pi x$의 그래프 위의 점이므로

$\dfrac{2}{3}=a\times\tan\dfrac{4}{3}\pi$

한편, 함수 $y=\tan x$의 주기는 π이므로

$\tan\dfrac{4}{3}\pi=\tan\left(\pi+\dfrac{\pi}{3}\right)=\tan\dfrac{\pi}{3}=\sqrt{3}$

$\sqrt{3}a=\dfrac{2}{3}$

따라서 $a=\dfrac{2}{3\sqrt{3}}=\dfrac{2\sqrt{3}}{9}$

답 ⑤

12

$\sin\dfrac{13}{6}\pi=\sin\left(2\pi+\dfrac{\pi}{6}\right)=\sin\dfrac{\pi}{6}=\dfrac{1}{2}$

$\tan\dfrac{5}{4}\pi=\tan\left(\pi+\dfrac{\pi}{4}\right)=\tan\dfrac{\pi}{4}=1$

따라서 $\sin\dfrac{13}{6}\pi+\tan\dfrac{5}{4}\pi=\dfrac{1}{2}+1=\dfrac{3}{2}$

답 ③

13

$\overline{\mathrm{AD}}=\overline{\mathrm{BD}}$이므로 $\angle\mathrm{ABD}=\angle\mathrm{BAD}=\theta$

$\overline{\mathrm{AB}}=\overline{\mathrm{AC}}$이므로 $\angle\mathrm{ABD}=\angle\mathrm{ACD}=\theta$

또 $\angle\mathrm{ADC}=\angle\mathrm{ABD}+\angle\mathrm{BAD}=2\theta$

삼각형 ADC의 세 내각의 크기의 합은 π이므로

$2\theta+\theta+\angle\mathrm{DAC}=\pi$에서 $\angle\mathrm{DAC}=\pi-3\theta$

따라서 $\sin(\angle\mathrm{DAC})=\sin(\pi-3\theta)=\sin3\theta$이고

$\dfrac{\pi}{2}<3\theta<\pi$이므로

$\sin3\theta=\sqrt{1-\cos^2 3\theta}=\sqrt{1-\left(-\dfrac{1}{3}\right)^2}=\dfrac{2\sqrt{2}}{3}$

답 ⑤

14

$(\sin\alpha-\cos\beta)(\sin\alpha+\cos\beta)=0$에서

$\sin\alpha=\cos\beta$ 또는 $\sin\alpha=-\cos\beta$

(i) $\sin\alpha=\cos\beta$일 때

$0<\alpha<\dfrac{\pi}{2}$이면 그림과 같이 $\alpha=\dfrac{\pi}{2}-\beta$이므로

$\alpha+\beta=\dfrac{\pi}{2}$

또 $\alpha-\beta=\dfrac{\pi}{8}$이므로 $2\alpha=\dfrac{5}{8}\pi$, $\alpha=\dfrac{5}{16}\pi$

이것은 $0<\alpha<\dfrac{\pi}{2}$를 만족시킨다.

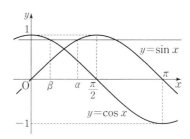

$\dfrac{\pi}{2}\le\alpha<\pi$이면 그림과 같이 $\alpha=\dfrac{\pi}{2}+\beta$에서 $\alpha-\beta=\dfrac{\pi}{2}$이므로

이것은 $\alpha-\beta=\dfrac{\pi}{8}$를 만족시키지 않는다.

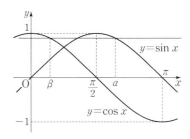

(ii) $\sin\alpha=-\cos\beta$일 때

$0<\alpha<\dfrac{\pi}{2}$이면 그림과 같이 $\alpha=\beta-\dfrac{\pi}{2}$에서 $\beta-\alpha=\dfrac{\pi}{2}$이므로

이것은 $\alpha-\beta=\dfrac{\pi}{8}$를 만족시키지 않는다.

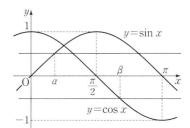

$\dfrac{\pi}{2}\le\alpha<\pi$이면 그림과 같이 $\beta-\dfrac{\pi}{2}=\pi-\alpha$이므로

$\alpha+\beta=\dfrac{3}{2}\pi$

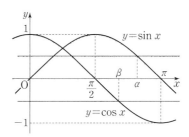

또 $\alpha-\beta=\dfrac{\pi}{8}$이므로 $2\alpha=\dfrac{13}{8}\pi$, $\alpha=\dfrac{13}{16}\pi$

이것은 $\dfrac{\pi}{2}\le\alpha<\pi$를 만족시킨다.

(i), (ii)에 의하여 모든 α의 값의 합은

$\dfrac{5}{16}\pi+\dfrac{13}{16}\pi=\dfrac{9}{8}\pi$

답 ②

15

함수 $f(x)=3 \sin \dfrac{x}{2}$의 최댓값은 3이므로 $a=3$

또 함수 $g(x)=-2 \cos 2x$의 최댓값은 $|-2|=2$이므로 $b=2$

따라서 $a+b=3+2=5$ 🖹 ⑤

16

$a>0$에서 함수 $f(x)$의 최댓값은 $a+b$이므로

$a+b=3$ ⋯⋯ ㉠

$f\left(\dfrac{1}{6}\right)=a \sin \dfrac{\pi}{6}+b=\dfrac{1}{2}a+b$에서

$\dfrac{1}{2}a+b=1$ ⋯⋯ ㉡

㉠, ㉡을 연립하여 풀면

$a=4$, $b=-1$

따라서 함수 $f(x)$의 최솟값은

$-a+b=-4+(-1)=-5$ 🖹 ③

17

(ⅰ) $n=1$일 때

$f(x)=\begin{cases} \sin \pi x & (0 \le x < 1) \\ \dfrac{1}{2} \sin \pi x & (1 \le x < 2) \end{cases}$에서

최댓값은 $x=\dfrac{1}{2}$일 때 $f\left(\dfrac{1}{2}\right)=\sin \dfrac{\pi}{2}=1$이고

최솟값은 $x=\dfrac{3}{2}$일 때 $f\left(\dfrac{3}{2}\right)=\dfrac{1}{2} \sin \dfrac{3}{2}\pi=-\dfrac{1}{2}$이므로

$g(1)=1+\left(-\dfrac{1}{2}\right)=\dfrac{1}{2}$

(ⅱ) $n=2$일 때

$f(x)=\begin{cases} 2 \sin \pi x & (2 \le x < 3) \\ \dfrac{1}{4} \sin \pi x & (3 \le x < 4) \end{cases}$에서

최댓값은 $x=\dfrac{5}{2}$일 때 $f\left(\dfrac{5}{2}\right)=2 \sin \dfrac{5}{2}\pi=2$이고

최솟값은 $x=\dfrac{7}{2}$일 때 $f\left(\dfrac{7}{2}\right)=\dfrac{1}{4} \sin \dfrac{7}{2}\pi=-\dfrac{1}{4}$이므로

$g(2)=2+\left(-\dfrac{1}{4}\right)=\dfrac{7}{4}$

(ⅰ), (ⅱ)에서

$g(1)+g(2)=\dfrac{1}{2}+\dfrac{7}{4}=\dfrac{9}{4}$ 🖹 ③

참고

$0 \le x < 4$일 때, 함수 $y=f(x)$의 그래프는 그림과 같다.

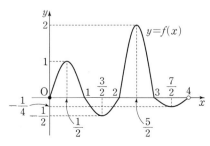

18

a가 양수이므로 함수 $f(x)=a \sin bx+c \left(0 \le x \le \dfrac{2\pi}{b}\right)$의 최댓값은

$a+c$이고 최솟값은 $-a+c$이다.

즉, $M=a+c$, $m=-a+c$

조건 (가)에 의하여

$a+c=5(-a+c)$, $3a=2c$ ⋯⋯ ㉠

b가 양수이므로 함수 $f(x)$의 주기는 $\dfrac{2\pi}{b}$이고

$x=\alpha$일 때 최대, $x=\beta$일 때 최소이므로 $\beta-\alpha=\dfrac{\pi}{b}$

조건 (나)에 의하여

$\dfrac{\pi}{b}=2\pi$에서 $b=\dfrac{1}{2}$

사다리꼴 $AA'B'B$의 넓이는

$\dfrac{1}{2} \times \{(a+c)+(-a+c)\} \times (\beta-\alpha)$

$=\dfrac{1}{2} \times 2c \times 2\pi=2c\pi$

조건 (다)에 의하여 $2c\pi=12\pi$, $c=6$

이것을 ㉠에 대입하면 $3a=12$, $a=4$

따라서 $a+2b+3c=4+1+18=23$ 🖹 23

19

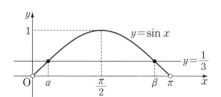

$0<x<\pi$일 때, 함수 $y=\sin x$의 그래프와 직선 $y=\dfrac{1}{3}$이 만나는 점의

x좌표를 각각 α, β $(\alpha<\beta)$라 하면

$\dfrac{\alpha+\beta}{2}=\dfrac{\pi}{2}$에서 $\alpha+\beta=\pi$

따라서 방정식 $\sin x=\dfrac{1}{3}$의 모든 해의 합은 π이다.   🖹 ④

다른 풀이

방정식 $\sin x=\dfrac{1}{3}$의 한 해를 $\alpha \left(0<\alpha<\dfrac{\pi}{2}\right)$라 하면

$\sin (\pi-\alpha)=\sin \alpha$이므로 $\beta=\pi-\alpha$

따라서 $\alpha+\beta=\pi$

20

$\cos^2\left(\dfrac{\pi}{2}-x\right)=\sin^2 x$, $\sin\left(\dfrac{\pi}{2}-x\right)=\cos x$이고

$\sin^2 x=1-\cos^2 x$이므로

이것을 주어진 부등식에 대입하면

$2(1-\cos^2 x)-3 \cos x-3 \ge 0$

$2 \cos^2 x+3 \cos x+1 \le 0$

$(2 \cos x+1)(\cos x+1) \le 0$

$-1 \le \cos x \le -\dfrac{1}{2}$

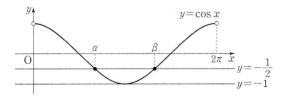

함수 $y=\cos x$의 그래프와 직선 $y=-\dfrac{1}{2}$이 만나는 점의 x좌표는

$\dfrac{2}{3}\pi$, $\dfrac{4}{3}\pi$이므로 주어진 부등식을 만족시키는 모든 x의 값의 범위는

$\dfrac{2}{3}\pi \leq x \leq \dfrac{4}{3}\pi$이다.

따라서 $\alpha=\dfrac{2}{3}\pi$, $\beta=\dfrac{4}{3}\pi$이므로 $\beta-\alpha=\dfrac{4}{3}\pi-\dfrac{2}{3}\pi=\dfrac{2}{3}\pi$ 답 ④

21

$6\cos^2 x-\cos x-1\leq 0$에서

$(3\cos x+1)(2\cos x-1)\leq 0$이므로

$-\dfrac{1}{3}\leq \cos x \leq \dfrac{1}{2}$

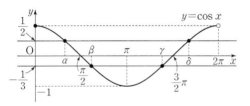

$0<\alpha<\dfrac{\pi}{2}$이고 $\cos\alpha=\dfrac{1}{2}$이므로 $\alpha=\dfrac{\pi}{3}$

$\dfrac{3}{2}\pi<\delta<2\pi$이고 $\cos\delta=\dfrac{1}{2}$이므로 $\delta=\dfrac{5}{3}\pi$

한편, $\cos\beta=\cos\gamma=-\dfrac{1}{3}$이고

함수 $y=\cos x$의 그래프는 직선 $x=\pi$에 대하여 대칭이므로

$\dfrac{\beta+\gamma}{2}=\pi$에서 $\beta+\gamma=2\pi$

따라서

$\sin(-\alpha+\beta+\gamma+\delta)=\sin\left(-\dfrac{\pi}{3}+2\pi+\dfrac{5}{3}\pi\right)$

$=\sin\left(3\pi+\dfrac{\pi}{3}\right)$

$=-\sin\dfrac{\pi}{3}=-\dfrac{\sqrt{3}}{2}$ 답 ②

22

함수 $y=f(x)$의 그래프는 그림과 같다.

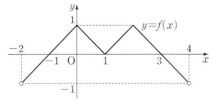

$f(x)=1-|x|=0$에서 $|x|=1$이므로 $x=-1$ 또는 $x=1$

조건 (나)에서 $f(-1)=f(3)=0$

즉, $f(-1)=f(1)=f(3)=0$이므로 방정식 $f(g(x))=0$의 서로 다른 실근의 개수는 세 방정식 $g(x)=-1$, $g(x)=1$, $g(x)=3$의 서로 다른 실근의 개수와 같다.

(i) $g(x)=-1$일 때,

$g(x)=2\sin\pi x+1=-1$에서 $\sin\pi x=-1$이므로

방정식 $g(x)=-1$의 서로 다른 실근의 개수는 그림과 같이 함수 $y=\sin\pi x\ (-2<x<4)$의 그래프와 직선 $y=-1$의 교점의 개수와 같다.

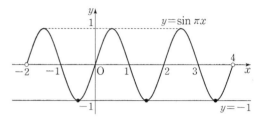

즉, $g(x)=-1$의 서로 다른 실근의 개수는 3이다.

(ii) $g(x)=1$일 때,

$g(x)=2\sin\pi x+1=1$에서 $\sin\pi x=0$이므로

방정식 $g(x)=1$의 서로 다른 실근의 개수는 그림과 같이 함수 $y=\sin\pi x\ (-2<x<4)$의 그래프와 x축의 교점의 개수와 같다.

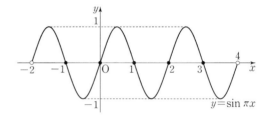

즉, $g(x)=1$의 서로 다른 실근의 개수는 5이다.

(iii) $g(x)=3$일 때,

$g(x)=2\sin\pi x+1=3$에서 $\sin\pi x=1$이므로

방정식 $g(x)=3$의 서로 다른 실근의 개수는 그림과 같이 함수 $y=\sin\pi x\ (-2<x<4)$의 그래프와 직선 $y=1$의 교점의 개수와 같다.

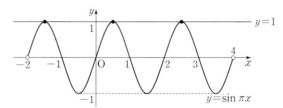

즉, $g(x)=3$의 서로 다른 실근의 개수는 3이다.

(i), (ii), (iii)에서 구한 실근은 모두 서로 다른 실근이므로 방정식 $f(g(x))=0$의 서로 다른 실근의 개수는

$3+5+3=11$ 답 ③

23

$\overline{\text{AB}}=c$, $\overline{\text{BC}}=a$, $\overline{\text{CA}}=b$라 하면 코사인법칙에 의하여

$\cos C=\dfrac{a^2+b^2-c^2}{2ab}$이므로

$\cos C=\dfrac{3^2+2^2-(\sqrt{7})^2}{2\times 3\times 2}=\dfrac{1}{2}$ 답 ②

24

삼각형 ABC에서 $\overline{\text{AB}}=c$, $\overline{\text{BC}}=a$, $\overline{\text{CA}}=b$라 하고 삼각형 ABC의 외접원의 반지름의 길이를 R이라 하면

사인법칙에 의하여

$$\sin A = \frac{a}{2R}, \ \sin B = \frac{b}{2R}, \ \sin C = \frac{c}{2R}$$

조건 (가)에서 $\sin^2 A = \sin^2 B + \sin^2 C$이므로

$$\left(\frac{a}{2R}\right)^2 = \left(\frac{b}{2R}\right)^2 + \left(\frac{c}{2R}\right)^2$$

$$a^2 = b^2 + c^2 \quad \cdots\cdots \ \bigcirc$$

조건 (나)에서 $\sin B = 2\sin C$이므로

$$\frac{b}{2R} = 2 \times \frac{c}{2R}$$

$$b = 2c \quad \cdots\cdots \ \bigcirc\!\bigcirc$$

$\bigcirc\!\bigcirc$을 $\bigcirc$에 대입하면 $a^2 = 5c^2$

$a = 2\sqrt{5}$이므로 $5c^2 = 20$에서 $c = 2$

$\bigcirc\!\bigcirc$에서 $b = 4$

따라서 선분 CA의 길이는 4이다.   🔲 4

조건 (가)에서 $\cos\theta = \dfrac{\overline{BC}}{\overline{AB}} = \dfrac{\overline{BC}}{6} = \dfrac{\sqrt{6}}{3}$이므로 $\overline{BC} = 2\sqrt{6}$

또한 $\angle BDC = \angle BAC = \dfrac{\pi}{2} - \theta$이므로

$$\sin(\angle BDC) = \sin\left(\frac{\pi}{2} - \theta\right) = \cos\theta = \frac{\sqrt{6}}{3}$$

$0 < \angle BDC < \dfrac{\pi}{2}$이므로

$$\cos(\angle BDC) = \sqrt{1 - \sin^2(\angle BDC)} = \sqrt{1 - \left(\frac{\sqrt{6}}{3}\right)^2} = \frac{\sqrt{3}}{3}$$

$\overline{CD} = x \ (x > 0)$이라 하면 삼각형 DBC에서 코사인법칙에 의하여

$$\cos(\angle BDC) = \frac{(3\sqrt{3})^2 + x^2 - (2\sqrt{6})^2}{2 \times 3\sqrt{3} \times x} = \frac{\sqrt{3}}{3}$$

$x^2 - 6x + 3 = 0$, $x = 3 \pm \sqrt{6}$

$\overline{CD} > \overline{BC}$이므로 $\overline{CD} = 3 + \sqrt{6}$

따라서 $p = 3$, $q = 1$이므로 $p + q = 4$ 🔲 4

25

삼각형 ABC에서 $\overline{AB} = c$, $\overline{BC} = a$, $\overline{CA} = b$라 하고
삼각형 ABC의 외접원의 반지름의 길이를 R이라 하면
사인법칙에 의하여

$$\sin A = \frac{a}{2R}, \ \sin B = \frac{b}{2R}, \ \sin C = \frac{c}{2R}$$

이때 $\sin A : \sin B : \sin C = 4 : 5 : 6$이므로

$\dfrac{a}{2R} : \dfrac{b}{2R} : \dfrac{c}{2R} = 4 : 5 : 6$에서 $a : b : c = 4 : 5 : 6$

양의 실수 k에 대하여

$a = 4k$, $b = 5k$, $c = 6k$라 하면

삼각형 ABC의 둘레의 길이가 30이므로

$4k + 5k + 6k = 30$에서 $15k = 30$, $k = 2$

즉, $a = 8$, $b = 10$, $c = 12$이므로 코사인법칙에 의하여

$$\cos A = \frac{10^2 + 12^2 - 8^2}{2 \times 10 \times 12} = \frac{3}{4}$$

$$\sin^2 A = 1 - \cos^2 A$$

$$= 1 - \left(\frac{3}{4}\right)^2 = \frac{7}{16}$$

$0 < A < \pi$이므로 $\sin A = \dfrac{\sqrt{7}}{4}$

따라서 삼각형 ABC의 넓이는

$$\frac{1}{2}bc\sin A = \frac{1}{2} \times 10 \times 12 \times \frac{\sqrt{7}}{4} = 15\sqrt{7}$$ 🔲 ④

26

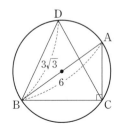

선분 AB가 원의 지름이므로 삼각형 ABC는 $C = \dfrac{\pi}{2}$인 직각삼각형이다.

$\angle ABC = \theta \left(0 < \theta < \dfrac{\pi}{2}\right)$라 하면

03 수열

본문 25~36쪽

01 ⑤	02 ②	03 ③	04 9	05 54
06 ④	07 ②	08 ③	09 ③	10 64
11 ③	12 18	13 ③	14 ①	15 85
16 ①	17 ②	18 34	19 16	20 ③
21 ⑤	22 ④	23 103	24 ⑤	25 ①
26 ②	27 ④	28 110	29 ①	30 ②
31 ④	32 ③	33 ⑤	34 ④	35 ①
36 ②	37 ⑤	38 ①	39 ②	40 12
41 ④	42 ⑤			

01

등차수열 $\{a_n\}$의 첫째항이 1이고 공차가 3이므로

$a_5 = 1 + (5-1) \times 3 = 13$

답 ⑤

02

이차방정식의 근과 계수의 관계에 의하여

$p+q = -\dfrac{3}{2}$, $pq = -\dfrac{15}{2}$이므로

$a_2 = -\dfrac{3}{2}$, $a_4 = -\dfrac{15}{2}$

수열 $\{a_n\}$의 공차가 d이므로

$a_4 - a_2 = 2d$

$-\dfrac{15}{2} - \left(-\dfrac{3}{2}\right) = -6 = 2d$

따라서 $d = -3$

답 ②

03

등차수열 $\{a_n\}$의 공차를 d (d는 자연수)라 하면

조건 (가)에서 $a_1 + a_4 = a + (a+3d) = 2a+3d$이고

$a_8 = a + 7d$이므로

$2a + 3d = a + 7d$, $a = 4d$

등차수열 $\{a_n\}$의 일반항은

$a_n = a + (n-1)d = 4d + (n-1)d = (n+3)d$

조건 (나)에서 $(m+3)d = 12$ ······ ㉠

m, d가 모두 자연수이고 $m+3 \geq 4$이므로

㉠을 만족시키는 자연수 d를 구하면

(i) $m+3 = 4$일 때, $d=3$이고 $a = 4 \times 3 = 12$

(ii) $m+3 = 6$일 때, $d=2$이고 $a = 4 \times 2 = 8$

(iii) $m+3 = 12$일 때, $d=1$이고 $a = 4 \times 1 = 4$

(i), (ii), (iii)에 의하여 모든 자연수 a의 값의 합은

$12 + 8 + 4 = 24$

답 ③

04

집합 A를 원소나열법으로 나타내면

$\{2, 4, 6, 8, 10, 12, 14, 16, 18, \cdots\}$이고

집합 B를 원소나열법으로 나타내면

$\{3, 6, 9, 12, 15, 18, \cdots\}$이다.

집합 $A - B$를 원소나열법으로 나타내면

$A - B = \{2, 4, 8, 10, 14, 16, \cdots\}$이다.

이때 수열 $\{a_n\}$의 짝수번째 항들을 작은 수부터 크기순으로 나열하면

4, 10, 16, $\cdots$이고, 모든 자연수 n에 대하여 $b_n = a_{2n}$이므로 수열 $\{b_n\}$

은 첫째항이 4이고 공차가 6인 등차수열이다.

즉, $b_n = 4 + (n-1) \times 6 = 6n - 2$이므로 $b_n > 50$에서

$6n - 2 > 50$, $n > \dfrac{26}{3}$

따라서 구하는 자연수 n의 최솟값은 9이다.

답 9

05

등차수열 $\{a_n\}$의 공차를 d라 하면 $a_2 = a_1 + d$이므로

$d = a_2 - a_1 = 3 - (-1) = 4$

즉, 수열 $\{a_n\}$은 첫째항이 -1이고 공차가 4인 등차수열이다.

이 등차수열의 첫째항부터 제6항까지의 합은

$\dfrac{6 \times \{2 \times (-1) + (6-1) \times 4\}}{2} = 54$

답 54

06

첫째항이 1인 등차수열 $\{a_n\}$의 공차를 d라 하면

$S_6 = \dfrac{6 \times (2 \times 1 + 5d)}{2} = 6 + 15d$

$S_3 = \dfrac{3 \times (2 \times 1 + 2d)}{2} = 3 + 3d$

$S_6 - S_3 = (6 + 15d) - (3 + 3d) = 3 + 12d$이므로

$3 + 12d = 15$에서 $d = 1$

따라서 $S_9 = \dfrac{9 \times (2 \times 1 + 8 \times 1)}{2} = 45$

답 ④

다른 풀이

$S_6 - S_3 = a_4 + a_5 + a_6 = 15$에서

a_5는 a_4와 a_6의 등차중항이므로

$3a_5 = 15$, $a_5 = 5$

따라서

$S_9 = a_1 + a_2 + a_3 + a_4 + a_5 + a_6 + a_7 + a_8 + a_9$

$\quad = (a_1 + a_9) + (a_2 + a_8) + (a_3 + a_7) + (a_4 + a_6) + a_5$

$\quad = 2a_5 + 2a_5 + 2a_5 + 2a_5 + a_5$

$\quad = 9a_5 = 9 \times 5 = 45$

07

첫째항이 1인 등차수열 $\{a_n\}$의 공차를 d라 하면

$a_n = 1 + (n-1)d = dn - d + 1$이므로

$b_n = a_{2n-1} + a_{2n} = \{d(2n-1) - d + 1\} + (d \times 2n - d + 1)$

$\quad = 4dn - 3d + 2$

즉, 수열 $\{b_n\}$은 첫째항이 $d+2$이고 공차가 $4d$인 등차수열이므로

$S_5 = \dfrac{5\{2(d+2) + 4 \times 4d\}}{2} = 5(9d + 2) = 25$에서

$9d+2=5$, $d=\dfrac{1}{3}$

따라서 $a_4=1+3\times\dfrac{1}{3}=2$ 답 ②

다른 풀이

$S_5=b_1+b_2+b_3+b_4+b_5$

$\quad\quad=(a_1+a_2)+(a_3+a_4)+(a_5+a_6)+(a_7+a_8)+(a_9+a_{10})$

이므로 S_5의 값은 등차수열 $\{a_n\}$의 첫째항부터 제10항까지의 합과 같다.

즉, 첫째항이 1인 등차수열 $\{a_n\}$의 공차를 d라 하면

$S_5=\dfrac{10\times(2\times1+9d)}{2}=5(2+9d)=25$에서

$2+9d=5$, $d=\dfrac{1}{3}$

따라서 $a_4=1+3\times\dfrac{1}{3}=2$

08

등차수열 $\{a_n\}$의 공차를 d라 하면 $a_{12}=a_{10}+2d$이므로 조건 (가)에서

$a_1+a_{12}=a_1+a_{10}+2d=18$, $a_1+a_{10}=18-2d$

조건 (나)에서 $S_{10}=\dfrac{10(a_1+a_{10})}{2}=5\times(18-2d)=120$

$18-2d=24$, $d=-3$

한편, 조건 (가)에서 $a_1+a_{12}=2a_1+11d=2a_1-33=18$, $a_1=\dfrac{51}{2}$

즉, $S_n=\dfrac{n\{51+(n-1)\times(-3)\}}{2}=\dfrac{3}{2}n(18-n)$이므로

$S_n<0$에서 $n>18$

따라서 구하는 자연수 n의 최솟값은 19이다.   답 ③

09

첫째항이 a이고 공비가 2인 등비수열 $\{a_n\}$의 일반항은

$a_n=a\times2^{n-1}$

$a_4=a\times2^3=24$에서 $8a=24$

따라서 $a=3$ 답 ③

10

등비수열 $\{a_n\}$의 첫째항을 a, 공비를 r이라 하면 $a_n=ar^{n-1}$

$a_2=ar=\dfrac{1}{4}$ ……㉠

$a_3+a_4=ar^2+ar^3=ar(r+r^2)=5$ ……㉡

㉠을 ㉡에 대입하면

$\dfrac{1}{4}(r+r^2)=5$, $r^2+r-20=0$, $(r+5)(r-4)=0$

이때 모든 항이 양수이므로 $r>0$

따라서 $r=4$이므로

$a_6=a_2\times r^4=\dfrac{1}{4}\times4^4=64$ 답 64

11

등비수열 $\{a_n\}$의 첫째항을 a, 공비를 r이라 하면 $a_n=ar^{n-1}$

$a_9=1$에서 $ar^8=1$ ……㉠

$\dfrac{a_6a_{12}}{a_7}-\dfrac{a_2a_{10}}{a_3}=-\dfrac{2}{3}$에서

$\dfrac{ar^5\times ar^{11}}{ar^6}-\dfrac{ar\times ar^9}{ar^2}=ar^{10}-ar^8=ar^8(r^2-1)=-\dfrac{2}{3}$ ……㉡

㉠을 ㉡에 대입하면

$r^2-1=-\dfrac{2}{3}$, $r^2=\dfrac{1}{3}$

$r^2=\dfrac{1}{3}$을 ㉠에 대입하면 $ar^8=a\times(r^2)^4=\dfrac{1}{81}a=1$이므로

$a=81$

따라서 $a_3=ar^2=81\times\dfrac{1}{3}=27$ 답 ③

12

등차수열 $\{a_n\}$의 공차를 d라 하면 수열 $\{a_n\}$의 모든 항이 자연수이므로 d는 0 또는 자연수이다.

또 등비수열 $\{b_n\}$의 첫째항을 b, 공비를 r이라 하면 수열 $\{b_n\}$의 모든 항이 자연수이므로 r은 자연수이다.

$d=0$이면 $a_2=a_3=4$이므로 조건 (나)에서

$4r^2+4r^3=16$

즉, $r^2+r^3=4$이고 이를 만족시키는 자연수 r은 존재하지 않는다.

따라서 공차 d는 자연수이다.

조건 (가)에서 $b_2=br=4$이므로 b, r은 모두 4의 약수이다.

(i) $b=1$일 때

$r=4$이므로 모든 자연수 n에 대하여 $b_n=4^{n-1}$

조건 (나)에서

$4^3+4^4=(4+d)(4+2d)$

$d^2+6d-152=0$이고 이를 만족시키는 자연수 d는 존재하지 않는다.

(ii) $b=2$일 때

$r=2$이므로 모든 자연수 n에 대하여 $b_n=2\times2^{n-1}=2^n$

조건 (나)에서

$2^4+2^5=(4+d)(4+2d)$

$d^2+6d-16=0$

$(d+8)(d-2)=0$

d는 자연수이므로 $d=2$

조건 (가)에서 $a_n=4+(n-1)\times2=2n+2$

(iii) $b=4$일 때

$r=1$이므로 모든 자연수 n에 대하여 $b_n=4$

조건 (나)에서 $4+4=(4+d)(4+2d)$

$d^2+6d+4=0$이고 이를 만족시키는 자연수 d는 존재하지 않는다.

(i), (ii), (iii)에 의하여 $a_n=2n+2$, $b_n=2^n$이므로

$a_4+b_3=(2\times4+2)+2^3=18$ 답 18

13

첫째항이 a이고 공비가 $\dfrac{1}{2}$이므로

$S_4=\dfrac{a\times\left\{1-\left(\dfrac{1}{2}\right)^4\right\}}{1-\dfrac{1}{2}}=\dfrac{a\times\dfrac{15}{16}}{\dfrac{1}{2}}=a\times\dfrac{15}{8}=1$

따라서 $a=\dfrac{8}{15}$ 답 ③

14

등비수열 $\{a_n\}$의 첫째항을 a, 공비를 r이라 하면 등비수열 $\{a_n\}$의 모든 항이 서로 다른 양수이므로 $a>0$이고 r은 1이 아닌 양수이다.

$$S_8=\frac{a(1-r^8)}{1-r}$$

또 수열 $\{b_n\}$은 첫째항이 $a_2=ar$이고 공비가 r^2인 등비수열이므로

$$T_4=\frac{ar\{1-(r^2)^4\}}{1-r^2}$$

$2S_8=3T_4$에서

$$2\times\frac{a(1-r^8)}{1-r}=3\times\frac{ar\{1-(r^2)^4\}}{1-r^2}$$

$$\frac{2a(1-r^8)}{1-r}=\frac{3ar(1-r^8)}{(1-r)(1+r)}$$

즉, $2=\frac{3r}{1+r}$에서 $2+2r=3r$, $r=2$

따라서 $\dfrac{a_2}{b_2}=\dfrac{a_2}{a_4}=\dfrac{ar}{ar^3}=\dfrac{1}{r^2}=\dfrac{1}{4}$ 답 ①

15

자연수 n에 대하여 직선 $x=n$이 두 함수 $y=\left(\dfrac{1}{2}\right)^x$, $y=-\left(\dfrac{1}{4}\right)^x+2$

의 그래프와 만나는 점의 좌표를 각각 구하면

$P_n\left(n,\left(\dfrac{1}{2}\right)^n\right)$, $Q_n\left(n,-\left(\dfrac{1}{4}\right)^n+2\right)$이므로

$$\overline{P_nQ_n}=-\left(\dfrac{1}{4}\right)^n+2-\left(\dfrac{1}{2}\right)^n=2-\left(\dfrac{1}{4}\right)^n-\left(\dfrac{1}{2}\right)^n$$

점 R_n은 직선 $x=n-1$ 위의 점이므로

삼각형 $P_nQ_nR_n$의 넓이는

$$a_n=\dfrac{1}{2}\times\left\{2-\left(\dfrac{1}{4}\right)^n-\left(\dfrac{1}{2}\right)^n\right\}\times1=1-\dfrac{1}{2}\times\left(\dfrac{1}{4}\right)^n-\left(\dfrac{1}{2}\right)^{n+1}$$

$a_n+b_n=1-\left(\dfrac{1}{2}\right)^{n+1}$에서

$$b_n=1-\left(\dfrac{1}{2}\right)^{n+1}-\left\{1-\dfrac{1}{2}\times\left(\dfrac{1}{4}\right)^n-\left(\dfrac{1}{2}\right)^{n+1}\right\}=\dfrac{1}{2}\times\left(\dfrac{1}{4}\right)^n$$

즉, 수열 $\{b_n\}$은 첫째항이 $\dfrac{1}{8}$이고 공비가 $\dfrac{1}{4}$인 등비수열이므로

$$S_4=\frac{\dfrac{1}{8}\left\{1-\left(\dfrac{1}{4}\right)^4\right\}}{1-\dfrac{1}{4}}=\dfrac{1}{6}\times\left(1-\dfrac{1}{256}\right)=\dfrac{85}{512}$$

따라서 $512S_4=85$ 답 85

16

$a^2=2\times18=36$에서 공비가 양수이므로 $a>0$

따라서 $a=6$ 답 ①

17

$a_3+a_5=2a_4$이므로 $2a_4=-6$에서

$a_4=-3$

a_7, a_8, a_9는 이 순서대로 등차수열을 이루므로

$a_7+a_8+a_9=3a_8$

등차수열 $\{a_n\}$의 공차를 d라 하면

$3a_8=a_{10}$에서 $3(a_1+7d)=a_1+9d$, $a_1+6d=0$

즉, $a_7=0$

a_1, a_4, a_7은 이 순서대로 등차수열을 이루므로

$a_1+a_7=2a_4$

따라서 $a_1=2a_4-a_7=2\times(-3)-0=-6$ 답 ②

18

세 실수 a^2, $4a$, 15가 이 순서대로 등차수열을 이루므로

$2\times4a=a^2+15$, $a^2-8a+15=0$

$(a-3)(a-5)=0$

$a=3$ 또는 $a=5$

(i) $a=3$일 때

$a^2=9$이고 세 실수 9, 15, b가 이 순서대로 등비수열을 이루므로

$15^2=9b$에서 $b=25$

(ii) $a=5$일 때

$a^2=25$이고 세 실수 25, 15, b가 이 순서대로 등비수열을 이루므로

$15^2=25b$에서 $b=9$

(i), (ii)에 의하여 모든 b의 값의 합은 $25+9=34$ 답 34

19

등차수열 $\{a_n\}$의 첫째항과 공차가 모두 $\dfrac{2}{3}$이므로

$$a_n=\dfrac{2}{3}+(n-1)\times\dfrac{2}{3}=\dfrac{2}{3}n$$

$a_3=2$, $a_4+a_8=\dfrac{8}{3}+\dfrac{16}{3}=8$이고

세 수 2, 8, $a_{2m-2}+a_{2m}+a_{2m+2}$는 이 순서대로 등비수열을 이루므로

$8^2=2(a_{2m-2}+a_{2m}+a_{2m+2})$

$32=a_{2m-2}+a_{2m}+a_{2m+2}$

한편, a_{2m-2}, a_{2m}, a_{2m+2}는 이 순서대로 등차수열을 이루므로

$a_{2m-2}+a_{2m}+a_{2m+2}=3a_{2m}$

즉, $32=3a_{2m}$이므로 $32=3\times\dfrac{2}{3}\times2m$

$4m=32$, $m=8$

따라서 $3a_m=3a_8=3\times\dfrac{2}{3}\times8=16$ 답 16

20

수열의 합과 일반항 사이의 관계에 의하여

$a_4=S_4-S_3$이므로

$a_4=(4^2+4)-(3^2+3)=20-12=8$ 답 ③

21

수열의 합과 일반항 사이의 관계에 의하여

$a_3=S_3-S_2$이므로 $a_3=6$

또 $a_5=S_5-S_4$이므로 $a_5=14$

수열 $\{a_n\}$이 등차수열이므로 a_3, a_5, a_7은 이 순서대로 등차수열을 이룬다.

따라서 $a_3+a_7=2a_5$이므로 $6+a_7=28$에서

$a_7=22$ 답 ⑤

22

수열 $\{a_n\}$의 첫째항부터 제n항까지의 합이 S_n이므로 수열의 합과 일반항 사이의 관계에 의하여

$a_1 = S_1 = 2^1 + 1 = 3$

$S_{2m} - S_m = (2^{2m} + 1) - (2^m + 1) = 2^{2m} - 2^m = 56$에서

$2^m = t$라 하면

$t^2 - t - 56 = 0$

$(t+7)(t-8) = 0$

$t > 0$이므로 $t = 8$

즉, $2^m = 8$이므로 $m = 3$

따라서 $a_m = a_3 = S_3 - S_2 = (2^3 + 1) - (2^2 + 1) = 4$이므로

$a_1 + a_m = 3 + 4 = 7$　　　　　　　　　　　答 ④

23

수열 $\{a_n\}$의 첫째항이 1이고 이 수열의 첫째항부터 제n항까지의 합이 S_n이므로

$S_1 = a_1 = 1$

조건 (가)에서

$S_4 - S_3 = a_4 = 0$

조건 (나)에서

$S_{2n} - S_{n-1} = a_n + a_{n+1} + a_{n+2} + \cdots + a_{2n}$이므로

$T_n = a_n + a_{n+1} + a_{n+2} + \cdots + a_{2n}$이라 하면

$T_n = 3(n+1)^2$ (단, $n \geq 2$)

$T_2 = a_2 + a_3 + a_4$, $T_4 = a_4 + a_5 + a_6 + a_7 + a_8$이고

조건 (가)에서 $a_4 = 0$이므로

$S_8 = a_1 + a_2 + a_3 + \cdots + a_8$

　$= a_1 + (a_2 + a_3 + a_4) + (a_5 + a_6 + a_7 + a_8)$

　$= a_1 + (a_2 + a_3 + a_4) + (a_4 + a_5 + a_6 + a_7 + a_8)$

　$= 1 + T_2 + T_4$

　$= 1 + 3 \times 3^2 + 3 \times 5^2$

　$= 103$　　　　　　　　　　　　　　　答 103

다른 풀이

조건 (나)에서 $n=4$일 때 $S_8 - S_3 = 3 \times 5^2 = 75$

조건 (가)에서 $S_4 = S_3$이므로

$S_8 - S_3 = S_8 - S_4 = 75$

즉, $S_8 = S_4 + 75$　　　　　……㉠

조건 (나)에서 $n=2$일 때

$S_4 - S_1 = 3 \times 3^2 = 27$이므로

$S_4 = S_1 + 27 = 1 + 27 = 28$

$S_4 = 28$을 ㉠에 대입하면

$S_8 = 28 + 75 = 103$

24

$\displaystyle\sum_{k=1}^{10} 3a_k = 3\sum_{k=1}^{10} a_k = 15$이므로 $\displaystyle\sum_{k=1}^{10} a_k = 5$

$\displaystyle\sum_{k=1}^{10} (a_k + 2b_k) = \sum_{k=1}^{10} a_k + 2\sum_{k=1}^{10} b_k = 5 + 2\sum_{k=1}^{10} b_k = 23$이므로

$\displaystyle\sum_{k=1}^{10} b_k = \frac{1}{2} \times (23 - 5) = 9$

따라서 $\displaystyle\sum_{k=1}^{10} (b_k + 1) = \sum_{k=1}^{10} b_k + \sum_{k=1}^{10} 1 = 9 + 10 = 19$　　　答 ⑤

25

$\displaystyle\sum_{k=1}^{20} (a_k + a_{k+1}) = a_1 + 2(a_2 + a_3 + \cdots + a_{20}) + a_{21}$

　　　　　　　　$= 2(a_1 + a_2 + a_3 + \cdots + a_{20}) + a_{21} - a_1$

　　　　　　　　$= 2\sum_{k=1}^{20} a_k + a_{21} - 2 = a_{21}$

이므로 $\displaystyle\sum_{k=1}^{20} a_k = 1$

즉, $\displaystyle\sum_{k=1}^{20} a_k = \sum_{k=1}^{10} (a_{2k-1} + a_{2k}) = \sum_{k=1}^{10} a_{2k-1} + \sum_{k=1}^{10} a_{2k} = \sum_{k=1}^{10} a_{2k-1} + 15 = 1$

이므로 $\displaystyle\sum_{k=1}^{10} a_{2k-1} = 1 - 15 = -14$　　　　答 ①

26

조건 (가)에서 모든 자연수 n에 대하여

$b_n = a_n + a_{n+1} + a_{n+2}$이므로

$b_{3k} = a_{3k} + a_{3k+1} + a_{3k+2}$

조건 (나)에서 모든 자연수 n에 대하여

$\displaystyle\sum_{k=1}^{n} a_{3k} = \sum_{k=1}^{n} b_{3k} - \sum_{k=3}^{3n+3} a_k$

　　　　$= \sum_{k=1}^{n} (a_{3k} + a_{3k+1} + a_{3k+2}) - \sum_{k=3}^{3n+3} a_k$

　　　　$= \sum_{k=3}^{3n+2} a_k - \sum_{k=3}^{3n+3} a_k$

　　　　$= -a_{3n+3}$　　　　……㉠

즉, $\displaystyle\sum_{k=1}^{n} a_{3k} + a_{3n+3} = 0$이므로 모든 자연수 n에 대하여

$\displaystyle\sum_{k=1}^{n+1} a_{3k} = 0$

이때 $a_{3n+6} = \displaystyle\sum_{k=1}^{n+2} a_{3k} - \sum_{k=1}^{n+1} a_{3k} = 0$이므로

$a_9 = a_{12} = a_{15} = \cdots = 0$

$a_3 = 3$이고 ㉠에서 $n=1$일 때 $a_3 = -a_6$이므로

$a_6 = -a_3 = -3$

따라서

$\displaystyle\sum_{k=1}^{5} |a_{3k}| = |a_3| + |a_6| + |a_9| + |a_{12}| + |a_{15}|$

　　　　　$= 3 + 3 + 0 + 0 + 0 = 6$　　　　答 ②

27

$\displaystyle\sum_{k=1}^{10} (k-1)(k+2) + \sum_{k=1}^{10} (k+1)(k-2)$

$= \displaystyle\sum_{k=1}^{10} (k^2 + k - 2) + \sum_{k=1}^{10} (k^2 - k - 2)$

$= \displaystyle\sum_{k=1}^{10} \{(k^2 + k - 2) + (k^2 - k - 2)\}$

$= \displaystyle\sum_{k=1}^{10} (2k^2 - 4) = 2\sum_{k=1}^{10} k^2 - \sum_{k=1}^{10} 4$

$= 2 \times \dfrac{10 \times 11 \times 21}{6} - 4 \times 10$

$= 730$　　　　　　　　　　　　　　　　答 ④

28

$$\sum_{k=1}^{10}\{2a_k-k(k-3)\}=\sum_{k=1}^{10}(2a_k-k^2+3k)=2\sum_{k=1}^{10}a_k-\sum_{k=1}^{10}k^2+3\sum_{k=1}^{10}k$$
$$=2\sum_{k=1}^{10}a_k-\frac{10\times11\times21}{6}+3\times\frac{10\times11}{2}$$
$$=2\sum_{k=1}^{10}a_k-220=0$$

이므로

$$\sum_{k=1}^{10}a_k=\frac{1}{2}\times220=110$$ **답** 110

29

$$\sum_{k=1}^{m}\frac{k^3+1}{(k-1)k+1}=\sum_{k=1}^{m}\frac{(k+1)(k^2-k+1)}{k^2-k+1}=\sum_{k=1}^{m}(k+1)$$
$$=\sum_{k=1}^{m}k+\sum_{k=1}^{m}1=\frac{m(m+1)}{2}+m=44$$

이므로

$$m^2+3m-88=0,\ (m-8)(m+11)=0$$

m은 자연수이므로 $m=8$ **답** ①

30

$x^2-(n^2+3n+4)x+3n^3+4n^2=(x-n^2)(x-3n-4)$이므로

x에 대한 이차부등식 $x^2-(n^2+3n+4)x+3n^3+4n^2\le0$을 만족시키는 모든 자연수 x의 개수 a_n은 다음과 같다.

(i) $n^2\le3n+4$, 즉 $1\le n\le4$일 때

이차부등식의 실근은 $n^2\le x\le3n+4$이므로

$a_n=(3n+4)-n^2+1=-n^2+3n+5$

(ii) $n^2>3n+4$, 즉 $n\ge5$일 때

이차부등식의 실근은 $3n+4\le x\le n^2$이므로

$a_n=n^2-(3n+4)+1=n^2-3n-3$

따라서

$$\sum_{k=1}^{8}a_k=\sum_{k=1}^{4}(-k^2+3k+5)+\sum_{k=5}^{8}(k^2-3k-3)$$
$$=\sum_{k=1}^{4}(-k^2+3k+5)+\sum_{k=1}^{4}\{(k+4)^2-3(k+4)-3\}$$
$$=\sum_{k=1}^{4}(-k^2+3k+5)+\sum_{k=1}^{4}(k^2+5k+1)$$
$$=\sum_{k=1}^{4}(8k+6)=8\sum_{k=1}^{4}k+\sum_{k=1}^{4}6$$
$$=8\times\frac{4\times5}{2}+6\times4=104$$ **답** ②

31

$$\sum_{k=3}^{10}\frac{1}{2k^2-6k+4}=\sum_{k=3}^{10}\frac{1}{2(k-1)(k-2)}$$
$$=\frac{1}{2}\sum_{k=3}^{10}\left(\frac{1}{k-2}-\frac{1}{k-1}\right)$$
$$=\frac{1}{2}\left\{\left(1-\frac{1}{2}\right)+\left(\frac{1}{2}-\frac{1}{3}\right)+\cdots+\left(\frac{1}{8}-\frac{1}{9}\right)\right\}$$
$$=\frac{1}{2}\times\left(1-\frac{1}{9}\right)=\frac{4}{9}$$ **답** ④

32

등차수열 $\{a_n\}$의 공차를 d라 하면

$$\sum_{k=1}^{4}a_k=\frac{4(4+3d)}{2}=8+6d=14$$

이므로 $d=1$

즉, 등차수열 $\{a_n\}$의 첫째항이 2, 공차가 1이므로

$a_n=2+(n-1)\times1=n+1$

따라서

$$\sum_{k=1}^{6}\frac{1}{a_ka_{k+1}}=\sum_{k=1}^{6}\frac{1}{(k+1)(k+2)}$$
$$=\sum_{k=1}^{6}\left(\frac{1}{k+1}-\frac{1}{k+2}\right)$$
$$=\left(\frac{1}{2}-\frac{1}{3}\right)+\left(\frac{1}{3}-\frac{1}{4}\right)+\cdots+\left(\frac{1}{7}-\frac{1}{8}\right)$$
$$=\frac{1}{2}-\frac{1}{8}=\frac{3}{8}$$ **답** ③

33

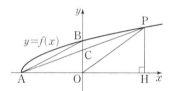

$f(-4)=0$, $f(0)=2$이므로 함수 $y=f(x)$의 그래프가 x축, y축과 만나는 점은 각각

$A(-4,0)$, $B(0,2)$

직선 PA와 y축이 만나는 점을 C, 점 $P(n,\sqrt{n+4})$에서 x축에 내린 수선의 발을 H라 하면 두 삼각형 PAH, CAO는 서로 닮음이고 닮음비는 $\overline{AH}:\overline{AO}=(n+4):4$이므로

$$\overline{OC}=\frac{4}{n+4}\times\overline{PH}=\frac{4\sqrt{n+4}}{n+4}$$

두 삼각형 PBO, PBA의 넓이의 차는 두 삼각형 PCO, BAC의 넓이의 차와 같다.

이때 삼각형 PCO의 넓이는

$$\frac{1}{2}\times\overline{OC}\times\overline{OH}=\frac{1}{2}\times\frac{4\sqrt{n+4}}{n+4}\times n=\frac{2n\sqrt{n+4}}{n+4}.$$

삼각형 BAC의 넓이는

$$\frac{1}{2}\times(\overline{OB}-\overline{OC})\times\overline{OA}=\frac{1}{2}\times\left(2-\frac{4\sqrt{n+4}}{n+4}\right)\times4=4-\frac{8\sqrt{n+4}}{n+4}$$

이므로

$$S_n=\left|\frac{2n\sqrt{n+4}}{n+4}-\left(4-\frac{8\sqrt{n+4}}{n+4}\right)\right|=\left|\frac{2\sqrt{n+4}}{n+4}(n+4)-4\right|$$
$$=2\sqrt{n+4}-4$$

따라서

$$\sum_{n=1}^{11}\frac{1}{S_{n+1}+S_n+8}$$
$$=\sum_{n=1}^{11}\frac{1}{(2\sqrt{n+5}-4)+(2\sqrt{n+4}-4)+8}$$
$$=\frac{1}{2}\sum_{n=1}^{11}\frac{1}{\sqrt{n+5}+\sqrt{n+4}}$$

$$=\frac{1}{2}\sum_{n=1}^{11}\frac{\sqrt{n+5}-\sqrt{n+4}}{(\sqrt{n+5}+\sqrt{n+4})(\sqrt{n+5}-\sqrt{n+4})}$$

$$=\frac{1}{2}\sum_{n=1}^{11}(\sqrt{n+5}-\sqrt{n+4})$$

$$=\frac{1}{2}\{(\sqrt{6}-\sqrt{5})+(\sqrt{7}-\sqrt{6})+\cdots+(\sqrt{16}-\sqrt{15})\}$$

$$=\frac{1}{2}\times(4-\sqrt{5})=2-\frac{\sqrt{5}}{2}$$ 답 ⑤

34

수열 $\{a_n\}$이 모든 자연수 n에 대하여 $2a_{n+1}=a_n+a_{n+2}$를 만족시키므로 수열 $\{a_n\}$은 등차수열이다.

수열 $\{a_n\}$의 공차를 d라 하면

$a_7-a_4=3d=15$

이므로 $d=5$

따라서 $a_3-a_1=2d=2\times5=10$ 답 ④

35

$a_5=2$이므로

$a_4>a_3$이면 $2=a_3-a_4>0$이 되어 모순이다.

그러므로 $a_4\leq a_3$이고 $a_5=3-a_3$에서 $2=3-a_3$

즉, $a_3=1$, $a_4\leq1$ ······ ㉠

$a_2>a_1$이면 $1=a_1-a_2>0$이 되어 모순이므로

$a_2\leq a_1$이고 $a_3=1-a_1$에서 $1=1-a_1$

즉, $a_1=0$, $a_2\leq0$ ······ ㉡

㉠, ㉡에서 $a_3>a_2$이므로

$a_4=a_2-a_3=a_2-1$

$$\sum_{k=1}^{5}a_k=a_1+a_2+a_3+a_4+a_5$$

$$=0+a_2+1+(a_2-1)+2$$

$$=2a_2+2=-2$$

이므로

$2a_2=-4$, $a_2=-2$

따라서 $a_4=-2-1=-3$ 답 ①

36

조건 (가)에서

$a_1<0$이므로 $a_2=a_1{}^2$

$a_2>0$이므로 $a_3=\frac{1}{2}a_2-2=\frac{1}{2}a_1{}^2-2$

(i) $a_3>0$이면

$\frac{1}{2}a_1{}^2-2>0$에서 $a_1{}^2>4$이므로

$-20\leq a_1<-2$이고,

$a_4=\frac{1}{2}a_3-2=\frac{1}{2}\left(\frac{1}{2}a_1{}^2-2\right)-2=\frac{1}{4}a_1{}^2-3$ ······ ㉠

조건 (나)에서 a_4는 정수이므로 $\frac{1}{4}a_1{}^2-3$이 정수가 되려면

$a_1=-2m$ (m은 2 이상 10 이하의 자연수) ······ ㉡

즉, $a_1\leq-4$이므로 ㉠에서 $a_4\geq1>0$

$a_5=\frac{1}{2}a_4-2=\frac{1}{2}\left(\frac{1}{4}a_1{}^2-3\right)-2=\frac{1}{8}\times(-2m)^2-\frac{7}{2}=\frac{m^2-7}{2}$

조건 (나)에서 a_5는 정수가 아닌 유리수이므로

$m^2-7=2l-1$ (l은 정수)이다.

$m^2=2l+6=2(l+3)$에서 자연수 m은 짝수이므로

㉡에서 a_1의 값이 될 수 있는 것은

-4, -8, -12, -16, -20

(ii) $a_3\leq0$이면

$\frac{1}{2}a_1{}^2-2\leq0$에서 $a_1{}^2\leq4$이므로

$-2\leq a_1\leq-1$

$a_1=-2$ 또는 $a_1=-1$

즉, $a_1=-2$인 경우 $a_2=4$, $a_3=0$, $a_4=0$, $a_5=0$이므로 조건 (나)를 만족시키지 않는다.

$a_1=-1$인 경우 $a_2=1$, $a_3=-\frac{3}{2}$이므로 조건 (나)를 만족시키지 않는다.

(i), (ii)에 의하여 조건을 만족시키는 모든 a_1의 값의 합은

$-4+(-8)+(-12)+(-16)+(-20)=-60$ 답 ②

37

$a_1=1$에서

$a_2=a_1+(-1)\times1=1-1=0$

$a_3=a_2+(-1)^2\times2=0+2=2$

$a_4=a_3+(-1)^3\times3=2-3=-1$ 답 ⑤

38

모든 자연수 n에 대하여

$a_{2n+2}=a_{2n}+3$

이므로 수열 $\{a_{2n}\}$은 공차가 3인 등차수열이다. ······ ㉠

$a_{2n}=a_{2n-1}+1$ ······ ㉡

㉡에 $n=6$을 대입하면

$a_{12}=a_{11}+1$

$a_{11}=a_{12}-1$을 $a_8+a_{11}=31$에 대입하면

$a_8+a_{12}-1=31$

$a_8+a_{12}=32$

㉠에 의하여

$(a_2+3\times3)+(a_2+5\times3)=32$

$2a_2=8$

$a_2=4$

㉡에 $n=1$을 대입하면

$a_2=a_1+1$

따라서 $a_1=a_2-1=4-1=3$ 답 ①

39

$a_n<0$이면 $a_{n+1}=a_n+2$

즉, $a_n=a_{n+1}-2$이고 $a_{n+1}<2$ ······ ㉠

$a_n\geq0$이면 $a_{n+1}=a_n-1$

즉, $a_n=a_{n+1}+1$이고 $a_{n+1}\geq-1$ ······ ㉡

㉠, ㉡에서

$a_{n+1} < -1$이면 $a_n = a_{n+1} - 2$ …… ㉢

$a_{n+1} \geq 2$이면 $a_n = a_{n+1} + 1$ …… ㉣

$-1 \leq a_{n+1} < 2$이면 $a_n = a_{n+1} - 2$ 또는 $a_n = a_{n+1} + 1$ …… ㉤

$a_5 = 1$이므로 ㉤에서 $a_4 = 1 - 2 = -1$ 또는 $a_4 = 1 + 1 = 2$

$a_4 = 2$인 경우

㉣에서 $a_3 = 3$, $a_2 = 4$, $a_1 = 5$

$a_4 = -1$인 경우

㉤에서 $a_3 = -1 - 2 = -3$ 또는 $a_3 = -1 + 1 = 0$

$a_3 = -3$인 경우

㉢에서 $a_2 = -5$, $a_1 = -7$

$a_3 = 0$인 경우

㉤에서 $a_2 = 0 - 2 = -2$ 또는 $a_2 = 0 + 1 = 1$

$a_2 = -2$인 경우

㉢에서 $a_1 = -4$

$a_2 = 1$인 경우

㉤에서 $a_1 = 1 - 2 = -1$ 또는 $a_1 = 1 + 1 = 2$

따라서 조건을 만족시키는 모든 a_1의 값의 합은

$5 + (-7) + (-4) + (-1) + 2 = -5$ 답 ②

40

$a_1 > 0$이고 $a_n > 0$일 때, $a_{n+1} = a_n - 3$이므로

a_1의 값을 자연수 l에 대하여 $a_1 = 3l$, $a_1 = 3l - 1$, $a_1 = 3l - 2$로 경우를 나눌 수 있다.

(i) $a_1 = 3l$인 경우

$a_2 = 3l - 3$, $\cdots$, $a_l = 3$, $a_{l+1} = 0$

$a_{l+2} = |a_{l+1}| = 0$이므로

$n \geq l + 1$일 때, $a_n = 0$

$l + 1$ 이상의 자연수 n과 모든 자연수 k에 대하여 $a_{n+k} = a_n$이므로 조건 (나)를 만족시키지 않는다.

(ii) $a_1 = 3l - 1$인 경우

$a_2 = 3l - 4$, $\cdots$, $a_{l-1} = 5$, $a_l = 2$, $a_{l+1} = -1$

$a_{l+2} = |a_{l+1}| = 1$

$a_{l+3} = 1 - 3 = -2$

$a_{l+4} = |a_{l+3}| = 2$

이므로 l 이상의 모든 자연수 n에 대하여 $a_{n+4} = a_n$이고 $k = 1, 2, 3$일 때 $a_{n+k} \neq a_n$이다.

즉, l 이상의 모든 자연수 n에 대하여 $a_{n+k} = a_n$을 만족시키는 자연수 k의 최솟값은 4이다.

조건 (나)에서 2 이상의 모든 자연수 n에 대하여 $a_{n+4} = a_n$이므로

$l = 1$ 또는 $l = 2$

$l = 1$인 경우 $a_1 = 2$이고, $l = 2$인 경우 $a_1 = 5$이다.

(iii) $a_1 = 3l - 2$인 경우

$a_2 = 3l - 5$, $\cdots$, $a_{l-1} = 4$, $a_l = 1$, $a_{l+1} = -2$

$a_{l+2} = |a_{l+1}| = 2$

$a_{l+3} = 2 - 3 = -1$

$a_{l+4} = |a_{l+3}| = 1$

이므로 l 이상의 모든 자연수 n에 대하여 $a_{n+4} = a_n$이고 $k = 1, 2, 3$일 때 $a_{n+k} \neq a_n$이다.

즉, l 이상의 모든 자연수 n에 대하여 $a_{n+k} = a_n$을 만족시키는 자연수 k의 최솟값은 4이다.

조건 (나)에서 2 이상의 모든 자연수 n에 대하여 $a_{n+4} = a_n$이므로

$l = 1$ 또는 $l = 2$

$l = 1$인 경우 $a_1 = 1$이고

$l = 2$인 경우 $a_1 = 4$이다.

(i), (ii), (iii)에 의하여 조건을 만족시키는 모든 수열 $\{a_n\}$에 대하여 a_1의 값의 합은

$2 + 5 + 1 + 4 = 12$ 답 12

41

(i) $n = 1$일 때,

(좌변) $= 12$, (우변) $= 12$이므로 (＊)이 성립한다.

(ii) $n = m$일 때 (＊)이 성립한다고 가정하면

$$\sum_{k=1}^{m} (2^k + m)(2k + 2) = m(m^2 + 3m + 2^{m+2})$$

이다. $n = m + 1$일 때,

$$\sum_{k=1}^{m+1} (2^k + m + 1)(2k + 2)$$

$$= \sum_{k=1}^{m} (2^k + m + 1)(2k + 2) + \boxed{(2^{m+1} + m + 1)(2m + 4)}$$

$$= \sum_{k=1}^{m} (2^k + m)(2k + 2) + \sum_{k=1}^{m} (2k + 2)$$
$$\qquad\qquad\qquad + 2^{m+2}(m + 2) + (m + 1)(2m + 4)$$

$$= \sum_{k=1}^{m} (2^k + m)(2k + 2) + m(m + 1) + 2m$$
$$\qquad\qquad\qquad + 2^{m+2}(m + 2) + (2m^2 + 6m + 4)$$

$$= \sum_{k=1}^{m} (2^k + m)(2k + 2) + \boxed{3m^2 + 9m + 4 + 2^{m+2}(m + 2)}$$

$$= m(m^2 + 3m + 2^{m+2}) + \boxed{3m^2 + 9m + 4 + 2^{m+2}(m + 2)}$$

$$= m^3 + 6m^2 + 9m + 4 + 2^{m+2}(2m + 2)$$

$$= (m + 1)^3 + 3(m + 1)^2 + 2^{m+3}(m + 1)$$

$$= (m + 1)\{(m + 1)^2 + 3(m + 1) + 2^{m+3}\}$$

이다. 따라서 $n = m + 1$일 때도 (＊)이 성립한다.

(i), (ii)에 의하여 모든 자연수 n에 대하여

$$\sum_{k=1}^{n} (2^k + n)(2k + 2) = n(n^2 + 3n + 2^{n+2})$$

이 성립한다.

따라서

$f(m) = (2^{m+1} + m + 1)(2m + 4)$,

$g(m) = 3m^2 + 9m + 4 + 2^{m+2}(m + 2)$

이므로

$f(3) + g(2) = 20 \times 10 + (34 + 16 \times 4) = 298$ 답 ④

42

(i) $n = 1$일 때,

(좌변) $= -4$, (우변) $= -4$이므로 (＊)이 성립한다.

(ii) $n = m$일 때 (＊)이 성립한다고 가정하면

$$\sum_{k=1}^{m} (-1)^k a_k = \frac{(-1)^m (2m^2 + 3m + 1)}{(m + 1)!} - 1$$

이다. $n = m + 1$일 때,

$$\sum_{k=1}^{m+1}(-1)^k a_k$$
$$=\sum_{k=1}^{m}(-1)^k a_k+(-1)^{m+1}a_{m+1}$$
$$=\frac{(-1)^m(2m^2+3m+1)}{(m+1)!}-1$$
$$\quad+\boxed{\frac{(-1)^{m+1}\{2(m+1)^2+(m+1)+1\}}{(m+1)!}}$$
$$=\frac{(-1)^m\{(2m^2+3m+1)-(2m^2+5m+4)\}}{(m+1)!}-1$$
$$=\frac{(-1)^m\times(\boxed{-2m-3})}{(m+1)!}-1$$
$$=\frac{(-1)^{m+1}\times(\boxed{-2m-3})\times(\boxed{-m-2})}{(m+2)!}-1$$
$$=\frac{(-1)^{m+1}(2m^2+7m+6)}{(m+2)!}-1$$
$$=\frac{(-1)^{m+1}\{2(m+1)^2+3(m+1)+1\}}{(m+2)!}-1$$

이다. 따라서 $n=m+1$일 때도 (∗)이 성립한다.

(i), (ii)에 의하여 모든 자연수 n에 대하여
$$\sum_{k=1}^{n}(-1)^k a_k=\frac{(-1)^n(2n^2+3n+1)}{(n+1)!}-1$$

이 성립한다.

따라서
$$f(m)=\frac{(-1)^{m+1}\{2(m+1)^2+(m+1)+1\}}{(m+1)!},$$
$$g(m)=-2m-3,\ h(m)=-m-2$$

이므로
$$\frac{g(4)\times h(1)}{f(2)}=\frac{-11\times(-3)}{-\dfrac{22}{6}}=-9 \qquad \text{답 ⑤}$$

04 함수의 극한과 연속

본문 39~45쪽

01 ④	02 ②	03 ③	04 ⑤	05 3
06 ⑤	07 ③	08 ①	09 ③	10 ③
11 ②	12 ③	13 ⑤	14 ⑤	15 18
16 ①	17 ⑤	18 ④	19 ③	20 ②
21 ③	22 ③	23 14	24 ③	25 ②
26 12	27 ④			

01

주어진 그래프에서
$$\lim_{x\to-1}f(x)=2,\ \lim_{x\to 0+}f(x)=-1$$
따라서 $\lim_{x\to-1}f(x)+\lim_{x\to 0+}f(x)=2+(-1)=1$ 답 ④

02

주어진 그래프에서 $f(2)=1,\ \lim_{x\to 1+}f(x)=2$

$\lim_{x\to 1+}f(-x)$에서 $t=-x$라 하면

$x\to 1+$일 때, $t\to-1-$이므로
$$\lim_{x\to 1+}f(-x)=\lim_{t\to-1-}f(t)=-1$$
따라서 $f(2)+\lim_{x\to 1+}f(x)f(-x)=1+2\times(-1)=-1$ 답 ②

다른 풀이

$\lim_{x\to 1+}f(-x)$의 값은 다음과 같이 구할 수도 있다.

함수 $y=f(-x)$의 그래프는 함수 $y=f(x)$의 그래프를 y축에 대하여 대칭이동한 것과 같으므로
$$\lim_{x\to 1+}f(-x)=\lim_{x\to-1-}f(x)=-1$$

03

$$\lim_{x\to 1-}f(x)=\lim_{x\to 1-}(x+a)=a+1,$$
$$\lim_{x\to 1+}f(x)=\lim_{x\to 1+}(-3x^2+x+2a)=2a-2=2(a-1)$$

이므로
$$\lim_{x\to 1-}f(x)\times\lim_{x\to 1+}f(x)=(a+1)\times 2(a-1)=2a^2-2$$

즉, $2a^2-2=16$에서 $a^2=9$

$a=-3$ 또는 $a=3$

따라서 양수 a의 값은 3이다.   답 ③

04

정수 m에 대하여
$$\lim_{x\to(3m+1)-}f(x)-\lim_{x\to(3m+1)+}f(x)$$
$$=\lim_{x\to 1-}f(x)-\lim_{x\to 1+}f(x)=0-0=0$$
$$\lim_{x\to(3m+2)-}f(x)-\lim_{x\to(3m+2)+}f(x)$$
$$=\lim_{x\to 2-}f(x)-\lim_{x\to 2+}f(x)=a-(-1)=a+1$$

20 EBS 수능완성 수학영역

$$\lim_{x \to 3m-} f(x) - \lim_{x \to 3m+} f(x)$$
$$= \lim_{x \to 3-} f(x) - \lim_{x \to 0+} f(x) = 0 - a = -a$$

이므로

$$\sum_{k=1}^{10} \left\{ \lim_{x \to 2k-} f(x) - \lim_{x \to 2k+} f(x) \right\}$$
$$= 3\{(a+1) + 0 + (-a)\} + (a+1)$$
$$= a+4$$

따라서 $a+4=9$에서 $a=5$ 답 ⑤

05

$\lim_{x \to 2} xf(x) = \dfrac{2}{3}$ 이므로

$$\lim_{x \to 2} (2x^2+1)f(x) = \lim_{x \to 2} \left\{ \frac{2x^2+1}{x} \times xf(x) \right\}$$
$$= \lim_{x \to 2} \frac{2x^2+1}{x} \times \lim_{x \to 2} xf(x)$$
$$= \frac{9}{2} \times \frac{2}{3} = 3$$

답 3

06

$x \neq 0$일 때, $\dfrac{f(x)-x}{x} = \dfrac{f(x)}{x} - 1$이므로

$$\lim_{x \to 0} \frac{f(x)}{x} = \lim_{x \to 0} \left[\left\{ \frac{f(x)}{x} - 1 \right\} + 1 \right]$$
$$= \lim_{x \to 0} \left\{ \frac{f(x)}{x} - 1 \right\} + \lim_{x \to 0} 1$$
$$= 2 + 1 = 3$$

따라서

$$\lim_{x \to 0} \frac{2x + f(x)}{f(x)} = \lim_{x \to 0} \frac{2 + \dfrac{f(x)}{x}}{\dfrac{f(x)}{x}} = \frac{2+3}{3} = \frac{5}{3}$$

답 ⑤

07

$\lim_{x \to 0} \dfrac{g(x)}{x^2+2x} = 3$이므로

$$\lim_{x \to 0} \frac{g(x)}{x} = \lim_{x \to 0} \left\{ \frac{g(x)}{x^2+2x} \times (x+2) \right\}$$
$$= \lim_{x \to 0} \frac{g(x)}{x^2+2x} \times \lim_{x \to 0} (x+2)$$
$$= 3 \times 2 = 6$$

따라서

$$\lim_{x \to 0} \frac{f(x)g(x)}{x\{f(x)+xg(x)\}} = \lim_{x \to 0} \frac{\dfrac{f(x)g(x)}{x^3}}{\dfrac{x\{f(x)+xg(x)\}}{x^3}}$$
$$= \lim_{x \to 0} \frac{\dfrac{f(x)}{x^2} \times \dfrac{g(x)}{x}}{\dfrac{f(x)}{x^2} + \dfrac{g(x)}{x}}$$
$$= \frac{3 \times 6}{3+6} = \frac{18}{9} = 2$$

답 ③

08

$\lim_{x \to -1} |f(x)-k|$의 값이 존재하므로

$$\lim_{x \to -1-} |f(x)-k| = \lim_{x \to -1+} |f(x)-k| \text{ 이어야 한다.}$$
$$\lim_{x \to -1-} |f(x)-k| = \lim_{x \to -1-} \left| -\frac{1}{2}x - \frac{3}{2} - k \right| = |k+1|,$$
$$\lim_{x \to -1+} |f(x)-k| = \lim_{x \to -1+} |-x+2-k| = |k-3|$$

이므로 $|k+1| = |k-3|$에서

$k+1 = k-3$ 또는 $k+1 = -(k-3)$

그런데 $k+1=k-3$을 만족시키는 k의 값은 존재하지 않으므로

$k+1 = -(k-3)$에서 $2k=2$, $k=1$

한편, 함수 $f(x)$는 $x=-1$에서만 극한값이 존재하지 않으므로

$\lim_{x \to a} \dfrac{f(x)}{|f(x)-1|}$의 값이 존재하지 않는 경우는 다음 두 가지이다.

(i) $\lim_{x \to a} |f(x)-1| = 0$일 때

  $a < -1$, $a > -1$일 때로 경우를 나눌 수 있다.

  ① $a < -1$일 때

    $x < -1$에서 $f(x)-1 = -\dfrac{1}{2}x - \dfrac{5}{2}$이므로

$$\lim_{x \to a} |f(x)-1| = \lim_{x \to a} \left| -\frac{1}{2}x - \frac{5}{2} \right| = \left| -\frac{1}{2}a - \frac{5}{2} \right| = 0 \text{에서}$$
$$a = -5$$

  ② $a > -1$일 때

    $x \geq -1$에서 $f(x)-1 = -x+1$이므로

$$\lim_{x \to a} |f(x)-1| = \lim_{x \to a} |-x+1| = |-a+1| = 0 \text{에서}$$
$$a = 1$$

  그런데 $\lim_{x \to -5} f(x) \neq 0$, $\lim_{x \to 1} f(x) \neq 0$이므로 $\lim_{x \to a} \dfrac{f(x)}{|f(x)-1|}$의

  값이 존재하지 않도록 하는 실수 a의 값은

  $a = -5$ 또는 $a = 1$이다.

(ii) $\lim_{x \to a} |f(x)-1| = a$ (a는 $a \neq 0$인 실수)일 때

  $\lim_{x \to a} f(x)$의 값이 존재하지 않는 경우이므로 실수 a의 값은 -1이다.

(i), (ii)에 의하여 구하는 실수 a의 값은 -5, -1, 1이므로 그 합은 -5이다.   답 ①

09

$$\lim_{x \to \infty} \frac{3x}{\sqrt{x^2+2x} + \sqrt{x^2-x}} = \lim_{x \to \infty} \frac{3}{\sqrt{1+\dfrac{2}{x}} + \sqrt{1-\dfrac{1}{x}}}$$
$$= \frac{3}{1+1} = \frac{3}{2}$$

답 ③

10

$$\lim_{x \to 3} \frac{x^2-9}{x^2-5x+6} = \lim_{x \to 3} \frac{(x-3)(x+3)}{(x-2)(x-3)}$$
$$= \lim_{x \to 3} \frac{x+3}{x-2} = \frac{3+3}{3-2} = 6$$

답 ③

11

$$\lim_{x \to 2} \frac{\sqrt{x^3-2x}-\sqrt{x^3-4}}{x^2-4}$$

$$=\lim_{x \to 2} \frac{(\sqrt{x^3-2x}-\sqrt{x^3-4})(\sqrt{x^3-2x}+\sqrt{x^3-4})}{(x-2)(x+2)(\sqrt{x^3-2x}+\sqrt{x^3-4})}$$

$$=\lim_{x \to 2} \frac{(x^3-2x)-(x^3-4)}{(x-2)(x+2)(\sqrt{x^3-2x}+\sqrt{x^3-4})}$$

$$=\lim_{x \to 2} \frac{-2(x-2)}{(x-2)(x+2)(\sqrt{x^3-2x}+\sqrt{x^3-4})}$$

$$=\lim_{x \to 2} \frac{-2}{(x+2)(\sqrt{x^3-2x}+\sqrt{x^3-4})}$$

$$=\frac{-2}{4 \times (2+2)}=-\frac{1}{8}$$

답 ②

12

$f(x)=|x(x-a)|$에서

$$f(x)f(-x)=|x(x-a)| \times |-x(-x-a)|$$
$$=|x(x-a)| \times |x(x+a)|$$
$$=|x^2(x-a)(x+a)|$$
$$=x^2|(x-a)(x+a)|$$

이므로

$$\lim_{x \to 0} \frac{f(x)f(-x)}{x^2}=\lim_{x \to 0} \frac{x^2|(x-a)(x+a)|}{x^2}$$
$$=\lim_{x \to 0} |(x-a)(x+a)|$$
$$=|-a^2|=a^2$$

즉, $a^2=\frac{1}{2}$에서 $a>0$이므로 $a=\frac{1}{\sqrt{2}}$

$x>\frac{1}{\sqrt{2}}$일 때 $f(x)f(-x)=x^2\left(x-\frac{1}{\sqrt{2}}\right)\left(x+\frac{1}{\sqrt{2}}\right)$이므로

$$\lim_{x \to a+} \frac{f(x)f(-x)}{x-a}=\lim_{x \to \frac{1}{\sqrt{2}}+} \frac{x^2\left(x-\frac{1}{\sqrt{2}}\right)\left(x+\frac{1}{\sqrt{2}}\right)}{x-\frac{1}{\sqrt{2}}}$$
$$=\lim_{x \to \frac{1}{\sqrt{2}}+} x^2\left(x+\frac{1}{\sqrt{2}}\right)=\frac{1}{2} \times \frac{2}{\sqrt{2}}=\frac{\sqrt{2}}{2}$$

답 ③

13

$$\lim_{x \to -2} \frac{\sqrt{2x+a}+b}{x+2}=\frac{1}{3} \quad \cdots\cdots \text{㉠}$$

㉠에서 $x \to -2$일 때 (분모) $\to 0$이고 극한값이 존재하므로 (분자) $\to 0$이어야 한다.

즉, $\lim_{x \to -2} (\sqrt{2x+a}+b)=\sqrt{a-4}+b=0$에서

$$b=-\sqrt{a-4} \quad \cdots\cdots \text{㉡}$$

㉡을 ㉠에 대입하면

$$\lim_{x \to -2} \frac{\sqrt{2x+a}-\sqrt{a-4}}{x+2}$$

$$=\lim_{x \to -2} \frac{(\sqrt{2x+a}-\sqrt{a-4})(\sqrt{2x+a}+\sqrt{a-4})}{(x+2)(\sqrt{2x+a}+\sqrt{a-4})}$$

$$=\lim_{x \to -2} \frac{2(x+2)}{(x+2)(\sqrt{2x+a}+\sqrt{a-4})}$$

$$=\lim_{x \to -2} \frac{2}{\sqrt{2x+a}+\sqrt{a-4}}$$

$$=\frac{2}{2\sqrt{a-4}}=\frac{1}{\sqrt{a-4}}$$

즉, $\frac{1}{\sqrt{a-4}}=\frac{1}{3}$에서 $\sqrt{a-4}=3$

$a-4=9$이므로 $a=13$

㉡에서 $b=-3$

따라서 $a+b=13+(-3)=10$

답 ⑤

14

$$\lim_{x \to 1} \frac{f(x)-1}{x-1}=2 \quad \cdots\cdots \text{㉠}$$

㉠에서 $x \to 1$일 때 (분모) $\to 0$이고 극한값이 존재하므로 (분자) $\to 0$이어야 한다.

즉, $\lim_{x \to 1} \{f(x)-1\}=0$에서

$$\lim_{x \to 1} f(x)=1 \quad \cdots\cdots \text{㉡}$$

또 $\lim_{x \to 1} \frac{g(x)+2}{\sqrt{x}-1}=-\frac{1}{3}$에서 $x \to 1$일 때 (분모) $\to 0$이고 극한값이 존재하므로 (분자) $\to 0$이어야 한다.

즉, $\lim_{x \to 1} \{g(x)+2\}=0$에서

$$\lim_{x \to 1} g(x)=-2 \quad \cdots\cdots \text{㉢}$$

$\lim_{x \to 1} \frac{g(x)+2}{\sqrt{x}-1}=-\frac{1}{3}$이므로

$$\lim_{x \to 1} \frac{g(x)+2}{x-1}=\lim_{x \to 1} \frac{g(x)+2}{(\sqrt{x}-1)(\sqrt{x}+1)}$$

$$=\lim_{x \to 1} \frac{g(x)+2}{\sqrt{x}-1} \times \lim_{x \to 1} \frac{1}{\sqrt{x}+1}$$

$$=-\frac{1}{3} \times \frac{1}{2}=-\frac{1}{6} \quad \cdots\cdots \text{㉣}$$

㉠~㉣에 의해

$$\lim_{x \to 1} \frac{\{f(x)-g(x)\}\{f(x)+g(x)+1\}}{x-1}$$

$$=\lim_{x \to 1} \left[\{f(x)-g(x)\} \times \frac{\{f(x)-1\}+\{g(x)+2\}}{x-1} \right]$$

$$=\left\{\lim_{x \to 1} f(x)-\lim_{x \to 1} g(x)\right\} \times \left\{\lim_{x \to 1} \frac{f(x)-1}{x-1}+\lim_{x \to 1} \frac{g(x)+2}{x-1}\right\}$$

$$=\{1-(-2)\} \times \left\{2+\left(-\frac{1}{6}\right)\right\}$$

$$=3 \times \frac{11}{6}=\frac{11}{2}$$

답 ⑤

15

$$\lim_{x \to 2} \frac{f(x)f(x-a)}{(x-2)^2}=-9 \quad \cdots\cdots \text{㉠}$$

㉠에서 $x \to 2$일 때 (분모) $\to 0$이고 극한값이 존재하므로 (분자) $\to 0$이어야 한다.

즉, $\lim_{x \to 2} f(x)f(x-a)=0$에서 $f(2)f(2-a)=0$

이때 ㉠에서 $f(x)f(x-a)$는 $(x-2)^2$을 인수로 가져야 하므로 다음 두 가지 경우가 가능하다.

(i) $f(x)$가 $(x-2)^2$을 인수로 가지거나 $f(x-a)$가 $(x-2)^2$을 인수로 가지는 경우

$f(x)=(x-2)^2$일 때

$f(x)f(x-a)=(x-2)^2(x-a-2)^2$이므로

$$\lim_{x\to2}\frac{f(x)f(x-a)}{(x-2)^2}=\lim_{x\to2}\frac{(x-2)^2(x-a-2)^2}{(x-2)^2}$$
$$=\lim_{x\to2}(x-a-2)^2$$
$$=a^2$$

이때 $a^2>0$이므로 ㉠을 만족시키지 않는다.

마찬가지로 $f(x)=(x-2+a)^2$일 때에도

$f(x)f(x-a)=(x-2+a)^2(x-2)^2$

이므로 ㉠을 만족시키지 않는다.

(ⅱ) $f(x)$가 $(x-2)$를 인수로 가지고 $f(x-a)$도 $(x-2)$를 인수로 가지는 경우

$f(x)f(x-a)=(x-2+a)(x-2)^2(x-a-2)$

이므로

$$\lim_{x\to2}\frac{f(x)f(x-a)}{(x-2)^2}$$
$$=\lim_{x\to2}\frac{(x-2+a)(x-2)^2(x-a-2)}{(x-2)^2}$$
$$=\lim_{x\to2}(x-2+a)(x-a-2)$$
$$=a\times(-a)=-a^2$$

즉, $-a^2=-9$이고 $a>0$이므로 $a=3$

(ⅰ), (ⅱ)에서 $f(x)=(x+1)(x-2)$이므로

$f(5)=6\times3=18$　　　　　　　　　　　　답 18

16

$$\lim_{x\to0}\left\{\left(x^2-\frac{1}{x}\right)f(x)\right\}=\lim_{x\to0}\left\{\frac{x^3-1}{x}\times f(x)\right\}$$
$$=\lim_{x\to0}\frac{(x^3-1)f(x)}{x}$$

즉, $\displaystyle\lim_{x\to0}\frac{(x^3-1)f(x)}{x}=4$　　　　　…… ㉠

㉠에서 $x\to0$일 때 (분모) $\to0$이고 극한값이 존재하므로 (분자) $\to0$
이어야 한다.

즉, $\displaystyle\lim_{x\to0}(x^3-1)f(x)=-f(0)=0$에서

$f(0)=0$　　　　　　　　　　　　　　　…… ㉡

$$\lim_{x\to1}\left\{\left(x^2-\frac{1}{x}\right)\frac{1}{f(x)}\right\}=\lim_{x\to1}\left\{\frac{x^3-1}{x}\times\frac{1}{f(x)}\right\}$$
$$=\lim_{x\to1}\frac{x^3-1}{xf(x)}$$
$$=\lim_{x\to1}\frac{(x-1)(x^2+x+1)}{xf(x)}$$

즉, $\displaystyle\lim_{x\to1}\frac{(x-1)(x^2+x+1)}{xf(x)}=1$　　　…… ㉢

㉢에서 $x\to1$일 때 (분자) $\to0$이고 0이 아닌 극한값이 존재하므로
(분모) $\to0$이어야 한다.

즉, $\displaystyle\lim_{x\to1}xf(x)=f(1)=0$　　　　　　　…… ㉣

㉡, ㉣에 의하여

$f(x)=x(x-1)(ax+b)$ (a, b는 상수, $a\neq0$)

으로 놓을 수 있다.

㉠에서

$$\lim_{x\to0}\frac{(x^3-1)f(x)}{x}=\lim_{x\to0}\frac{(x^3-1)\times x(x-1)(ax+b)}{x}$$
$$=\lim_{x\to0}(x^3-1)(x-1)(ax+b)=b$$

즉, $b=4$

$f(x)=x(x-1)(ax+4)$이므로 ㉢에서

$$\lim_{x\to1}\frac{(x-1)(x^2+x+1)}{xf(x)}=\lim_{x\to1}\frac{(x-1)(x^2+x+1)}{x^2(x-1)(ax+4)}$$
$$=\lim_{x\to1}\frac{x^2+x+1}{x^2(ax+4)}$$
$$=\frac{3}{a+4}$$

즉, $\dfrac{3}{a+4}=1$에서 $a+4=3$이므로 $a=-1$

따라서 $f(x)=-x(x-1)(x-4)$이므로

$f(-1)=-(-1)\times(-2)\times(-5)=10$　　　　답 ①

17

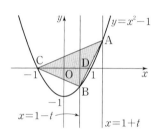

두 점 A, B의 좌표는

A$(1+t,\ t^2+2t)$, B$(1-t,\ t^2-2t)$

직선 AB의 기울기는

$$\frac{(t^2+2t)-(t^2-2t)}{(1+t)-(1-t)}=\frac{4t}{2t}=2$$

이므로 직선 AB의 방정식은

$y=2\{x-(1+t)\}+t^2+2t$

즉, $y=2x+t^2-2$

직선 AB가 x축과 만나는 점을 D라 하면

$2x+t^2-2=0$에서 $x=1-\dfrac{t^2}{2}$

즉, D$\left(1-\dfrac{t^2}{2},\ 0\right)$

삼각형 ACB의 넓이는 삼각형 ACD와 삼각형 BDC의 넓이의 합이고,

$\overline{\text{CD}}=\left(1-\dfrac{t^2}{2}\right)-(-1)=2-\dfrac{t^2}{2}$

이므로

$S(t)=$ (삼각형 ACD의 넓이) $+$ (삼각형 BDC의 넓이)
$$=\frac{1}{2}\times\left(2-\frac{t^2}{2}\right)\times(t^2+2t)+\frac{1}{2}\times\left(2-\frac{t^2}{2}\right)\times(2t-t^2)$$
$$=\frac{1}{2}\times\left(2-\frac{t^2}{2}\right)\times\{(t^2+2t)+(2t-t^2)\}$$
$$=\frac{1}{2}\times\left(2-\frac{t^2}{2}\right)\times4t$$
$$=4t-t^3$$

따라서

$$\lim_{t\to0+}\frac{S(t)}{t}=\lim_{t\to0+}\frac{4t-t^3}{t}=\lim_{t\to0+}(4-t^2)=4$$　　답 ⑤

18

점 A의 x좌표를 k $(k>0)$이라 하자.

$y=ax^2$을 $x^2+y^2=t^2$에 대입하면

$a^2x^4+x^2-t^2=0$ ······ ㉠

$x^2=s$로 놓으면 방정식 ㉠은

$a^2s^2+s-t^2=0$

이때 $s\geq 0$이므로 $s=\dfrac{-1+\sqrt{1+4a^2t^2}}{2a^2}$

그러므로 $k^2=\dfrac{-1+\sqrt{1+4a^2t^2}}{2a^2}$

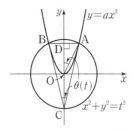

한편, 곡선 $y=ax^2$이 y축에 대하여 대칭이므로 두 점 A, B도 y축에 대하여 대칭이다. 선분 AB가 y축과 만나는 점을 D라 하면 같은 호에 대한 원주각과 중심각의 크기의 관계에 의하여

$\angle\text{AOD}=\theta(t)$ (단, O는 원점)

직각삼각형 OAD에서

$\sin\theta(t)=\dfrac{\overline{\text{AD}}}{\overline{\text{OA}}}=\dfrac{k}{t}$

이므로

$\sin^2\theta(t)=\dfrac{k^2}{t^2}=\dfrac{-1+\sqrt{1+4a^2t^2}}{2a^2t^2}$

이때

$$\lim_{t\to\infty}\{t\times\sin^2\theta(t)\}=\lim_{t\to\infty}\left(t\times\dfrac{-1+\sqrt{1+4a^2t^2}}{2a^2t^2}\right)$$

$$=\lim_{t\to\infty}\dfrac{-1+\sqrt{1+4a^2t^2}}{2a^2t}$$

$$=\lim_{t\to\infty}\dfrac{-\dfrac{1}{t}+\sqrt{\dfrac{1}{t^2}+4a^2}}{2a^2}$$

$$=\dfrac{2a}{2a^2}=\dfrac{1}{a}$$

따라서 $\dfrac{1}{a}=\dfrac{\sqrt{3}}{6}$이므로 $a=2\sqrt{3}$ **답** ④

19

$x>0$에서 방정식 $f(x)=f(-2)$의 해는

$\dfrac{1}{2}x=-4a$, $x=-8a$

함수 $y=f(x)$의 그래프는 그림과 같다.

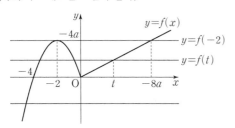

함수 $g(t)$는 다음과 같다.

$$g(t)=\begin{cases} 1 & (t<-4) \\ 2 & (t=-4) \\ 3 & (-4<t<-2) \\ 2 & (t=-2) \\ 3 & (-2<t<0) \\ 2 & (t=0) \\ 3 & (0<t<-8a) \\ 2 & (t=-8a) \\ 1 & (t>-8a) \end{cases}$$

이때 $\lim\limits_{t\to-4+}g(t)-\lim\limits_{t\to-4-}g(t)=3-1=2$,

$\lim\limits_{t\to-8a+}g(t)-\lim\limits_{t\to-8a-}g(t)=1-3=-2$

즉, $\left|\lim\limits_{t\to k+}g(t)-\lim\limits_{t\to k-}g(t)\right|=2$를 만족시키는 실수 k의 값은

-4 또는 $-8a$이고, 그 합이 2이므로

$-4+(-8a)=2$, $a=-\dfrac{3}{4}$

따라서 $f(x)=\begin{cases} -\dfrac{3}{4}x(x+4) & (x\leq 0) \\ \dfrac{1}{2}x & (x>0) \end{cases}$ 이므로

$f(-1)\times g(-1)=\dfrac{9}{4}\times 3=\dfrac{27}{4}$ **답** ③

20

함수 $f(x)$가 $x=2$에서 연속이므로 $\lim\limits_{x\to 2}f(x)=f(2)$이다.

즉, $\lim\limits_{x\to 2}\dfrac{x^2+ax+b}{x-2}=3$ ······ ㉠

㉠에서 $x\to 2$일 때 (분모)$\to 0$이고 극한값이 존재하므로 (분자)$\to 0$이어야 한다.

즉, $\lim\limits_{x\to 2}(x^2+ax+b)=4+2a+b=0$에서

$b=-2a-4$ ······ ㉡

㉡을 ㉠에 대입하면

$$\lim_{x\to 2}\dfrac{x^2+ax+b}{x-2}=\lim_{x\to 2}\dfrac{x^2+ax-2a-4}{x-2}$$

$$=\lim_{x\to 2}\dfrac{(x-2)(x+2+a)}{x-2}$$

$$=\lim_{x\to 2}(x+2+a)$$

$$=4+a$$

즉, $4+a=3$에서 $a=-1$

㉡에서 $b=-2$

따라서 $a-2b=-1-2\times(-2)=3$ **답** ②

21

함수 $\left|f(x)-\dfrac{1}{2}\right|$이 실수 전체의 집합에서 연속이므로 $x=2$에서 연속이다.

즉, $\lim\limits_{x\to 2-}\left|f(x)-\dfrac{1}{2}\right|=\lim\limits_{x\to 2+}\left|f(x)-\dfrac{1}{2}\right|=\left|f(2)-\dfrac{1}{2}\right|$이어야 한다.

이때

$\lim\limits_{x\to 2-}\left|f(x)-\dfrac{1}{2}\right|=\lim\limits_{x\to 2-}\left|x^2+2x+a-\dfrac{1}{2}\right|=\left|a+\dfrac{15}{2}\right|$,

$$\lim_{x \to 2+} \left| f(x) - \frac{1}{2} \right| = \lim_{x \to 2+} \left| \frac{3}{2}x + 2a - \frac{1}{2} \right| = \left| 2a + \frac{5}{2} \right|,$$

$$\left| f(2) - \frac{1}{2} \right| = \left| (8+a) - \frac{1}{2} \right| = \left| a + \frac{15}{2} \right|$$

이므로

$$\left| a + \frac{15}{2} \right| = \left| 2a + \frac{5}{2} \right|$$

$a + \dfrac{15}{2} = 2a + \dfrac{5}{2}$에서 $a = 5$

$a + \dfrac{15}{2} = -\left(2a + \dfrac{5}{2} \right)$에서 $a = -\dfrac{10}{3}$

따라서 모든 실수 a의 값의 합은

$$5 + \left(-\frac{10}{3} \right) = \frac{5}{3}$$

답 ③

22

조건 (가)에서 함수 $|f(x)|$가 실수 전체의 집합에서 연속이므로 함수 $|f(x)|$는 $x=0$에서 연속이다.

즉, $\displaystyle\lim_{x \to 0-} |f(x)| = \lim_{x \to 0+} |f(x)| = |f(0)|$이어야 한다.

이때 $\displaystyle\lim_{x \to 0-} |f(x)| = \lim_{x \to 0-} \left| \frac{6x+1}{2x-1} \right| = |-1| = 1$,

$\displaystyle\lim_{x \to 0+} |f(x)| = \lim_{x \to 0+} \left| -\frac{1}{2}x^2 + ax + b \right| = |b|$,

$|f(0)| = |b|$

이므로

$|b| = 1$에서 $b = -1$ 또는 $b = 1$

한편, $x < 0$에서

$$f(x) = \frac{6x+1}{2x-1} = \frac{6\left(x - \frac{1}{2} \right) + 4}{2\left(x - \frac{1}{2} \right)} = 3 + \frac{2}{x - \frac{1}{2}}$$

$x \geq 0$에서

$$f(x) = -\frac{1}{2}x^2 + ax + b$$

$$= -\frac{1}{2}(x-a)^2 + \frac{1}{2}a^2 + b \quad \cdots\cdots \, \bigcirc$$

이때 $x < 0$에서 함수 $y = f(x)$의 그래프의 점근선이 직선 $y = 3$이므로

$f(x) < 3$

그러므로 조건 (나)를 만족시키려면 $x \geq 0$에서 함수 $f(x)$의 최댓값이 3이어야 한다.

즉, $\bigcirc$에서 $a > 0$이고

$$\frac{1}{2}a^2 + b = 3 \quad \cdots\cdots \, \bigcirc$$

(i) $b = -1$일 때

$\bigcirc$에서 $\dfrac{1}{2}a^2 - 1 = 3$, $a^2 = 8$

$a > 0$이므로 $a = 2\sqrt{2}$

그런데 a가 정수이므로 조건을 만족시키지 않는다.

(ii) $b = 1$일 때

$\bigcirc$에서 $\dfrac{1}{2}a^2 + 1 = 3$, $a^2 = 4$

$a > 0$이므로 $a = 2$

이때 a가 정수이므로 조건을 만족시킨다.

(i), (ii)에 의하여 $a = 2$, $b = 1$

따라서 $a + b = 3$

답 ③

참고

조건을 만족시키는 함수 $y = f(x)$의 그래프는 그림과 같다.

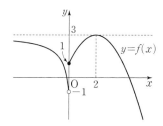

23

$x < 1$에서 $f(x) = -2x^2 - 4x + 6 = -2(x+1)^2 + 8$이므로 함수 $f(x)$의 최댓값이 $f(-1) = 8$이고, $f(1) = k + 2$이므로 k의 값을 기준으로 경우를 나누면 다음과 같다.

(i) $k > 6$일 때, 함수 $y = f(x)$의 그래프는 그림과 같다.

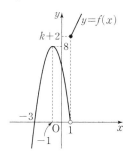

함수 $g(t)$는 다음과 같다.

$$g(t) = \begin{cases} f(t+2) & (t \leq -3) \\ f(-1) & (-3 < t < -1) \\ f(t+2) & (t \geq -1) \end{cases}$$

이때 $\displaystyle\lim_{t \to -1-} g(t) = 8$

$\displaystyle\lim_{t \to -1+} g(t) = \lim_{t \to -1+} f(t+2) = \lim_{t \to -1+} (2t + 4 + k) = k + 2$

$k > 6$일 때 $k + 2 > 8$이므로

$$\lim_{t \to -1-} g(t) \neq \lim_{t \to -1+} g(t)$$

즉, 함수 $g(t)$는 $t = -1$에서 불연속이다.

(ii) $k = 6$일 때, 함수 $y = f(x)$의 그래프는 그림과 같다.

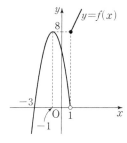

$f(-1) = f(1)$이므로 함수 $g(t)$는 다음과 같다.

$$g(t) = \begin{cases} f(t+2) & (t \leq -3) \\ f(-1) & (-3 < t < -1) \\ f(t+2) & (t \geq -1) \end{cases}$$

함수 $g(t)$는 $t = -3$, $t = -1$에서 연속이므로 실수 전체의 집합에서 연속이다.

(iii) $-2<k<6$일 때, 함수 $y=f(x)$의 그래프는 그림과 같다.

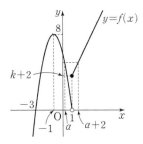

$-1<x<1$에서 $f(x)=f(x+2)$를 만족시키는 x가 존재하고 그 값을 a라 하면 함수 $g(t)$는 다음과 같다.

$$g(t)=\begin{cases} f(t+2) & (t\le -3) \\ f(-1) & (-3<t<-1) \\ f(t) & (-1\le t<a) \\ f(t+2) & (t\ge a) \end{cases}$$

이때 함수 $g(t)$는 $t=-3$, $t=-1$, $t=a$에서 연속이므로 실수 전체의 집합에서 연속이다.

(i), (ii), (iii)에 의하여 함수 $g(t)$가 실수 전체의 집합에서 연속이 되도록 하는 실수 k의 값의 범위는 $-2<k\le 6$이다.

따라서 $g(2)=f(4)=8+k$이고

$6<8+k\le 14$

이므로 $g(2)$의 최댓값은 14이다.　　　　　**답** 14

참고

(iii)의 경우, $-1<x<1$에서 $f(x)=f(x+2)$를 만족시키는 x가 존재함은 다음과 같이 보일 수 있다.

$h(x)=f(x+2)-f(x)$라 하면

$h(x)=f(x+2)-f(x)=2(x+2)+k-(-2x^2-4x+6)$
　　　$=2x^2+6x+k-2$

이차방정식 $h(x)=0$의 판별식을 D라 하면

$\dfrac{D}{4}=9-2(k-2)=13-2k$

$-2<k<6$에서 $1<13-2k<17$이므로

이차방정식 $h(x)=0$은 서로 다른 두 실근

$x=\dfrac{-3-\sqrt{13-2k}}{2}$ 또는 $x=\dfrac{-3+\sqrt{13-2k}}{2}$

를 갖는다.

이때 $\dfrac{-3-\sqrt{17}}{2}<\dfrac{-3-\sqrt{13-2k}}{2}<-2$,

$-1<\dfrac{-3+\sqrt{13-2k}}{2}<\dfrac{-3+\sqrt{17}}{2}<1$

이므로 $-1<x<1$에서 방정식 $h(x)=0$의 실근이 존재한다. 즉, $-1<x<1$에서 $f(x)=f(x+2)$를 만족시키는 x가 존재한다.

24

$f(x)=x^3-3x+2\lim\limits_{t\to 1}f(t)$　　　……　㉠

다항함수 $f(x)$는 실수 전체의 집합에서 연속이므로

$\lim\limits_{t\to 1}f(t)=f(1)$

그러므로 ㉠에서

$f(x)=x^3-3x+2f(1)$　　　……　㉡

㉡의 양변에 $x=1$을 대입하면

$f(1)=1-3+2f(1)$, $f(1)=2$

따라서 ㉠에서 $f(x)=x^3-3x+4$이므로

$f(2)=8-6+4=6$　　　　　**답** ③

25

함수 $f(x)g(x)$가 실수 전체의 집합에서 연속이므로 $x=-1$에서 연속이다. 즉,

$\lim\limits_{x\to -1-}f(x)g(x)=\lim\limits_{x\to -1+}f(x)g(x)=f(-1)g(-1)$이어야 한다.

이때

$\lim\limits_{x\to -1-}f(x)g(x)=\lim\limits_{x\to -1-}(-x+3)(-x^2+4x+a)=4(a-5)$,

$\lim\limits_{x\to -1+}f(x)g(x)=\lim\limits_{x\to -1+}(3x+a)(-x^2+4x+a)=(a-3)(a-5)$,

$f(-1)g(-1)=(a-3)(a-5)$

이므로 $4(a-5)=(a-3)(a-5)$에서

$(a-5)(a-7)=0$

$a=5$ 또는 $a=7$

따라서 모든 실수 a의 값의 합은

$5+7=12$　　　　　**답** ②

다른 풀이

함수 $f(x)$의 $x=-1$에서의 연속의 여부에 따라 조건을 만족시키는 a의 값을 구하면 다음과 같다.

(i) 함수 $f(x)$가 $x=-1$에서 연속일 때

$\lim\limits_{x\to -1-}f(x)=\lim\limits_{x\to -1+}f(x)=f(-1)$이어야 한다.

이때

$\lim\limits_{x\to -1-}f(x)=\lim\limits_{x\to -1-}(-x+3)=4$,

$\lim\limits_{x\to -1+}f(x)=\lim\limits_{x\to -1+}(3x+a)=-3+a$,

$f(-1)=-3+a$

이므로 $4=-3+a$에서 $a=7$

연속함수의 성질에 의하여 함수 $f(x)g(x)$가 $x=-1$에서 연속이므로 함수 $f(x)g(x)$는 실수 전체의 집합에서 연속이다.

(ii) 함수 $f(x)$가 $x=-1$에서 불연속일 때

(i)에 의하여 $a\ne 7$

함수 $f(x)g(x)$가 실수 전체의 집합에서 연속이려면 $x=-1$에서 연속이어야 한다. 즉,

$\lim\limits_{x\to -1-}f(x)g(x)=\lim\limits_{x\to -1+}f(x)g(x)=f(-1)g(-1)$이어야 한다.

이때

$\lim\limits_{x\to -1-}f(x)g(x)=4(a-5)$,

$\lim\limits_{x\to -1+}f(x)g(x)=(a-3)(a-5)$,

$f(-1)g(-1)=(a-3)(a-5)$

이므로 $4(a-5)=(a-3)(a-5)$에서

$(a-5)(a-7)=0$

$a\ne 7$이므로 $a=5$

(i), (ii)에서 $a=5$ 또는 $a=7$

따라서 모든 실수 a의 값의 합은

$5+7=12$

26

$a>0$, $a<0$일 때, 두 함수 $y=f(x)$, $y=|f(x)|$의 그래프는 그림과 같다.

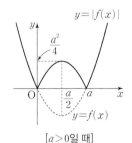
[$a>0$일 때]

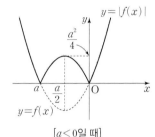
[$a<0$일 때]

이때 함수 $g(t)$는 다음과 같다.

$$g(t)=\begin{cases} 0 & (t<0) \\ 2 & (t=0) \\ 4 & \left(0<t<\dfrac{a^2}{4}\right) \\ 3 & \left(t=\dfrac{a^2}{4}\right) \\ 2 & \left(t>\dfrac{a^2}{4}\right) \end{cases}$$

$\displaystyle\lim_{t\to 0-}g(t)\neq\lim_{t\to 0+}g(t)$, $\displaystyle\lim_{t\to \frac{a^2}{4}-}g(t)\neq\lim_{t\to \frac{a^2}{4}+}g(t)$이므로 함수 $g(t)$는

$t=0$, $t=\dfrac{a^2}{4}$에서 불연속이다.

$h(x)=f(x)g(x)$라 하면 함수 $h(x)$가 실수 전체의 집합에서 연속이므로 $x=0$, $x=\dfrac{a^2}{4}$에서 연속이어야 한다.

함수 $h(x)$가 $x=0$에서 연속이려면

$\displaystyle\lim_{x\to 0-}h(x)=\lim_{x\to 0+}h(x)=h(0)$이어야 한다.

이때

$\displaystyle\lim_{x\to 0-}h(x)=\lim_{x\to 0-}f(x)g(x)=f(0)\times 0=0$

$\displaystyle\lim_{x\to 0+}h(x)=\lim_{x\to 0+}f(x)g(x)=f(0)\times 4=0$

$h(0)=f(0)g(0)=0\times 2=0$

이므로

$\displaystyle\lim_{x\to 0-}h(x)=\lim_{x\to 0+}h(x)=h(0)$

즉, 함수 $h(x)$는 $x=0$에서 연속이다.

또 함수 $h(x)$가 $x=\dfrac{a^2}{4}$에서 연속이려면

$\displaystyle\lim_{x\to \frac{a^2}{4}-}h(x)=\lim_{x\to \frac{a^2}{4}+}h(x)=h\left(\dfrac{a^2}{4}\right)$이어야 한다.

이때

$\displaystyle\lim_{x\to \frac{a^2}{4}-}h(x)=\lim_{x\to \frac{a^2}{4}-}f(x)g(x)=f\left(\dfrac{a^2}{4}\right)\times 4=\dfrac{a^3(a-4)}{4}$,

$\displaystyle\lim_{x\to \frac{a^2}{4}+}h(x)=\lim_{x\to \frac{a^2}{4}+}f(x)g(x)=f\left(\dfrac{a^2}{4}\right)\times 2=\dfrac{a^3(a-4)}{8}$,

$h\left(\dfrac{a^2}{4}\right)=f\left(\dfrac{a^2}{4}\right)\times 3=\dfrac{3a^3(a-4)}{16}$

이므로

$\dfrac{a^3(a-4)}{4}=\dfrac{a^3(a-4)}{8}=\dfrac{3a^3(a-4)}{16}$

이때 $a\neq 0$이므로 $a=4$

따라서 $f(x)=x(x-4)$이므로

$f(6)=6\times 2=12$ 답 12

27

함수 $g(x)$가 실수 전체의 집합에서 연속이므로 $x=0$에서 연속이다.

즉, $\displaystyle\lim_{x\to 0}g(x)=g(0)$이므로 조건 (가)에 의하여

$\displaystyle\lim_{x\to 0}\dfrac{x}{f(x)}=\dfrac{1}{3}$ ······ ㉠

㉠에서 $x\to 0$일 때 (분자) $\to 0$이고 0이 아닌 극한값이 존재하므로 (분모) $\to 0$이어야 한다.

즉, $\displaystyle\lim_{x\to 0}f(x)=0$에서 $f(0)=0$

함수 $f(x)$는 최고차항의 계수가 1인 삼차함수이므로

$f(x)=x(x^2+ax+b)$ (a, b는 상수)

로 놓을 수 있다.

㉠에서

$\displaystyle\lim_{x\to 0}\dfrac{x}{f(x)}=\lim_{x\to 0}\dfrac{x}{x(x^2+ax+b)}=\lim_{x\to 0}\dfrac{1}{x^2+ax+b}=\dfrac{1}{b}$

즉, $\dfrac{1}{b}=\dfrac{1}{3}$에서 $b=3$

$f(x)=x(x^2+ax+3)$이므로 함수 $g(x)$는 다음과 같다.

$$g(x)=\begin{cases} \dfrac{1}{x^2+ax+3} & (x\neq 0) \\ \dfrac{1}{3} & (x=0) \end{cases}$$

함수 $g(x)$가 실수 전체의 집합에서 연속이므로 모든 실수 x에 대하여 $x^2+ax+3>0$이어야 한다.

이차방정식 $x^2+ax+3=0$의 판별식을 D_1이라 하면

$D_1=a^2-12<0$

즉, $-2\sqrt{3}<a<2\sqrt{3}$ ······ ㉡

한편, 방정식 $g(x)=\dfrac{1}{2}$에서

$\dfrac{1}{x^2+ax+3}=\dfrac{1}{2}$

$x^2+ax+1=0$ ······ ㉢

즉, 방정식 $g(x)=\dfrac{1}{2}$의 실근은 방정식 ㉢의 0이 아닌 실근과 같다.

이때 함수 $h(x)$를

$h(x)=x^2+ax+1$

로 놓으면 함수 $h(x)$는 실수 전체의 집합에서 연속이다.

조건 (나)에서 방정식 $h(x)=0$의 실근이 열린구간 $(0, 1)$에 오직 하나 존재하고,

$h(0)=1>0$

이므로 $h(1)$의 값의 부호에 따라 다음과 같이 경우를 나눌 수 있다.

(i) $h(1)>0$, 즉 $a>-2$일 때

     이차방정식 $h(x)=0$의 판별식을 D_2라 할 때, 이차방정식 $h(x)=0$이 열린구간 $(0, 1)$에서 오직 하나의 실근을 가지려면 $0<-\dfrac{a}{2}<1$이고, $D_2=0$이어야 한다.

     $0<-\dfrac{a}{2}<1$에서 $-2<a<0$ ······ ㉣

     $D_2=a^2-4=0$에서

     $a=-2$ 또는 $a=2$ ······ ㉤

이때 $a>-2$이면서 ㉣, ㉤을 동시에 만족시키는 실수 a는 존재하지 않는다.

(ii) $h(1)<0$, 즉 $a<-2$일 때

$-\dfrac{a}{2}>1$이므로 함수 $y=h(x)$는 열린구간 $(0,\,1)$에서 감소하고, 사잇값의 정리에 의하여 방정식 $h(x)=0$은 열린구간 $(0,\,1)$에서 오직 하나의 실근을 갖는다.

(iii) $h(1)=0$, 즉 $a=-2$일 때

$h(x)=x^2-2x+1=(x-1)^2$에서 함수 $y=h(x)$는 열린구간 $(0,\,1)$에서 감소하고, $h(1)=0$이므로 방정식 $h(x)=0$은 열린구간 $(0,\,1)$에서 실근이 존재하지 않는다.

(i), (ii), (iii)에서 $a<-2$ ······ ㉥

이때 $f(1)=a+4$가 자연수이므로 a는 $a>-4$인 정수이고, ㉢, ㉥에 의하여

$a=-3$

따라서 $g(4)=\dfrac{1}{16-12+3}=\dfrac{1}{7}$　　　　　답 ④

본문 48~58쪽

05 다항함수의 미분법

01 ⑤	02 18	03 ①	04 ③	05 ②
06 ②	07 ④	08 12	09 ④	10 ①
11 ②	12 8	13 ④	14 ④	15 ①
16 33	17 ④	18 ③	19 ②	20 28
21 ④	22 ①	23 ④	24 ②	25 21
26 ③	27 11	28 ④	29 ⑤	30 60
31 ②	32 22	33 ③	34 18	35 ④
36 ①	37 128	38 ①	39 ④	40 ①
41 ②	42 27	43 ④		

01

함수 $y=f(x)$에서 x의 값이 $1-h$에서 $1+h$까지 변할 때의 평균변화율은

$\dfrac{f(1+h)-f(1-h)}{(1+h)-(1-h)}=h^2-3h+4$

즉, $\dfrac{f(1+h)-f(1-h)}{2h}=h^2-3h+4$ ······ ㉠

다항함수 $f(x)$는 $x=1$에서 미분가능하므로

$\displaystyle\lim_{h\to0}\dfrac{f(1+h)-f(1-h)}{2h}$

$=\displaystyle\lim_{h\to0}\dfrac{\{f(1+h)-f(1)\}-\{f(1-h)-f(1)\}}{2h}$

$=\dfrac{1}{2}\displaystyle\lim_{h\to0}\left\{\dfrac{f(1+h)-f(1)}{h}+\dfrac{f(1-h)-f(1)}{-h}\right\}$

$=\dfrac{1}{2}\{f'(1)+f'(1)\}$

$=f'(1)$

따라서 ㉠에서

$f'(1)=\displaystyle\lim_{h\to0}\dfrac{f(1+h)-f(1-h)}{2h}=\lim_{h\to0}(h^2-3h+4)=4$　　답 ⑤

02

$\displaystyle\lim_{x\to2}\dfrac{f(x)+3}{x^2-2x}=\{f(2)\}^2$ ······ ㉠

㉠에서 $x\to2$일 때 (분모) $\to0$이고 극한값이 존재하므로 (분자) $\to0$이어야 한다.

즉, $\displaystyle\lim_{x\to2}\{f(x)+3\}=0$에서

$f(2)=-3$

함수 $f(x)$가 $x=2$에서 미분가능하므로 ㉠에서

$\displaystyle\lim_{x\to2}\dfrac{f(x)+3}{x^2-2x}=\lim_{x\to2}\dfrac{f(x)-f(2)}{x(x-2)}$

$=\displaystyle\lim_{x\to2}\left\{\dfrac{1}{x}\times\dfrac{f(x)-f(2)}{x-2}\right\}$

$=\dfrac{1}{2}f'(2)$

따라서 $\dfrac{1}{2}f'(2)=(-3)^2=9$에서

$f'(2)=9\times2=18$　　　　　　답 18

03

$\lim\limits_{x \to 0} \dfrac{f(x)-g(x)}{x}=2$에서 $x \to 0$일 때 (분모)$\to 0$이고 극한값이 존재하므로 (분자)$\to 0$이어야 한다.

즉, $\lim\limits_{x \to 0}\{f(x)-g(x)\}=0$에서

$f(0)=g(0)$　　　　　……㉠

두 다항함수 $f(x)$, $g(x)$가 $x=0$에서 미분가능하므로

$\lim\limits_{x \to 0}\dfrac{f(x)-g(x)}{x}=\lim\limits_{x \to 0}\left\{\dfrac{f(x)-f(0)}{x}-\dfrac{g(x)-g(0)}{x}\right\}$

$\qquad\qquad\qquad\quad =f'(0)-g'(0)$

즉, $f'(0)-g'(0)=2$　　　　　……㉡

$\lim\limits_{x \to 0}\dfrac{g(2x)-x}{f(x)-2x}=4$　　　　　……㉢

㉢에서 $x \to 0$일 때

$\lim\limits_{x \to 0}\{f(x)-2x\}=f(0)$

$\lim\limits_{x \to 0}\{g(2x)-x\}=g(0)$

이때 $f(0) \neq 0$이면 ㉠에 의해

$\lim\limits_{x \to 0}\dfrac{g(2x)-x}{f(x)-2x}=\dfrac{g(0)}{f(0)}=1$

이므로 ㉢을 만족시키지 않는다.

그러므로 $f(0)=g(0)=0$

$\lim\limits_{x \to 0}\dfrac{g(2x)-x}{f(x)-2x}=\lim\limits_{x \to 0}\dfrac{\dfrac{g(2x)-g(0)}{2x}\times 2-1}{\dfrac{f(x)-f(0)}{x}-2}=\dfrac{2g'(0)-1}{f'(0)-2}$

㉢에서

$\dfrac{2g'(0)-1}{f'(0)-2}=4$

$2g'(0)-1=4f'(0)-8$

$4f'(0)-2g'(0)=7$　　　　　……㉣

㉡, ㉣을 연립하여 풀면

$f'(0)=\dfrac{3}{2}$, $g'(0)=-\dfrac{1}{2}$

따라서 $f'(0)+g'(0)=\dfrac{3}{2}+\left(-\dfrac{1}{2}\right)=1$　　　　답 ①

04

$g(t)=\dfrac{f(t+2)-f(t)}{2}=\dfrac{\{a(t+2)^2+b(t+2)\}-(at^2+bt)}{2}$

$\qquad =\dfrac{\{at^2+(4a+b)t+(4a+2b)\}-(at^2+bt)}{2}$

$\qquad =\dfrac{4at+4a+2b}{2}=2at+2a+b$

조건 (가)에서

$\lim\limits_{t \to \infty}\dfrac{g(t)}{t}=\lim\limits_{t \to \infty}\dfrac{2at+2a+b}{t}=\lim\limits_{t \to \infty}\left(2a+\dfrac{2a+b}{t}\right)=2a$

즉, $2a=3$에서 $a=\dfrac{3}{2}$

이때 $f(t)=\dfrac{3}{2}t^2+bt$, $g(t)=3t+3+b$이므로

$g(f(t))=3f(t)+3+b$

조건 (나)에서 서로 다른 두 상수 t_1, t_2에 대하여

$g(f(t_1))=g(f(t_2))$이므로

$3f(t_1)+3+b=3f(t_2)+3+b$에서 $f(t_1)=f(t_2)$

$t_1+t_2=4$이고 이차함수 $y=f(x)$의 그래프의 대칭성에 의하여

$\dfrac{t_1+t_2}{2}=-\dfrac{b}{3}$이므로

$2=-\dfrac{b}{3}$, $b=-6$

즉, $f(x)=\dfrac{3}{2}x^2-6x$이고 $g(t)=3t-3$

또 t에 대한 방정식 $g(f(t))=0$에서

$3f(t)-3=0$, $f(t)=1$

즉, $\dfrac{3}{2}t^2-6t-1=0$

이 방정식의 서로 다른 두 실근이 t_1, t_2이므로 이차방정식의 근과 계수의 관계에 의하여

$t_1 \times t_2=-\dfrac{2}{3}$

따라서 $g(t_1 \times t_2)=g\left(-\dfrac{2}{3}\right)=3\times\left(-\dfrac{2}{3}\right)-3=-5$　　　　답 ③

05

함수 $f(x)$가 실수 전체의 집합에서 미분가능하므로 $x=-1$에서 미분가능하다.

함수 $f(x)$가 $x=-1$에서 연속이므로

$\lim\limits_{x \to -1-}f(x)=\lim\limits_{x \to -1+}f(x)=f(-1)$이어야 한다.

$\lim\limits_{x \to -1-}f(x)=\lim\limits_{x \to -1-}(x^3+ax+b)=-1-a+b$,

$\lim\limits_{x \to -1+}f(x)=\lim\limits_{x \to -1+}(-2x+3)=5$,

$f(-1)=-1-a+b$

이므로 $-1-a+b=5$에서

$a-b=-6$　　　　　……㉠

함수 $f(x)$가 $x=-1$에서 미분가능하므로

$\lim\limits_{x \to -1-}\dfrac{f(x)-f(-1)}{x+1}=\lim\limits_{x \to -1+}\dfrac{f(x)-f(-1)}{x+1}$이어야 한다.

$\lim\limits_{x \to -1-}\dfrac{f(x)-f(-1)}{x+1}=\lim\limits_{x \to -1-}\dfrac{(x^3+ax+b)-(-1-a+b)}{x+1}$

$\qquad\qquad\qquad\qquad =\lim\limits_{x \to -1-}\dfrac{(x^3+1)+a(x+1)}{x+1}$

$\qquad\qquad\qquad\qquad =\lim\limits_{x \to -1-}\dfrac{(x+1)(x^2-x+1)+a(x+1)}{x+1}$

$\qquad\qquad\qquad\qquad =\lim\limits_{x \to -1-}\dfrac{(x+1)(x^2-x+1+a)}{x+1}$

$\qquad\qquad\qquad\qquad =\lim\limits_{x \to -1-}(x^2-x+1+a)$

$\qquad\qquad\qquad\qquad =3+a$

$\lim\limits_{x \to -1+}\dfrac{f(x)-f(-1)}{x+1}=\lim\limits_{x \to -1+}\dfrac{(-2x+3)-(-1-a+b)}{x+1}$

$\qquad\qquad\qquad\qquad =\lim\limits_{x \to -1+}\dfrac{(-2x+3)-5}{x+1}$

$\qquad\qquad\qquad\qquad =\lim\limits_{x \to -1+}\dfrac{-2(x+1)}{x+1}=-2$

이므로 $3+a=-2$에서 $a=-5$

㉠에서 $b=1$

따라서 $a+b=(-5)+1=-4$　　　　답 ②

06

$f(x)=x^2+px+q$ (p, q는 상수)라 하자.

함수 $g(x)$가 실수 전체의 집합에서 미분가능하므로 $x=0$, $x=3$에서 미분가능하다.

함수 $g(x)$가 $x=0$에서 연속이므로

$\lim\limits_{x \to 0-} g(x) = \lim\limits_{x \to 0+} g(x) = g(0)$이어야 한다.

$\lim\limits_{x \to 0-} g(x) = \lim\limits_{x \to 0-} f(x) = \lim\limits_{x \to 0-} (x^2+px+q) = q$,

$\lim\limits_{x \to 0+} g(x) = \lim\limits_{x \to 0+} x = 0$,

$g(0)=0$

이므로 $q=0$

그러므로 $f(x)=x^2+px$

함수 $g(x)$가 $x=0$에서 미분가능하므로

$\lim\limits_{x \to 0-} \dfrac{g(x)-g(0)}{x} = \lim\limits_{x \to 0+} \dfrac{g(x)-g(0)}{x}$이어야 한다.

$\lim\limits_{x \to 0-} \dfrac{g(x)-g(0)}{x} = \lim\limits_{x \to 0-} \dfrac{f(x)}{x} = \lim\limits_{x \to 0-} \dfrac{x^2+px}{x}$

$\qquad\qquad = \lim\limits_{x \to 0-} (x+p) = p$,

$\lim\limits_{x \to 0+} \dfrac{g(x)-g(0)}{x} = \lim\limits_{x \to 0+} \dfrac{x}{x} = 1$

이므로 $p=1$

그러므로 $f(x)=x^2+x$이고,

$-f(x-a)+b = -\{(x-a)^2+(x-a)\}+b$
$\qquad\qquad = -x^2+(2a-1)x+(-a^2+a+b)$

함수 $g(x)$는 $x=3$에서 연속이므로

$\lim\limits_{x \to 3-} g(x) = \lim\limits_{x \to 3+} g(x) = g(3)$이어야 한다.

$\lim\limits_{x \to 3-} g(x) = \lim\limits_{x \to 3-} x = 3$,

$\lim\limits_{x \to 3+} g(x) = \lim\limits_{x \to 3+} \{-x^2+(2a-1)x+(-a^2+a+b)\}$

$\qquad\qquad = -a^2+7a+b-12$,

$g(3)=3$

이므로 $-a^2+7a+b-12=3$에서

$b=a^2-7a+15$ ...... ㉠

함수 $g(x)$는 $x=3$에서 미분가능하므로

$\lim\limits_{x \to 3-} \dfrac{g(x)-g(3)}{x-3} = \lim\limits_{x \to 3+} \dfrac{g(x)-g(3)}{x-3}$이어야 한다.

$\lim\limits_{x \to 3-} \dfrac{g(x)-g(3)}{x-3} = \lim\limits_{x \to 3-} \dfrac{x-3}{x-3} = 1$,

$\lim\limits_{x \to 3+} \dfrac{g(x)-g(3)}{x-3}$

$= \lim\limits_{x \to 3+} \dfrac{\{-x^2+(2a-1)x+(-a^2+a+b)\}-3}{x-3}$

$= \lim\limits_{x \to 3+} \dfrac{\{-x^2+(2a-1)x+(-a^2+a+a^2-7a+15)\}-3}{x-3}$

$= \lim\limits_{x \to 3+} \dfrac{-x^2+(2a-1)x-6(a-2)}{x-3}$

$= \lim\limits_{x \to 3+} \dfrac{-(x-3)(x-2a+4)}{x-3}$

$= \lim\limits_{x \to 3+} (-x+2a-4)$

$= -7+2a$

이므로 $-7+2a=1$에서 $a=4$

㉠에서 $b=3$

따라서 $a+b=4+3=7$ **답 ②**

07

함수 $f(x)$가 실수 전체의 집합에서 연속이므로 $x=1$에서 연속이다.

즉, $\lim\limits_{x \to 1-} f(x) = \lim\limits_{x \to 1+} f(x) = f(1)$이어야 한다.

이때

$\lim\limits_{x \to 1-} f(x) = \lim\limits_{x \to 1-} (x^2+a) = 1+a$,

$\lim\limits_{x \to 1+} f(x) = \lim\limits_{x \to 1+} (-3x^2+bx+c) = -3+b+c$,

$f(1) = -3+b+c$

이므로

$1+a=-3+b+c$에서

$a-b-c=-4$ ...... ㉠

함수 $|f(x)|$가 $x=3$에서만 미분가능하지 않으므로 함수 $|f(x)|$는 $x=1$에서 미분가능하다. 즉,

$\lim\limits_{x \to 1-} \dfrac{|f(x)|-|f(1)|}{x-1} = \lim\limits_{x \to 1+} \dfrac{|f(x)|-|f(1)|}{x-1}$이어야 한다.

이때 $f(1)=1+a>0$이므로

$\lim\limits_{x \to 1-} \dfrac{|f(x)|-|f(1)|}{x-1} = \lim\limits_{x \to 1-} \dfrac{f(x)-f(1)}{x-1}$

$\qquad\qquad = \lim\limits_{x \to 1-} \dfrac{(x^2+a)-(-3+b+c)}{x-1}$

$\qquad\qquad = \lim\limits_{x \to 1-} \dfrac{(x^2+a)-(1+a)}{x-1}$

$\qquad\qquad = \lim\limits_{x \to 1-} \dfrac{x^2-1}{x-1}$

$\qquad\qquad = \lim\limits_{x \to 1-} \dfrac{(x-1)(x+1)}{x-1}$

$\qquad\qquad = \lim\limits_{x \to 1-} (x+1) = 2$

$\lim\limits_{x \to 1+} \dfrac{|f(x)|-|f(1)|}{x-1} = \lim\limits_{x \to 1+} \dfrac{f(x)-f(1)}{x-1}$

$\qquad\qquad = \lim\limits_{x \to 1+} \dfrac{(-3x^2+bx+c)-(-3+b+c)}{x-1}$

$\qquad\qquad = \lim\limits_{x \to 1+} \dfrac{-3(x^2-1)+b(x-1)}{x-1}$

$\qquad\qquad = \lim\limits_{x \to 1+} \dfrac{(x-1)(-3x-3+b)}{x-1}$

$\qquad\qquad = \lim\limits_{x \to 1+} (-3x-3+b)$

$\qquad\qquad = -6+b$

즉, $2=-6+b$에서 $b=8$

그러므로 $f(x)=\begin{cases} x^2+a & (x<1) \\ -3x^2+8x+c & (x \geq 1) \end{cases}$이고, ㉠에서

$a-c=4$ ...... ㉡

한편, 함수 $|f(x)|$가 $x=3$에서 미분가능하지 않으므로 $f(3)=0$이다.

$f(3)=-3+c=0$에서 $c=3$이므로

㉡에서 $a=7$

따라서 $a+b+c=7+8+3=18$ **답 ④**

참고

$x \geq 1$에서 $f(x) = -3x^2 + 8x + 3$이므로

$$\lim_{x \to 3^-} \frac{|f(x)| - |f(3)|}{x-3} = \lim_{x \to 3^-} \frac{f(x)}{x-3} = \lim_{x \to 3^-} \frac{-3x^2 + 8x + 3}{x-3}$$

$$= \lim_{x \to 3^-} \frac{-(x-3)(3x+1)}{x-3}$$

$$= \lim_{x \to 3^-} (-3x - 1) = -10$$

$$\lim_{x \to 3^+} \frac{|f(x)| - |f(3)|}{x-3} = \lim_{x \to 3^+} \frac{-f(x)}{x-3} = \lim_{x \to 3^+} \frac{3x^2 - 8x - 3}{x-3}$$

$$= \lim_{x \to 3^+} \frac{(x-3)(3x+1)}{x-3}$$

$$= \lim_{x \to 3^+} (3x + 1) = 10$$

즉, 함수 $|f(x)|$는 $x=3$에서 미분가능하지 않다.

08

방정식 $f(x) = 3$의 해는 $x = 4$이므로 함수 $(f \circ f)(x)$는 다음과 같다.

$$(f \circ f)(x) = f(f(x))$$

$$= \begin{cases} 2f(x) - 4 & (f(x) < 3) \\ f(x) - 1 & (f(x) \geq 3) \end{cases}$$

$$= \begin{cases} 2(2x-4) - 4 & (x < 3) \\ 2(x-1) - 4 & (3 \leq x < 4) \\ (x-1) - 1 & (x \geq 4) \end{cases}$$

$$= \begin{cases} 4x - 12 & (x < 3) \\ 2x - 6 & (3 \leq x < 4) \\ x - 2 & (x \geq 4) \end{cases}$$

함수 $(f \circ f)(x)$는 실수 전체의 집합에서 연속이므로 함수 $g(x) \times (f \circ f)(x)$는 실수 전체의 집합에서 연속이다.

$h(x) = g(x) \times (f \circ f)(x)$로 놓으면 함수 $h(x)$가 실수 전체의 집합에서 미분가능하므로 $x=3$, $x=4$에서 미분가능하다.

함수 $h(x)$가 $x=3$에서 미분가능하므로

$$\lim_{x \to 3^-} \frac{h(x) - h(3)}{x-3} = \lim_{x \to 3^+} \frac{h(x) - h(3)}{x-3}$$이어야 한다.

$$\lim_{x \to 3^-} \frac{h(x) - h(3)}{x-3} = \lim_{x \to 3^-} \frac{g(x)(4x - 12) - g(3) \times 0}{x-3}$$

$$= \lim_{x \to 3^-} \frac{4g(x)(x-3)}{x-3}$$

$$= \lim_{x \to 3^-} 4g(x)$$

$$= 4g(3),$$

$$\lim_{x \to 3^+} \frac{h(x) - h(3)}{x-3} = \lim_{x \to 3^+} \frac{g(x)(2x - 6) - g(3) \times 0}{x-3}$$

$$= \lim_{x \to 3^+} \frac{2g(x)(x-3)}{x-3}$$

$$= \lim_{x \to 3^+} 2g(x)$$

$$= 2g(3)$$

이므로 $4g(3) = 2g(3)$에서

$g(3) = 0$ ······ ㉠

함수 $h(x)$가 $x=4$에서 미분가능하므로

$$\lim_{x \to 4^-} \frac{h(x) - h(4)}{x-4} = \lim_{x \to 4^+} \frac{h(x) - h(4)}{x-4}$$이어야 한다.

$$\lim_{x \to 4^-} \frac{h(x) - h(4)}{x-4} = \lim_{x \to 4^-} \frac{g(x)(2x - 6) - g(4) \times 2}{x-4}$$

$$= \lim_{x \to 4^-} \frac{2\{g(x)(x - 4 + 1) - g(4)\}}{x-4}$$

$$= \lim_{x \to 4^-} \frac{2\{(x-4)g(x) + g(x) - g(4)\}}{x-4}$$

$$= \lim_{x \to 4^-} 2\left\{g(x) + \frac{g(x) - g(4)}{x-4}\right\}$$

$$= 2\{g(4) + g'(4)\}$$

$$= 2g(4) + 2g'(4),$$

$$\lim_{x \to 4^+} \frac{h(x) - h(4)}{x-4} = \lim_{x \to 4^+} \frac{g(x)(x - 2) - g(4) \times 2}{x-4}$$

$$= \lim_{x \to 4^+} \frac{g(x)(x - 4 + 2) - 2g(4)}{x-4}$$

$$= \lim_{x \to 4^+} \frac{(x-4)g(x) + 2\{g(x) - g(4)\}}{x-4}$$

$$= \lim_{x \to 4^+} \left\{g(x) + 2 \times \frac{g(x) - g(4)}{x-4}\right\}$$

$$= g(4) + 2g'(4)$$

이므로 $2g(4) + 2g'(4) = g(4) + 2g'(4)$에서

$g(4) = 0$ ······ ㉡

함수 $g(x)$는 최고차항의 계수가 1인 이차함수이므로 ㉠, ㉡에 의하여

$g(x) = (x-3)(x-4)$

따라서 $g(0) = (-3) \times (-4) = 12$ 🔲 12

09

$f(x) = 2x^3 - 4x^2 + ax - 1$에서

$f'(x) = 6x^2 - 8x + a$

$\lim\limits_{h \to 0} \dfrac{f(1+h) - f(1)}{h} = 2$에서 $f'(1) = 2$이므로

$f'(1) = 6 - 8 + a = 2$

따라서 $a = 4$ 🔲 ④

10

$g(x) = (x^2 + 3x)f(x)$ ······ ㉠

$g'(x) = (2x + 3)f(x) + (x^2 + 3x)f'(x)$ ······ ㉡

점 $(-1, -8)$이 곡선 $y = g(x)$ 위의 점이므로

$g(-1) = -8$

㉠의 양변에 $x = -1$을 대입하면

$g(-1) = -2f(-1)$

즉, $-2f(-1) = -8$에서 $f(-1) = 4$

곡선 $y = g(x)$ 위의 점 $(-1, g(-1))$에서의 접선의 기울기가 3이므로

$g'(-1) = 3$

㉡의 양변에 $x = -1$을 대입하면

$g'(-1) = f(-1) - 2f'(-1)$

즉, $3 = 4 - 2f'(-1)$에서 $f'(-1) = \dfrac{1}{2}$ 🔲 ①

11

$f(x)=x^2+ax+b$ (a, b는 상수)로 놓으면

$f'(x)=2x+a$

$\lim_{x \to \infty} \dfrac{f(x)-x^2}{x}=\lim_{x \to \infty} x\left\{f\left(1+\dfrac{2}{x}\right)-f(1)\right\}$ ...... ㉠

$\lim_{x \to \infty} \dfrac{f(x)-x^2}{x}=\lim_{x \to \infty} \dfrac{ax+b}{x}$

$\qquad\qquad\qquad=\lim_{x \to \infty}\left(a+\dfrac{b}{x}\right)=a$

$\lim_{x \to \infty} x\left\{f\left(1+\dfrac{2}{x}\right)-f(1)\right\}$에서

$\dfrac{1}{x}=t$로 놓으면 $x \to \infty$일 때 $t \to 0+$이므로

$\lim_{x \to \infty} x\left\{f\left(1+\dfrac{2}{x}\right)-f(1)\right\}=\lim_{t \to 0+} \dfrac{f(1+2t)-f(1)}{t}$

$\qquad\qquad\qquad=\lim_{t \to 0+}\left\{\dfrac{f(1+2t)-f(1)}{2t}\times 2\right\}$

$\qquad\qquad\qquad=2f'(1)=2(2+a)$

$\qquad\qquad\qquad=4+2a$

㉠에서 $a=4+2a$, $a=-4$

즉, $f(x)=x^2-4x+b$이고 $f(2)=-1$이므로

$4-8+b=-1$, $b=3$

따라서 $f(x)=x^2-4x+3$이므로

$f(5)=25-20+3=8$ **답 ②**

12

$f(x)$가 상수함수일 때, 즉 $f(x)=1$일 때 $f'(x)=0$이므로 주어진 등식을 만족시키지 않는다.

그러므로 $f(x)$는 최고차항의 계수가 1인 n차식($n \geq 1$)이고 이때 $f'(x)$는 최고차항의 계수가 n인 $(n-1)$차식이므로 $xf'(x)$는 최고차항의 계수가 n인 n차식이다.

$\lim_{x \to \infty} \dfrac{f(x)}{xf'(x)}=\dfrac{1}{n}=\dfrac{1}{3}$

에서 $n=3$

$f(x)=x^3+ax^2+bx+c$ (a, b, c는 상수)로 놓으면

$f'(x)=3x^2+2ax+b$

$\lim_{x \to 0} \dfrac{f(x)}{xf'(x)}=\dfrac{1}{3}$ ...... ㉠

㉠에서 $x \to 0$일 때 (분모)$\to 0$이고 극한값이 존재하므로 (분자)$\to 0$이어야 한다.

즉, $\lim_{x \to 0} f(x)=0$에서 $f(0)=0$이므로 $c=0$

그러므로 $f(x)=x^3+ax^2+bx$이고 ㉠에서

$\lim_{x \to 0} \dfrac{f(x)}{xf'(x)}=\lim_{x \to 0} \dfrac{x^3+ax^2+bx}{x(3x^2+2ax+b)}$

$\qquad\qquad\qquad=\lim_{x \to 0} \dfrac{x^2+ax+b}{3x^2+2ax+b}$ ...... ㉡

이때 $b \neq 0$이면 ㉡에서 $\lim_{x \to 0} \dfrac{f(x)}{xf'(x)}=1$이 되어 조건을 만족시키지 않으므로 $b=0$

그러므로 $f(x)=x^3+ax^2$이고 ㉡에서

$\lim_{x \to 0} \dfrac{f(x)}{xf'(x)}=\lim_{x \to 0} \dfrac{x^2+ax}{3x^2+2ax}$

$\qquad\qquad\qquad=\lim_{x \to 0} \dfrac{x+a}{3x+2a}$ ...... ㉢

이때 $a \neq 0$이면 ㉢에서 $\lim_{x \to 0} \dfrac{f(x)}{xf'(x)}=\dfrac{1}{2}$이 되어 조건을 만족시키지 않으므로 $a=0$

그러므로 $f(x)=x^3$이고 ㉠에서

$\lim_{x \to 0} \dfrac{f(x)}{xf'(x)}=\lim_{x \to 0} \dfrac{x^3}{3x^3}=\dfrac{1}{3}$

이므로 조건을 만족시킨다.

따라서 $f(x)=x^3$이므로 $f(2)=8$ **답 8**

13

$f(x)=x^3-4x^2+5$라 하면

$f'(x)=3x^2-8x$

이때 $f'(1)=3-8=-5$이므로 곡선 $y=f(x)$ 위의 점 $(1, 2)$에서의 접선의 방정식은

$y=-5(x-1)+2$

즉, $y=-5x+7$

따라서 이 접선의 y절편은 7이다. **답 ④**

14

$f(x)=\dfrac{1}{3}x^3-x+2$라 하면

$f'(x)=x^2-1$

곡선 $y=f(x)$ 위의 점 $\left(t, \dfrac{1}{3}t^3-t+2\right)$에서의 접선의 방정식은

$y-\left(\dfrac{1}{3}t^3-t+2\right)=(t^2-1)(x-t)$

$y=(t^2-1)x-\dfrac{2}{3}t^3+2$

이 직선이 점 $(2, 0)$을 지나므로

$0=2(t^2-1)-\dfrac{2}{3}t^3+2$

$\dfrac{2}{3}t^3-2t^2=0$, $\dfrac{2}{3}t^2(t-3)=0$

$t=0$ 또는 $t=3$

따라서 두 접선의 기울기의 곱은

$f'(0)\times f'(3)=(-1)\times 8=-8$ **답 ②**

15

$f(0)=0$이므로 $f(x)=ax^3+bx^2+cx$ (a, b, c는 상수, $a \neq 0$)으로 놓을 수 있다.

$\lim_{x \to 0} \dfrac{f(x)}{g(x)}=6$ ...... ㉠

$f(0)=0$이므로 ㉠에서 $x \to 0$일 때 (분자)$\to 0$이고 0이 아닌 극한값이 존재하므로 (분모)$\to 0$이어야 한다.

즉, $\lim_{x \to 0} g(x)=g(0)=0$

직선 $y=g(x)$가 두 점 $(0, 0)$, $(-2, 4)$를 지나므로

$g(x)=-2x$

㉠에서

$$\lim_{x \to 0} \frac{x(ax^2+bx+c)}{-2x}=\lim_{x \to 0}\frac{ax^2+bx+c}{-2}=-\frac{c}{2}$$

즉, $-\dfrac{c}{2}=6$에서 $c=-12$

$f(x)=ax^3+bx^2-12x$이고, $f'(x)=3ax^2+2bx-12$

곡선 $y=f(x)$ 위의 점 $(-2, 4)$에서의 접선의 기울기가 -2이므로

$f(-2)=4$, $f'(-2)=-2$

$f(-2)=4$에서 $-8a+4b+24=4$

$2a-b=5$ ...... ㉡

$f'(-2)=-2$에서

$12a-4b-12=-2$

$6a-2b=5$ ...... ㉢

㉡, ㉢을 연립하여 풀면 $a=-\dfrac{5}{2}$, $b=-10$

따라서 $f'(x)=-\dfrac{15}{2}x^2-20x-12$이므로

$f'(-1)=-\dfrac{15}{2}+20-12=\dfrac{1}{2}$ **답** ①

16

$\overline{OC}=\dfrac{5}{2}$에서 $C\left(\dfrac{5}{2}, 0\right)$

삼각형 OBC가 $\overline{OC}=\overline{BC}$인 이등변삼각형이고, 점 A가 선분 OB의 중점이므로 직선 AC와 직선 OB는 서로 수직이다.

그러므로 직선 AC, 즉 곡선 $y=f(x)$ 위의 점 A에서의 접선의 기울기는 -2이고, 직선 AC의 방정식은

$y=-2\left(x-\dfrac{5}{2}\right)$, 즉 $y=-2x+5$ ...... ㉠

점 A는 직선 $y=\dfrac{1}{2}x$ 위의 점이므로 점 A의 좌표를 $\left(a, \dfrac{a}{2}\right)(a>0)$

이라 하면 점 A가 직선 ㉠ 위의 점이므로

$\dfrac{a}{2}=-2a+5$에서 $a=2$

즉, $A(2, 1)$이고, $\overline{OA}=\overline{AB}$에서 $B(4, 2)$

그러므로 최고차항의 계수가 양수인 삼차함수 $f(x)$에 대하여 곡선 $y=f(x)$가 직선 $y=\dfrac{1}{2}x$와 만나는 세 점의 x좌표가 각각 0, 2, 4이다.

즉, 방정식 $f(x)-\dfrac{1}{2}x=0$의 세 실근은 $x=0$ 또는 $x=2$ 또는 $x=4$이므로

$f(x)-\dfrac{1}{2}x=kx(x-2)(x-4)\ (k>0)$

으로 놓을 수 있다.

$f(x)=k(x^3-6x^2+8x)+\dfrac{1}{2}x$에서

$f'(x)=k(3x^2-12x+8)+\dfrac{1}{2}$

㉠에서 $f'(2)=-2$이므로

$f'(2)=-4k+\dfrac{1}{2}=-2$, $k=\dfrac{5}{8}$

따라서 $f(x)=\dfrac{5}{8}x(x-2)(x-4)+\dfrac{1}{2}x$이므로

$f(6)=\dfrac{5}{8}\times 6 \times 4 \times 2+\dfrac{1}{2}\times 6=33$ **답** 33

17

$f(x)=x^3+(a-2)x^2-3ax+4$에서

$f'(x)=3x^2+2(a-2)x-3a$

함수 $f(x)$가 실수 전체의 집합에서 증가하므로 모든 실수 x에 대하여 $f'(x) \geq 0$이어야 한다.

이차방정식 $3x^2+2(a-2)x-3a=0$의 판별식을 D라 하면 $D \leq 0$이어야 하므로

$\dfrac{D}{4}=(a-2)^2+9a \leq 0$

$a^2+5a+4 \leq 0$, $(a+1)(a+4) \leq 0$

따라서 $-4 \leq a \leq -1$이므로 실수 a의 최댓값은 -1이다. **답** ④

18

$f(x)=-x^3+ax^2+2ax$에서

$f'(x)=-3x^2+2ax+2a$

$(x_1-x_2)\{f(x_1)-f(x_2)\}<0$에서

$x_1>x_2$이면 $f(x_1)<f(x_2)$이고

$x_1<x_2$이면 $f(x_1)>f(x_2)$이므로

함수 $f(x)$는 실수 전체의 집합에서 감소한다.

즉, 모든 실수 x에 대하여 $f'(x) \leq 0$이어야 하므로

$-3x^2+2ax+2a \leq 0$

이차방정식 $-3x^2+2ax+2a=0$의 판별식을 D라 하면 $D \leq 0$이어야 하므로

$\dfrac{D}{4}=a^2+6a \leq 0$

$a(a+6) \leq 0$, $-6 \leq a \leq 0$

따라서 모든 정수 a의 값은 -6, -5, -4, $\cdots$, 0이므로 그 개수는 7이다. **답** ③

19

$f(x)=\dfrac{1}{3}x^3+ax^2-3a^2x$에서

$f'(x)=x^2+2ax-3a^2$

함수 $f(x)$가 감소할 때 $f'(x) \leq 0$이므로

$x^2+2ax-3a^2 \leq 0$

$(x+3a)(x-a) \leq 0$

$a>0$이므로 $-3a \leq x \leq a$

함수 $f(x)$가 열린구간 $(k, k+2)$에서 감소하므로

$-3a \leq k$이고 $k+2 \leq a$

즉, $-3a \leq k \leq a-2$ ...... ㉠

㉠을 만족시키는 실수 k의 값이 존재해야 하므로

$-3a \leq a-2$에서 $a \geq \dfrac{1}{2}$

그러므로 a의 최솟값은 $\dfrac{1}{2}$이다.

이때 $f(x)=\dfrac{1}{3}x^3+\dfrac{1}{2}x^2-\dfrac{3}{4}x$이고 $k=-\dfrac{3}{2}$이므로

$f(2k)=f(-3)=-9+\dfrac{9}{2}+\dfrac{9}{4}=-\dfrac{9}{4}$ **답** ②

20

$$\lim_{x \to 0} \frac{|f(x)-3x|}{x} \qquad \cdots\cdots \ \unicode{x24B6}$$

$\unicode{x24B6}$에서 $x \to 0$일 때 (분모)$\to 0$이고 조건 (가)에 의하여 극한값이 존재하므로 (분자)$\to 0$이어야 한다.

즉, $\lim\limits_{x \to 0}|f(x)-3x|=|f(0)|=0$에서 $f(0)=0$

함수 $f(x)$가 최고차항의 계수가 1인 삼차함수이므로

$f(x)=x^3+ax^2+bx$ (a, b는 상수)

로 놓을 수 있다.

$\unicode{x24B6}$에서

$$\lim_{x \to 0}\frac{|f(x)-3x|}{x}=\lim_{x \to 0}\frac{|x(x^2+ax+b-3)|}{x}$$
$$=\lim_{x \to 0}\frac{|x||x^2+ax+b-3|}{x} \qquad \cdots\cdots \ \unicode{x24B7}$$

$\unicode{x24B7}$의 극한값이 존재해야 하므로

$$\lim_{x \to 0-}\frac{|x||x^2+ax+b-3|}{x}=\lim_{x \to 0+}\frac{|x||x^2+ax+b-3|}{x}$$

이어야 한다.

이때

$$\lim_{x \to 0-}\frac{|x||x^2+ax+b-3|}{x}=\lim_{x \to 0-}\frac{-x|x^2+ax+b-3|}{x}$$
$$=-\lim_{x \to 0-}|x^2+ax+b-3|$$
$$=-|b-3|,$$
$$\lim_{x \to 0+}\frac{|x||x^2+ax+b-3|}{x}=\lim_{x \to 0+}\frac{x|x^2+ax+b-3|}{x}$$
$$=\lim_{x \to 0+}|x^2+ax+b-3|$$
$$=|b-3|$$

이므로 $|b-3|=-|b-3|$에서

$|b-3|=0$, $b=3$

그러므로 $f(x)=x^3+ax^2+3x$

조건 (나)에서 함수 $f(x)$가 실수 전체의 집합에서 증가하기 위해서는 모든 실수 x에 대하여 $f'(x) \geq 0$이어야 한다.

이때 $f'(x)=3x^2+2ax+3$이므로 이차방정식 $3x^2+2ax+3=0$의 판별식을 D라 하면 $D \leq 0$이어야 한다.

$$\frac{D}{4}=a^2-9 \leq 0, \ (a+3)(a-3) \leq 0$$

$-3 \leq a \leq 3 \qquad \cdots\cdots \ \unicode{x24B8}$

이때 $f(2)=4a+14$이므로 $\unicode{x24B8}$에 의해

$2 \leq 4a+14 \leq 26$

따라서 $f(2)$의 최댓값과 최솟값의 합은

$26+2=28$

답 28

21

$f(x)=-x^3+ax^2+6x-3$에서

$f'(x)=-3x^2+2ax+6$

함수 $f(x)$가 $x=-1$에서 극소이므로 $f'(-1)=0$에서

$f'(-1)=-3-2a+6=0$, $a=\dfrac{3}{2}$

그러므로 $f(x)=-x^3+\dfrac{3}{2}x^2+6x-3$

$f'(x)=-3x^2+3x+6=-3(x^2-x-2)=-3(x+1)(x-2)$

$f'(x)=0$에서 $x=-1$ 또는 $x=2$

함수 $f(x)$의 증가와 감소를 표로 나타내면 다음과 같다.

x	$\cdots$	-1	$\cdots$	2	$\cdots$
$f'(x)$	$-$	0	$+$	0	$-$
$f(x)$	$\searrow$	극소	$\nearrow$	극대	$\searrow$

따라서 함수 $f(x)$는 $x=2$에서 극대이므로 함수 $f(x)$의 극댓값은

$f(2)=-8+6+12-3=7$

답 ④

22

$f(x)=x^4-\dfrac{8}{3}x^3-2x^2+8x+k$에서

$f'(x)=4x^3-8x^2-4x+8$
$\qquad =4(x+1)(x-1)(x-2)$

$f'(x)=0$에서 $x=-1$ 또는 $x=1$ 또는 $x=2$

함수 $f(x)$의 증가와 감소를 표로 나타내면 다음과 같다.

x	$\cdots$	-1	$\cdots$	1	$\cdots$	2	$\cdots$
$f'(x)$	$-$	0	$+$	0	$-$	0	$+$
$f(x)$	$\searrow$	극소	$\nearrow$	극대	$\searrow$	극소	$\nearrow$

함수 $f(x)$는 $x=-1$, $x=2$에서 극솟값을 갖고, $x=1$에서 극댓값을 갖는다.

$f(-1)=1+\dfrac{8}{3}-2-8+k=-\dfrac{19}{3}+k$

$f(1)=1-\dfrac{8}{3}-2+8+k=\dfrac{13}{3}+k$

$f(2)=16-\dfrac{64}{3}-8+16+k=\dfrac{8}{3}+k$

모든 극값이 서로 같지 않고 그 합이 1이므로

$$f(-1)+f(1)+f(2)=\left(-\frac{19}{3}+k\right)+\left(\frac{13}{3}+k\right)+\left(\frac{8}{3}+k\right)$$
$$=\frac{2}{3}+3k=1$$

에서 $3k=\dfrac{1}{3}$

따라서 $k=\dfrac{1}{9}$

답 ①

23

$f(x)=3x^4-4ax^3-6x^2+12ax+5$에서

$f'(x)=12x^3-12ax^2-12x+12a$
$\qquad =12(x^3-ax^2-x+a)$
$\qquad =12(x+1)(x-1)(x-a)$

$f'(x)=0$에서 $x=-1$ 또는 $x=1$ 또는 $x=a$

$a<-1$ 또는 $-1<a<1$ 또는 $a>1$일 때, 함수 $f(x)$가 극값을 갖는 실수 x의 개수가 3이므로 조건 (가)를 만족시키지 않는다. 그러므로 조건 (가)를 만족시키는 실수 a의 값은 -1 또는 1이다.

(ⅰ) $a=-1$일 때

$f'(x)=12(x+1)^2(x-1)$이고

$f'(x)=0$에서 $x=-1$ 또는 $x=1$

함수 $f(x)$의 증가와 감소를 표로 나타내면 다음과 같다.

x	$\cdots$	-1	$\cdots$	1	$\cdots$
$f'(x)$	$-$	0	$-$	0	$+$
$f(x)$	$\searrow$		$\searrow$	극소	$\nearrow$

함수 $f(x)$가 극값을 갖는 실수 x의 값은 1뿐이므로 조건 (가)를 만족시킨다.

한편, $f(|x|)=\begin{cases} f(x) & (x \geq 0) \\ f(-x) & (x<0) \end{cases}$에서 $x<0$에서의 함수 $y=f(x)$의 그래프는 $x>0$에서의 함수 $y=f(x)$의 그래프를 y축에 대하여 대칭이동한 것과 같으므로 함수 $f(|x|)$의 증가와 감소를 표로 나타내면 다음과 같다.

x	$\cdots$	-1	$\cdots$	0	$\cdots$	1	$\cdots$
$f'(|x|)$	$-$	0	$+$		$-$	0	$+$
$f(|x|)$	$\searrow$	극소	$\nearrow$	극대	$\searrow$	극소	$\nearrow$

함수 $f(|x|)$는 $x=-1$, $x=1$에서 극소이고 $x=0$에서 극대이므로 조건 (나)를 만족시킨다.

(ⅱ) $a=1$일 때

$f'(x)=12(x+1)(x-1)^2$이고

$f'(x)=0$에서 $x=-1$ 또는 $x=1$

함수 $f(x)$의 증가와 감소를 표로 나타내면 다음과 같다.

x	$\cdots$	-1	$\cdots$	1	$\cdots$
$f'(x)$	$-$	0	$+$	0	$+$
$f(x)$	$\searrow$	극소	$\nearrow$		$\nearrow$

함수 $f(x)$가 극값을 갖는 실수 x의 값은 -1뿐이므로 조건 (가)를 만족시킨다.

한편, $f(|x|)=\begin{cases} f(x) & (x \geq 0) \\ f(-x) & (x<0) \end{cases}$이므로 함수 $f(|x|)$의 증가와 감소를 표로 나타내면 다음과 같다.

x	$\cdots$	-1	$\cdots$	0	$\cdots$	1	$\cdots$
$f'(|x|)$	$-$	0	$-$		$+$	0	$+$
$f(|x|)$	$\searrow$		$\searrow$	극소	$\nearrow$		$\nearrow$

함수 $f(|x|)$가 극값을 갖는 실수 x의 값은 0뿐이므로 조건 (나)를 만족시키지 않는다.

(ⅰ), (ⅱ)에서 $a=-1$이므로

$f(x)=3x^4+4x^3-6x^2-12x+5$

따라서 $f(2)=48+32-24-24+5=37$ 　　답 ④

24

$f(x)=x^3+\dfrac{1}{2}x^2+a|x|+2$

$=\begin{cases} x^3+\dfrac{1}{2}x^2-ax+2 & (x<0) \\ x^3+\dfrac{1}{2}x^2+ax+2 & (x \geq 0) \end{cases}$

이때

$$\lim_{h \to 0-} \frac{f(h)-f(0)}{h} = \lim_{h \to 0-} \frac{h^3+\dfrac{1}{2}h^2-ah}{h}$$

$$= \lim_{h \to 0-} \left(h^2+\frac{1}{2}h-a\right)$$

$$= -a$$

$$\lim_{h \to 0+} \frac{f(h)-f(0)}{h} = \lim_{h \to 0+} \frac{h^3+\dfrac{1}{2}h^2+ah}{h}$$

$$= \lim_{h \to 0+} \left(h^2+\frac{1}{2}h+a\right)$$

$$= a$$

이므로

$$\lim_{h \to 0-} \frac{f(h)-f(0)}{h} \times \lim_{h \to 0+} \frac{f(h)-f(0)}{h} = -4$$에서

$-a \times a = -4$

즉, $a^2=4$에서 $a>0$이므로 $a=2$

그러므로

$f(x)=\begin{cases} x^3+\dfrac{1}{2}x^2-2x+2 & (x<0) \\ x^3+\dfrac{1}{2}x^2+2x+2 & (x \geq 0) \end{cases}$

$x<0$에서

$f'(x)=3x^2+x-2=(x+1)(3x-2)$

$f'(x)=0$에서 $x<0$이므로

$x=-1$

$x>0$에서

$f'(x)=3x^2+x+2=3\left(x+\dfrac{1}{6}\right)^2+\dfrac{23}{12}>0$

함수 $f(x)$의 증가와 감소를 표로 나타내면 다음과 같다.

x	$\cdots$	-1	$\cdots$	0	$\cdots$
$f'(x)$	$+$	0	$-$		$+$
$f(x)$	$\nearrow$	극대	$\searrow$	극소	$\nearrow$

함수 $f(x)$는 $x=-1$에서 극대이고, $x=0$에서 극소이다.

따라서 함수 $f(x)$의 모든 극값의 합은

$f(-1)+f(0)=\left(-1+\dfrac{1}{2}+2+2\right)+2=\dfrac{11}{2}$ 　　답 ②

25

$f(x)=3x^4-8x^3-6x^2+24x$에서

$f'(x)=12x^3-24x^2-12x+24$

$\quad\ =12(x+1)(x-1)(x-2)$

$f'(x)=0$에서 $x=-1$ 또는 $x=1$ 또는 $x=2$

함수 $f(x)$의 증가와 감소를 표로 나타내면 다음과 같다.

x	$\cdots$	-1	$\cdots$	1	$\cdots$	2	$\cdots$
$f'(x)$	$-$	0	$+$	0	$-$	0	$+$
$f(x)$	$\searrow$	극소	$\nearrow$	극대	$\searrow$	극소	$\nearrow$

$f(-1)=-19$, $f(1)=13$, $f(2)=8$이므로 함수 $y=f(x)$의 그래프는 그림과 같다.

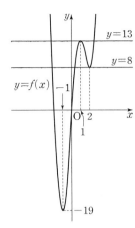

함수 $y=f(x)$의 그래프와 직선 $y=k$가 서로 다른 세 점에서 만나는 경우는 $k=8$, $k=13$일 때이다.

따라서 모든 실수 k의 값의 합은

$8+13=21$ 답 21

26

$0 \le x \le 2$일 때, $f'(x) \le 0$이므로 $f(x)f'(x) \le 0$에서 $f(x) \ge 0$이고 함수 $f(x)$는 감소한다.

함수 $f(x)$는 $x=2$에서 극솟값을 가지므로

$f(2)=0$인 경우 $f(4)$의 값이 최소가 된다.

$f(x)=x^3+ax^2+bx+c$ (a, b, c는 상수)라 하면

$f'(x)=3x^2+2ax+b$

$f'(0)=0$이므로 $b=0$

$f'(2)=0$이므로 $12+4a+b=0$에서 $12+4a+0=0$, $a=-3$

$f(2)=0$일 때 $8+4a+2b+c=0$에서

$8-12+0+c=0$, $c=4$

따라서 $f(2)=0$일 때 $f(x)=x^3-3x^2+4$이므로 $f(4)$의 최솟값은

$f(4)=64-48+4=20$ 답 ③

27

$f(x)=x^3-3x^2+8$에서

$f'(x)=3x^2-6x=3x(x-2)$

$f'(x)=0$에서 $x=0$ 또는 $x=2$

함수 $f(x)$의 증가와 감소를 표로 나타내면 다음과 같다.

x	$\cdots$	0	$\cdots$	2	$\cdots$
$f'(x)$	$+$	0	$-$	0	$+$
$f(x)$	↗	극대	↘	극소	↗

$f(0)=8$, $f(2)=4$이므로

$f(x)=x^3-3x^2+8=8$에서

$x^2(x-3)=0$

$x=0$ 또는 $x=3$

$f(x)=x^3-3x^2+8=4$에서

$x^3-3x^2+4=0$

$(x+1)(x-2)^2=0$

$x=-1$ 또는 $x=2$

따라서 함수 $y=f(x)$의 그래프는 그림과 같다.

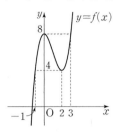

(ⅰ) $0<a<2$일 때

함수 $y=|f(x)-f(a)|$가 $x=a$에서 미분가능하지 않은 a의 값이 세 개가 존재하므로 조건을 만족시키지 않는다.

(ⅱ) $a=2$일 때

함수 $y=|f(x)-f(a)|$는 $x=-1$에서만 미분가능하지 않으므로 조건을 만족시키지 않는다.

(ⅲ) $2<a<3$일 때

함수 $y=|f(x)-f(a)|$가 $x=a$에서 미분가능하지 않은 a의 값이 세 개가 존재하므로 조건을 만족시키지 않는다.

(ⅳ) $a=3$일 때

함수 $y=|f(x)-f(a)|$는 $x=3$에서만 미분가능하지 않으므로 조건을 만족시킨다.

(ⅴ) $a>3$일 때

함수 $y=|f(x)-f(a)|$는 $x=a$에서만 미분가능하지 않으므로 조건을 만족시킨다.

(ⅰ)~(ⅴ)에서 $a \ge 3$이므로 양의 실수 a의 최솟값은 3이다.

따라서 $m=3$, $f(m)=f(3)=f(0)=8$이므로

$m+f(m)=3+8=11$ 답 11

28

함수 $y=f(x)$의 그래프는 그림과 같다.

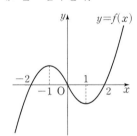

$x>0$일 때 $f(x)=f(x+1)$을 만족시키는 x의 값은

$x(x-2)=(x+1)(x-1)$에서

$x^2-2x=x^2-1$, $x=\dfrac{1}{2}$

(ⅰ) $t<-2$일 때

닫힌구간 $[t, t+1]$에서 함수 $f(x)$의 최댓값은 $f(t+1)$

(ⅱ) $-2 \le t<-1$일 때

닫힌구간 $[t, t+1]$에서 함수 $f(x)$의 최댓값은 $f(-1)$

(ⅲ) $-1 \le t<0$일 때

닫힌구간 $[t, t+1]$에서 함수 $f(x)$의 최댓값은 $f(t)$

(ⅳ) $0 \le t<\dfrac{1}{2}$일 때

닫힌구간 $[t, t+1]$에서 함수 $f(x)$의 최댓값은 $f(t)$

(v) $t \geq \dfrac{1}{2}$일 때

닫힌구간 $[t,\ t+1]$에서 함수 $f(x)$의 최댓값은 $f(t+1)$

$$(i) \sim (v)에서\ g(t) = \begin{cases} -(t+1)(t+3) & (t < -2) \\ 1 & (-2 \leq t < -1) \\ -t(t+2) & (-1 \leq t < 0) \\ t(t-2) & \left(0 \leq t < \dfrac{1}{2}\right) \\ (t+1)(t-1) & \left(t \geq \dfrac{1}{2}\right) \end{cases}$$

따라서 함수 $y=g(t)$의 그래프는 그림과 같다.

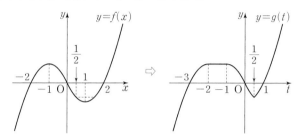

$$\lim_{t \to -2-} \frac{g(t)-g(-2)}{t+2} = \lim_{t \to -2+} \frac{g(t)-g(-2)}{t+2} = 0$$

$$\lim_{t \to -1-} \frac{g(t)-g(-1)}{t+1} = \lim_{t \to -1+} \frac{g(t)-g(-1)}{t+1} = 0$$

$$\lim_{t \to 0-} \frac{g(t)-g(0)}{t} = \lim_{t \to 0+} \frac{g(t)-g(0)}{t} = -2$$

$$\lim_{t \to \frac{1}{2}-} \frac{g(t)-g\left(\frac{1}{2}\right)}{t-\frac{1}{2}} = \lim_{t \to \frac{1}{2}-} \frac{t(t-2)-\left(-\frac{3}{4}\right)}{t-\frac{1}{2}}$$

$$= \lim_{t \to \frac{1}{2}-} \frac{\left(t-\frac{1}{2}\right)\left(t-\frac{3}{2}\right)}{t-\frac{1}{2}}$$

$$= \lim_{t \to \frac{1}{2}-} \left(t-\frac{3}{2}\right) = -1$$

$$\lim_{t \to \frac{1}{2}+} \frac{g(t)-g\left(\frac{1}{2}\right)}{t-\frac{1}{2}} = \lim_{t \to \frac{1}{2}+} \frac{(t+1)(t-1)-\left(-\frac{3}{4}\right)}{t-\frac{1}{2}}$$

$$= \lim_{t \to \frac{1}{2}+} \frac{\left(t+\frac{1}{2}\right)\left(t-\frac{1}{2}\right)}{t-\frac{1}{2}}$$

$$= \lim_{t \to \frac{1}{2}+} \left(t+\frac{1}{2}\right) = 1$$

즉, 함수 $g(t)$는 $t=\dfrac{1}{2}$에서만 미분가능하지 않으므로 $\alpha = \dfrac{1}{2}$

따라서 $g(\alpha) = g\left(\dfrac{1}{2}\right) = -\dfrac{3}{4}$ 답 ④

29

주어진 조건을 만족시키려면

(함수 $f(x)$의 최솟값) $\geq$ (함수 $g(x)$의 최댓값)

이어야 한다.

$f(x) = x^4 - 2x^2$에서

$f'(x) = 4x^3 - 4x = 4x(x+1)(x-1)$

$f'(x) = 0$에서 $x=-1$ 또는 $x=0$ 또는 $x=1$

함수 $f(x)$의 증가와 감소를 표로 나타내면 다음과 같다.

x	$\cdots$	-1	$\cdots$	0	$\cdots$	1	$\cdots$
$f'(x)$	$-$	0	$+$	0	$-$	0	$+$
$f(x)$	$\searrow$	극소	$\nearrow$	극대	$\searrow$	극소	$\nearrow$

$f(-1)=-1$, $f(0)=0$, $f(1)=-1$이므로 함수 $f(x)$의 최솟값은 -1이다.

$g(x) = -x^2 + 4x + k = -(x-2)^2 + 4 + k$

에서 함수 $g(x)$의 최댓값은 $4+k$이다.

$4+k \leq -1$에서 $k \leq -5$

따라서 실수 k의 최댓값은 -5이다. 답 ⑤

30

$f(t) = t^2 + (-t^2+4)^2 = t^4 - 7t^2 + 16$이므로

$f'(t) = 4t^3 - 14t = 2t(2t^2-7)$

닫힌구간 $[0,\ 2]$에서 $f'(t)=0$인 t의 값은 0과 $\dfrac{\sqrt{14}}{2}$이다.

$f(0)=16$, $f\left(\dfrac{\sqrt{14}}{2}\right) = \dfrac{49}{4} - \dfrac{49}{2} + 16 = \dfrac{15}{4}$,

$f(2) = 16 - 28 + 16 = 4$

이므로 $M=16$, $m=\dfrac{15}{4}$

따라서 $M \times m = 16 \times \dfrac{15}{4} = 60$ 답 60

31

점 P의 좌표는 $(t,\ t)$이다.

점 Q의 좌표를 $(x,\ t)$라 하면

$\sqrt{-x+2} = t$에서 $-x+2 = t^2$, $x = -t^2 + 2$이므로

$Q(-t^2+2,\ t)$, $H(-t^2+2,\ 0)$

$\overline{PQ} = -t^2+2-t$, $\overline{OH} = -t^2+2$, $\overline{QH} = t$이므로

$$S(t) = \frac{1}{2} \times (\overline{OH} + \overline{PQ}) \times \overline{QH}$$

$$= \frac{1}{2} \times (-2t^2-t+4) \times t$$

$$= \frac{1}{2} \times (-2t^3-t^2+4t)$$

$$= -t^3 - \frac{1}{2}t^2 + 2t$$

$S'(t) = -3t^2 - t + 2 = -(3t^2+t-2) = -(3t-2)(t+1)$

$0 < t < 1$이므로 $S'(t)=0$에서 $t=\dfrac{2}{3}$

$t=\dfrac{2}{3}$의 좌우에서 $S'(t)$의 부호가 양에서 음으로 바뀌므로 $S(t)$는

$t=\dfrac{2}{3}$에서 극대이면서 최댓값을 갖는다.

따라서 $S(t)$의 최댓값은

$$S\left(\frac{2}{3}\right) = -\left(\frac{2}{3}\right)^3 - \frac{1}{2} \times \left(\frac{2}{3}\right)^2 + 2 \times \frac{2}{3} = \frac{22}{27}$$ 답 ②

32

$f(x)=x^3+3x^2-9x$라 하면

$f'(x)=3x^2+6x-9=3(x+3)(x-1)$

$f'(x)=0$에서 $x=-3$ 또는 $x=1$

함수 $f(x)$의 증가와 감소를 표로 나타내면 다음과 같다.

x	$\cdots$	-3	$\cdots$	1	$\cdots$
$f'(x)$	$+$	0	$-$	0	$+$
$f(x)$	↗	극대	↘	극소	↗

$f(-3)=27$, $f(1)=-5$이므로 함수 $y=f(x)$의 그래프와 직선 $y=k$
는 그림과 같다.

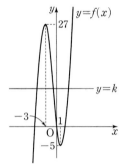

곡선 $y=f(x)$와 직선 $y=k$가 서로 다른 두 점에서 만나야 하므로
$k=27$ 또는 $k=-5$이어야 한다.
따라서 모든 실수 k의 값의 합은
$27+(-5)=22$

답 22

33

$f(x)=-x^3+12x-11$이라 하면

$f'(x)=-3x^2+12$

$\quad\quad=-3(x+2)(x-2)$

$f'(x)=0$에서 $x=-2$ 또는 $x=2$

함수 $f(x)$의 증가와 감소를 표로 나타내면 다음과 같다.

x	$\cdots$	-2	$\cdots$	2	$\cdots$
$f'(x)$	$-$	0	$+$	0	$-$
$f(x)$	↘	극소	↗	극대	↘

$f(-2)=-27$, $f(2)=5$이므로 함수 $y=f(x)$의 그래프와 직선 $y=k$
는 그림과 같다.

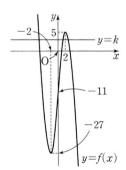

따라서 방정식 $-x^3+12x-11=k$가 서로 다른 양의 실근 2개와 음의
실근 1개를 갖도록 하는 정수 k의 값은 -10, -9, -8, $\cdots$, 4이므로
그 개수는 15이다.

답 ③

34

$x^3-3x^2+6-n=0$에서 $x^3-3x^2+6=n$

$f(x)=x^3-3x^2+6$이라 하면

$f'(x)=3x^2-6x=3x(x-2)$

$f'(x)=0$에서 $x=0$ 또는 $x=2$

함수 $f(x)$의 증가와 감소를 표로 나타내면 다음과 같다.

x	$\cdots$	0	$\cdots$	2	$\cdots$
$f'(x)$	$+$	0	$-$	0	$+$
$f(x)$	↗	극대	↘	극소	↗

$f(0)=6$, $f(2)=2$이므로 함수 $y=f(x)$의 그래프와 직선 $y=n$은 그
림과 같다.

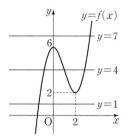

$a_1=1$, $a_2=2$, $a_3=a_4=a_5=3$, $a_6=2$, $a_7=a_8=a_9=a_{10}=1$이므로
$\sum_{k=1}^{10}a_k=1+2+3\times3+2+1\times4=18$

답 18

35

$g(x)=x^3+3x^2-27$이라 하면

$g'(x)=3x^2+6x=3x(x+2)$

$g'(x)=0$에서 $x=0$ 또는 $x=-2$

함수 $g(x)$의 증가와 감소를 표로 나타내면 다음과 같다.

x	$\cdots$	-2	$\cdots$	0	$\cdots$
$g'(x)$	$+$	0	$-$	0	$+$
$g(x)$	↗	극대	↘	극소	↗

$g(-2)=-23$, $g(0)=-27$이므로 함수 $y=g(x)$의 그래프와 직선
$y=tx$는 그림과 같다.

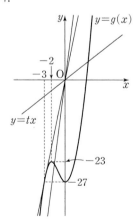

원점에서 곡선 $y=g(x)$에 그은 접선의 접점을 $(s, g(s))$라 하면
$g'(s)=3s^2+6s$이므로 접선의 방정식은
$y=(3s^2+6s)(x-s)+s^3+3s^2-27$
이 접선이 원점 $(0, 0)$을 지나므로

$0=(3s^2+6s)(0-s)+s^3+3s^2-27$

$-2s^3-3s^2-27=0$

$2s^3+3s^2+27=0$

$(s+3)(2s^2-3s+9)=0$

s는 실수이므로 $s=-3$

이때 접선의 기울기는

$g'(-3)=27-18=9$

$0<t<9$일 때 $f(t)=1$

$t=9$일 때 $f(t)=2$

$t>9$일 때 $f(t)=3$

따라서 $\lim\limits_{t\to a+}f(t)\ne\lim\limits_{t\to a-}f(t)$를 만족시키는 양의 실수 a의 값은 9이다.   **답** ④

36

$3x^4+4x^3-6x^2-12x\ge a$에서

$f(x)=3x^4+4x^3-6x^2-12x$라 하면

$f'(x)=12x^3+12x^2-12x-12$

$\quad\quad=12(x+1)^2(x-1)$

$f'(x)=0$에서 $x=-1$ 또는 $x=1$

함수 $f(x)$의 증가와 감소를 표로 나타내면 다음과 같다.

x	$\cdots$	-1	$\cdots$	1	$\cdots$
$f'(x)$	$-$	0	$-$	0	$+$
$f(x)$	↘		↘	극소	↗

함수 $f(x)$는 $x=1$에서 극소이면서 최솟값을 갖는다.

$f(1)=-11$이므로 모든 실수 x에 대하여 부등식 $f(x)\ge a$가 성립하려면 $a\le-11$이어야 한다.

따라서 실수 a의 최댓값은 -11이다.   **답** ①

37

$h(x)=g(x)-f(x)$라 하자.

$h(x)=x^4-4x^3-8x^2+a$에서

$h'(x)=4x^3-12x^2-16x=4x(x+1)(x-4)$

$h'(x)=0$에서 $x=-1$ 또는 $x=0$ 또는 $x=4$

함수 $h(x)$의 증가와 감소를 표로 나타내면 다음과 같다.

x	$\cdots$	-1	$\cdots$	0	$\cdots$	4	$\cdots$
$h'(x)$	$-$	0	$+$	0	$-$	0	$+$
$h(x)$	↘	극소	↗	극대	↘	극소	↗

$h(-1)=a-3$, $h(4)=a-128$이고

모든 실수 x에 대하여 부등식 $f(x)\le g(x)$가 항상 성립하려면

모든 실수 x에 대하여 부등식 $h(x)\ge0$이 성립해야 하므로

$a-3\ge0$이고 $a-128\ge0$

따라서 $a\ge128$이므로 실수 a의 최솟값은 128이다.   **답** 128

38

(i) $f(x)\le4x^3+a$에서

$\quad-x^4-4x^2-5\le4x^3+a$

$\quad x^4+4x^3+4x^2+a+5\ge0\quad\cdots\cdots$ ㉠

$\quad g(x)=x^4+4x^3+4x^2+a+5$라 하면

$\quad g'(x)=4x^3+12x^2+8x$

$\quad\quad\quad=4x(x+1)(x+2)$

$\quad g'(x)=0$에서 $x=-2$ 또는 $x=-1$ 또는 $x=0$

함수 $g(x)$의 증가와 감소를 표로 나타내면 다음과 같다.

x	$\cdots$	-2	$\cdots$	-1	$\cdots$	0	$\cdots$
$g'(x)$	$-$	0	$+$	0	$-$	0	$+$
$g(x)$	↘	극소	↗	극대	↘	극소	↗

$g(-2)=16-32+16+a+5=a+5$

$g(0)=a+5$

모든 실수 x에 대하여 부등식 ㉠이 성립하려면 $a+5\ge0$에서

$a\ge-5$

(ii) $4x^3+a\le-f(x)$에서

$\quad 4x^3+a\le x^4+4x^2+5$

$\quad x^4-4x^3+4x^2+5-a\ge0\quad\cdots\cdots$ ㉡

$\quad h(x)=x^4-4x^3+4x^2+5-a$라 하면

$\quad h'(x)=4x^3-12x^2+8x$

$\quad\quad\quad=4x(x-1)(x-2)$

$\quad h'(x)=0$에서 $x=0$ 또는 $x=1$ 또는 $x=2$

함수 $h(x)$의 증가와 감소를 표로 나타내면 다음과 같다.

x	$\cdots$	0	$\cdots$	1	$\cdots$	2	$\cdots$
$h'(x)$	$-$	0	$+$	0	$-$	0	$+$
$h(x)$	↘	극소	↗	극대	↘	극소	↗

$h(0)=5-a$

$h(2)=16-32+16+5-a=5-a$

모든 실수 x에 대하여 부등식 ㉡이 성립하려면 $5-a\ge0$에서

$a\le5$

(i), (ii)에서 $-5\le a\le5$

따라서 구하는 정수 a의 값은 -5, -4, -3, $\cdots$, 5이므로 그 개수는 11이다.   **답** ①

39

$f(x)=2x^3-3(a+1)x^2+6ax+a^3-120$이라 하자.

(i) $x\ge0$에서 부등식 $f(x)\ge0$이 항상 성립하려면

$\quad f(0)=a^3-120\ge0$이어야 한다.

즉, $a^3\ge120$이므로 a는 5 이상의 자연수이다.

(ii) $f'(x)=6x^2-6(a+1)x+6a$

$\quad\quad\quad=6(x-1)(x-a)$

$\quad f'(x)=0$에서 $x=1$ 또는 $x=a$

$a\ge5$이므로 $x=a$의 좌우에서 $f'(x)$의 부호는 음에서 양으로 바뀐다.

즉, 함수 $f(x)$는 $x=a$에서 극솟값을 갖는다.

그러므로 $x \geq 0$에서 부등식 $f(x) \geq 0$이 항상 성립하려면 $f(a) \geq 0$이어야 한다.

$$f(a) = 2a^3 - 3a^3 - 3a^2 + 6a^2 + a^3 - 120$$
$$= 3a^2 - 120 \geq 0$$

에서 $a^2 \geq 40$이므로 a는 7 이상의 자연수이다.

(i), (ii)에서 a는 7 이상의 자연수이므로 자연수 a의 최솟값은 7이다.

답 ④

40

$x = t^3 - t^2 - 2t = t(t+1)(t-2)$

$t > 0$에서 점 P가 원점을 지나는 시각은

$x = 0$에서 $t = 2$

점 P의 시각 t에서의 속도를 v라 하면

$$v = \frac{dx}{dt} = 3t^2 - 2t - 2$$

따라서 시각 $t = 2$에서의 점 P의 속도는

$12 - 4 - 2 = 6$

답 ①

41

점 P의 시각 t에서의 속도를 v라 하면

$$v = \frac{dx}{dt} = 6t^2 - 6t - 12$$

$v = 0$에서

$6t^2 - 6t - 12 = 0$

$t^2 - t - 2 = 0$, $(t+1)(t-2) = 0$

$t_1 > 0$이므로 시각 $t = 2$에서 점 P는 운동 방향을 바꾼다. 즉, $t_1 = 2$

점 P의 시각 t에서의 가속도를 a라 하면

$$a = \frac{dv}{dt} = 12t - 6$$

따라서 점 P의 시각 $t = 2t_1$, 즉 $t = 4$에서의 가속도는

$12 \times 4 - 6 = 42$

답 ②

42

두 점 P, Q의 시각 t에서의 속도를 각각 v_1, v_2라 하면

$$v_1 = \frac{dx_1}{dt}, \ v_2 = \frac{dx_2}{dt}$$

$x_2 = x_1 + t^3 - 3t^2 - 9t$ ...... ㉠

㉠의 양변을 t에 대하여 미분하면

$v_2 = v_1 + 3t^2 - 6t - 9$

두 점 P, Q의 속도가 같아지는 순간 $v_1 = v_2$이므로

$3t^2 - 6t - 9 = 0$

$t^2 - 2t - 3 = 0$

$(t-3)(t+1) = 0$

$t \geq 0$이므로 $t = 3$

$t = 3$일 때 ㉠에서 $x_2 = x_1 - 27$

따라서 두 점 P, Q 사이의 거리는

$|x_1 - x_2| = 27$

답 27

43

점 P의 시각 t에서의 속도를 v, 가속도를 a라 하면

$$v = \frac{dx}{dt} = -4t^3 + 12t^2 + 2kt$$

$$a = \frac{dv}{dt} = -12t^2 + 24t + 2k$$

$$= -12(t-1)^2 + 2k + 12$$

점 P의 가속도 a는 $t = 1$일 때 최댓값 $2k + 12$를 가지므로

$2k + 12 = 48$에서 $k = 18$

$v = -4t^3 + 12t^2 + 36t$

$$a = \frac{dv}{dt} = -12t^2 + 24t + 36 = -12(t+1)(t-3)$$

$t \geq 0$이고 $t = 3$의 좌우에서 a의 부호가 양에서 음으로 바뀌므로 $t = 3$일 때 v는 극대이면서 최댓값을 갖는다.

따라서 점 P의 속도의 최댓값은 $t = 3$일 때

$-4 \times 27 + 12 \times 9 + 36 \times 3 = 108$

답 ④

06 다항함수의 적분법

본문 61~69쪽

01 12	**02** 14	**03** ④	**04** ③	**05** 29
06 ②	**07** 19	**08** ①	**09** 16	**10** 23
11 64	**12** ①	**13** ③	**14** ④	**15** 29
16 ②	**17** 17	**18** ③	**19** 10	**20** ②
21 ⑤	**22** ③	**23** ④	**24** 5	**25** 6
26 ②	**27** ①	**28** ③	**29** ③	**30** 22
31 ③	**32** ②	**33** ⑤	**34** ③	**35** ①

01

$f(x)=\int(3x^2-4x)dx$에서

$f(x)=x^3-2x^2+C$ (단, C는 적분상수)

$f(1)=1-2+C$

$\quad\quad=C-1$

$C-1=2$에서 $C=3$

따라서 $f(x)=x^3-2x^2+3$이므로

$f(3)=27-18+3=12$ 답 12

02

$f(x)=\int(x^2+x+a)dx-\int(x^2-3x)dx$

$\quad\quad=\int(4x+a)dx$

$\quad\quad=2x^2+ax+C$ (단, C는 적분상수)

$f'(x)=4x+a$

$\lim\limits_{x\to2}\dfrac{f(x)}{x-2}=3$에서 $x\to2$일 때 (분모) $\to0$이고 극한값이 존재하므로

(분자) $\to0$이어야 한다.

즉, $\lim\limits_{x\to2}f(x)=f(2)=0$

$\lim\limits_{x\to2}\dfrac{f(x)}{x-2}=\lim\limits_{x\to2}\dfrac{f(x)-f(2)}{x-2}=f'(2)$

이므로 $f'(2)=3$

$f(x)=2x^2+ax+C$에 $x=2$를 대입하면

$8+2a+C=0$ …… ㉠

$f'(x)=4x+a$에 $x=2$를 대입하면

$8+a=3$에서 $a=-5$

$a=-5$를 ㉠에 대입하면 $C=2$

따라서 $f(x)=2x^2-5x+2$이므로

$f(4)=32-20+2=14$ 답 14

03

(i) $x<1$일 때

$f'(x)=3x^2-4$이므로

$f(x)=\int(3x^2-4)dx=x^3-4x+C_1$ (단, C_1은 적분상수)

$f(0)=0$이므로 $C_1=0$

즉, $f(x)=x^3-4x$

(ii) $x\geq1$일 때

$f'(x)=-4x+3$이므로

$f(x)=\int(-4x+3)dx=-2x^2+3x+C_2$ (단, C_2는 적분상수)

함수 $f(x)$는 $x=1$에서 연속이므로

$\lim\limits_{x\to1-}f(x)=\lim\limits_{x\to1+}f(x)=f(1)$이어야 한다.

$\lim\limits_{x\to1-}f(x)=\lim\limits_{x\to1-}(x^3-4x)=-3$,

$\lim\limits_{x\to1+}f(x)=\lim\limits_{x\to1+}(-2x^2+3x+C_2)=1+C_2$,

$f(1)=1+C_2$

이므로 $-3=1+C_2$에서 $C_2=-4$이고, 이때 $f(1)=-3$

$x\geq1$일 때, $f(x)=-2x^2+3x-4$이므로

$f(2)=-8+6-4=-6$

따라서 $f(1)+f(2)=-3+(-6)=-9$ 답 ④

04

$2F(x)=(2x+1)f(x)-3x^4-2x^3+x^2+x+4$의 양변을 x에 대하여 미분하면

$2f(x)=2f(x)+(2x+1)f'(x)-12x^3-6x^2+2x+1$

$(2x+1)f'(x)=12x^3+6x^2-2x-1$

$\quad\quad\quad\quad\quad\quad=6x^2(2x+1)-(2x+1)$

$\quad\quad\quad\quad\quad\quad=(6x^2-1)(2x+1)$

$f(x)$는 다항함수이므로

$f'(x)=6x^2-1$

$f(x)=\int(6x^2-1)dx=2x^3-x+C_1$ (단, C_1은 적분상수)

$f(0)=C_1=0$이므로

$f(x)=2x^3-x$

또한 $2F(x)=(2x+1)f(x)-3x^4-2x^3+x^2+x+4$의 양변에 $x=0$을 대입하면

$2F(0)=f(0)+4=4$에서

$F(0)=2$

$F(x)=\int f(x)dx=\int(2x^3-x)dx$

$\quad\quad\quad\quad\quad\quad=\dfrac{1}{2}x^4-\dfrac{1}{2}x^2+C_2$ (단, C_2는 적분상수)

$F(0)=2$이므로 $C_2=2$

따라서 $F(x)=\dfrac{1}{2}x^4-\dfrac{1}{2}x^2+2$이므로

$F(2)=8-2+2=8$ 답 ③

05

$f(x)=|6x(x-1)|$이라 하면

$0\leq x\leq1$에서

$f(x)=-6x(x-1)=-6x^2+6x$

$1\leq x\leq3$에서

$f(x)=6x(x-1)=6x^2-6x$

따라서

$\displaystyle\int_0^3|6x(x-1)|dx$

$=\displaystyle\int_0^1(-6x^2+6x)dx+\int_1^3(6x^2-6x)dx$

$$= \left[-2x^3 + 3x^2 \right]_0^1 + \left[2x^3 - 3x^2 \right]_1^3$$
$$= (-2+3) + (54-27) - (2-3) = 29 \qquad \boxed{\text{답}}\ 29$$

06

$$\int_{-1}^{\sqrt{2}} (x^3 - 2x)dx + \int_{-1}^{\sqrt{2}} (-x^3 + 3x^2)dx + \int_{\sqrt{2}}^{2} (3x^2 - 2x)dx$$

$$= \int_{-1}^{\sqrt{2}} \{(x^3 - 2x) + (-x^3 + 3x^2)\}dx + \int_{\sqrt{2}}^{2} (3x^2 - 2x)dx$$

$$= \int_{-1}^{\sqrt{2}} (3x^2 - 2x)dx + \int_{\sqrt{2}}^{2} (3x^2 - 2x)dx$$

$$= \int_{-1}^{2} (3x^2 - 2x)dx$$

$$= \left[x^3 - x^2 \right]_{-1}^{2}$$

$$= (8-4) - (-1-1)$$

$$= 6 \qquad \boxed{\text{답}}\ ②$$

07

$f(x) = 3x^2 + ax + b$ (a, b는 상수)로 놓으면

$$\int_0^1 f(x)dx = \int_0^1 (3x^2 + ax + b)dx$$

$$= \left[x^3 + \frac{a}{2}x^2 + bx \right]_0^1$$

$$= 1 + \frac{a}{2} + b$$

$f(1) = 3 + a + b$이므로

$1 + \dfrac{a}{2} + b = 3 + a + b$에서 $a = -4$

$$\int_0^2 f(x)dx = \int_0^2 (3x^2 + ax + b)dx$$

$$= \left[x^3 + \frac{a}{2}x^2 + bx \right]_0^2$$

$$= 8 + 2a + 2b$$

$f(2) = 12 + 2a + b$이므로

$8 + 2a + 2b = 12 + 2a + b$에서 $b = 4$

따라서 $f(x) = 3x^2 - 4x + 4$이므로

$f(3) = 27 - 12 + 4 = 19 \qquad \boxed{\text{답}}\ 19$

08

$0 \le x \le 1$에서 $f'(x) \ge 0$,
$1 \le x \le 2$에서 $f'(x) \le 0$,
$2 \le x \le 3$에서 $f'(x) \ge 0$
이므로

$$\int_0^3 |f'(x)|dx$$

$$= \int_0^1 f'(x)dx + \int_1^2 \{-f'(x)\}dx + \int_2^3 f'(x)dx$$

$$= \left[f(x) \right]_0^1 + \left[-f(x) \right]_1^2 + \left[f(x) \right]_2^3$$

$$= f(1) - f(0) - \{f(2) - f(1)\} + f(3) - f(2)$$

$$= f(3) - f(0) - 2\{f(2) - f(1)\}$$

$f(3) - f(0) - 2\{f(2) - f(1)\} = f(3) - f(0) + 4$에서
$-2\{f(2) - f(1)\} = 4$
따라서 $f(2) - f(1) = -2 \qquad \boxed{\text{답}}\ ①$

09

최고차항의 계수가 1인 이차함수 $f(x)$가 모든 실수 x에 대하여
$f(-x) = f(x)$를 만족시키므로
$f(x) = x^2 + k$ (k는 상수)로 놓을 수 있다.

$$\int_{-3}^{3} f(x)dx = \int_{-3}^{3} (x^2 + k)dx$$

$$= 2\int_0^3 (x^2 + k)dx$$

$$= 2 \times \left[\frac{1}{3}x^3 + kx \right]_0^3$$

$$= 2(9 + 3k)$$

$2(9 + 3k) = 60$에서 $k = 7$
따라서 $f(x) = x^2 + 7$이므로
$f(3) = 9 + 7 = 16 \qquad \boxed{\text{답}}\ 16$

10

함수 $y = f(x+1)$의 그래프는 함수 $y = f(x)$의 그래프를 x축의 방향으로 -1만큼 평행이동한 그래프이므로

$$\int_1^3 f(x)dx = 5$$에서

$$\int_0^2 f(x+1)dx = \int_1^3 f(x)dx = 5$$

따라서

$$\int_0^2 \{3f(x+1) + 4\}dx = 3 \times \int_0^2 f(x+1)dx + \int_0^2 4\,dx$$

$$= 3 \times 5 + \left[4x \right]_0^2$$

$$= 15 + 8$$

$$= 23 \qquad \boxed{\text{답}}\ 23$$

11

$f(x) = ax + b$ (a, b는 상수, $a \ne 0$)으로 놓으면

$$\int_{-1}^{1} f(x)dx = \int_{-1}^{1} (ax + b)dx$$

$$= 2\int_0^1 b\,dx$$

$$= 2\left[bx \right]_0^1 = 2b$$

$2b = 12$에서 $b = 6$

$$\int_{-1}^{1} xf(x)dx = \int_{-1}^{1} (ax^2 + bx)dx$$

$$= 2\int_0^1 ax^2\,dx$$

$$= 2\left[\frac{a}{3}x^3 \right]_0^1 = \frac{2a}{3}$$

$\dfrac{2a}{3}=8$에서 $a=12$

따라서 $f(x)=12x+6$이므로

$$\int_0^2 x^2 f(x)dx=\int_0^2 x^2(12x+6)dx$$

$$=\int_0^2 (12x^3+6x^2)dx$$

$$=\Big[3x^4+2x^3\Big]_0^2$$

$$=3\times16+2\times8=64$$

目 64

12

모든 실수 x에 대하여 $f(-x)=-f(x)$이므로

$f(x)=x^3+ax$ (a는 상수)로 놓을 수 있다.

$$\int_{-1}^1 (x+5)^2 f(x)dx=\int_{-1}^1 (x^2+10x+25)f(x)dx \quad \cdots\cdots \text{㉠}$$

함수 $y=f(x)$의 그래프가 원점에 대하여 대칭일 때, 함수 $y=x^2 f(x)$의 그래프는 원점에 대하여 대칭이고, 함수 $y=xf(x)$의 그래프는 y축에 대하여 대칭이므로

$$\int_{-1}^1 x^2 f(x)dx=0, \quad \int_{-1}^1 f(x)dx=0$$

$$\int_{-1}^1 xf(x)dx=2\int_0^1 xf(x)dx$$

㉠을 정리하면

$$\int_{-1}^1 x^2 f(x)dx+10\int_{-1}^1 xf(x)dx+25\int_{-1}^1 f(x)dx$$

$$=20\int_0^1 x(x^3+ax)dx$$

$$=20\int_0^1 (x^4+ax^2)dx$$

$$=20\Big[\dfrac{1}{5}x^5+\dfrac{a}{3}x^3\Big]_0^1$$

$$=20\Big(\dfrac{1}{5}+\dfrac{a}{3}\Big)$$

$20\Big(\dfrac{1}{5}+\dfrac{a}{3}\Big)=64$에서 $a=9$

따라서 $f(x)=x^3+9x$이므로

$$\int_1^2 \dfrac{f(x)}{x}dx=\int_1^2 \dfrac{x^3+9x}{x}dx$$

$$=\int_1^2 (x^2+9)dx$$

$$=\Big[\dfrac{1}{3}x^3+9x\Big]_1^2$$

$$=\Big(\dfrac{8}{3}+18\Big)-\Big(\dfrac{1}{3}+9\Big)$$

$$=\dfrac{34}{3}$$

目 ①

참고

함수 $y=f(x)$의 그래프가 원점에 대하여 대칭이면 모든 실수 x에 대하여

$f(-x)=-f(x)$

$g(x)=x^2 f(x)$이면

$g(-x)=(-x)^2 f(-x)=-x^2 f(x)=-g(x)$

$h(x)=xf(x)$이면

$h(-x)=-xf(-x)=xf(x)=h(x)$

13

$\displaystyle\int_0^2 f(t)dt=k$ (k는 상수)라 하면

$f(x)=3x^2+kx$이므로

$$\int_0^2 f(t)dt=\int_0^2 (3t^2+kt)dt$$

$$=\Big[t^3+\dfrac{k}{2}t^2\Big]_0^2$$

$$=8+2k$$

$8+2k=k$에서 $k=-8$

따라서 $f(x)=3x^2-8x$이므로

$f(4)=48-32=16$

目 ③

14

$\displaystyle\int_1^1 f(t)dt=0$이므로

$\displaystyle\int_1^x f(t)dt=x^3+ax^2+bx$의 양변에 $x=1$을 대입하면

$0=1+a+b$에서

$a+b=-1 \quad \cdots\cdots \text{㉠}$

$\displaystyle\int_1^x f(t)dt=x^3+ax^2+bx$의 양변을 x에 대하여 미분하면

$f(x)=3x^2+2ax+b$이므로

$f(1)=3+2a+b$

$f(1)=4$이므로 $3+2a+b=4$에서

$2a+b=1 \quad \cdots\cdots \text{㉡}$

㉠, ㉡을 연립하여 풀면

$a=2,\ b=-3$

따라서 $f(x)=3x^2+4x-3$이므로

$f(a+b)=f(-1)=3-4-3=-4$

目 ④

15

$\displaystyle\int_{-1}^2 f(t)dt=a$ (a는 상수)라 하면

$\displaystyle\int_{-1}^x f(t)dt+a(x+1)=4x^2-4$에서

$\displaystyle\int_{-1}^x f(t)dt=4x^2-ax-a-4 \quad \cdots\cdots \text{㉠}$

㉠의 양변을 x에 대하여 미분하면

$f(x)=8x-a$

$$\int_{-1}^2 f(t)dt=\int_{-1}^2 (8t-a)dt$$

$$=\Big[4t^2-at\Big]_{-1}^2$$

$$=(16-2a)-(4+a)$$

$$=12-3a$$

$12-3a=a$에서 $a=3$

따라서 $f(x)=8x-3$이므로
$f(4)=29$　　　　　　　　　　　　　　　🄳 29

다른 풀이

$$\int_{-1}^{x} f(t)dt + (x+1)\int_{-1}^{2} f(t)dt = 4x^2-4 \quad \cdots\cdots ㉠$$

㉠의 양변에 $x=2$를 대입하면

$$\int_{-1}^{2} f(t)dt + 3\int_{-1}^{2} f(t)dt = 12$$

$$4\int_{-1}^{2} f(t)dt = 12$$

$$\int_{-1}^{2} f(t)dt = 3$$

이 값을 ㉠에 대입하면

$$\int_{-1}^{x} f(t)dt + 3(x+1) = 4x^2-4$$

$$\int_{-1}^{x} f(t)dt = 4x^2-3x-7 \quad \cdots\cdots ㉡$$

㉡의 양변을 x에 대하여 미분하면 $f(x)=8x-3$이므로
$f(4)=29$

16

$$x^2\int_{1}^{x} f(t)dt = \int_{1}^{x} t^2 f(t)dt + x^4+ax^3+bx^2 \quad \cdots\cdots ㉠$$

㉠의 양변에 $x=1$을 대입하면

$\int_{1}^{1} f(t)dt = 0$, $\int_{1}^{1} t^2 f(t)dt = 0$이므로

$0=0+1+a+b$에서

$a+b=-1 \quad \cdots\cdots ㉡$

㉠의 양변을 x에 대하여 미분하면

$$2x\int_{1}^{x} f(t)dt + x^2 f(x) = x^2 f(x) + 4x^3+3ax^2+2bx$$

$$2x\int_{1}^{x} f(t)dt = 4x^3+3ax^2+2bx$$

$$\int_{1}^{x} f(t)dt = 2x^2+\frac{3a}{2}x+b \quad \cdots\cdots ㉢$$

㉢의 양변에 $x=1$을 대입하면

$0=2+\frac{3a}{2}+b$에서

$3a+2b=-4 \quad \cdots\cdots ㉣$

㉡, ㉣을 연립하여 풀면

$a=-2$, $b=1$

㉢에서

$$\int_{1}^{x} f(t)dt = 2x^2-3x+1 \quad \cdots\cdots ㉤$$

㉤의 양변을 x에 대하여 미분하면 $f(x)=4x-3$이므로
$f(a+b)=f(-1)=-7$　　　　　　　　🄳 ②

17

$\lim\limits_{x \to 1} \dfrac{1}{x-1}\int_{1}^{x} f(t)dt = f(1) = 1+a+b$이므로

$1+a+b=3$에서

$a+b=2 \quad \cdots\cdots ㉠$

$tf(t)$의 한 부정적분을 $G(t)$라 하면

$$\lim_{h \to 0} \frac{1}{h}\int_{2-h}^{2+h} tf(t)dt$$

$$=\lim_{h \to 0} \frac{1}{h}\Big[G(t)\Big]_{2-h}^{2+h}$$

$$=\lim_{h \to 0} \frac{G(2+h)-G(2-h)}{h}$$

$$=\lim_{h \to 0} \frac{G(2+h)-G(2)}{h} + \lim_{h \to 0} \frac{G(2-h)-G(2)}{-h}$$

$$=2G'(2)=2\times 2f(2)$$

$$=4f(2)$$

$4f(2)=36$에서 $f(2)=9$이므로

$4+2a+b=9$에서

$2a+b=5 \quad \cdots\cdots ㉡$

㉠, ㉡을 연립하여 풀면

$a=3$, $b=-1$

따라서 $f(x)=x^2+3x-1$이므로

$f(3)=9+9-1=17$　　　　　　　　　🄳 17

18

$f(x)=\int_{-1}^{x} (t-1)(t-2)dt$에서

$f'(x)=(x-1)(x-2)$

$f'(x)=0$에서 $x=1$ 또는 $x=2$

함수 $f(x)$의 증가와 감소를 표로 나타내면 다음과 같다.

x	$\cdots$	1	$\cdots$	2	$\cdots$
$f'(x)$	+	0	-	0	+
$f(x)$	↗	극대	↘	극소	↗

함수 $f(x)$는 $x=2$에서 극소이므로 함수 $f(x)$의 극솟값은

$$f(2)=\int_{-1}^{2} (t-1)(t-2)dt$$

$$=\int_{-1}^{2} (t^2-3t+2)dt$$

$$=\left[\frac{1}{3}t^3-\frac{3}{2}t^2+2t\right]_{-1}^{2}$$

$$=\left(\frac{8}{3}-6+4\right)-\left(-\frac{1}{3}-\frac{3}{2}-2\right)$$

$$=\frac{9}{2}$$　　　　　　　　　　　　　🄳 ③

19

$f(x)=x^2+ax+b$ (a, b는 상수)라 하자.

$g'(x)=f(x)$이고 함수 $g(x)$가 $x=2$에서 극솟값 $-\dfrac{10}{3}$을 가지므로

$$g'(2)=f(2)=0, \quad g(2)=-\frac{10}{3}$$

$f(2)=4+2a+b=0$에서

$b=-2a-4$

즉, $f(x)=x^2+ax-2a-4$이므로

$g(2) = \int_0^2 f(t)dt$

$= \int_0^2 (t^2 + at - 2a - 4)dt$

$= \left[\dfrac{1}{3}t^3 + \dfrac{a}{2}t^2 - 2at - 4t \right]_0^2$

$= \dfrac{8}{3} + 2a - 4a - 8$

$= -2a - \dfrac{16}{3}$

$-2a - \dfrac{16}{3} = -\dfrac{10}{3}$에서

$2a = -2$, $a = -1$

따라서 $f(x) = x^2 - x - 2$이므로

$g'(4) = f(4) = 16 - 4 - 2 = 10$ 답 10

20

$g(x) = x\int_1^x f(t)dt - \int_1^x tf(t)dt$ ...... ㉠

㉠의 양변을 x에 대하여 미분하면

$g'(x) = \int_1^x f(t)dt + xf(x) - xf(x)$에서

$g'(x) = \int_1^x f(t)dt$ ...... ㉡

㉠의 양변에 $x = 1$을 대입하면

$g(1) = 0$

㉡의 양변에 $x = 1$을 대입하면

$g'(1) = 0$

조건 (가)에서 $\displaystyle\lim_{x \to \infty} \dfrac{g'(x) - 4x^3}{x^2 + x + 1} = 3$이므로

$g'(x) - 4x^3 = 3x^2 + ax + b$ (a, b는 상수)로 놓으면

$g'(x) = 4x^3 + 3x^2 + ax + b$이고, ㉡에서

$\int_1^x f(t)dt = 4x^3 + 3x^2 + ax + b$ ...... ㉢

㉢의 양변에 $x = 1$을 대입하면 $0 = 4 + 3 + a + b$에서

$b = -a - 7$

㉢의 양변을 x에 대하여 미분하면

$f(x) = 12x^2 + 6x + a$

조건 (나)에서

$\displaystyle\lim_{x \to 1} \dfrac{g(x) + (x-1)f(x)}{x - 1} = \int_1^3 f(x)dx$

$g(1) = 0$이므로

$\displaystyle\lim_{x \to 1} \dfrac{g(x) + (x-1)f(x)}{x - 1} = \lim_{x \to 1} \dfrac{g(x) - g(1) + (x-1)f(x)}{x-1}$

$= \displaystyle\lim_{x \to 1} \dfrac{g(x) - g(1)}{x - 1} + \lim_{x \to 1} f(x)$

$= g'(1) + f(1)$

$= 0 + (18 + a)$

$= 18 + a$

㉡에서

$\int_1^3 f(x)dx = g'(3) = 108 + 27 + 3a + b$

$= 135 + 3a + (-a - 7)$

$= 128 + 2a$

$18 + a = 128 + 2a$에서 $a = -110$

$b = -a - 7 = 110 - 7 = 103$

㉢에서 $\int_1^x f(t)dt = 4x^3 + 3x^2 - 110x + 103$

이므로 양변에 $x = 0$을 대입하면

$\int_1^0 f(t)dt = 103$

따라서 $\int_0^1 f(x)dx = -103$ 답 ②

21

평행이동을 생각하면 곡선 $y = (x-10)(x-13)$과 x축으로 둘러싸인 부분의 넓이는 곡선 $y = x(x-3)$과 x축으로 둘러싸인 부분의 넓이와 같다.

$0 \le x \le 3$에서 $x(x-3) \le 0$이므로 곡선 $y = x(x-3)$과 x축으로 둘러싸인 부분의 넓이는

$\int_0^3 \{-x(x-3)\}dx = \int_0^3 (-x^2 + 3x)dx$

$= \left[-\dfrac{1}{3}x^3 + \dfrac{3}{2}x^2 \right]_0^3$

$= -9 + \dfrac{27}{2} = \dfrac{9}{2}$ 답 ⑤

22

$f(x) = x^3 - ax^2 = x^2(x - a)$이므로

$f(x) = 0$에서 $x = 0$ 또는 $x = a$

$0 \le x \le a$에서 $f(x) \le 0$이므로 곡선 $y = f(x)$와 x축으로 둘러싸인 부분의 넓이는

$\int_0^a |f(x)|dx = \int_0^a (-x^3 + ax^2)dx$

$= \left[-\dfrac{1}{4}x^4 + \dfrac{a}{3}x^3 \right]_0^a$

$= -\dfrac{a^4}{4} + \dfrac{a^4}{3} = \dfrac{a^4}{12}$

$\dfrac{a^4}{12} = 108$에서 $a^4 = 6^4$

$a > 0$이므로 $a = 6$ 답 ③

23

조건 (가)에서 $f(0) = 0$, $f'(0) = 9$이고

조건 (나)에서 $f(3) = 0$, $f'(3) = 0$이다.

$f(0) = 0$, $f(3) = 0$이므로

$f(x) = ax(x-3)(x+k)$ (k는 상수, a는 0이 아닌 상수)로 놓으면

$f'(x) = a(x-3)(x+k) + ax(x+k) + ax(x-3)$

$f'(3) = a \times 3 \times (3+k) = 0$에서 $k = -3$

따라서 $f(x) = ax(x-3)^2 = ax^3 - 6ax^2 + 9ax$이므로

$f'(x) = 3ax^2 - 12ax + 9a$

$f'(0) = 9a = 9$에서 $a = 1$이므로

$f(x) = x^3 - 6x^2 + 9x = x(x-3)^2$

$0 \le x \le 3$에서 $f(x) \ge 0$이므로

곡선 $y = f(x)$와 x축으로 둘러싸인 부분의 넓이는

$$\int_0^3 f(x)dx = \int_0^3 (x^3-6x^2+9x)dx$$

$$= \left[\frac{1}{4}x^4-2x^3+\frac{9}{2}x^2\right]_0^3$$

$$= \frac{81}{4}-54+\frac{81}{2}$$

$$= \frac{27}{4}$$

답 ④

24

함수 $y=f(-x)$의 그래프는 함수 $y=f(x)$의 그래프를 y축에 대하여 대칭이동한 그래프이고, 함수 $y=f(-x)$의 그래프와 x축의 교점의 x좌표는 $-b$, $-a$, b이므로

$$\int_{-b}^{b} f(x)dx = \int_{-b}^{b} f(-x)dx$$

$$\int_{-b}^{b} \{f(x)+f(-x)\}dx = 54$$이므로

$$\int_{-b}^{b} f(x)dx = 27 \qquad \cdots\cdots \text{㉠}$$

이때 $\int_{-b}^{b} f(x)dx > 0$이고

$f(x)$의 최고차항의 계수는 양수이므로

$-b<x<a$일 때 $f(x)>0$이고

$a<x<b$일 때 $f(x)<0$이다.

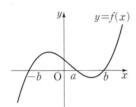

$$\int_{-b}^{b} \{f(x)+|f(x)|\}dx$$

$$= \int_{-b}^{a} \{f(x)+|f(x)|\}dx + \int_{a}^{b} \{f(x)+|f(x)|\}dx$$

$$= \int_{-b}^{a} \{f(x)+f(x)\}dx + \int_{a}^{b} \{f(x)-f(x)\}dx$$

$$= 2\int_{-b}^{a} f(x)dx$$

$$2\int_{-b}^{a} f(x)dx = 64$$에서

$$\int_{-b}^{a} f(x)dx = 32 \qquad \cdots\cdots \text{㉡}$$

㉠, ㉡에서

$$\int_{a}^{b} f(x)dx = \int_{-b}^{b} f(x)dx - \int_{-b}^{a} f(x)dx$$

$$= 27-32 = -5$$

따라서 닫힌구간 $[a, b]$에서 곡선 $y=f(x)$와 x축으로 둘러싸인 부분의 넓이는

$$\int_{a}^{b} |f(x)|dx = \int_{a}^{b} \{-f(x)\}dx$$

$$= -\int_{a}^{b} f(x)dx$$

$$= -(-5) = 5$$

답 5

25

$ax^2 = a(x+2)$에서

$$x^2-x-2=0$$

$$(x-2)(x+1)=0$$

$x=2$ 또는 $x=-1$

즉, 곡선 $y=ax^2$과 직선 $y=a(x+2)$의 교점의 x좌표는 -1, 2이고 $a>0$이므로

$-1\le x\le 2$에서 $a(x+2)\ge ax^2$

곡선 $y=ax^2$과 직선 $y=a(x+2)$로 둘러싸인 부분의 넓이는

$$\int_{-1}^{2} \{a(x+2)-ax^2\}dx = \int_{-1}^{2} a(-x^2+x+2)dx$$

$$= a\left[-\frac{1}{3}x^3+\frac{1}{2}x^2+2x\right]_{-1}^{2}$$

$$= a\left\{\left(-\frac{8}{3}+2+4\right)-\left(\frac{1}{3}+\frac{1}{2}-2\right)\right\}$$

$$= \frac{9}{2}a$$

따라서 $\frac{9}{2}a = 27$에서

$$a=6$$

답 6

26

$f(x)=x^3+x^2$에서 $f'(x)=3x^2+2x$

접점의 좌표를 (t, t^3+t^2)이라 하면 접선의 방정식은

$$y=(3t^2+2t)(x-t)+t^3+t^2$$

이 접선이 점 $(0, -3)$을 지나므로

$$-3=(3t^2+2t)(0-t)+t^3+t^2$$

$$-3=-3t^3-2t^2+t^3+t^2$$

$$2t^3+t^2-3=0$$

$$(t-1)(2t^2+3t+3)=0$$

t는 실수이므로 $t=1$

따라서 점 $(0, -3)$에서 곡선 $y=f(x)$에 그은 접선의 방정식은

$$y=5(x-1)+2=5x-3$$이므로

$$g(x)=5x-3$$

한편, $f(x)=g(x)$에서

$$x^3+x^2=5x-3$$

$$x^3+x^2-5x+3=0$$

$$(x-1)^2(x+3)=0$$

$x=-3$ 또는 $x=1$

$-3\le x\le 1$에서 $f(x)\ge g(x)$이므로 곡선 $y=f(x)$와 직선 $y=g(x)$로 둘러싸인 부분의 넓이는

$$\int_{-3}^{1} \{f(x)-g(x)\}dx = \int_{-3}^{1} (x^3+x^2-5x+3)dx$$

$$= \left[\frac{1}{4}x^4+\frac{1}{3}x^3-\frac{5}{2}x^2+3x\right]_{-3}^{1}$$

$$= \left(\frac{1}{4}+\frac{1}{3}-\frac{5}{2}+3\right)-\left(\frac{81}{4}-9-\frac{45}{2}-9\right)$$

$$= \frac{64}{3}$$

답 ②

27

$f(x)=x^3+ax^2+bx+c$ (a, b, c는 상수)로 놓으면

$f'(x)=3x^2+2ax+b$

조건 (가)에서 $f(0)=c=2$, $f'(0)=b=2$이므로

$f(x)=x^3+ax^2+2x+2$, $f'(x)=3x^2+2ax+2$

조건 (나)에서 $f(3)=27+9a+6+2=9a+35$,

$f'(3)=27+6a+2=6a+29$이므로

$9a+35=6a+29$에서 $3a=-6$, $a=-2$

즉, $f(x)=x^3-2x^2+2x+2$, $f'(x)=3x^2-4x+2$

$f(x)=f'(x)$에서 $f(x)-f'(x)=0$이므로

$x^3-5x^2+6x=0$, $x(x-2)(x-3)=0$

$x=0$ 또는 $x=2$ 또는 $x=3$

$0 \le x \le 2$에서 $f(x) \ge f'(x)$이고 $2 \le x \le 3$에서 $f(x) \le f'(x)$이므로

두 곡선 $y=f(x)$, $y=f'(x)$로 둘러싸인 부분의 넓이는

$\int_0^3 |f(x)-f'(x)|dx$

$=\int_0^2 (x^3-5x^2+6x)dx+\int_2^3 (-x^3+5x^2-6x)dx$

$=\left[\frac{1}{4}x^4-\frac{5}{3}x^3+3x^2\right]_0^2+\left[-\frac{1}{4}x^4+\frac{5}{3}x^3-3x^2\right]_2^3$

$=\left(4-\frac{40}{3}+12\right)-0+\left(-\frac{81}{4}+45-27\right)-\left(-4+\frac{40}{3}-12\right)$

$=\frac{37}{12}$

답 ①

28

$f(x)-g(x)=(x-4)^2-(-2x+k)=x^2-6x+16-k$

$\qquad\qquad\quad =(x-3)^2+7-k$

이므로 함수 $y=f(x)-g(x)$의 그래프는 직선 $x=3$에 대하여 대칭이다. $7<k<16$에서 $7-k<0$이고 $16-k>0$이므로 이차방정식 $f(x)-g(x)=0$의 두 근을 α, β $(\alpha<\beta)$라 하면

$0<\alpha<\beta$이고 $\dfrac{\alpha+\beta}{2}=3$이다.

$S_1=\int_0^\alpha \{f(x)-g(x)\}dx$

$S_2=\int_\alpha^\beta \{g(x)-f(x)\}dx=2\int_\alpha^3 \{g(x)-f(x)\}dx$

$S_2=2S_1$이므로 $2\int_\alpha^3 \{g(x)-f(x)\}dx=2\int_0^\alpha \{f(x)-g(x)\}dx$

$\int_0^\alpha \{f(x)-g(x)\}dx=\int_\alpha^3 \{g(x)-f(x)\}dx$

$\int_0^\alpha \{f(x)-g(x)\}dx+\int_\alpha^3 \{f(x)-g(x)\}dx=0$

$\int_0^3 \{f(x)-g(x)\}dx=0$

$\int_0^3 \{f(x)-g(x)\}dx=\int_0^3 (x^2-6x+16-k)dx$

$\qquad\qquad =\left[\frac{1}{3}x^3-3x^2+(16-k)x\right]_0^3$

$\qquad\qquad =9-27+3(16-k)=30-3k$

따라서 $30-3k=0$에서 $k=10$

답 ③

29

$a>0$이므로 함수 $f(x)$는 $x \ge -1$에서 증가하는 함수이다.

두 곡선 $y=f(x)$와 $y=g(x)$의 교점은 곡선 $y=f(x)$와 직선 $y=x$의 교점과 같다.

방정식 $a(x+1)^2+b=x$의 두 근은 $x=0$, $x=2$이므로

$x=0$을 대입하면

$a+b=0$ ······ ㉠

$x=2$를 대입하면

$9a+b=2$ ······ ㉡

㉠, ㉡을 연립하여 풀면

$a=\frac{1}{4}$, $b=-\frac{1}{4}$

$f(x)=\frac{1}{4}(x+1)^2-\frac{1}{4}$

두 곡선 $y=f(x)$, $y=g(x)$는 직선 $y=x$에 대하여 대칭이고 $0 \le x \le 2$에서 $g(x) \ge f(x)$이다.

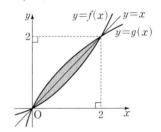

따라서 두 곡선 $y=f(x)$, $y=g(x)$로 둘러싸인 부분의 넓이는

$\int_0^2 \{g(x)-f(x)\}dx$

$=2\int_0^2 \{x-f(x)\}dx$

$=2\int_0^2 \left\{x-\frac{1}{4}(x+1)^2+\frac{1}{4}\right\}dx$

$=2\int_0^2 \left(-\frac{1}{4}x^2+\frac{1}{2}x\right)dx$

$=2\left[-\frac{1}{12}x^3+\frac{1}{4}x^2\right]_0^2$

$=2\left(-\frac{8}{12}+1\right)=\frac{2}{3}$

답 ③

30

모든 실수 x에 대하여 $f(x+3)=f(x)$이므로

$\int_2^4 f(x)dx=\int_{-1}^1 f(x)dx$에서

$\int_2^4 f(x)dx=1$ ······ ㉠

$\int_1^4 \{f(x)+1\}dx=\int_1^4 f(x)dx+\int_1^4 1\,dx=\int_1^4 f(x)dx+\left[x\right]_1^4$

$\qquad\qquad\qquad\qquad =\int_1^4 f(x)dx+3$

이므로 $\int_1^4 f(x)dx+3=6$에서

$\int_1^4 f(x)dx=3$ ······ ㉡

$\int_1^4 f(x)dx=\int_1^2 f(x)dx+\int_2^4 f(x)dx$에서 ㉠, ㉡에 의하여

$$3=\int_1^2 f(x)dx+1$$

$$\int_1^2 f(x)dx=2 \qquad \cdots\cdots ㉢$$

$$\int_1^8 \{f(x)+2\}dx=\int_1^8 f(x)dx+\int_1^8 2\,dx$$

$$=\int_1^8 f(x)dx+\Big[2x\Big]_1^8$$

$$=\int_1^8 f(x)dx+14 \qquad \cdots\cdots ㉣$$

모든 실수 x에 대하여 $f(x+3)=f(x)$이므로

$$\int_1^8 f(x)dx=\int_1^4 f(x)dx+\int_4^7 f(x)dx+\int_7^8 f(x)dx$$

$$=2\int_1^4 f(x)dx+\int_1^2 f(x)dx$$

㉡, ㉢에 의하여

$$\int_1^8 f(x)dx=2\times3+2=8 \qquad \cdots\cdots ㉤$$

㉤을 ㉣에 대입하면

$$\int_1^8 \{f(x)+2\}dx=8+14=22 \qquad \blacksquare\ 22$$

31

$$S(t)=\int_t^{t+1} f(x)dx=\int_t^1 4x^2\,dx+\int_1^{t+1}(x-3)^2dx$$

$$=-\int_1^t 4x^2\,dx+\int_0^t (x-2)^2dx$$

$$S'(t)=-4t^2+(t-2)^2=-3t^2-4t+4$$

$$=-(3t^2+4t-4)=-(t+2)(3t-2)$$

$S'(t)=0$에서 $0<t<1$이므로 $t=\dfrac{2}{3}$

$t=\dfrac{2}{3}$의 좌우에서 $S'(t)$의 부호가 양에서 음으로 바뀌므로 함수 $S(t)$는 $t=\dfrac{2}{3}$에서 극대이면서 최대이다. $\qquad \blacksquare\ ③$

32

점 P의 운동 방향이 바뀔 때, 속도가 0이므로

$v(t)=-2t+4=0$에서 $t=2$

따라서 점 P가 시각 $t=0$일 때부터 운동 방향이 바뀔 때까지 움직인 거리는

$$\int_0^2 |-2t+4|dt=\int_0^2 (-2t+4)dt=\Big[-t^2+4t\Big]_0^2$$

$$=-4+8=4 \qquad \blacksquare\ ②$$

33

시각 $t=3$에서의 점 P의 속도는 2이므로

$v(3)=-6+k=2$에서 $k=8$

그러므로 $v(t)=-2t+8$

시각 t에서의 점 P의 위치를 $x(t)$라 하면 시각 $t=3$에서의 점 P의 위치는

$$x(3)=x(0)+\int_0^3 v(t)dt$$

$$10=x(0)+\int_0^3 (-2t+8)dt=x(0)+\Big[-t^2+8t\Big]_0^3$$

$$=x(0)+(-9+24)-0$$

에서 $x(0)=-5$

따라서 시각 $t=0$에서의 점 P의 위치는 -5이다. $\qquad \blacksquare\ ⑤$

34

$t\geq0$에서 함수 $y=v(t)$의 그래프는 그림과 같다.

$0\leq t\leq8$에서 $v(t)\geq0$이므로 점 P가 원점을 출발하여 양의 방향으로 움직인 거리는

$$\int_0^8 v(t)dt=\int_0^6 \frac{1}{3}t\,dt+\int_6^8 (-t+8)dt$$

$$=\Big[\frac{1}{6}t^2\Big]_0^6+\Big[-\frac{1}{2}t^2+8t\Big]_6^8$$

$$=6-0+(-32+64)-(-18+48)$$

$$=8$$

$8\leq t\leq k$에서 점 P가 음의 방향으로 움직인 거리가 8이므로

$$\int_8^k (-t+8)dt=\Big[-\frac{1}{2}t^2+8t\Big]_8^k=-\frac{1}{2}k^2+8k-(-32+64)$$

$$=-\frac{1}{2}k^2+8k-32=-8$$

$$k^2-16k+48=0$$

$$(k-4)(k-12)=0$$

$k>8$이므로 $k=12$ $\qquad \blacksquare\ ③$

35

두 점 P, Q의 속도가 같을 때,

$v_1(t)=v_2(t)$에서 $v_1(t)-v_2(t)=0$

주어진 조건에서 $v_1(t)-v_2(t)=-3t^2+3t+6$이므로

$-3t^2+3t+6=0$에서

$t^2-t-2=0,\ (t-2)(t+1)=0$

$t\geq0$이므로 $t=2$, 즉 $k=2$

$$x_1(2)=x_1(0)+\int_0^2 v_1(t)dt,$$

$$x_2(2)=x_2(0)+\int_0^2 v_2(t)dt \text{이고}$$

$x_1(0)=x_2(0)=0$이므로

$$x_1(2)-x_2(2)=\int_0^2 v_1(t)dt-\int_0^2 v_2(t)dt$$

$$=\int_0^2 \{v_1(t)-v_2(t)\}dt$$

$$=\int_0^2 (-3t^2+3t+6)dt$$

$$=\Big[-t^3+\frac{3}{2}t^2+6t\Big]_0^2$$

$$=(-8+6+12)-0$$

$$=10 \qquad \blacksquare\ ①$$

07 수열의 극한

본문 72~79쪽

01 ③	02 ③	03 ④	04 ①	05 ③
06 ④	07 ③	08 ⑤	09 ②	10 ⑤
11 8	12 ⑤	13 ④	14 ②	15 4
16 ①	17 ①	18 8	19 ④	20 ③
21 ⑤	22 ③	23 ④	24 ②	25 ④
26 ④	27 ④	28 ③	29 ③	30 ⑤

01

$$\lim_{n \to \infty}(2a_n - 3b_n) = 2 \times \lim_{n \to \infty} a_n - 3 \times \lim_{n \to \infty} b_n$$
$$= 2 \times 3 - 3 \times 2$$
$$= 0$$

답 ③

02

$$2a_n + b_n = x_n \quad \cdots\cdots \ \text{㉠}$$
$$4a_n - b_n = y_n \quad \cdots\cdots \ \text{㉡}$$

이라 하자.

㉠, ㉡을 연립하면 $a_n = \dfrac{1}{6}(x_n + y_n)$이고

$\lim_{n \to \infty} x_n = 4$, $\lim_{n \to \infty} y_n = -1$이므로

$$\lim_{n \to \infty} a_n = \lim_{n \to \infty} \dfrac{1}{6}(x_n + y_n)$$
$$= \dfrac{1}{6} \times (\lim_{n \to \infty} x_n + \lim_{n \to \infty} y_n)$$
$$= \dfrac{1}{6} \times \{4 + (-1)\}$$
$$= \dfrac{1}{2}$$

㉠에서 $b_n = x_n - 2a_n$이므로

$$\lim_{n \to \infty} b_n = \lim_{n \to \infty}(x_n - 2a_n)$$
$$= \lim_{n \to \infty} x_n - 2 \times \lim_{n \to \infty} a_n$$
$$= 4 - 2 \times \dfrac{1}{2}$$
$$= 3$$

따라서

$$\lim_{n \to \infty} a_n(b_n + 3) = \lim_{n \to \infty} a_n \times \lim_{n \to \infty}(b_n + 3)$$
$$= \dfrac{1}{2} \times (3 + 3)$$
$$= 3$$

답 ③

03

$a_n + 2b_n = x_n$, $a_n^2 + 4b_n^2 = y_n$이라 하면

$\lim_{n \to \infty} x_n = 5$, $\lim_{n \to \infty} y_n = 17$

$x_n^2 = (a_n + 2b_n)^2 = a_n^2 + 4a_n b_n + 4b_n^2 = y_n + 4a_n b_n$이므로

$$a_n b_n = \dfrac{x_n^2 - y_n}{4}$$

따라서

$$\lim_{n \to \infty} a_n b_n = \lim_{n \to \infty} \dfrac{x_n^2 - y_n}{4}$$
$$= \dfrac{1}{4} \times (\lim_{n \to \infty} x_n^2 - \lim_{n \to \infty} y_n)$$
$$= \dfrac{1}{4} \times (5^2 - 17)$$
$$= 2$$

답 ④

04

$\lim_{n \to \infty} a_n = \alpha$ (α는 상수)라 하면

$$\lim_{n \to \infty} a_{3n-2} = \lim_{n \to \infty} a_{3n-1} = \lim_{n \to \infty} a_{3n} = \alpha$$

이므로

$$\lim_{n \to \infty} 2a_{3n-2} = 2\alpha$$

$$10 \lim_{n \to \infty}\left(a_{3n-1} + \dfrac{1}{2}\right) = 10\left(\alpha + \dfrac{1}{2}\right) = 10\alpha + 5$$

$$\lim_{n \to \infty}(a_{3n} + 1)^2 = (\alpha + 1)^2$$

$\lim_{n \to \infty} 2a_{3n-2} - 10\lim_{n \to \infty}\left(a_{3n-1} + \dfrac{1}{2}\right) + \lim_{n \to \infty}(a_{3n} + 1)^2 = -13$에서

$$2\alpha - 10\alpha - 5 + (\alpha + 1)^2 = -13$$
$$\alpha^2 - 6\alpha + 9 = 0$$
$$(\alpha - 3)^2 = 0$$

따라서 $\alpha = 3$이므로

$$\lim_{n \to \infty} a_n = 3$$

답 ①

05

$$\lim_{n \to \infty} \dfrac{3n^3 - n^2 - 2}{2n^3 + n - 3} = \lim_{n \to \infty} \dfrac{3 - \dfrac{1}{n} - \dfrac{2}{n^3}}{2 + \dfrac{1}{n^2} - \dfrac{3}{n^3}}$$
$$= \dfrac{3 - 0 - 0}{2 + 0 - 0}$$
$$= \dfrac{3}{2}$$

답 ③

06

$$\lim_{n \to \infty}(\sqrt{an^2 + 2an - 1} - \sqrt{an^2 - an + 2})$$
$$= \lim_{n \to \infty} \dfrac{(\sqrt{an^2 + 2an - 1} - \sqrt{an^2 - an + 2})(\sqrt{an^2 + 2an - 1} + \sqrt{an^2 - an + 2})}{\sqrt{an^2 + 2an - 1} + \sqrt{an^2 - an + 2}}$$
$$= \lim_{n \to \infty} \dfrac{3an - 3}{\sqrt{an^2 + 2an - 1} + \sqrt{an^2 - an + 2}}$$
$$= \lim_{n \to \infty} \dfrac{3a - \dfrac{3}{n}}{\sqrt{a + \dfrac{2a}{n} - \dfrac{1}{n^2}} + \sqrt{a - \dfrac{a}{n} + \dfrac{2}{n^2}}}$$
$$= \dfrac{3a}{\sqrt{a} + \sqrt{a}}$$
$$= \dfrac{3}{2}\sqrt{a} = b$$

a, b는 자연수이므로 a는 짝수인 완전제곱수이다.

a가 최소일 때 b도 최소이므로 $a = 4$, $b = 3$일 때

$a + b$의 최솟값은 7이다.

답 ④

07

$$\lim_{n\to\infty}\frac{n(\sqrt{pn^2+2a_n}-\sqrt{9n^2+a_n})}{a_n}$$

$$=\lim_{n\to\infty}\frac{n(\sqrt{pn^2+2a_n}-\sqrt{9n^2+a_n})(\sqrt{pn^2+2a_n}+\sqrt{9n^2+a_n})}{a_n(\sqrt{pn^2+2a_n}+\sqrt{9n^2+a_n})}$$

$$=\lim_{n\to\infty}\frac{n\{(p-9)n^2+a_n\}}{a_n(\sqrt{pn^2+2a_n}+\sqrt{9n^2+a_n})}$$

$$=\lim_{n\to\infty}\frac{(p-9)n+\dfrac{a_n}{n}}{\dfrac{a_n}{n}\times\left(\sqrt{p+2\times\dfrac{a_n}{n^2}}+\sqrt{9+\dfrac{a_n}{n^2}}\right)}\quad\cdots\cdots\ \ominus$$

$\lim\limits_{n\to\infty}\dfrac{a_n}{n}=0$이고 ㉠이 수렴하므로

$p-9=0$에서 $p=9$

$$q=\lim_{n\to\infty}\frac{\dfrac{a_n}{n}}{\dfrac{a_n}{n}\times\left(\sqrt{9+2\times\dfrac{a_n}{n^2}}+\sqrt{9+\dfrac{a_n}{n^2}}\right)}$$

$$=\lim_{n\to\infty}\frac{1}{\sqrt{9+2\times\dfrac{a_n}{n^2}}+\sqrt{9+\dfrac{a_n}{n^2}}}$$

$$=\frac{1}{3+3}=\frac{1}{6}$$

따라서 $p=9$, $q=\dfrac{1}{6}$이므로

$$p\times q=9\times\frac{1}{6}=\frac{3}{2}$$

답 ③

08

조건 (가)에 의하여 $f(x)$는 상수함수가 아니고 최고차항의 계수가 양수인 다항함수이다.

(i) 다항함수 $f(x)$가 일차함수인 경우

함수 $f(x)$의 일차항의 계수를 $p\ (p>0)$이라 하자.

$f(n)-2n^2$은 최고차항의 계수가 -2인 n에 대한 이차식이고

$f(n)+3n$은 최고차항의 계수가 $p+3$인 n에 대한 일차식이므로

$\{f(n)-2n^2\}\times\{f(n)+3n\}$은 최고차항의 계수가

$-2(p+3)$인 n에 대한 삼차식이다.

$$\lim_{n\to\infty}\frac{\{f(n)-2n^2\}\times\{f(n)+3n\}}{n^3+2n-1}=-2(p+3)=2$$에서

$p=-4$이므로 조건을 만족시키지 않는다.

(ii) 다항함수 $f(x)$가 이차함수인 경우

함수 $f(x)$의 이차항의 계수를 $a\ (a>0)$, 일차항의 계수를 b라 하자.

① $a=2$인 경우

$f(n)-2n^2$은 최고차항의 계수가 b인 n에 대한 일차식이고

$f(n)+3n$은 최고차항의 계수가 2인 n에 대한 이차식이므로

$\{f(n)-2n^2\}\times\{f(n)+3n\}$은 최고차항의 계수가 $2b$인 n에 대한 삼차식이다.

$$\lim_{n\to\infty}\frac{\{f(n)-2n^2\}\times\{f(n)+3n\}}{n^3+2n-1}=2b=2$$에서

$b=1$

② $a\neq2$인 경우

두 식 $f(n)-2n^2$, $f(n)+3n$은 모두 n에 대한 이차식이므로 $\{f(n)-2n^2\}\times\{f(n)+3n\}$은 n에 대한 사차식이다.

따라서 $\lim\limits_{n\to\infty}\dfrac{\{f(n)-2n^2\}\times\{f(n)+3n\}}{n^3+2n-1}=\infty$

또는 $\lim\limits_{n\to\infty}\dfrac{\{f(n)-2n^2\}\times\{f(n)+3n\}}{n^3+2n-1}=-\infty$이므로

조건을 만족시키지 않는다.

(iii) 다항함수 $f(x)$의 차수가 3 이상인 경우

두 식 $f(n)-2n^2$, $f(n)+3n$은 모두 최고차항의 계수가 양수인 n에 대한 삼차 이상의 식이므로 $\{f(n)-2n^2\}\times\{f(n)+3n\}$은 최고차항의 계수가 양수인 n에 대한 육차 이상의 식이다.

따라서 $\lim\limits_{n\to\infty}\dfrac{\{f(n)-2n^2\}\times\{f(n)+3n\}}{n^3+2n-1}=\infty$이므로

조건을 만족시키지 않는다.

(i), (ii), (iii)에서 $f(x)=2x^2+x+c$ (c는 상수)이므로

$f(3)-f(0)=(21+c)-c=21$

답 ⑤

09

$\sqrt{4n^4-1}<a_n<2n^2+n+3$의 각 변을 n^2으로 나누면

$n^2>0$이므로

$$\sqrt{4-\frac{1}{n^4}}<\frac{a_n}{n^2}<2+\frac{1}{n}+\frac{3}{n^2}$$

$$\lim_{n\to\infty}\sqrt{4-\frac{1}{n^4}}=\lim_{n\to\infty}\left(2+\frac{1}{n}+\frac{3}{n^2}\right)=2$$

이므로 수열의 극한의 대소 관계에 의하여

$$\lim_{n\to\infty}\frac{a_n}{n^2}=2$$

따라서

$$\lim_{n\to\infty}\frac{n^2a_n+n^4-2n^2}{(a_n+3)^2}=\lim_{n\to\infty}\frac{\dfrac{a_n}{n^2}+1-\dfrac{2}{n^2}}{\left(\dfrac{a_n}{n^2}+\dfrac{3}{n^2}\right)^2}$$

$$=\frac{2+1-0}{(2+0)^2}$$

$$=\frac{3}{4}$$

답 ②

10

$$a_n=\sum_{k=1}^{n}(4k-1)$$

$$=4\times\frac{n(n+1)}{2}-n$$

$$=2n^2+n$$

이고 2 이상의 모든 자연수 n에 대하여

$a_n-a_{n-1}=4n-1$이므로

$a_n<b_n<a_{n+1}-a_n+a_{n-1}$에서

$2n^2+n<b_n<2(n+1)^2+(n+1)-(4n-1)$

$2n^2+n < b_n < 2n^2+n+4$

$2n^2 < b_n-n < 2n^2+4$

$\dfrac{2n^2}{n^2+3} < \dfrac{b_n-n}{n^2+3} < \dfrac{2n^2+4}{n^2+3}$

이때

$\lim\limits_{n\to\infty}\dfrac{2n^2}{n^2+3}=\lim\limits_{n\to\infty}\dfrac{2}{1+\dfrac{3}{n^2}}=2$

$\lim\limits_{n\to\infty}\dfrac{2n^2+4}{n^2+3}=\lim\limits_{n\to\infty}\dfrac{2+\dfrac{4}{n^2}}{1+\dfrac{3}{n^2}}=2$

이므로 수열의 극한의 대소 관계에 의하여

$\lim\limits_{n\to\infty}\dfrac{b_n-n}{n^2+3}=2$ ⑤

11

$a_n^2 < 8n(1-2n-a_n)$에서

$a_n^2+8na_n+16n^2 < 8n$

$(a_n+4n)^2 < 8n$

$-\sqrt{8n} < a_n+4n < \sqrt{8n}$

$-4n-2\sqrt{2n} < a_n < -4n+2\sqrt{2n}$

$-4-\dfrac{2\sqrt{2n}}{n} < \dfrac{a_n}{n} < -4+\dfrac{2\sqrt{2n}}{n}$

$\lim\limits_{n\to\infty}\left(-4-\dfrac{2\sqrt{2n}}{n}\right)=\lim\limits_{n\to\infty}\left(-4+\dfrac{2\sqrt{2n}}{n}\right)=-4$

이므로 수열의 극한의 대소 관계에 의하여

$\lim\limits_{n\to\infty}\dfrac{a_n}{n}=-4$

$\lim\limits_{n\to\infty}\dfrac{a_n^2+8na_n+4n^2}{a_n^2-na_n}=\lim\limits_{n\to\infty}\dfrac{\left(\dfrac{a_n}{n}\right)^2+8\times\dfrac{a_n}{n}+4}{\left(\dfrac{a_n}{n}\right)^2-\dfrac{a_n}{n}}$

$=\dfrac{16-32+4}{16+4}$

$=-\dfrac{3}{5}$

$\left|\lim\limits_{n\to\infty}\dfrac{a_n^2+8na_n+4n^2}{a_n^2-na_n}\right|=\dfrac{3}{5}$

따라서 $p=5$, $q=3$이므로

$p+q=5+3=8$ 8

12

$\sqrt{4n^2+2n}-2n=\dfrac{2n}{\sqrt{4n^2+2n}+2n}$

$\sqrt{4n^2+2n+1}-2n=\dfrac{2n+1}{\sqrt{4n^2+2n+1}+2n}$

이므로 조건 (가)에서 각 변을 n^2으로 나누면

$\dfrac{2n}{\sqrt{4n^2+2n}+2n} < \dfrac{a_n}{n^2}+\dfrac{b_n}{n} < \dfrac{2n+1}{\sqrt{4n^2+2n+1}+2n}$

이때

$\lim\limits_{n\to\infty}\dfrac{2n}{\sqrt{4n^2+2n}+2n}=\lim\limits_{n\to\infty}\dfrac{2}{\sqrt{4+\dfrac{2}{n}}+2}$

$=\dfrac{2}{\sqrt{4}+2}=\dfrac{1}{2}$

$\lim\limits_{n\to\infty}\dfrac{2n+1}{\sqrt{4n^2+2n+1}+2n}=\lim\limits_{n\to\infty}\dfrac{2+\dfrac{1}{n}}{\sqrt{4+\dfrac{2}{n}+\dfrac{1}{n^2}}+2}$

$=\dfrac{2}{\sqrt{4}+2}=\dfrac{1}{2}$

이므로 수열의 극한의 대소 관계에 의하여

$\lim\limits_{n\to\infty}\left(\dfrac{a_n}{n^2}+\dfrac{b_n}{n}\right)=\dfrac{1}{2}$

한편, 조건 (나)에 의하여

$\lim\limits_{n\to\infty}\dfrac{b_n}{n}=\lim\limits_{n\to\infty}\left(\dfrac{b_n}{n}\times\dfrac{5n-1}{n^2-3n+1}\times\dfrac{n^2-3n+1}{5n-1}\right)$

$=\lim\limits_{n\to\infty}\left\{\dfrac{(5n-1)b_n}{n^2-3n+1}\times\dfrac{n^2-3n+1}{5n^2-n}\right\}$

$=\lim\limits_{n\to\infty}\dfrac{(5n-1)b_n}{n^2-3n+1}\times\lim\limits_{n\to\infty}\dfrac{n^2-3n+1}{5n^2-n}$

$=\lim\limits_{n\to\infty}\dfrac{(5n-1)b_n}{n^2-3n+1}\times\lim\limits_{n\to\infty}\dfrac{1-\dfrac{3}{n}+\dfrac{1}{n^2}}{5-\dfrac{1}{n}}$

$=10\times\dfrac{1}{5}$

$=2$

따라서

$\lim\limits_{n\to\infty}\dfrac{a_n}{n^2}=\lim\limits_{n\to\infty}\left(\dfrac{a_n}{n^2}+\dfrac{b_n}{n}-\dfrac{b_n}{n}\right)$

$=\lim\limits_{n\to\infty}\left(\dfrac{a_n}{n^2}+\dfrac{b_n}{n}\right)-\lim\limits_{n\to\infty}\dfrac{b_n}{n}$

$=\dfrac{1}{2}-2$

$=-\dfrac{3}{2}$ ⑤

13

$\lim\limits_{n\to\infty}\dfrac{(2^{n+1}-1)^3}{2^{2-n}(2^{2n}+2^n+1)(2^{2n}-2^n+1)}$

$=\lim\limits_{n\to\infty}\dfrac{2^n(2^{n+1}-1)^3}{2^2\times(2^{2n}+2^n+1)(2^{2n}-2^n+1)}$

$=\lim\limits_{n\to\infty}\dfrac{\left\{2-\left(\dfrac{1}{2}\right)^n\right\}^3}{4\times\left\{1+\left(\dfrac{1}{2}\right)^n+\left(\dfrac{1}{4}\right)^n\right\}\left\{1-\left(\dfrac{1}{2}\right)^n+\left(\dfrac{1}{4}\right)^n\right\}}$

$=\dfrac{(2-0)^3}{4\times(1+0+0)\times(1-0+0)}$

$=\dfrac{8}{4}=2$ ④

14

$$\lim_{n\to\infty}\frac{r^{n+\frac{1}{2}}+4^{n+1}}{r^n+4^n}=\lim_{n\to\infty}\frac{\sqrt{r}\times r^n+4\times 4^n}{r^n+4^n}$$

(ⅰ) $r<4$일 때

$$\lim_{n\to\infty}\frac{\sqrt{r}\times r^n+4\times 4^n}{r^n+4^n}=\lim_{n\to\infty}\frac{\sqrt{r}\times\left(\frac{r}{4}\right)^n+4}{\left(\frac{r}{4}\right)^n+1}$$
$$=\frac{\sqrt{r}\times 0+4}{0+1}$$
$$=4$$

이때 r은 자연수이므로 $r=1$ 또는 $r=2$ 또는 $r=3$

(ⅱ) $r=4$일 때

$$\lim_{n\to\infty}\frac{\sqrt{r}\times r^n+4\times 4^n}{r^n+4^n}=\lim_{n\to\infty}\frac{\sqrt{4}\times 4^n+4\times 4^n}{4^n+4^n}$$
$$=\frac{2+4}{1+1}$$
$$=3$$

이므로 조건을 만족시키지 않는다.

(ⅲ) $r>4$일 때

$$\lim_{n\to\infty}\frac{\sqrt{r}\times r^n+4\times 4^n}{r^n+4^n}=\lim_{n\to\infty}\frac{\sqrt{r}+4\times\left(\frac{4}{r}\right)^n}{1+\left(\frac{4}{r}\right)^n}$$
$$=\frac{\sqrt{r}+4\times 0}{1+0}$$
$$=\sqrt{r}=4$$

$r=16$

(ⅰ), (ⅱ), (ⅲ)에서 모든 자연수 r의 값의 합은

$1+2+3+16=22$

답 ②

15

$x^2-4x=x$에서 $x=0$ 또는 $x=5$

$x^2-4x=-x$에서 $x=0$ 또는 $x=3$이므로

두 함수 $y=|x^2-4x|$, $y=|x|$의 그래프는 그림과 같다.

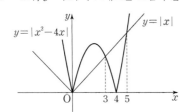

(ⅰ) $|f(x)|>|x|$일 때

즉, $0<x<3$ 또는 $x>5$일 때

$\left|\dfrac{x}{f(x)}\right|<1$이므로

$$h(x)=\lim_{n\to\infty}\frac{f(x)+5\left\{\dfrac{x}{f(x)}\right\}^{2n}}{1+\left\{\dfrac{x}{f(x)}\right\}^{2n}}$$
$$=\frac{f(x)+5\times 0}{1+0}=f(x)$$

(ⅱ) $|f(x)|=|x|$일 때

즉, $x=3$ 또는 $x=5$일 때

$\left|\dfrac{x}{f(x)}\right|=1$이므로

$$h(3)=\frac{f(3)+5}{2}=\frac{-3+5}{2}=1$$
$$h(5)=\frac{f(5)+5}{2}=\frac{5+5}{2}=5$$

(ⅲ) $|f(x)|<|x|$일 때

즉, $3<x<5$일 때

$\left|\dfrac{f(x)}{x}\right|<1$이므로

$$h(x)=\lim_{n\to\infty}\frac{f(x)\times\left\{\dfrac{f(x)}{x}\right\}^{2n}+5}{\left\{\dfrac{f(x)}{x}\right\}^{2n}+1}$$
$$=\frac{f(x)\times 0+5}{0+1}=5$$

(ⅰ), (ⅱ), (ⅲ)에서

$$h(x)=\begin{cases}x^2-4x & (0<x<3)\\1 & (x=3)\\5 & (3<x<5)\\5 & (x=5)\\x^2-4x & (x>5)\end{cases}$$

이고 함수 $y=h(x)$의 그래프는 그림과 같다.

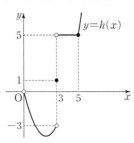

그러므로 $h(x)$는 $x=3$에서 불연속이고 $h(3)=1$이다.

따라서 $k+h(k)=3+h(3)=3+1=4$

답 4

16

(ⅰ) $|x|<1$일 때

$\lim_{n\to\infty}x^n=0$이므로

$$f(x)=\lim_{n\to\infty}\frac{(2x+1)x^n}{(x+1)x^n+1}$$
$$=\frac{0}{0+1}=0$$

(ⅱ) $x=1$일 때

$$f(1)=\frac{2+1}{1+1+1}=1$$

(ⅲ) $|x|>1$일 때

$\lim_{n\to\infty}\left(\dfrac{1}{x}\right)^n=0$이므로

$$f(x)=\lim_{n\to\infty}\frac{(2x+1)x^n}{(x+1)x^n+1}$$

$$=\lim_{n\to\infty}\frac{2x+1}{x+1+\left(\frac{1}{x}\right)^n}$$

$$=\frac{2x+1}{x+1}$$

$$=\frac{-1}{x+1}+2$$

(i), (ii), (iii)에서 함수 $y=f(x)$의 그래프는 [그림 1]과 같다.

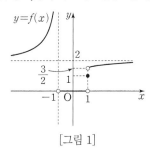

[그림 1]

이때 직선 $y=t(x+1)+2$는 실수 t의 값에 관계없이 점 $(-1,2)$를 지난다. 그러므로 [그림 2]와 같이 직선 $y=t(x+1)+2$의 기울기 t의 최댓값은 점 $\left(1,\frac{3}{2}\right)$을 지날 때이고, 최솟값은 점 $(1,0)$을 지날 때이다. (단, 점 $(1,1)$을 지날 때는 제외한다.)

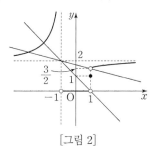

[그림 2]

따라서 t의 최댓값 M은 두 점 $(-1,2)$, $\left(1,\frac{3}{2}\right)$을 지나는 직선의 기울기이므로

$$M=\frac{\frac{3}{2}-2}{1-(-1)}=-\frac{1}{4}$$

t의 최솟값 m은 두 점 $(-1,2)$, $(1,0)$을 지나는 직선의 기울기이므로

$$m=\frac{0-2}{1-(-1)}=-1$$

따라서 $M\times m=-\frac{1}{4}\times(-1)=\frac{1}{4}$ 답 ①

17

x에 대한 이차방정식 $x^2-2nx+k=0$이 실근을 가지므로 이차방정식의 판별식을 D라 하면

$$\frac{D}{4}=n^2-k\geq0$$

즉, $k\leq n^2$이므로 자연수 k의 개수는 $a_n=n^2$

따라서 $\displaystyle\lim_{n\to\infty}\frac{n^2+1}{a_n}=\lim_{n\to\infty}\frac{n^2+1}{n^2}=\lim_{n\to\infty}\frac{1+\frac{1}{n^2}}{1}=1$ 답 ①

18

$\log_2(1-x)=n$에서 점 A_n의 x좌표는

$$1-x=2^n$$

$$x=1-2^n \quad\cdots\cdots\ \text{㉠}$$

$\log_4(2x-4)+1=n$에서 점 B_n의 x좌표는

$$\log_4(2x-4)=n-1$$

$$2x-4=4^{n-1}$$

$$x=2^{2n-3}+2 \quad\cdots\cdots\ \text{㉡}$$

자연수 n에 대하여 $2^{2n-3}+2>2$이고 $1-2^n<1$이므로 $2^{2n-3}+2>1-2^n$이다.

㉠, ㉡에서

$$l_n=(2^{2n-3}+2)-(1-2^n)$$
$$=2^{2n-3}+2^n+1$$

따라서

$$\lim_{n\to\infty}\frac{4^n}{l_n}=\lim_{n\to\infty}\frac{4^n}{2^{2n-3}+2^n+1}$$

$$=\lim_{n\to\infty}\frac{4^n}{\frac{1}{8}\times4^n+2^n+1}$$

$$=\lim_{n\to\infty}\frac{1}{\frac{1}{8}+\left(\frac{1}{2}\right)^n+\left(\frac{1}{4}\right)^n}$$

$$=\frac{1}{\frac{1}{8}+0+0}=8$$ 답 8

19

$x^2-2nx-3n^2=(x+n)(x-3n)\leq0$에서 $-n\leq x\leq3n$이므로 정수 x의 개수는

$$a_n=4n+1$$

$$\lim_{n\to\infty}(\sqrt{na_n}-pn)=\lim_{n\to\infty}(\sqrt{4n^2+n}-pn)$$

$$=\lim_{n\to\infty}\frac{(\sqrt{4n^2+n}-pn)(\sqrt{4n^2+n}+pn)}{\sqrt{4n^2+n}+pn}$$

$$=\lim_{n\to\infty}\frac{(4-p^2)n^2+n}{\sqrt{4n^2+n}+pn}$$

$$=\lim_{n\to\infty}\frac{(4-p^2)n+1}{\sqrt{4+\frac{1}{n}}+p}\quad\cdots\cdots\ \text{㉠}$$

㉠이 수렴하므로 $4-p^2=0$에서 $p=-2$ 또는 $p=2$

$p=-2$이면

$\displaystyle\lim_{n\to\infty}(\sqrt{4n^2+n}+2n)=\infty$이므로 조건을 만족시키지 않는다.

$p=2$이면

$$q=\lim_{n\to\infty}\frac{n}{\sqrt{4n^2+n}+2n}$$

$$=\lim_{n\to\infty}\frac{1}{\sqrt{4+\frac{1}{n}}+2}$$

$$=\frac{1}{\sqrt{4}+2}=\frac{1}{4}$$

따라서 $p+q=2+\frac{1}{4}=\frac{9}{4}$ 답 ④

20

$f(x)=-(x-n)^2(x-4n)$
$\quad\quad =-(x^2-2nx+n^2)(x-4n)$
$f'(x)=-(2x-2n)(x-4n)-(x^2-2nx+n^2)$
$\quad\quad =-(x-n)(2x-8n+x-n)$
$\quad\quad =-3(x-n)(x-3n)$
$f'(x)=0$에서 $x=n$ 또는 $x=3n$
함수 $f(x)$의 증가와 감소를 표로 나타내면 다음과 같다.

x	$\cdots$	n	$\cdots$	$3n$	$\cdots$
$f'(x)$	$-$	0	$+$	0	$-$
$f(x)$	$\searrow$	0	$\nearrow$	$4n^3$	$\searrow$

$x\geq k$일 때 함수 $y=g(x)$의 그래프는 점 $(k,\ f(k))$에서의 곡선
$y=f(x)$의 접선이다.

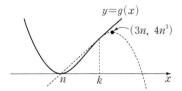

$k<n$ 또는 $k>3n$일 때, 구간 $(k,\ \infty)$에서 함수 $g(x)$는 감소하므로
최솟값이 존재하지 않는다.
따라서 함수 $g(x)$의 최솟값이 0이 되도록 하는 실수 k의 값의 범위는
$n\leq k\leq 3n$이므로
$a_n=3n,\ b_n=n$
따라서
$\displaystyle\lim_{n\to\infty}\frac{a_n b_n}{n^2+5n+4}=\lim_{n\to\infty}\frac{3n^2}{n^2+5n+4}$
$\displaystyle\quad\quad\quad\quad\quad\quad =\lim_{n\to\infty}\frac{3}{1+\dfrac{5}{n}+\dfrac{4}{n^2}}$
$\displaystyle\quad\quad\quad\quad\quad\quad =\frac{3}{1+0+0}=3$　　　　　답 ③

21

급수 $\displaystyle\sum_{n=1}^{\infty}\left(\frac{a_n}{n}-\frac{3n}{n+1}\right)$이 수렴하므로
$\displaystyle\lim_{n\to\infty}\left(\frac{a_n}{n}-\frac{3n}{n+1}\right)=0$
이때
$\displaystyle\lim_{n\to\infty}\frac{a_n}{n}=\lim_{n\to\infty}\left(\frac{a_n}{n}-\frac{3n}{n+1}+\frac{3n}{n+1}\right)$
$\displaystyle\quad\quad\quad =\lim_{n\to\infty}\left(\frac{a_n}{n}-\frac{3n}{n+1}\right)+\lim_{n\to\infty}\frac{3n}{n+1}$
$\displaystyle\quad\quad\quad =\lim_{n\to\infty}\left(\frac{a_n}{n}-\frac{3n}{n+1}\right)+\lim_{n\to\infty}\frac{3}{1+\dfrac{1}{n}}$
$\displaystyle\quad\quad\quad =0+3=3$
이므로
$\displaystyle\lim_{n\to\infty}\frac{a_n+2n-1}{3n+1}=\lim_{n\to\infty}\frac{\dfrac{a_n}{n}+2-\dfrac{1}{n}}{3+\dfrac{1}{n}}$

$\displaystyle\quad\quad =\frac{3+2-0}{3+0}=\frac{5}{3}$　　　　　답 ⑤

22

이차방정식의 근과 계수의 관계에 의하여
$a_n=\dfrac{2}{n(n+2)}$
따라서
$\displaystyle\sum_{n=1}^{\infty}a_n=\sum_{n=1}^{\infty}\frac{2}{n(n+2)}$
$\displaystyle\quad\quad\quad =\sum_{n=1}^{\infty}\left(\frac{1}{n}-\frac{1}{n+2}\right)$
$\displaystyle\quad\quad\quad =\lim_{n\to\infty}\sum_{k=1}^{n}\left(\frac{1}{k}-\frac{1}{k+2}\right)$
$\displaystyle\quad\quad\quad =\lim_{n\to\infty}\left\{\left(\frac{1}{1}-\frac{1}{3}\right)+\left(\frac{1}{2}-\frac{1}{4}\right)+\left(\frac{1}{3}-\frac{1}{5}\right)+\cdots\right.$
$\displaystyle\quad\quad\quad\quad\quad +\left.\left(\frac{1}{n-2}-\frac{1}{n}\right)+\left(\frac{1}{n-1}-\frac{1}{n+1}\right)+\left(\frac{1}{n}-\frac{1}{n+2}\right)\right\}$
$\displaystyle\quad\quad\quad =\lim_{n\to\infty}\left(1+\frac{1}{2}-\frac{1}{n+1}-\frac{1}{n+2}\right)$
$\displaystyle\quad\quad\quad =\frac{3}{2}$　　　　　답 ③

23

등차수열 $\{a_n\}$의 공차를 d라 하면
$a_4-a_2=2d=4$에서
$d=2$이고 첫째항이 1이므로
$a_n=1+(n-1)\times 2=2n-1$
따라서
$\displaystyle\sum_{n=1}^{\infty}(2\log a_{n+1}-\log a_n-\log a_{n+2})$
$\displaystyle =\sum_{n=1}^{\infty}\log\frac{(a_{n+1})^2}{a_n\times a_{n+2}}$
$\displaystyle =\sum_{n=1}^{\infty}\log\frac{(2n+1)^2}{(2n-1)\times(2n+3)}$
$\displaystyle =\lim_{n\to\infty}\sum_{k=1}^{n}\log\frac{(2k+1)^2}{(2k-1)\times(2k+3)}$
$\displaystyle =\lim_{n\to\infty}\left\{\log\frac{3^2}{1\times 5}+\log\frac{5^2}{3\times 7}+\cdots+\log\frac{(2n+1)^2}{(2n-1)\times(2n+3)}\right\}$
$\displaystyle =\lim_{n\to\infty}\log\left\{\frac{3^2}{1\times 5}\times\frac{5^2}{3\times 7}\times\cdots\times\frac{(2n+1)^2}{(2n-1)\times(2n+3)}\right\}$
$\displaystyle =\lim_{n\to\infty}\log\frac{3\times(2n+1)}{2n+3}$
$\displaystyle =\lim_{n\to\infty}\log\frac{3\times\left(2+\dfrac{1}{n}\right)}{2+\dfrac{3}{n}}$
$=\log 3$　　　　　답 ④

24

등차수열 $\{a_n\}$의 첫째항을 a, 공차를 d라 하자.
$7a_1=a_6$에서
$7a=a+5d$
이므로 $6a=5d$　　　$\cdots\cdots$ ㉠

$4S_5=S_{10}+20$에서

$4\times\dfrac{5(2a+4d)}{2}=\dfrac{10(2a+9d)}{2}+20$

$4a+8d=2a+9d+4$

$2a-4=d$ $\quad\cdots\cdots$ ㉡

㉠, ㉡에서 $a=5$, $d=6$

$S_n=\dfrac{n\{10+(n-1)\times6\}}{2}=3n^2+2n$

따라서

$\displaystyle\sum_{n=1}^{\infty}\dfrac{a_{n+1}+a_{n+2}}{S_nS_{n+2}}$

$=\displaystyle\sum_{n=1}^{\infty}\dfrac{S_{n+2}-S_n}{S_nS_{n+2}}$

$=\displaystyle\sum_{n=1}^{\infty}\left(\dfrac{1}{S_n}-\dfrac{1}{S_{n+2}}\right)$

$=\displaystyle\lim_{n\to\infty}\sum_{k=1}^{n}\left(\dfrac{1}{S_k}-\dfrac{1}{S_{k+2}}\right)$

$=\displaystyle\lim_{n\to\infty}\left[\left(\dfrac{1}{S_1}-\dfrac{1}{S_3}\right)+\left(\dfrac{1}{S_2}-\dfrac{1}{S_4}\right)+\left(\dfrac{1}{S_3}-\dfrac{1}{S_5}\right)+\cdots\right.$

$\left.+\left(\dfrac{1}{S_{n-2}}-\dfrac{1}{S_n}\right)+\left(\dfrac{1}{S_{n-1}}-\dfrac{1}{S_{n+1}}\right)+\left(\dfrac{1}{S_n}-\dfrac{1}{S_{n+2}}\right)\right]$

$=\displaystyle\lim_{n\to\infty}\left(\dfrac{1}{S_1}+\dfrac{1}{S_2}-\dfrac{1}{S_{n+1}}-\dfrac{1}{S_{n+2}}\right)$

이때 $S_1=3+2=5$, $S_2=12+4=16$, $\displaystyle\lim_{n\to\infty}\dfrac{1}{S_n}=0$이므로

$\displaystyle\lim_{n\to\infty}\left(\dfrac{1}{S_1}+\dfrac{1}{S_2}-\dfrac{1}{S_{n+1}}-\dfrac{1}{S_{n+2}}\right)=\dfrac{1}{5}+\dfrac{1}{16}=\dfrac{21}{80}$ 　답 ②

25

급수 $\displaystyle\sum_{n=1}^{\infty}\left(\dfrac{x}{5}\right)^n$이 수렴하므로

$-1<\dfrac{x}{5}<1$

즉, $-5<x<5$이다. $\quad\cdots\cdots$ ㉠

이때 급수 $\displaystyle\sum_{n=1}^{\infty}\left(\dfrac{x}{5}\right)^n=\dfrac{\frac{x}{5}}{1-\frac{x}{5}}=\dfrac{x}{5-x}$이므로

$\dfrac{x}{5-x}=x$

$x=-x^2+5x$

$x^2-4x=0$

$x(x-4)=0$

따라서 $x=0$ 또는 $x=4$이고, ㉠을 만족시키므로

모든 실수 x의 값의 합은

$0+4=4$ 　답 ④

26

등비수열 $\{a_n\}$의 첫째항을 $a\,(a\neq0)$, 공비를 r이라 하면

수열 $\{a_{2n-1}\}$은 첫째항이 a, 공비가 r^2인 등비수열이고, 수열 $\{a_{2n}\}$은

첫째항이 ar, 공비가 r^2인 등비수열이다.

$\displaystyle\sum_{n=1}^{\infty}a_{2n-1}=\dfrac{a}{1-r^2}=\dfrac{9}{4}$ $\quad\cdots\cdots$ ㉠

$\displaystyle\sum_{n=1}^{\infty}a_{2n}=\dfrac{ar}{1-r^2}=\dfrac{3}{4}$ $\quad\cdots\cdots$ ㉡

㉠, ㉡에서 $r=\dfrac{1}{3}$이고

이를 ㉠에 대입하면

$\dfrac{a}{1-\frac{1}{9}}=\dfrac{9a}{8}=\dfrac{9}{4}$

즉, $a=2$

수열 $\{a_n{}^2\}$은 첫째항이 a^2, 공비가 r^2인 등비수열이므로

$\displaystyle\sum_{n=1}^{\infty}a_n{}^2=\dfrac{a^2}{1-r^2}$

$=\dfrac{4}{1-\frac{1}{9}}=\dfrac{9}{2}$ 　답 ④

27

$x^2=4^n$에서 $x=2^n$ 또는 $x=-2^n$

점 A가 제1사분면 위의 점이므로 $x=2^n$이고 점 A의 좌표는 $(2^n, 4^n)$

$f(x)=x^2$이라 하면

$f'(x)=2x$이므로

곡선 $y=f(x)$ 위의 점 A에서의 접선의 기울기는 $f'(2^n)=2^{n+1}$이고,

접선의 방정식은

$y=2^{n+1}(x-2^n)+4^n$

즉, $y=2^{n+1}x-4^n$

이 접선이 x축과 만나는 점의 x좌표는

$0=2^{n+1}x-4^n$에서 $x=2^{n-1}$

따라서 $a_n=2^{n-1}$이므로

$\displaystyle\sum_{n=1}^{\infty}\dfrac{1}{a_n}=\sum_{n=1}^{\infty}\left(\dfrac{1}{2}\right)^{n-1}$

$=\dfrac{1}{1-\frac{1}{2}}=2$ 　답 ④

28

조건 (가), (나)에 의하여 함수 $y=f(x)$의 그래프는 다음 그림과 같다.

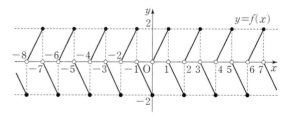

이때 직선 $y=\dfrac{1}{n}x$는 기울기가 $\dfrac{1}{n}$이고 원점을 지나는 직선이므로 세 점 $(-2n, -2)$, $(0, 0)$, $(2n, 2)$를 지난다.

$n=1$, 2, 3일 때, 각각의 직선 $y=\dfrac{1}{n}x$는 다음 그림과 같다.

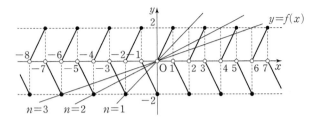

즉, $-2n \le x < 0$에서 교점이 $(n+1)$개, $0 \le x \le 2n$에서 교점이 $(n-1)$개이므로

$a_n=(n+1)+(n-1)=2n$

따라서

$$\sum_{n=1}^{\infty}\frac{1}{2^{a_n}}=\sum_{n=1}^{\infty}\frac{1}{2^{2n}}$$

$$=\sum_{n=1}^{\infty}\left(\frac{1}{4}\right)^n$$

$$=\frac{\frac{1}{4}}{1-\frac{1}{4}}=\frac{1}{3}$$

답 ③

29

그림 R_1에서 부채꼴 $B_1D_1E_1$의 반지름의 길이를 r이라 하면

$\overline{OB_2} : \overline{B_1B_2}=2 : 1$이므로 $\overline{OB_1}=3r$

한 변의 길이가 2인 정사각형 $OA_1B_1C_1$의 대각선의 길이는 $2\sqrt{2}$이므로

$3r=2\sqrt{2}$, $r=\dfrac{2\sqrt{2}}{3}$

그러므로 그림 R_1에서 색칠된 부분의 넓이 S_1은

$$S_1=\frac{\pi r^2}{4}=\frac{\pi}{4}\times\left(\frac{2\sqrt{2}}{3}\right)^2=\frac{2}{9}\pi$$

정사각형 $OA_2B_2C_2$의 대각선의 길이는 $\overline{OB_2}=2r=\dfrac{4\sqrt{2}}{3}$이므로

정사각형 $OA_1B_1C_1$과 정사각형 $OA_2B_2C_2$의 닮음비는

$2\sqrt{2} : \dfrac{4\sqrt{2}}{3}$, 즉 $1 : \dfrac{2}{3}$이다.

이때 넓이의 비는 $1 : \dfrac{4}{9}$이므로 그림 R_2에서 색칠된 부분의 넓이 S_2는

$$S_2=S_1+\frac{4}{9}S_1$$

따라서 수열 $\{S_n\}$은 첫째항이 $\dfrac{2}{9}\pi$이고 공비가 $\dfrac{4}{9}$인 등비수열의 첫째항부터 제n항까지의 합이므로

$$\lim_{n\to\infty}S_n=\frac{\frac{2}{9}\pi}{1-\frac{4}{9}}=\frac{2}{5}\pi$$

답 ③

30

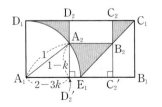

그림 R_n에서 새로 색칠된 도형의 넓이를 a_n이라 하고,

두 점 A_2, B_2에서 선분 A_1B_1에 내린 수선의 발을 각각 D_2', C_2'이라 하자.

직사각형 $A_2B_2C_2D_2$에서 $\overline{A_2D_2}=k$, $\overline{A_2B_2}=2k$ $(0<k<1)$이라 하면

$\overline{B_1C_2'}=k$, $\overline{C_2'D_2'}=2k$이므로

$\overline{A_2D_2'}=1-k$, $\overline{A_1D_2'}=2-3k$이다.

직각삼각형 $A_1A_2D_2'$에서

$(2-3k)^2+(1-k)^2=1$

$5k^2-7k+2=0$

$(5k-2)(k-1)=0$

$0<k<1$에서 $k=\dfrac{2}{5}$

그러므로

$$a_1=2\times 1-\left(\frac{1}{4}\times\pi\times 1^2+\frac{1}{2}\times 1\times 1+\frac{4}{5}\times\frac{2}{5}\right)$$

$$=2-\frac{\pi}{4}-\frac{1}{2}-\frac{8}{25}=\frac{59}{50}-\frac{\pi}{4}$$

그리고 두 직사각형 $A_1B_1C_1D_1$, $A_2B_2C_2D_2$의 닮음비는 $1 : \dfrac{2}{5}$이므로

넓이의 비는 $1 : \dfrac{4}{25}$이다.

즉, $a_1 : a_2=1 : \dfrac{4}{25}$

따라서 수열 $\{a_n\}$은 첫째항이 $\dfrac{59}{50}-\dfrac{\pi}{4}$이고 공비가 $\dfrac{4}{25}$인 등비수열이므로

$$\lim_{n\to\infty}S_n=\lim_{n\to\infty}\sum_{k=1}^{n}a_k$$

$$=\frac{\frac{59}{50}-\frac{\pi}{4}}{1-\frac{4}{25}}$$

$$=\frac{118-25\pi}{84}$$

답 ⑤

08 미분법

본문 83~93쪽

01 ④	02 ⑤	03 ④	04 ①	05 ④
06 ④	07 ④	08 ③	09 ③	10 ②
11 ②	12 ①	13 ⑤	14 ②	15 ②
16 ④	17 ⑤	18 ⑤	19 ①	20 ③
21 ①	22 ④	23 ③	24 ②	25 8
26 ②	27 385	28 ③	29 ②	30 ②
31 ⑤	32 ①	33 ③	34 ②	35 ③
36 ③	37 ③	38 ④	39 ④	40 15

01

$$\lim_{x \to 0+} \frac{x^2}{\ln(5x^3+6x)-\ln 6x} = \lim_{x \to 0+} \frac{6}{5} \times \frac{\frac{5}{6}x^2}{\ln\left(1+\frac{5}{6}x^2\right)}$$

$$= \frac{6}{5} \times 1$$

$$= \frac{6}{5}$$

답 ④

02

$$\lim_{x \to 0} \frac{f(x)}{e^{4x}-1} = 1 \quad \cdots\cdots \ ㉠$$

㉠에서 $x \to 0$일 때, (분모)$\to 0$이고 극한값이 존재하므로 (분자)$\to 0$이어야 한다. 이때 함수 $f(x)$는 실수 전체의 집합에서 미분가능하므로 실수 전체의 집합에서 연속이다. 즉, 함수 $f(x)$는 $x=0$에서 연속이므로

$$\lim_{x \to 0} f(x) = f(0) = 0$$

㉠에서

$$\lim_{x \to 0} \frac{f(x)}{e^{4x}-1} = \lim_{x \to 0} \frac{f(x)-f(0)}{e^{4x}-1}$$

$$= \lim_{x \to 0} \left\{ \frac{f(x)-f(0)}{x} \times \frac{4x}{e^{4x}-1} \times \frac{1}{4} \right\}$$

$$= f'(0) \times 1 \times \frac{1}{4} = 1$$

이므로 $f'(0) = 4$

답 ⑤

03

$$\lim_{x \to 0} \frac{xf(x)}{g(2x^2)} = \lim_{x \to 0} \frac{x(a^x-1)}{\ln(b+2x^2)} = 1 \quad \cdots\cdots \ ㉠$$

㉠에서 $a=1$이면 (분자)$=0$이고 극한값이 1이 될 수 없으므로 $a \neq 1$이다. $x \to 0$일 때, (분자)$\to 0$이고 0이 아닌 극한값이 존재하므로 (분모)$\to 0$이어야 한다.

즉, $\lim_{x \to 0} \ln(b+2x^2) = \ln b = 0$이므로

$$b = 1$$

㉠에서

$$\lim_{x \to 0} \frac{x(a^x-1)}{\ln(b+2x^2)} = \lim_{x \to 0} \left\{ \frac{2x^2}{\ln(1+2x^2)} \times \frac{a^x-1}{x} \times \frac{1}{2} \right\}$$

$$= 1 \times \ln a \times \frac{1}{2} = 1$$

이므로 $\ln a = 2$, $a = e^2$

따라서 $ab = e^2 \times 1 = e^2$

답 ④

04

점 $A\left(f(a), \dfrac{a}{e^2}\right)$가 곡선 $y=e^{-x}$ 위의 점이므로

$$\frac{a}{e^2} = e^{-f(a)}, \ e^{f(a)} = \frac{e^2}{a}$$

$$f(a) = \ln \frac{e^2}{a} = 2 - \ln a$$

따라서 $\lim_{a \to e^2} \dfrac{f(a)}{e^2-a} = \lim_{a \to e^2} \dfrac{2-\ln a}{e^2-a}$

$e^2-a=t$라 하면 $a \to e^2$일 때 $t \to 0$이므로

$$\lim_{a \to e^2} \frac{2-\ln a}{e^2-a} = \lim_{t \to 0} \frac{2-\ln(e^2-t)}{t}$$

$$= \lim_{t \to 0} \frac{\ln \dfrac{e^2}{e^2-t}}{t}$$

$$= \lim_{t \to 0} \ln \left(\frac{e^2-t}{e^2} \right)^{-\frac{1}{t}}$$

$$= \lim_{t \to 0} \ln \left\{ \left(1-\frac{t}{e^2} \right)^{-\frac{e^2}{t}} \right\}^{\frac{1}{e^2}}$$

$$= \lim_{t \to 0} \frac{1}{e^2} \ln \left(1-\frac{t}{e^2} \right)^{-\frac{e^2}{t}}$$

$$= \frac{1}{e^2}$$

답 ①

05

$f(x) = (x^2-x+3)e^x$에서

$$f'(x) = (2x-1)e^x + (x^2-x+3)e^x$$

$$= (x^2+x+2)e^x$$

따라서 $f'(1) = (1+1+2)e^1 = 4e$

답 ④

06

함수 $f(x)$가 실수 전체의 집합에서 미분가능하므로 함수 $f(x)$는 실수 전체의 집합에서 연속이다.

함수 $f(x)$는 $x=0$에서 연속이므로

$$\lim_{x \to 0-} f(x) = \lim_{x \to 0+} f(x) = f(0)$$이어야 한다.

$$\lim_{x \to 0-} f(x) = \lim_{x \to 0-} ae^x = a$$

$$\lim_{x \to 0+} f(x) = \lim_{x \to 0+} \ln(bx+e^2) = \ln e^2 = 2$$

$$f(0) = 2$$

이므로 $a=2$

또 함수 $f(x)$는 $x=0$에서 미분계수가 존재하므로

$$\lim_{x \to 0-} \frac{f(x)-f(0)}{x} = \lim_{x \to 0+} \frac{f(x)-f(0)}{x}$$이어야 한다.

$$\lim_{x \to 0-} \frac{f(x)-f(0)}{x} = \lim_{x \to 0-} \frac{2e^x-2}{x}$$

$$= 2 \times \lim_{x \to 0-} \frac{e^x-1}{x} = 2$$

$$\lim_{x \to 0+} \frac{f(x) - f(0)}{x} = \lim_{x \to 0+} \frac{\ln(bx + e^2) - 2}{x}$$
$$= \lim_{x \to 0+} \ln\left(1 + \frac{bx}{e^2}\right)^{\frac{1}{x}}$$
$$= \lim_{x \to 0+} \ln\left\{\left(1 + \frac{bx}{e^2}\right)^{\frac{e^2}{bx}}\right\}^{\frac{b}{e^2}} = \frac{b}{e^2}$$

이므로 $2 = \dfrac{b}{e^2}$

$b = 2e^2$

따라서 $ab = 2 \times 2e^2 = 4e^2$ 답 ④

07

$3 + 2\ln x \le f(x) \le 2e^{x-1} + 1$ ······ ㉠

㉠에 $x = 1$을 대입하면 $3 \le f(1) \le 3$이므로

$f(1) = 3$

(i) $x > 1$인 경우

㉠에서

$2\ln x \le f(x) - 3 \le 2e^{x-1} - 2$

$x - 1 > 0$이므로

$$\frac{2\ln x}{x-1} \le \frac{f(x) - f(1)}{x-1} \le \frac{2e^{x-1} - 2}{x-1}$$

(ii) $x < 1$인 경우

㉠에서

$2\ln x \le f(x) - 3 \le 2e^{x-1} - 2$

$x - 1 < 0$이므로

$$\frac{2\ln x}{x-1} \ge \frac{f(x) - f(1)}{x-1} \ge \frac{2e^{x-1} - 2}{x-1}$$

이때 $x - 1 = t$라 하면 $x \to 1$일 때 $t \to 0$이므로

$$\lim_{x \to 1} \frac{2e^{x-1} - 2}{x-1} = 2 \times \lim_{t \to 0} \frac{e^t - 1}{t} = 2$$이고

$$\lim_{x \to 1} \frac{2\ln x}{x-1} = 2 \times \lim_{t \to 0} \frac{\ln(1+t)}{t} = 2$$이므로 함수의 극한의 대소 관계

에 의하여

$$f'(1) = \lim_{x \to 1} \frac{f(x) - f(1)}{x-1} = 2$$

$g(x) = (e^{x-1} + \ln x)f(x)$에서

$$g'(x) = \left(e^{x-1} + \frac{1}{x}\right)f(x) + (e^{x-1} + \ln x)f'(x)$$이므로

$g'(1) = (1+1)f(1) + (1+0)f'(1)$
$\qquad = 2 \times 3 + 1 \times 2 = 8$ 답 ④

08

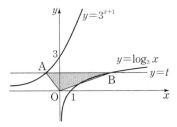

점 A의 x좌표를 a, 점 B의 x좌표를 b라 하면

$3^{a+1} = t$에서 $a = \log_3 t - 1$

$\log_3 b = t$에서 $b = 3^t$이므로

삼각형 OAB의 넓이 $S(t)$는

$$S(t) = \frac{1}{2} \times (3^t - \log_3 t + 1) \times t$$

$$S'(t) = \frac{1}{2} \times \left(3^t \ln 3 - \frac{1}{t \ln 3}\right) \times t + \frac{1}{2} \times (3^t - \log_3 t + 1)$$

따라서

$$S'(1) = \frac{1}{2} \times \left(3 \ln 3 - \frac{1}{\ln 3}\right) + \frac{1}{2} \times (3 + 1)$$

$$= \frac{3 \ln 3}{2} - \frac{1}{2 \ln 3} + 2$$ 답 ③

09

삼각형 ABC에서 $\alpha + 2\beta = \pi$이므로

$$\sin(\alpha + \beta) = \sin(\pi - \beta) = \sin \beta = \frac{4}{5}$$

이등변삼각형의 밑각은 예각이므로

$$\cos \beta = \sqrt{1 - \sin^2 \beta} = \sqrt{1 - \frac{16}{25}} = \frac{3}{5}$$

$\sin(\alpha + \beta) = \dfrac{4}{5}$에서

$\sin \alpha \cos \beta + \cos \alpha \sin \beta = \dfrac{4}{5}$이므로

$$\frac{3}{5} \times \sin \alpha + \frac{4}{5} \times \cos \alpha = \frac{4}{5}$$

$3 \sin \alpha = 4(1 - \cos \alpha)$

양변을 제곱하면

$9 \sin^2 \alpha = 16(1 - \cos \alpha)^2$

$9(1 - \cos^2 \alpha) = 16(1 - \cos \alpha)^2$

$9(1 + \cos \alpha)(1 - \cos \alpha) = 16(1 - \cos \alpha)^2$

$0 < \alpha < \pi$에서 $1 - \cos \alpha \ne 0$이므로

$9(1 + \cos \alpha) = 16(1 - \cos \alpha)$

$25 \cos \alpha = 7$

따라서 $\cos \alpha = \dfrac{7}{25}$ 답 ③

다른 풀이

$\sin \beta = \dfrac{4}{5}$, $\cos \beta = \dfrac{3}{5}$이고

$\alpha + 2\beta = \pi$에서

$\cos \alpha = \cos(\pi - 2\beta)$
$\qquad = -\cos 2\beta$
$\qquad = -\cos^2 \beta + \sin^2 \beta$
$\qquad = -\dfrac{9}{25} + \dfrac{16}{25}$
$\qquad = \dfrac{7}{25}$

10

$\overline{AB} = 3$, $\cos \alpha = \dfrac{3}{5}$에서 $\overline{AC} = 5$이므로

$\overline{BC} = 4$, $\tan \alpha = \dfrac{4}{3}$

$\tan(\alpha+\beta)=-7$에서

$\dfrac{\tan \alpha+\tan \beta}{1-\tan \alpha \tan \beta}=\dfrac{\dfrac{4}{3}+\tan \beta}{1-\dfrac{4}{3}\times\tan \beta}=-7$

$4+3\tan \beta=-21+28\tan \beta$

$\tan \beta=1$

즉, $\beta=\dfrac{\pi}{4}$이므로 삼각형 ACD는 직각이등변삼각형이고

$\overline{\mathrm{AD}}=5\sqrt{2}$

$\alpha+\beta=\theta$라 하면

$\tan \theta=-7$에서

$\sec^2 \theta=1+(-7)^2=50$

$\dfrac{\pi}{2}<\theta<\pi$이므로

$\cos \theta=-\dfrac{1}{5\sqrt{2}}$

삼각형 ABD에서 코사인법칙에 의하여

$\overline{\mathrm{BD}}^2=\overline{\mathrm{AB}}^2+\overline{\mathrm{AD}}^2-2\times\overline{\mathrm{AB}}\times\overline{\mathrm{AD}}\times\cos \theta$

$\quad=3^2+(5\sqrt{2})^2-2\times3\times5\sqrt{2}\times\left(-\dfrac{1}{5\sqrt{2}}\right)$

$\quad=9+50+6$

$\quad=65$

따라서 $\overline{\mathrm{BD}}=\sqrt{65}$ 　　　답 ②

11

$f(x)=x^2$이라 하면

$f'(x)=2x$

두 직선 l, m이 x축의 양의 방향과 이루는 각의 크기를 각각 α, β라 하면

$\tan \alpha=f'(t)=2t$, $\tan \beta=f'(-t)=-2t$

$\beta-\alpha=\angle \mathrm{ACB}=30°$이므로

$\tan(\beta-\alpha)=\dfrac{\tan \beta-\tan \alpha}{1+\tan \beta \tan \alpha}=\dfrac{-2t-2t}{1+(-2t)\times2t}=\dfrac{\sqrt{3}}{3}$

$\dfrac{4t}{4t^2-1}=\dfrac{\sqrt{3}}{3}$에서

$4t^2-4\sqrt{3}t-1=0$이므로

$t=\dfrac{2\sqrt{3}\pm\sqrt{12+4}}{4}=\dfrac{\sqrt{3}}{2}\pm1$

$t>0$이므로 $t=\dfrac{\sqrt{3}}{2}+1$

따라서 선분 AB의 길이는

$2t=2+\sqrt{3}$ 　　　답 ②

12

$\displaystyle\lim_{x\to0}\dfrac{\tan(2x^2-3x)}{3x^2+2x}$

$=\displaystyle\lim_{x\to0}\left\{\dfrac{\tan(2x^2-3x)}{2x^2-3x}\times\dfrac{2x^2-3x}{3x^2+2x}\right\}$

$=\displaystyle\lim_{x\to0}\dfrac{\tan(2x^2-3x)}{2x^2-3x}\times\lim_{x\to0}\dfrac{2x-3}{3x+2}$

$=1\times\left(-\dfrac{3}{2}\right)=-\dfrac{3}{2}$ 　　　답 ①

13

$f(x)=a \sin x+2 \cos x$에서

$f(\pi)=a \sin \pi+2 \cos \pi=-2$이므로

$\displaystyle\lim_{h\to0}\dfrac{f(\pi+h)+2}{h}=\lim_{h\to0}\dfrac{f(\pi+h)-f(\pi)}{h}=f'(\pi)=3$

이때 $f'(x)=a \cos x-2 \sin x$이므로

$f'(\pi)=a \cos \pi-2 \sin \pi=-a$

따라서 $a=-3$이므로

$f\left(\dfrac{3\pi}{2}\right)=-3 \sin \dfrac{3\pi}{2}+2 \cos \dfrac{3\pi}{2}=3$ 　　　답 ⑤

14

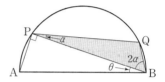

$\angle \mathrm{BAP}=\dfrac{\pi}{2}-\theta$이므로 $\angle \mathrm{BQP}=\theta+\dfrac{\pi}{2}$

$\angle \mathrm{QPB}=\alpha$, $\angle \mathrm{QBP}=2\alpha$라 하면

삼각형 QPB에서 $\alpha+2\alpha+\left(\theta+\dfrac{\pi}{2}\right)=\pi$이므로

$3\alpha+\theta=\dfrac{\pi}{2}$ 　　　……㉠

삼각형 QPB에서 사인법칙에 의하여

$\dfrac{\overline{\mathrm{QB}}}{\sin \alpha}=\dfrac{\overline{\mathrm{QP}}}{\sin 2\alpha}=2$

즉, $\overline{\mathrm{QB}}=2 \sin \alpha$, $\overline{\mathrm{QP}}=2 \sin 2\alpha$이므로 삼각형 QPB의 넓이 $f(\theta)$는

$f(\theta)=\dfrac{1}{2}\times\overline{\mathrm{QB}}\times\overline{\mathrm{QP}}\times\sin(\pi-3\alpha)$

$\quad=\dfrac{1}{2}\times2 \sin \alpha\times2 \sin 2\alpha\times\sin 3\alpha$

㉠에서 $3\alpha=\dfrac{\pi}{2}-\theta$이므로 $\theta\to\dfrac{\pi}{2}-$일 때 $\alpha\to0+$이고

$\displaystyle\lim_{\theta\to\frac{\pi}{2}-}\dfrac{f(\theta)}{\left(\dfrac{\pi}{2}-\theta\right)^3}=\lim_{\alpha\to0+}\dfrac{\dfrac{1}{2}\times2 \sin \alpha\times2 \sin 2\alpha\times\sin 3\alpha}{(3\alpha)^3}$

$\quad=\dfrac{2\times2\times3}{27}\times\displaystyle\lim_{\alpha\to0+}\left(\dfrac{\sin \alpha}{\alpha}\times\dfrac{\sin 2\alpha}{2\alpha}\times\dfrac{\sin 3\alpha}{3\alpha}\right)$

$\quad=\dfrac{4}{9}$ 　　　답 ②

15

$f(x)=\dfrac{\tan x}{e^x}$에서

$f'(x)=\dfrac{e^x \sec^2 x-e^x \tan x}{e^{2x}}=\dfrac{\sec^2 x-\tan x}{e^x}$이므로

$$\lim_{h \to 0} \frac{f\left(\frac{\pi}{4}+2h\right)-f\left(\frac{\pi}{4}-h\right)}{h}$$

$$=\lim_{h \to 0} \left\{ \frac{f\left(\frac{\pi}{4}+2h\right)-f\left(\frac{\pi}{4}\right)}{h} - \frac{f\left(\frac{\pi}{4}-h\right)-f\left(\frac{\pi}{4}\right)}{h} \right\}$$

$$=\lim_{h \to 0} \left\{ 2 \times \frac{f\left(\frac{\pi}{4}+2h\right)-f\left(\frac{\pi}{4}\right)}{2h} + \frac{f\left(\frac{\pi}{4}-h\right)-f\left(\frac{\pi}{4}\right)}{-h} \right\}$$

$$=2 \times \lim_{h \to 0} \frac{f\left(\frac{\pi}{4}+2h\right)-f\left(\frac{\pi}{4}\right)}{2h} + \lim_{h \to 0} \frac{f\left(\frac{\pi}{4}-h\right)-f\left(\frac{\pi}{4}\right)}{-h}$$

$$=2 \times f'\left(\frac{\pi}{4}\right) + f'\left(\frac{\pi}{4}\right)$$

$$=3 \times f'\left(\frac{\pi}{4}\right)$$

$$=3 \times \frac{\sec^2 \frac{\pi}{4} - \tan \frac{\pi}{4}}{e^{\frac{\pi}{4}}}$$

$$=3 \times \frac{2-1}{e^{\frac{\pi}{4}}} = 3e^{-\frac{\pi}{4}}$$ 답 ②

16

$$\lim_{x \to 0} \frac{f(x)-2}{x} = \frac{1}{e} \quad \cdots\cdots \ \bigcirc$$

㉠에서 $x \to 0$일 때, (분모)$\to 0$이고 극한값이 존재하므로 (분자)$\to 0$
이어야 한다.

즉, $\lim_{x \to 0}\{f(x)-2\}=f(0)-2=0$이므로 $f(0)=2$

㉠에서

$$\lim_{x \to 0} \frac{f(x)-f(0)}{x} = f'(0) = \frac{1}{e}$$

$f(x)=\ln(x^2+ax+b)$에서

$f(0)=\ln b=2$이므로

$b=e^2$

$$f'(x) = \frac{2x+a}{x^2+ax+e^2} \text{에서}$$

$f'(0)=\dfrac{a}{e^2}=\dfrac{1}{e}$이므로

$a=e$

따라서 $f(x)=\ln(x^2+ex+e^2)$이므로

$f(e)=\ln(e^2+e^2+e^2)=\ln 3e^2$

$\qquad\quad =2+\ln 3$ 답 ④

17

$\lim_{x \to 0} \dfrac{f(x)-3}{x}=1$에서 $f(0)=3$, $f'(0)=1$

$\lim_{x \to 2} \dfrac{f(g(x))-3}{x-2}=4$에서 $h(x)=f(g(x))$라 하면

함수 $h(x)$는 실수 전체의 집합에서 미분가능하고 $h(2)=3$, $h'(2)=4$

$h(2)=f(g(2))=3$에서

함수 $f(x)$는 일대일대응이고 $f(0)=3$이므로

$g(2)=0$

$h'(x)=f'(g(x))g'(x)$에서

$h'(2)=f'(g(2))g'(2)$

$4=f'(0)g'(2)$

$f'(0)=1$이므로 $g'(2)=4$

곡선 $y=g(x)$ 위의 점 $(2, g(2))$에서의 접선의 방정식은

$y=g'(2)(x-2)+g(2)$

즉, $y=4x-8$이므로 이 직선의 x절편은 2, y절편은 -8이다.

따라서 직선 $y=4x-8$과 x축, y축으로 둘러싸인 부분의 넓이는

$\dfrac{1}{2} \times 2 \times 8 = 8$ 답 ⑤

18

$g(x)=f(\cos x)$에서

$g'(x)=f'(\cos x) \times (-\sin x)$이므로

$g'(x)=0$에서 $f'(\cos x)=0$ 또는 $\sin x=0$

$0<x<2\pi$에서 $\sin x=0$을 만족시키는 x의 값은 π이고

$f(x)=x^2-ax$에서 $f'(x)=2x-a$이므로

$f'(\cos x)=0$에서 $2\cos x-a=0$, $\cos x=\dfrac{a}{2}$

(ⅰ) $|a|>2$일 때

　　$0<x<2\pi$에서 $\cos x=\dfrac{a}{2}$를 만족시키는 x는 존재하지 않으므로

　　방정식 $g'(x)=0$의 서로 다른 실근은 π이다.

(ⅱ) $a=2$일 때

　　$0<x<2\pi$에서 $\cos x=1$을 만족시키는 x는 존재하지 않으므로 방
　　정식 $g'(x)=0$의 서로 다른 실근은 π이다.

(ⅲ) $a=-2$일 때

　　$0<x<2\pi$에서 $\cos x=-1$을 만족시키는 x의 값은 π이므로 방정
　　식 $g'(x)=0$의 서로 다른 실근은 π이다.

(ⅳ) $|a|<2$일 때

　　그림과 같이 $0<x<2\pi$에서 곡선 $y=\cos x$와 직선 $y=\dfrac{a}{2}$가 만나

　　는 두 점의 x좌표를 x_1, x_2 $(x_1<x_2)$라 하면

　　$0<x<2\pi$에서 $\cos x=\dfrac{a}{2}$를 만족시키는 x의 값은 x_1, x_2이므로

　　방정식 $g'(x)=0$의 서로 다른 실근은 x_1, π, x_2이다.

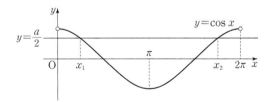

(ⅰ)~(ⅳ)에서 $0<x<2\pi$에서 방정식 $g'(x)=0$의 서로 다른 실근의 개
수가 3이 되도록 하는 a의 값의 범위는 $|a|<2$이고, 이때 실근은 x_1,
π, x_2이다.

함수 $y=\cos x$의 그래프는 직선 $x=\pi$에 대하여 대칭이므로

$\dfrac{x_1+x_2}{2}=\pi$

따라서 구하는 모든 실근의 합은

$x_1+\pi+x_2=(x_1+x_2)+\pi=2\pi+\pi=3\pi$ 답 ⑤

19

$x=\cos^3\theta$에서 $\dfrac{dx}{d\theta}=-3\sin\theta\cos^2\theta$

$y=\sin^3\theta$에서 $\dfrac{dy}{d\theta}=3\sin^2\theta\cos\theta$

이므로

$$\dfrac{dy}{dx}=\dfrac{\dfrac{dy}{d\theta}}{\dfrac{dx}{d\theta}}=\dfrac{3\sin^2\theta\cos\theta}{-3\sin\theta\cos^2\theta}=-\tan\theta$$

따라서 $\tan\theta=2$일 때, $\dfrac{dy}{dx}$의 값은 -2이다.　　　　🔲 ①

20

점 $(1,\ 1)$이 곡선 $x^3+2xy-ay^2=1$ 위의 점이므로

$1+2-a=1,\ a=2$

$x^3+2xy-2y^2=1$에서 y를 x의 함수로 보고 각 항을 x에 대하여 미분하면

$$\dfrac{d}{dx}(x^3)+\dfrac{d}{dx}(2xy)-\dfrac{d}{dx}(2y^2)=\dfrac{d}{dx}(1)\quad\cdots\cdots\ \bigcirc$$

곱의 미분법과 합성함수의 미분법에 의하여

$$\dfrac{d}{dx}(2xy)=\dfrac{d}{dx}(2x)\times y+2x\times\dfrac{d}{dx}(y)=2y+2x\dfrac{dy}{dx}$$

$$\dfrac{d}{dx}(2y^2)=\dfrac{d}{dy}(2y^2)\times\dfrac{dy}{dx}=4y\dfrac{dy}{dx}$$

$\bigcirc$에서

$$3x^2+2y+2x\dfrac{dy}{dx}-4y\dfrac{dy}{dx}=0$$

$$\dfrac{dy}{dx}=-\dfrac{3x^2+2y}{2x-4y}\ (단,\ 2x-4y\neq0)$$

이므로 점 $(1,\ 1)$에서의 접선의 기울기 m은

$$m=-\dfrac{3+2}{2-4}=\dfrac{5}{2}$$

따라서 $a+m=2+\dfrac{5}{2}=\dfrac{9}{2}$　　　　🔲 ③

21

점 P는 매개변수 $t\ (t\geq0)$으로 나타내어진 곡선

$x=\dfrac{t}{t^2+1},\ y=\dfrac{t+3}{t^2+1}$과 직선 $y=5x+\dfrac{4}{5}$의 교점이므로

$$\dfrac{t+3}{t^2+1}=5\times\dfrac{t}{t^2+1}+\dfrac{4}{5}$$

$5(t+3)=25t+4(t^2+1)$

$4t^2+20t-11=0$

$(2t-1)(2t+11)=0$

$t\geq0$이므로 $t=\dfrac{1}{2}$

$$\dfrac{dx}{dt}=\dfrac{t^2+1-t\times2t}{(t^2+1)^2}=\dfrac{-t^2+1}{(t^2+1)^2},$$

$$\dfrac{dy}{dt}=\dfrac{t^2+1-(t+3)\times2t}{(t^2+1)^2}=\dfrac{-t^2-6t+1}{(t^2+1)^2}$$

이므로

$$\dfrac{dy}{dx}=\dfrac{\dfrac{dy}{dt}}{\dfrac{dx}{dt}}=\dfrac{\dfrac{-t^2-6t+1}{(t^2+1)^2}}{\dfrac{-t^2+1}{(t^2+1)^2}}=\dfrac{-t^2-6t+1}{-t^2+1}\ (단,\ t\geq0,\ t\neq1)$$

따라서 점 P에서의 접선의 기울기는 $t=\dfrac{1}{2}$일 때 $\dfrac{dy}{dx}$의 값과 같으므로

$$\dfrac{-\left(\dfrac{1}{2}\right)^2-6\times\dfrac{1}{2}+1}{-\left(\dfrac{1}{2}\right)^2+1}=-3$$
　　　　🔲 ①

22

$x^2+xy+2y^2=14$에서 y를 x의 함수로 보고 각 항을 x에 대하여 미분하면

$$\dfrac{d}{dx}(x^2)+\dfrac{d}{dx}(xy)+\dfrac{d}{dx}(2y^2)=\dfrac{d}{dx}(14)\quad\cdots\cdots\ \bigcirc$$

곱의 미분법과 합성함수의 미분법에 의하여

$$\dfrac{d}{dx}(xy)=\dfrac{d}{dx}(x)\times y+x\times\dfrac{d}{dx}(y)=y+x\dfrac{dy}{dx}$$

$$\dfrac{d}{dx}(2y^2)=\dfrac{d}{dy}(2y^2)\times\dfrac{dy}{dx}=4y\dfrac{dy}{dx}$$

이므로 $\bigcirc$에서

$$2x+y+x\dfrac{dy}{dx}+4y\dfrac{dy}{dx}=0$$

$$\dfrac{dy}{dx}=\dfrac{-2x-y}{x+4y}\ (단,\ x+4y\neq0)$$

두 점 P, Q에서의 접선의 기울기가 모두 -1이므로

$\dfrac{-2x-y}{x+4y}=-1$에서 $2x+y=x+4y,\ y=\dfrac{1}{3}x$

$y=\dfrac{1}{3}x$를 $x^2+xy+2y^2=14$에 대입하면

$$x^2+x\times\dfrac{1}{3}x+2\times\left(\dfrac{1}{3}x\right)^2=14$$

$x^2=9$

$x=3$ 또는 $x=-3$

따라서 P$(3,\ 1)$, Q$(-3,\ -1)$ 또는 P$(-3,\ -1)$, Q$(3,\ 1)$이므로 선분 PQ의 길이는

$$\sqrt{\{3-(-3)\}^2+\{1-(-1)\}^2}=\sqrt{40}=2\sqrt{10}$$
　　　　🔲 ④

23

$f(0)=1$에서 $f^{-1}(1)=0$

$f'(0)=-3$이므로 역함수의 미분법에 의하여

$$(f^{-1})'(1)=\dfrac{1}{f'(f^{-1}(1))}=\dfrac{1}{f'(0)}=-\dfrac{1}{3}$$
　　　　🔲 ③

24

$f'(x)=(2x+a)e^{-x}-(x^2+ax)e^{-x}$

$\qquad=\{-x^2+(2-a)x+a\}e^{-x}$

$f''(x)=(-2x+2-a)e^{-x}-\{-x^2+(2-a)x+a\}e^{-x}$

$\qquad=\{x^2+(a-4)x+2-2a\}e^{-x}$

$f'(x) \geq f''(x)$에서

$\{-x^2+(2-a)x+a\}e^{-x} \geq \{x^2+(a-4)x+2-2a\}e^{-x}$

$e^{-x}>0$이므로

$-x^2+(2-a)x+a \geq x^2+(a-4)x+2-2a$

$2x^2+(2a-6)x+2-3a \leq 0$ ...... ㉠

부등식 ㉠을 만족시키는 모든 실수 x의 값의 범위가

$-1 \leq x \leq 2$이므로

$2x^2+(2a-6)x+2-3a=2(x+1)(x-2)$

$\qquad\qquad\qquad\qquad\qquad = 2x^2-2x-4$

따라서 $2a-6=-2$, $2-3a=-4$에서

$a=2$ 　　　　　　　　　　　　　　　　　答 ②

25

$g(-1)=a$, $g'(-1)=b$라 하고

$h(x)=f(-3x+2)$라 하면 $g(-1)=a$에서

$h(a)=f(-3a+2)=-1$

이때 함수 $f(x)$가 모든 실수 x에 대하여 $f'(x)>0$이므로 함수 $f(x)$는 일대일대응이고, 조건 (가)에서 $f(-1)=-1$이므로

$-3a+2=-1$, 즉 $a=1$ ...... ㉠

$h'(x)=-3f'(-3x+2)$이므로

$h'(1)=-3f'(-1)$

함수 $h(x)$의 역함수가 $g(x)$이므로 역함수의 미분법에 의하여

$b=g'(-1)=\dfrac{1}{h'(g(-1))}=\dfrac{1}{h'(1)}=-\dfrac{1}{3f'(-1)}$ ...... ㉡

조건 (나)에서 $af'(-1)+27b=0$이므로 ㉠, ㉡에 의하여

$f'(-1)-\dfrac{9}{f'(-1)}=0$

$\{f'(-1)\}^2=9$

모든 실수 x에 대하여 $f'(x)>0$이므로

$f'(-1)=3$

㉡에서 $b=-\dfrac{1}{9}$

따라서

$9 \times \{g(-1)+g'(-1)\}=9(a+b)$

$\qquad\qquad\qquad\qquad = 9 \times \left\{1+\left(-\dfrac{1}{9}\right)\right\}=8$ 　　答 8

[참고]

함수 $f(x)=3x+2$는 주어진 조건을 모두 만족시킨다.

26

$t=1$에 대응하는 점을 P라 하면 점 P의 좌표는 $(0, e+1)$

$x=\ln t$에서 $\dfrac{dx}{dt}=\dfrac{1}{t}$

$y=e^t+1$에서 $\dfrac{dy}{dt}=e^t$

이므로 $\dfrac{dy}{dx}=\dfrac{\dfrac{dy}{dt}}{\dfrac{dx}{dt}}=\dfrac{e^t}{\dfrac{1}{t}}=te^t$

$t=1$일 때 $\dfrac{dy}{dx}$의 값은 e이므로 점 P에서의 접선의 방정식은

$y-(e+1)=e(x-0)$

즉, $y=ex+e+1$

따라서 구하는 x절편은 $ex+e+1=0$에서

$x=-\dfrac{e+1}{e}$ 　　　　　　　　　　　　　　答 ②

27

$f(x)=1-\ln(-x)$, $g(x)=\ln\{a(x+n)\}$이라 하면

$f'(x)=-\dfrac{-1}{-x}=-\dfrac{1}{x}$, $g'(x)=\dfrac{1}{x+n}$

두 곡선 $y=f(x)$, $y=g(x)$가 만나는 점 P의 x좌표를 t라 하면

$f(t)=g(t)$에서

$1-\ln(-t)=\ln\{a(t+n)\}$

$\ln\{-at(t+n)\}=1$

$-at(t+n)=e$ ...... ㉠

두 곡선 $y=f(x)$, $y=g(x)$의 점 P에서의 접선의 기울기가 일치하므로

$f'(t)=g'(t)$에서

$-\dfrac{1}{t}=\dfrac{1}{t+n}$, $t+n=-t$

$t=-\dfrac{n}{2}$ ...... ㉡

㉡을 ㉠에 대입하면 $\dfrac{an}{2}\left(-\dfrac{n}{2}+n\right)=e$, $\dfrac{an^2}{4}=e$에서

$a=\dfrac{4e}{n^2}$이므로 $a_n=\dfrac{4e}{n^2}$

따라서 $\displaystyle\sum_{k=1}^{10}\dfrac{4e}{a_k}=\sum_{k=1}^{10}k^2=\dfrac{10 \times 11 \times 21}{6}=385$ 　　答 385

28

실수 t에 대하여 곡선 $y=a\sin\left(\dfrac{\pi}{2}\sin x\right)$ 위의 점 P의 좌표를

$\left(t, a\sin\left(\dfrac{\pi}{2}\sin t\right)\right)$라 하면 선분 OP의 중점 M의 좌표는

$\left(\dfrac{t}{2}, \dfrac{a}{2}\sin\left(\dfrac{\pi}{2}\sin t\right)\right)$

이므로 점 M이 나타내는 곡선 C를 매개변수 t로 나타내면

$x=\dfrac{t}{2}$, $y=\dfrac{a}{2}\sin\left(\dfrac{\pi}{2}\sin t\right)$ ...... ㉠

한편, 점 $\left(\dfrac{\pi}{12}, -1\right)$은 점 M이 나타내는 곡선 C 위의 점이므로

$x=\dfrac{t}{2}=\dfrac{\pi}{12}$에서 $t=\dfrac{\pi}{6}$

$y=\dfrac{a}{2}\sin\left(\dfrac{\pi}{2}\sin\dfrac{\pi}{6}\right)=-1$에서

$\dfrac{a}{2} \times \sin\dfrac{\pi}{4}=\dfrac{a\sqrt{2}}{4}=-1$

$a=-2\sqrt{2}$

㉠에서

$\dfrac{dx}{dt}=\dfrac{1}{2}$,

$\dfrac{dy}{dt}=-\sqrt{2}\cos\left(\dfrac{\pi}{2}\sin t\right) \times \dfrac{\pi}{2}\cos t=-\dfrac{\sqrt{2}\pi}{2}\cos\left(\dfrac{\pi}{2}\sin t\right)\cos t$

이므로

$$\frac{dy}{dx}=\frac{\dfrac{dy}{dt}}{\dfrac{dx}{dt}}=\frac{-\dfrac{\sqrt{2}\pi}{2}\cos\left(\dfrac{\pi}{2}\sin t\right)\cos t}{\dfrac{1}{2}}$$

$$=-\sqrt{2}\pi\cos\left(\frac{\pi}{2}\sin t\right)\cos t$$

따라서 곡선 C 위의 점 $\left(\dfrac{\pi}{12},\,-1\right)$에서의 접선의 기울기는 $t=\dfrac{\pi}{6}$일 때

$\dfrac{dy}{dx}$의 값과 같으므로

$$-\sqrt{2}\pi\cos\left(\frac{\pi}{2}\sin\frac{\pi}{6}\right)\cos\frac{\pi}{6}=-\sqrt{2}\pi\times\cos\frac{\pi}{4}\times\frac{\sqrt{3}}{2}$$

$$=-\frac{\sqrt{3}\pi}{2}$$

답 ③

29

$$f'(x)=\frac{a(1+e^x)-axe^x}{(1+e^x)^2}=\frac{a+ae^x-axe^x}{(1+e^x)^2}$$

이므로 함수 $f(x)=\dfrac{ax}{1+e^x}$의 그래프 위의 점 $(1,\,f(1))$에서의 접선

의 방정식은

$$y-\frac{a}{1+e}=\frac{a}{(1+e)^2}(x-1) \quad\cdots\cdots\text{㉠}$$

㉠에서 $y=0$일 때

$$x=1-\frac{a}{1+e}\times\frac{(1+e)^2}{a}=1-(1+e)=-e$$

㉠에서 $x=0$일 때

$$y=-\frac{a}{(1+e)^2}+\frac{a}{1+e}=\frac{ae}{(1+e)^2}$$

즉, 두 점 P, Q의 좌표는 각각

$$\text{P}(-e,\,0),\ \text{Q}\left(0,\,\frac{ae}{(1+e)^2}\right)$$

이므로 삼각형 OPQ의 넓이 $g(a)$는

$$g(a)=\frac{1}{2}\times\overline{\text{OP}}\times\overline{\text{OQ}}$$

$$=\frac{1}{2}\times|-e|\times\left|\frac{ae}{(1+e)^2}\right|=\frac{e^2|a|}{2(1+e)^2}$$

따라서

$$\lim_{a\to0+}\frac{g(a)+g(-a)}{a}=\frac{e^2}{2(1+e)^2}\lim_{a\to0+}\frac{|a|+|-a|}{a}$$

$$=\frac{e^2}{2(1+e)^2}\lim_{a\to0+}\frac{a+a}{a}$$

$$=\frac{e^2}{(1+e)^2}$$

답 ②

30

$f(x)=e^{x^3-3x}$에서

$f'(x)=e^{x^3-3x}(3x^2-3)=3e^{x^3-3x}(x+1)(x-1)$

$f'(x)=0$에서 $x=-1$ 또는 $x=1$

함수 $f(x)$의 증가와 감소를 표로 나타내면 다음과 같다.

x	$\cdots$	-1	$\cdots$	1	$\cdots$
$f'(x)$	$+$	0	$-$	0	$+$
$f(x)$	↗	극대	↘	극소	↗

따라서 함수 $f(x)$의 극솟값은

$f(1)=e^{-2}$

답 ②

31

$f(x)=e^{ax}\cos x$에서

$f'(x)=ae^{ax}\cos x-e^{ax}\sin x=e^{ax}(a\cos x-\sin x)$

$-\dfrac{\pi}{2}<x<\dfrac{\pi}{2}$에서 $\cos x>0$이므로

$f'(x)=e^{ax}(a\cos x-\sin x)$

$\qquad=e^{ax}\cos x\times(a-\tan x)$

$-\dfrac{\pi}{2}<x<\dfrac{\pi}{2}$에서 방정식 $f'(x)=0$의 실근은 하나뿐이고 이때의 실

근을 α라 하면

$e^{a\alpha}\cos\alpha\times(a-\tan\alpha)=0$이므로

$\tan\alpha=a \qquad\cdots\cdots\text{㉠}$

$-\dfrac{\pi}{2}<x<\alpha$일 때 $f'(x)>0$이고,

$\alpha<x<\dfrac{\pi}{2}$일 때 $f'(x)<0$이므로

함수 $f(x)$는 $x=\alpha$에서 극대이다.

이때 함수 $f(x)$가 $x=b$에서 극값 $\dfrac{e^{ab}}{3}$을 가지므로

$b=\alpha$이고 $f(b)=\dfrac{e^{ab}}{3}$, 즉 $e^{a\alpha}\cos\alpha=\dfrac{e^{a\alpha}}{3}$

$e^{a\alpha}>0$이므로 $\cos\alpha=\dfrac{1}{3} \qquad\cdots\cdots\text{㉡}$

한편, $1+\tan^2\alpha=\dfrac{1}{\cos^2\alpha}$이므로 ㉠, ㉡에서

$1+a^2=9$, $a^2=8$

a는 양수이므로 $a=2\sqrt{2}$

따라서 $a\cos b=2\sqrt{2}\times\dfrac{1}{3}=\dfrac{2\sqrt{2}}{3}$

답 ⑤

32

$0<x<2$일 때, $f(x)=\dfrac{x(a-x)}{x+2}$에서

$$f'(x)=\frac{(a-2x)(x+2)-x(a-x)}{(x+2)^2}$$

$$=\frac{-x^2-4x+2a}{(x+2)^2} \qquad\cdots\cdots\text{㉠}$$

함수 $f(x)$가 실수 전체의 집합에서 감소하기 위한 필요조건은

$0<x<2$일 때, $f'(x)\le0$이고,

$\lim_{x\to2-}f(x)\ge f(2) \qquad\cdots\cdots\text{㉡}$

이어야 한다.

$g(x)=-x^2-4x+2a$라 하면

$g(x)=-(x+2)^2+2a+4$

㉠에서 $0<x<2$일 때, $f'(x)\le0$, 즉 $g(x)\le0$이 성립하려면

$g(0)=2a\le0$이어야 하므로

$a\le0 \qquad\cdots\cdots\text{㉢}$

그런데 실제로는 $a\le0$이면 $0<x<2$일 때 $g(x)<0$이 되므로

$f'(x)<0$이고, 이 구간에서 $f(x)$는 감소한다. 그러므로 $f(x)$가 구간

$(0,\,2)$에서 감소하기 위한 필요충분조건은 $a\le0$이다.

$\lim\limits_{x \to 2^-} f(x) = \lim\limits_{x \to 2^-} \dfrac{x(a-x)}{x+2} = \dfrac{2(a-2)}{4} = \dfrac{a-2}{2}$

이고 조건 (가)에 의하여

$f(2) = f(0) - 4 = -4$

이므로 ㉡에서

$\dfrac{a-2}{2} \ge -4$

$a \ge -6$ ...... ㉣

㉢, ㉣에서 $-6 \le a \le 0$

따라서 실수 a의 최댓값은 0이고, 최솟값은 -6이므로 그 합은 -6이다.   답 ①

33

$f(x) = 4(e^x + e^{-x} - 2)$에서

$f'(x) = 4(e^x - e^{-x})$

$f'(x) = 0$에서 $x = 0$

$x > 0$일 때, $e^x > e^{-x}$이므로 $f'(x) > 0$이고,

$x < 0$일 때, $e^x < e^{-x}$이므로 $f'(x) < 0$이다.

즉, 함수 $f(x)$는 $x = 0$에서 극솟값 $f(0) = 0$을 갖는다.

$f(-\ln 2) = f(\ln 2) = 4(e^{\ln 2} + e^{-\ln 2} - 2) = 4\left(2 + \dfrac{1}{2} - 2\right) = 2$

이므로 $-\ln 2 < x < \ln 2$에서 $0 \le f(x) < 2$이다.

$g(x) = \dfrac{x^4}{4} - x^3 + x^2$에서

$g'(x) = x^3 - 3x^2 + 2x = x(x-1)(x-2)$

$g'(x) = 0$에서 $x = 0$ 또는 $x = 1$ 또는 $x = 2$

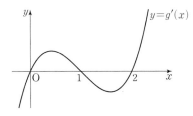

$h(x) = g(f(x))$라 하면

$h'(x) = g'(f(x)) f'(x)$ ...... ㉠

$0 \le f(x) < 2$이므로

$h'(x) = 0$, 즉 $g'(f(x)) f'(x) = 0$에서

$x = 0$ 또는 $f(x) = 1$

$f(0) < 1 < f(\ln 2)$, $f(0) < 1 < f(-\ln 2)$이므로

$f(\alpha) = 1$, $f(\beta) = 1$인 두 실수 α, $\beta\ (-\ln 2 < \alpha < 0 < \beta < \ln 2)$가 존재하고, 다음이 성립한다.

(i) $-\ln 2 < x < \alpha$일 때

  $1 < f(x) < 2$이므로 $g'(f(x)) < 0$

  $f'(x) < 0$이므로 ㉠에 의하여 $h'(x) > 0$

(ii) $\alpha < x < 0$일 때

  $0 < f(x) < 1$이므로 $g'(f(x)) > 0$

  $f'(x) < 0$이므로 ㉠에 의하여 $h'(x) < 0$

(iii) $0 < x < \beta$일 때

  $0 < f(x) < 1$이므로 $g'(f(x)) > 0$

  $f'(x) > 0$이므로 ㉠에 의하여 $h'(x) > 0$

(iv) $\beta < x < \ln 2$일 때

  $1 < f(x) < 2$이므로 $g'(f(x)) < 0$

  $f'(x) > 0$이므로 ㉠에 의하여 $h'(x) < 0$

(i)~(iv)에서 함수 $h(x)$는 $x = \alpha$, $x = \beta$에서 극대이고, $x = 0$에서 극소이다.

따라서 구하는 x의 개수는 3이다.   답 ③

34

$f(x) = \dfrac{2}{5}x^6 - x^4 + x + 1$이라 하면

$f'(x) = \dfrac{12}{5}x^5 - 4x^3 + 1$

$f''(x) = 12x^4 - 12x^2 = 12x^2(x^2 - 1) = 12x^2(x+1)(x-1)$

$f''(x) = 0$에서 $x = -1$ 또는 $x = 0$ 또는 $x = 1$

이때 $x = 0$의 좌우에서 $f''(x)$의 부호가 바뀌지 않고, $x = -1$, $x = 1$의 좌우에서 $f''(x)$의 부호가 바뀌므로 곡선 $y = f(x)$의 두 변곡점의 x좌표는 -1, 1이고

$f(-1) = \dfrac{2}{5} - 1 - 1 + 1 = -\dfrac{3}{5}$

$f(1) = \dfrac{2}{5} - 1 + 1 + 1 = \dfrac{7}{5}$

따라서 두 변곡점 $\left(-1, -\dfrac{3}{5}\right)$, $\left(1, \dfrac{7}{5}\right)$ 사이의 거리는

$\sqrt{(-1-1)^2 + \left(-\dfrac{3}{5} - \dfrac{7}{5}\right)^2} = \sqrt{8} = 2\sqrt{2}$ 답 ②

35

$f(x) = \dfrac{x^2 + (k+4)x + 2k + 6}{e^x}$

   $= e^{-x}\{x^2 + (k+4)x + 2k + 6\}$

에서

$f'(x) = -e^{-x}\{x^2 + (k+4)x + 2k + 6\} + e^{-x}(2x + k + 4)$

   $= -e^{-x}\{x^2 + (k+2)x + k + 2\}$

임의의 실수 t에 대하여 함수 $y = f(x)$의 그래프가 직선 $y = t$와 만나는 점의 개수가 1 이하이기 위한 필요조건은 모든 실수 x에 대하여 $f'(x) \le 0$인 것이다.

이때 $e^{-x} > 0$이므로 $x^2 + (k+2)x + k + 2 \ge 0$

이차방정식 $x^2 + (k+2)x + k + 2 = 0$의 판별식을 D라 하면

$D = (k+2)^2 - 4(k+2)$

  $= (k+2)(k-2) \le 0$

에서 $-2 \le k \le 2$

그런데

(i) $-2 < k < 2$이면 $D < 0$이 되어 $f'(x) < 0$이므로 함수 $f(x)$는 실수 전체의 집합에서 감소한다.

(ii) $k = 2$이면 $f'(x) = -e^{-x}(x+2)^2$이 되어 $x = -2$일 때만 $f'(x) = 0$이고, $x \ne -2$인 모든 실수 x에 대하여 $f'(x) < 0$이므로 함수 $f(x)$는 실수 전체의 집합에서 감소한다.

(iii) $k = -2$이면 $f'(x) = -e^{-x}x^2$이 되어 $x = 0$일 때만 $f'(x) = 0$이고 $x \ne 0$인 모든 실수 x에 대하여 $f'(x) < 0$이므로 함수 $f(x)$는 실수 전체의 집합에서 감소한다.

(i), (ii), (iii)에서 $-2 \le k \le 2$인 것은 모든 실수 t에 대하여 함수 $y=f(x)$의 그래프가 직선 $y=t$와 만나는 점의 개수가 1 이하이기 위한 필요충분조건이다.

따라서 조건을 만족시키는 정수 k의 값은 -2, -1, 0, 1, 2이므로 그 개수는 5이다.   **답 ③**

36

$f(x)=\ln(1+x^2)+1$이라 하면

$$f'(x)=\frac{2x}{1+x^2}$$

$$f''(x)=\frac{2(1+x^2)-2x \times 2x}{(1+x^2)^2}=\frac{2(1-x)(1+x)}{(1+x^2)^2}$$

$f''(x)=0$에서 $x=-1$ 또는 $x=1$

함수 $f'(x)$의 증가와 감소를 표로 나타내면 다음과 같다.

x	$\cdots$	-1	$\cdots$	1	$\cdots$
$f''(x)$	$-$	0	$+$	0	$-$
$f'(x)$	$\searrow$	-1	$\nearrow$	1	$\searrow$

$$\lim_{x \to \infty} f'(x)=\lim_{x \to \infty}\frac{2x}{1+x^2}=0$$

$$\lim_{x \to -\infty} f'(x)=\lim_{x \to -\infty}\frac{2x}{1+x^2}=0$$

즉, 함수 $f'(x)$는 $x=1$일 때 최댓값 1을 갖는다.

곡선 $y=\ln(1+x^2)+1$ 위의 점 $\mathrm{P}(1, \ln 2+1)$에서의 접선 l의 방정식은

$$y-(\ln 2+1)=x-1 \quad \cdots\cdots \ \text{㉠}$$

㉠에서 $x=0$일 때

$y=\ln 2+1-1=\ln 2$

㉠에서 $y=0$일 때

$x=1-(\ln 2+1)=-\ln 2$

따라서 접선 l과 x축 및 y축으로 둘러싸인 부분의 넓이 S는

$$S=\frac{1}{2} \times |-\ln 2| \times |\ln 2|=\frac{(\ln 2)^2}{2}$$ **답 ③**

37

$f(x)=(1+\cos x)\sin x$에서

$$\begin{aligned}f'(x)&=(-\sin x)\sin x+(1+\cos x)\cos x \\ &=\cos^2 x-\sin^2 x+\cos x \\ &=2\cos^2 x+\cos x-1 \\ &=(2\cos x-1)(\cos x+1)\end{aligned}$$

$f'(x)=0$에서 $\cos x=-1$ 또는 $\cos x=\frac{1}{2}$

$0 \le x \le 2\pi$일 때,

$\cos x=-1$에서 $x=\pi$이고,

$\cos x=\frac{1}{2}$에서 $x=\frac{\pi}{3}$ 또는 $x=\frac{5}{3}\pi$

$f(0)=f(\pi)=f(2\pi)=0$

$$f\left(\frac{\pi}{3}\right)=\left(1+\frac{1}{2}\right) \times \frac{\sqrt{3}}{2}=\frac{3\sqrt{3}}{4}$$

$$f\left(\frac{5}{3}\pi\right)=\left(1+\frac{1}{2}\right) \times \left(-\frac{\sqrt{3}}{2}\right)=-\frac{3\sqrt{3}}{4}$$

$0 \le x \le 2\pi$에서 함수 $f(x)$의 증가와 감소를 표로 나타내면 다음과 같다.

x	0	$\cdots$	$\frac{\pi}{3}$	$\cdots$	π	$\cdots$	$\frac{5}{3}\pi$	$\cdots$	2π
$f'(x)$		$+$	0	$-$	0	$-$	0	$+$	
$f(x)$	0	$\nearrow$	$\frac{3\sqrt{3}}{4}$	$\searrow$	0	$\searrow$	$-\frac{3\sqrt{3}}{4}$	$\nearrow$	0

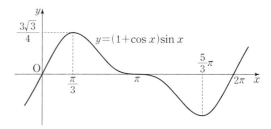

$0 < a < \frac{\pi}{3}$일 때, 구간 $[0, a]$에서 $0 \le f(x) < \frac{3\sqrt{3}}{4}$이므로 함수 $f(x)$의 최댓값과 최솟값의 차가 $\frac{3\sqrt{3}}{4}$보다 작다.

$\frac{\pi}{3} \le a \le \pi$일 때, 닫힌구간 $[0, a]$에서 함수 $f(x)$의 최댓값은 $\frac{3\sqrt{3}}{4}$이고 최솟값은 0이므로 닫힌구간 $[0, a]$에서 함수 $f(x)$의 최댓값과 최솟값의 차가 $\frac{3\sqrt{3}}{4}$이 된다.

$\pi < a \le 2\pi$일 때, 구간 $[0, a]$에서 함수 $f(x)$의 최댓값은 $\frac{3\sqrt{3}}{4}$이고 최솟값은 음수이므로 최댓값과 최솟값의 차가 $\frac{3\sqrt{3}}{4}$보다 크다.

따라서 구하는 a의 최댓값은 π이다.   **답 ③**

38

구간 $(0, \infty)$에서 정의된 함수 $f(x)$의 역함수가 존재하기 위한 필요조건은 $x>0$인 모든 실수 x에 대하여

$$\begin{aligned}f'(x)&=x-5+\frac{k}{x} \\ &=\frac{x^2-5x+k}{x} \ge 0 \quad \cdots\cdots \ \text{㉠}\end{aligned}$$

이다.

이때 $x>0$이므로 ㉠에서

$$x^2-5x+k \ge 0 \quad \cdots\cdots \ \text{㉡}$$

$x^2-5x+k=\left(x-\frac{5}{2}\right)^2+k-\frac{25}{4}$이므로 $x>0$인 모든 실수 x에 대하여 ㉡이 성립하려면

$$k-\frac{25}{4} \ge 0, \ \text{즉} \ k \ge \frac{25}{4}$$

그런데

(i) $k > \frac{25}{4}$이면 구간 $(0, \infty)$에서 $f'(x)>0$이 되어 $f(x)$는 구간 $(0, \infty)$에서 증가한다. 그러므로 구간 $(0, \infty)$에서 역함수가 존재한다.

(ii) $k=\frac{25}{4}$이면 $x=\frac{5}{2}$일 때만 $f'(x)=0$이고, $x \ne \frac{5}{2}$인 모든 양의 실수 x에 대하여 $f'(x)>0$이므로 $f(x)$는 구간 $(0, \infty)$에서 증가한다. 그러므로 구간 $(0, \infty)$에서 역함수가 존재한다.

(i), (ii)에서 $k \geq \dfrac{25}{4}$인 것은 구간 $(0, \infty)$에서 정의된 함수 $f(x)$의 역함수가 존재하기 위한 필요충분조건이다.

따라서 실수 k의 최솟값은 $\dfrac{25}{4}$이다.　　　　　　　　**답** ④

39

점 P가 출발한 후 처음으로 y축과 만나는 시각을

$t=a\,(a>0)$

이라 하자.

시각 $t=a$에서 점 P의 x좌표는 0이므로

$x=2a^2-3a+1=0$에서

$(a-1)(2a-1)=0$

$a=\dfrac{1}{2}$ 또는 $a=1$

이때 $\dfrac{1}{2}<1$이므로

$a=\dfrac{1}{2}$

$x=2t^2-3t+1,\ y=\ln(t+1)$에서

$\dfrac{dx}{dt}=4t-3,\ \dfrac{dy}{dt}=\dfrac{1}{t+1}$

이므로 시각 $t=\dfrac{1}{2}$에서 점 P의 속력은

$\sqrt{\left(4\times\dfrac{1}{2}-3\right)^2+\left(\dfrac{1}{\dfrac{1}{2}+1}\right)^2}=\sqrt{1+\dfrac{4}{9}}=\dfrac{\sqrt{13}}{3}$　　　**답** ④

40

$f(x)=a\cos 2x+b\sin x$에서

$f'(x)=-2a\sin 2x+b\cos x$

$f''(x)=-4a\cos 2x-b\sin x$

함수 $f''(x)$는 실수 전체의 집합에서 연속이므로 조건 (가)에서

$f''\left(\dfrac{\pi}{2}\right)=0$이다.

$f''\left(\dfrac{\pi}{2}\right)=-4a\cos\pi-b\sin\dfrac{\pi}{2}$

$\qquad\qquad=-4a\times(-1)-b\times 1=0$

에서 $b=4a$

$\sin 2x=2\sin x\cos x$이므로

$f'(x)=a(-2\sin 2x+4\cos x)$

$\qquad=a(-4\sin x\cos x+4\cos x)$

$\qquad=4a\cos x(1-\sin x)$

$f'(x)=0$에서 $\cos x=0$ 또는 $\sin x=1$

$-\pi\leq x\leq\pi$에서 $x=-\dfrac{\pi}{2}$ 또는 $x=\dfrac{\pi}{2}$

$a>0$이므로 $-\pi\leq x\leq\pi$에서 함수 $f(x)$의 증가와 감소를 표로 나타내면 다음과 같다.

x	$-\pi$	$\cdots$	$-\dfrac{\pi}{2}$	$\cdots$	$\dfrac{\pi}{2}$	$\cdots$	π
$f'(x)$		$-$	0	$+$	0	$-$	
$f(x)$		$\searrow$	극소	$\nearrow$	극대	$\searrow$	

이때 $f(x)=a(\cos 2x+4\sin x)$이므로

$f(-\pi)=a\{\cos(-2\pi)+4\sin(-\pi)\}$

$\qquad=a(1+0)=a$

$f\left(-\dfrac{\pi}{2}\right)=a\left\{\cos(-\pi)+4\sin\left(-\dfrac{\pi}{2}\right)\right\}$

$\qquad\qquad=a(-1-4)=-5a$

$f\left(\dfrac{\pi}{2}\right)=a\left(\cos\pi+4\sin\dfrac{\pi}{2}\right)$

$\qquad\qquad=a(-1+4)=3a$

$f(\pi)=a(\cos 2\pi+4\sin\pi)$

$\qquad=a(1+0)=a$

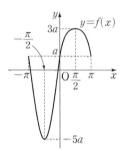

조건 (나)에 의하여 $-\pi\leq x\leq\pi$에서 방정식 $f(x)=3$의 서로 다른 실근의 개수가 3이므로

$a=3,\ b=4a=12$

따라서 $a+b=3+12=15$　　　　　　　　**답** 15

09 적분법

본문 96~104쪽

01 ②	02 ⑤	03 ④	04 ③	05 ③
06 ④	07 ①	08 ②	09 ②	10 ①
11 ②	12 ⑤	13 ③	14 4	15 ④
16 ①	17 ①	18 ⑤	19 ②	20 ②
21 ②	22 9	23 ④	24 ①	25 ①
26 ④	27 ③	28 ④	29 80	30 ①
31 ②	32 4	33 ⑤		

01

$$\int_0^{\ln 2} (e^x - 2x)\,dx$$

$$= \Big[e^x - x^2 \Big]_0^{\ln 2}$$

$$= \{ e^{\ln 2} - (\ln 2)^2 \} - (e^0 - 0)$$

$$= 1 - (\ln 2)^2$$

답 ②

02

$$\int_1^4 \frac{x\sqrt{x}}{x+\sqrt{x}}\,dx - \int_4^1 \frac{1}{x+\sqrt{x}}\,dx$$

$$= \int_1^4 \frac{x\sqrt{x}}{x+\sqrt{x}}\,dx + \int_1^4 \frac{1}{x+\sqrt{x}}\,dx$$

$$= \int_1^4 \frac{(\sqrt{x})^3 + 1}{x+\sqrt{x}}\,dx$$

$$= \int_1^4 \frac{(\sqrt{x}+1)\{(\sqrt{x})^2 - \sqrt{x}+1\}}{\sqrt{x}(\sqrt{x}+1)}\,dx$$

$$= \int_1^4 \frac{(\sqrt{x})^2 - \sqrt{x} + 1}{\sqrt{x}}\,dx$$

$$= \int_1^4 \Big(\sqrt{x} - 1 + \frac{1}{\sqrt{x}} \Big)\,dx$$

$$= \Big[\frac{2}{3} x^{\frac{3}{2}} - x + 2x^{\frac{1}{2}} \Big]_1^4$$

$$= \Big(\frac{2}{3} \times 2^3 - 4 + 2 \times 2 \Big) - \Big(\frac{2}{3} - 1 + 2 \Big)$$

$$= \frac{11}{3}$$

답 ⑤

03

함수 $f(x)$의 도함수가 실수 전체의 집합에서 연속이므로 $x=0$에서도 연속이다.

즉, $\lim\limits_{x \to 0-} f'(x) = \lim\limits_{x \to 0+} f'(x) = f'(0)$이어야 한다.

$\lim\limits_{x \to 0-} f'(x) = a$, $\lim\limits_{x \to 0+} f'(x) = 0$, $f'(0) = 0$이므로

$a = 0$

$$f'(x) = \begin{cases} \sin x & (x<0) \\ -3x^2 + 2x & (x \ge 0) \end{cases}$$

에서

$$f(x) = \begin{cases} -\cos x + C_1 & (x<0) \\ -x^3 + x^2 + C_2 & (x>0) \end{cases} \quad (C_1, C_2\text{는 적분상수})$$

함수 $f(x)$가 실수 전체의 집합에서 미분가능하므로 함수 $f(x)$는 실수 전체의 집합에서 연속이다.

즉, 함수 $f(x)$는 $x=0$에서 연속이므로

$\lim\limits_{x \to 0-} f(x) = \lim\limits_{x \to 0+} f(x) = f(0)$이어야 한다.

$\lim\limits_{x \to 0-} f(x) = -1 + C_1$, $\lim\limits_{x \to 0+} f(x) = C_2$이므로

$f(0) = -1 + C_1 = C_2$ ····· ㉠

$f(2) = 3$에서

$-2^3 + 2^2 + C_2 = 3$

즉, $C_2 = 7$이므로 ㉠에서

$C_1 = C_2 + 1 = 7 + 1 = 8$

따라서

$$f\Big(-\frac{\pi}{3} \Big) = -\cos\Big(-\frac{\pi}{3} \Big) + 8$$

$$= -\frac{1}{2} + 8 = \frac{15}{2}$$

답 ④

04

함수 $y = f(x)$의 그래프 위의 점 $(t, f(t))$에서의 접선의 방정식은

$y - f(t) = f'(t)(x - t)$

이 접선의 y절편 $g(t)$는

$g(t) = f'(t)(0 - t) + f(t)$

$\quad = f(t) - tf'(t)$ ····· ㉠

한편, $g'(t) = -\dfrac{12}{t^4}$에서

$$g(t) = \int g'(t)\,dt$$

$$= \int \Big(-\frac{12}{t^4} \Big)\,dt$$

$$= \frac{4}{t^3} + C \ (C\text{는 적분상수})$$

$g(1) = \dfrac{7}{2}$에서

$4 + C = \dfrac{7}{2}$

$C = -\dfrac{1}{2}$

$g(2) = \dfrac{1}{2} - \dfrac{1}{2} = 0$

㉠에서

$g(2) = f(2) - 2 \times f'(2) = 0$

따라서 $\dfrac{f(2)}{f'(2)} = 2$

답 ③

참고

함수 $f(x) = \dfrac{1}{x^3} - \dfrac{1}{2}$은 주어진 조건을 모두 만족시킨다.

05

$2x^2+1=t$로 놓으면 $4x=\dfrac{dt}{dx}$

$x=0$일 때 $t=1$이고, $x=\sqrt{2}$일 때 $t=5$이므로

$$\int_0^{\sqrt{2}} xe^{2x^2+1}\,dx=\int_1^5 \frac{1}{4}e^t\,dt$$
$$=\left[\frac{1}{4}e^t\right]_1^5=\frac{e^5-e}{4}$$

답 ③

06

조건 (가)에서

$$\int f'(x)f(x)dx=\int \frac{e^x-e^{-x}}{2}\,dx \qquad \cdots\cdots ㉠$$

$\int f'(x)f(x)dx$에서 $f(x)=t$로 놓으면 $f'(x)=\dfrac{dt}{dx}$이므로

$$\int f'(x)f(x)dx=\int t\,dt$$

㉠에서

$$\frac{1}{2}t^2=\frac{e^x+e^{-x}}{2}+C$$
$$\frac{1}{2}\{f(x)\}^2=\frac{e^x+e^{-x}}{2}+C$$
$$\{f(x)\}^2=e^x+e^{-x}+2C \quad (C는\ 적분상수) \qquad \cdots\cdots ㉡$$

조건 (나)에서 $f(0)=1$이므로 ㉡의 양변에 $x=0$을 대입하면

$$\{f(0)\}^2=e^0+e^0+2C$$
$$2C=-1$$

즉, $\{f(x)\}^2=e^x+e^{-x}-1$

모든 실수 x에 대하여

$e^x+e^{-x}-1\geq 1$, $f(0)=1>0$이고 함수 $f(x)$는 연속함수이므로

$$f(x)=\sqrt{e^x+e^{-x}-1}$$

따라서

$$f(\ln 2)=\sqrt{e^{\ln 2}+e^{-\ln 2}-1}$$
$$=\sqrt{2+\frac{1}{2}-1}=\frac{\sqrt{6}}{2}$$

답 ④

07

$x>0$이므로 주어진 등식의 양변을 x로 나누면

$$\frac{f(\ln x)}{x}=f\left(\frac{x-1}{e-1}\right)+2x-\frac{2}{x}$$

이므로

$$\int_1^e \frac{f(\ln x)}{x}\,dx=\int_1^e \left\{f\left(\frac{x-1}{e-1}\right)+2x-\frac{2}{x}\right\}dx$$
$$=\int_1^e f\left(\frac{x-1}{e-1}\right)dx+\int_1^e \left(2x-\frac{2}{x}\right)dx \qquad \cdots\cdots ㉠$$

$\int_1^e \dfrac{f(\ln x)}{x}\,dx$에서 $\ln x=t$로 놓으면 $\dfrac{1}{x}=\dfrac{dt}{dx}$

$x=1$일 때 $t=0$이고, $x=e$일 때 $t=1$이므로

$$\int_1^e \frac{f(\ln x)}{x}\,dx=\int_0^1 f(t)\,dt \qquad \cdots\cdots ㉡$$

$\int_1^e f\left(\dfrac{x-1}{e-1}\right)dx$에서 $\dfrac{x-1}{e-1}=s$로 놓으면 $\dfrac{1}{e-1}=\dfrac{ds}{dx}$

$x=1$일 때 $s=0$이고, $x=e$일 때 $s=1$이므로

$$\int_1^e f\left(\frac{x-1}{e-1}\right)dx=(e-1)\int_0^1 f(s)\,ds \qquad \cdots\cdots ㉢$$

㉠에서 ㉡, ㉢에 의하여

$$\int_0^1 f(t)dt=(e-1)\int_0^1 f(s)ds+\int_1^e \left(2x-\frac{2}{x}\right)dx$$
$$(2-e)\int_0^1 f(x)dx=\int_1^e \left(2x-\frac{2}{x}\right)dx$$
$$=\left[x^2-2\ln x\right]_1^e$$
$$=(e^2-2)-(1^2-0)$$
$$=e^2-3$$

답 ①

08

$f(x)=\sin^2 x\cos^3 x$에서

$$f'(x)=2\sin x\cos^4 x-3\sin^3 x\cos^2 x$$
$$=\sin x\cos^2 x(2\cos^2 x-3\sin^2 x)$$
$$=\sin x\cos^2 x(5\cos^2 x-3)$$

이므로

$$\lim_{x\to p}\frac{f'(x)}{5\cos^2 x-3}=\lim_{x\to p}\sin x\cos^2 x$$
$$=\sin p(1-\sin^2 p)$$
$$=\sin p(1-\sin p)(1+\sin p)$$

$0<p<\pi$이므로 $\sin p(1-\sin p)(1+\sin p)=0$에서

$\sin p=1$, 즉 $p=\dfrac{\pi}{2}$

$$\int_0^p f(x)dx=\int_0^{\frac{\pi}{2}}\sin^2 x\cos^3 x\,dx$$
$$=\int_0^{\frac{\pi}{2}}\sin^2 x\cos^2 x\cos x\,dx$$
$$=\int_0^{\frac{\pi}{2}}\sin^2 x(1-\sin^2 x)\cos x\,dx$$
$$=\int_0^{\frac{\pi}{2}}(\sin^2 x-\sin^4 x)\cos x\,dx \qquad \cdots\cdots ㉠$$

㉠에서 $\sin x=t$로 놓으면 $\cos x=\dfrac{dt}{dx}$

$x=0$일 때 $t=0$이고, $x=\dfrac{\pi}{2}$일 때 $t=1$이므로

$$\int_0^{\frac{\pi}{2}}f(x)dx=\int_0^1 (t^2-t^4)dt$$
$$=\left[\frac{t^3}{3}-\frac{t^5}{5}\right]_0^1$$
$$=\frac{1}{3}-\frac{1}{5}$$
$$=\frac{2}{15}$$

답 ②

09

$$\int_1^2 \frac{\ln 2x}{x^2}\,dx$$
$$=\left[\ln 2x\times\left(-\frac{1}{x}\right)\right]_1^2-\int_1^2 \left\{\frac{1}{x}\times\left(-\frac{1}{x}\right)\right\}dx$$
$$=-\frac{\ln 4}{2}+\ln 2-\left[\frac{1}{x}\right]_1^2$$
$$=-\left(\frac{1}{2}-1\right)$$
$$=\frac{1}{2}$$

답 ②

10

$\sin\left(\dfrac{3}{2}\pi-x\right)=-\cos x$이므로

$$\int_0^{\frac{3}{2}\pi} x\sin\left(\dfrac{3}{2}\pi-x\right)dx=\int_0^{\frac{3}{2}\pi}(-x\cos x)dx$$

$$=\Big[-x\sin x\Big]_0^{\frac{3}{2}\pi}-\int_0^{\frac{3}{2}\pi}(-\sin x)dx$$

$$=-\dfrac{3}{2}\pi\times(-1)-\Big[\cos x\Big]_0^{\frac{3}{2}\pi}$$

$$=\dfrac{3}{2}\pi-(0-1)$$

$$=\dfrac{3}{2}\pi+1$$

답 ①

11

함수 $F(x)$는 함수 $f(x)$의 부정적분이므로

$F'(x)=f(x)$

조건 (가)에서

$F(x)=xf(x)+(x^2-2x+2)e^x$ ······ ㉠

㉠의 양변을 x에 대하여 미분하면

$F'(x)=f(x)+xf'(x)+(2x-2)e^x+(x^2-2x+2)e^x$

$f(x)=f(x)+xf'(x)+x^2e^x$

$xf'(x)=-x^2e^x$

이때 $x>0$이므로

$f'(x)=-xe^x$

$$f(x)=\int f'(x)dx=\int(-xe^x)dx$$

$$=-xe^x+\int e^x\,dx$$

$$=(1-x)e^x+C_1\ (C_1은\ 적분상수)\quad ······ ㉡$$

$$F(x)=\int f(x)dx=\int\{(1-x)e^x+C_1\}dx$$

$$=(1-x)e^x+\int e^x\,dx+C_1x$$

$$=(2-x)e^x+C_1x+C_2\ (C_2는\ 적분상수)$$

조건 (나)에서 $F(1)=2e$이므로

$e+C_1+C_2=2e$

$C_1+C_2=e$ ······ ㉢

㉠의 양변에 $x=1$을 대입하면

$F(1)=1\times f(1)+(1^2-2+2)e$

즉, $2e=f(1)+e$에서 $f(1)=e$

㉡의 양변에 $x=1$을 대입하면

$f(1)=C_1$에서

$C_1=e$

㉢에서 $C_2=e-C_1=e-e=0$

따라서 $F(x)=(2-x)e^x+ex$이므로

$F(3)=3e-e^3$

답 ②

다른 풀이

$f(x)=(1-x)e^x+C_1$에서

$f(1)=C_1$

㉠의 양변에 $x=1$을 대입하면

$F(1)=f(1)+e$

$2e=C_1+e$

$C_1=e$

따라서 $f(x)=(1-x)e^x+e$이므로

㉠의 양변에 $x=3$을 대입하면

$F(3)=3f(3)+5e^3$

$$=3(-2e^3+e)+5e^3$$

$$=3e-e^3$$

12

$F(t)=\displaystyle\int \sec^2 t\,dt$라 하면

$F'(t)=\sec^2 t$

$$f(x)=\int_{\cos x}^{\sin x}\sec^2 t\,dt$$

$$=\int_{\cos x}^{\sin x}F'(t)dt$$

$$=\Big[F(t)\Big]_{\cos x}^{\sin x}$$

$$=F(\sin x)-F(\cos x)$$

이므로

$$f'(x)=F'(\sin x)\times(\sin x)'-F'(\cos x)(\cos x)'$$

$$=\sec^2(\sin x)\times\cos x-\sec^2(\cos x)\times(-\sin x)$$

$$=\dfrac{\cos x}{\cos^2(\sin x)}+\dfrac{\sin x}{\cos^2(\cos x)}$$

따라서

$$f'(0)=\dfrac{\cos 0}{\cos^2(\sin 0)}+\dfrac{\sin 0}{\cos^2(\cos 0)}$$

$$=\dfrac{1}{\cos^2 0}+0=1$$

답 ⑤

13

$$\int_0^{\ln t}f(e^x)dx=a(t\ln t-1)^2-2\quad ······ ㉠$$

㉠의 양변에 $t=1$을 대입하면

$$\int_0^0 f(e^x)dx=a(0-1)^2-2$$

$\displaystyle\int_0^0 f(e^x)dx=0$이므로 $0=a-2$에서 $a=2$

$F(x)=\displaystyle\int f(e^x)dx$라 하면

$F'(x)=f(e^x)$

$$\int_0^{\ln t}F'(x)dx=\Big[F(x)\Big]_0^{\ln t}=F(\ln t)-F(0)$$

이므로

$F(\ln t)-F(0)=2(t\ln t-1)^2-2$ ······ ㉡

㉡의 양변을 t에 대하여 미분하면

$$F'(\ln t)\times\dfrac{1}{t}=4(t\ln t-1)\times(t\ln t-1)'$$

$f(e^{\ln t})=4(t\ln t-1)\times(\ln t+1)\times t$

$f(t)=4t(\ln t+1)(t\ln t-1)$

따라서 $f(e)=8e(e-1)$

답 ③

14

$F(t) = \int (\cos t - \sin t)dt$라 하면

$F'(t) = \cos t - \sin t$

$f(x) = \int_{\pi x}^{\pi(x+1)} F'(t)dt = \Big[F(t) \Big]_{\pi x}^{\pi(x+1)}$

$\qquad = F(\pi(x+1)) - F(\pi x)$

이므로

$f'(x) = F'(\pi(x+1)) \times (\pi(x+1))' - F'(\pi x) \times (\pi x)'$

$\qquad = \pi\{\cos \pi(x+1) - \sin \pi(x+1)\} - \pi(\cos \pi x - \sin \pi x)$

$\qquad = \pi\{\cos(\pi x + \pi) - \sin(\pi x + \pi) - \cos \pi x + \sin \pi x\}$

$\qquad = \pi(-\cos \pi x + \sin \pi x - \cos \pi x + \sin \pi x)$

$\qquad = 2\pi(\sin \pi x - \cos \pi x)$

$f'(x) = 0$에서

$\sin \pi x = \cos \pi x$, 즉 $\tan \pi x = 1$ $\qquad$ ······ ㉠

이때 $0 \le x \le 4$이므로 방정식 ㉠을 만족시키는 x의 값은

$\dfrac{1}{4}, \dfrac{5}{4}, \dfrac{9}{4}, \dfrac{13}{4}$

이므로 방정식 $f'(x) = 0$의 서로 다른 실근의 개수는 4이다. 　　답 4

15

조건 (나)에서

$\int_0^2 x\{f(x) + f(x-2)\}dx = 0$ $\qquad$ ······ ㉠

$\int_0^2 xf(x)dx + \int_0^2 xf(x-2)dx = 0$

$\int_0^2 xf(x-2)dx$에서 $x-2 = t$로 놓으면 $1 = \dfrac{dt}{dx}$이고

$x=0$일 때 $t=-2$, $x=2$일 때 $t=0$이므로

$\int_0^2 xf(x-2)dx = \int_{-2}^0 (t+2)f(t)dt$

$\qquad\qquad\qquad = \int_{-2}^0 tf(t)dt + 2\int_{-2}^0 f(t)dt$

$\qquad\qquad\qquad = \int_{-2}^0 xf(x)dx + 2\int_{-2}^0 f(x)dx$ ······ ㉡

㉠, ㉡에 의하여

$\int_0^2 xf(x)dx + \int_{-2}^0 xf(x)dx + 2\int_{-2}^0 f(x)dx = 0$

$\int_{-2}^2 xf(x)dx + 2\int_{-2}^0 f(x)dx = 0$ $\qquad$ ······ ㉢

조건 (가)에서 $g(0) = \int_{-2}^0 f(t)dt = \int_{-2}^0 f(x)dx = -2$이므로 ㉢에서

$\int_{-2}^2 xf(x)dx = 4$ $\qquad$ ······ ㉣

조건 (가)에서 $g(-2) = 0$, $g'(x) = f(x)$이므로

$\int_{-2}^2 xf(x)dx = \int_{-2}^2 xg'(x)dx$

$\qquad\qquad\qquad = \Big[xg(x) \Big]_{-2}^2 - \int_{-2}^2 g(x)dx$

$\qquad\qquad\qquad = 2g(2) + 2g(-2) - (-6)$

$\qquad\qquad\qquad = 2g(2) + 6$

㉣에서 $2g(2) + 6 = 4$이므로 $g(2) = -1$

따라서 $\left(\dfrac{1}{2}\{g(x)\}^2 \right)' = g'(x)g(x)$이므로

$\int_{-2}^2 f(x)g(x)dx = \int_{-2}^2 g'(x)g(x)dx$

$\qquad\qquad\qquad = \left[\dfrac{1}{2}\{g(x)\}^2 \right]_{-2}^2$

$\qquad\qquad\qquad = \dfrac{1}{2}\{g(2)\}^2 - \dfrac{1}{2}\{g(-2)\}^2$

$\qquad\qquad\qquad = \dfrac{1}{2} \times (-1)^2 - 0$

$\qquad\qquad\qquad = \dfrac{1}{2}$ 　　답 ④

참고

두 함수 $f(x) = \dfrac{3}{4}x - \dfrac{1}{4}$, $g(x) = \dfrac{3}{8}x^2 - \dfrac{1}{4}x - 2$는 주어진 조건을 모두 만족시킨다.

16

$f(x) = \int \ln(3 + \cos x)dx$라 하면

$f'(x) = \ln(3 + \cos x)$

따라서

$\lim_{h \to 0} \dfrac{1}{h} \int_0^{2h} \ln(3 + \cos x)dx$

$= \lim_{h \to 0} \dfrac{1}{h} \int_0^{2h} f'(x)dx$

$= 2\lim_{h \to 0} \dfrac{f(2h) - f(0)}{2h}$

$= 2f'(0)$

$= 2\ln(3 + \cos 0)$

$= 4\ln 2$ 　　답 ①

17

$F(t) = \int e^{a-t^2}dt$라 하면

$F'(t) = e^{a-t^2}$

$f(x) = \int_1^{x^2} e^{a-t^2}dt = \int_1^{x^2} F'(t)dt$

$\qquad = F(x^2) - F(1)$

이므로

$f'(x) = F'(x^2) \times (x^2)'$

$\qquad = 2xe^{a-x^4}$

$\lim_{x \to 1} \dfrac{f(x) - f(1)}{x^3 - x} = \lim_{x \to 1} \left\{ \dfrac{f(x) - f(1)}{x-1} \times \dfrac{1}{x(x+1)} \right\}$

$\qquad\qquad\qquad = \dfrac{1}{2}f'(1)$

$\qquad\qquad\qquad = e^{a-1}$

$\lim_{x \to 1} \dfrac{f(x) - f(1)}{x^3 - x} = 1$에서

$e^{a-1} = 1$, $a - 1 = 0$

따라서 $a = 1$ 　　답 ①

18

$\dfrac{1}{n}=t$로 놓으면 $n\to\infty$일 때, $t\to 0+$이므로

$\displaystyle\lim_{n\to\infty} n^2\left(a+\int_{-\frac{1}{n}}^{3+\frac{1}{n}} \pi\sin\pi x\,dx\right)$

$\displaystyle=\lim_{t\to 0+}\frac{1}{t^2}\left(a+\int_{-t}^{3+t}\pi\sin\pi x\,dx\right)$

$\displaystyle=\lim_{t\to 0+}\frac{1}{t^2}\left(a+\Big[-\cos\pi x\Big]_{-t}^{3+t}\right)$

$\displaystyle=\lim_{t\to 0+}\frac{a-\cos(3\pi+\pi t)+\cos(-\pi t)}{t^2}$

$\displaystyle=\lim_{t\to 0+}\frac{a+\cos\pi t+\cos\pi t}{t^2}$

$\displaystyle=\lim_{t\to 0+}\frac{a+2\cos\pi t}{t^2}$

$\displaystyle\lim_{t\to 0+}\frac{a+2\cos\pi t}{t^2}=b$에서 $t\to 0+$일 때 (분모)$\to 0$이고 극한값이 존재하므로 (분자)$\to 0$이어야 한다.

즉, $\displaystyle\lim_{t\to 0+}(a+2\cos\pi t)=a+2=0$이므로

$a=-2$

$\displaystyle b=\lim_{t\to 0+}\frac{a+2\cos\pi t}{t^2}=\lim_{t\to 0+}\frac{-2+2\cos\pi t}{t^2}$

$\displaystyle\quad=\lim_{t\to 0+}\frac{-2(1-\cos^2\pi t)}{t^2(1+\cos\pi t)}$

$\displaystyle\quad=\lim_{t\to 0+}\left\{\left(\frac{\sin\pi t}{\pi t}\right)^2\times\frac{-2\pi^2}{1+\cos\pi t}\right\}$

$\displaystyle\quad=1^2\times\frac{-2\pi^2}{1+1}$

$\quad=-\pi^2$

따라서 $a\times b=(-2)\times(-\pi^2)=2\pi^2$ 🔲 ⑤

19

$\dfrac{1}{2e^t-1}=\dfrac{2e^t}{2e^t-1}-1$이고 $x\geq 0$에서 $2e^x-1>0$이므로

$\displaystyle\int\frac{2e^t}{2e^t-1}\,dt=\ln|2e^t-1|+C$ (단, C는 적분상수)

$\displaystyle f(x)=\int_0^x\frac{1}{2e^t-1}\,dt$

$\displaystyle\quad=\int_0^x\left(\frac{2e^t}{2e^t-1}-1\right)dt$

$\displaystyle\quad=\Big[\ln|2e^t-1|-t\Big]_0^x$

$\quad=\ln|2e^x-1|-x-(\ln 1-0)$

$\quad=\ln(2e^x-1)-x$

$F(x)=\displaystyle\int f(x)\,dx$라 하면

$F'(x)=f(x)$

$\displaystyle\lim_{h\to\ln 3}\frac{1}{h-\ln 3}\int_{\ln 3}^{h}f(x)\,dx$

$\displaystyle=\lim_{h\to\ln 3}\frac{F(h)-F(\ln 3)}{h-\ln 3}$

$=F'(\ln 3)$

$=f(\ln 3)$

$=\ln(2e^{\ln 3}-1)-\ln 3$

$=\ln(2\times 3-1)-\ln 3$

$=\ln 5-\ln 3$

$=\ln\dfrac{5}{3}$ 🔲 ②

참고

함수 $f(x)$를 다음과 같이 구할 수도 있다.

$\displaystyle f(x)=\int_0^x\frac{1}{2e^t-1}\,dt$

$2e^t-1=u$로 놓으면 $2e^t=\dfrac{du}{dt}$

$t=0$일 때 $u=1$이고 $t=x$일 때 $u=2e^x-1$이므로

$\displaystyle f(x)=\int_0^x\frac{1}{2e^t-1}\,dt$

$\displaystyle\quad=\int_0^x\frac{2e^t}{2e^t(2e^t-1)}\,dt$

$\displaystyle\quad=\int_1^{2e^x-1}\frac{1}{u(u+1)}\,du$

$\displaystyle\quad=\int_1^{2e^x-1}\left(\frac{1}{u}-\frac{1}{u+1}\right)du$

$\displaystyle\quad=\Big[\ln|u|-\ln|u+1|\Big]_1^{2e^x-1}$

$\quad=\ln|2e^x-1|-\ln|2e^x|+\ln 2$

$\quad=\ln(2e^x-1)-x$

20

$x_k=1+\dfrac{2k}{n}$, $\varDelta x=\dfrac{2}{n}$로 놓으면

$\displaystyle\lim_{n\to\infty}\sum_{k=1}^{n}f\left(1+\frac{2k}{n}\right)\frac{1}{n}=\frac{1}{2}\lim_{n\to\infty}\sum_{k=1}^{n}f(x_k)\varDelta x$

$\displaystyle\quad=\frac{1}{2}\int_1^3 f(x)\,dx$

$\displaystyle\quad=\frac{1}{2}\int_1^3\frac{1}{x^2+x}\,dx$

$\displaystyle\quad=\frac{1}{2}\int_1^3\frac{1}{x(x+1)}\,dx$

$\displaystyle\quad=\frac{1}{2}\int_1^3\left(\frac{1}{x}-\frac{1}{x+1}\right)dx$

$\displaystyle\quad=\frac{1}{2}\Big[\ln|x|-\ln|x+1|\Big]_1^3$

$\displaystyle\quad=\frac{1}{2}\{(\ln 3-\ln 4)-(0-\ln 2)\}$

$\displaystyle\quad=\frac{1}{2}\ln\frac{3}{2}$ 🔲 ②

21

$\dfrac{k\pi}{2n}=x_k$, $\Delta x=\dfrac{\pi}{2n}$로 놓으면

$\displaystyle\lim_{n\to\infty}\sum_{k=1}^{n}\dfrac{k}{n^2}\cos\left(\dfrac{k\pi}{2n}+\pi\right)$

$=\dfrac{4}{\pi^2}\displaystyle\lim_{n\to\infty}\sum_{k=1}^{n}x_k\cos(x_k+\pi)\Delta x$

$=\dfrac{4}{\pi^2}\displaystyle\int_0^{\frac{\pi}{2}}x\cos(x+\pi)\,dx$

$=-\dfrac{4}{\pi^2}\displaystyle\int_0^{\frac{\pi}{2}}x\cos x\,dx$

$=-\dfrac{4}{\pi^2}\left(\left[x\sin x\right]_0^{\frac{\pi}{2}}-\displaystyle\int_0^{\frac{\pi}{2}}\sin x\,dx\right)$

$=-\dfrac{4}{\pi^2}\left\{\left(\dfrac{\pi}{2}\times1-0\right)+\left[\cos x\right]_0^{\frac{\pi}{2}}\right\}$

$=-\dfrac{4}{\pi^2}\left\{\dfrac{\pi}{2}+(0-1)\right\}$

$=\dfrac{4}{\pi^2}-\dfrac{2}{\pi}$

답 ②

22

조건 (가)에서 사차방정식 $f(x)=0$의 실근은 0, 2, 5뿐이므로 세 실근 중 한 근은 중근이다.

조건 (나)에서 부등식 $f'(2)<f'(0)<f'(5)$를 만족시키려면 방정식 $f(x)=0$은 $x=0$을 중근으로 가져야 한다.

즉, $f(x)=ax^2(x-2)(x-5)$ (a는 양의 상수)로 놓을 수 있다.

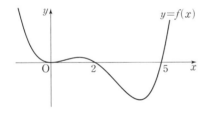

이때 $x_k=m+\dfrac{k}{n}$, $\Delta x=\dfrac{1}{n}$로 놓으면

$\displaystyle\lim_{n\to\infty}\dfrac{1}{n}\sum_{k=1}^{n}f\left(m+\dfrac{k}{n}\right)=\lim_{n\to\infty}\sum_{k=1}^{n}f(x_k)\Delta x=\int_m^{m+1}f(x)\,dx$

$\displaystyle\lim_{n\to\infty}\dfrac{1}{n}\sum_{k=1}^{n}f\left(m+\dfrac{k}{n}\right)<0$에서

$\displaystyle\int_m^{m+1}f(x)\,dx<0$ ······ ㉠

이때 함수 $y=f(x)$의 그래프에서 정수 m의 값이 2, 3, 4일 때, 부등식 ㉠이 성립하므로 조건을 만족시키는 모든 정수 m의 값의 합은

$2+3+4=9$

답 9

참고

(i) 사차방정식 $f(x)=0$이 $x=2$를 중근으로 갖는 경우

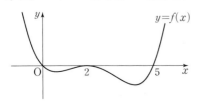

이때 $f'(0)<f'(2)<f'(5)$이므로 조건 (나)를 만족시키지 않는다.

(ii) 사차방정식 $f(x)=0$이 $x=5$를 중근으로 갖는 경우

이때 $f'(0)<f'(5)<f'(2)$이므로 조건 (나)를 만족시키지 않는다.

23

$\displaystyle\lim_{n\to\infty}\sum_{k=1}^{n}\left\{f^{-1}\left(1+\dfrac{k+1}{n}\right)-f^{-1}\left(1+\dfrac{k}{n}\right)\right\}\dfrac{2k}{n}$

$=\displaystyle\lim_{n\to\infty}\Bigg[\left\{f^{-1}\left(1+\dfrac{2}{n}\right)-f^{-1}\left(1+\dfrac{1}{n}\right)\right\}\dfrac{2}{n}$

$\qquad+\left\{f^{-1}\left(1+\dfrac{3}{n}\right)-f^{-1}\left(1+\dfrac{2}{n}\right)\right\}\dfrac{4}{n}$

$\qquad+\left\{f^{-1}\left(1+\dfrac{4}{n}\right)-f^{-1}\left(1+\dfrac{3}{n}\right)\right\}\dfrac{6}{n}$

$\qquad+\cdots+\left\{f^{-1}\left(1+\dfrac{n}{n}\right)-f^{-1}\left(1+\dfrac{n-1}{n}\right)\right\}\dfrac{2(n-1)}{n}$

$\qquad+\left\{f^{-1}\left(1+\dfrac{n+1}{n}\right)-f^{-1}\left(1+\dfrac{n}{n}\right)\right\}\dfrac{2n}{n}\Bigg]$

$=\displaystyle\lim_{n\to\infty}\Bigg\{-\dfrac{2}{n}f^{-1}\left(1+\dfrac{1}{n}\right)-\dfrac{2}{n}f^{-1}\left(1+\dfrac{2}{n}\right)$

$\qquad-\cdots-\dfrac{2}{n}f^{-1}\left(1+\dfrac{n}{n}\right)+2f^{-1}\left(1+\dfrac{n+1}{n}\right)\Bigg\}$

$=\displaystyle\lim_{n\to\infty}\left\{2f^{-1}\left(1+\dfrac{n+1}{n}\right)-2\sum_{k=1}^{n}f^{-1}\left(1+\dfrac{k}{n}\right)\dfrac{1}{n}\right\}$

함수 $f^{-1}(x)$가 실수 전체의 집합에서 연속이므로

$x_k=1+\dfrac{k}{n}$, $\Delta x=\dfrac{1}{n}$로 놓으면

$\displaystyle\lim_{n\to\infty}\sum_{k=1}^{n}f^{-1}\left(1+\dfrac{k}{n}\right)\dfrac{1}{n}=\int_1^2 f^{-1}(x)\,dx$

즉,

$\displaystyle\lim_{n\to\infty}\sum_{k=1}^{n}\left\{f^{-1}\left(1+\dfrac{k+1}{n}\right)-f^{-1}\left(1+\dfrac{k}{n}\right)\right\}\dfrac{2k}{n}$

$=\displaystyle\lim_{n\to\infty}2f^{-1}\left(1+\dfrac{n+1}{n}\right)-2\lim_{n\to\infty}\sum_{k=1}^{n}f^{-1}\left(1+\dfrac{k}{n}\right)\dfrac{1}{n}$

$=2f^{-1}(2)-2\displaystyle\int_1^2 f^{-1}(x)\,dx$ ······ ㉠

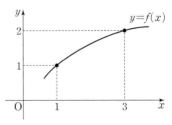

조건 (가)에서 $f(1)=1$, $f(3)=2$이므로 $f^{-1}(1)=1$, $f^{-1}(2)=3$이다.

한편, $\displaystyle\int_1^2 f^{-1}(x)\,dx$의 값은 곡선 $y=f(x)$와 y축 및 두 직선 $y=1$,

$y=2$로 둘러싸인 부분의 넓이와 같으므로 조건 (나)에 의하여

$$\int_1^2 f^{-1}(x)dx=(3\times2-1\times1)-\int_1^3 f(x)dx$$

$$=5-\frac{13}{4}=\frac{7}{4} \quad \cdots\cdots \text{ⓛ}$$

따라서 ㉠, ㉡에서

$$\lim_{n\to\infty}\sum_{k=1}^{n}\left\{f^{-1}\left(1+\frac{k+1}{n}\right)-f^{-1}\left(1+\frac{k}{n}\right)\right\}\frac{2k}{n}$$

$$=2\times3-2\times\frac{7}{4}=\frac{5}{2}$$

　답 ④

24

$0\le x\le\dfrac{\pi}{2}$일 때

$$\cos^2 x\cos\left(x+\frac{\pi}{2}\right)=-\cos^2 x\sin x\le0$$

이므로 곡선 $y=\cos^2 x\cos\left(x+\dfrac{\pi}{2}\right)\left(0\le x\le\dfrac{\pi}{2}\right)$와 x축으로 둘러싸

인 부분의 넓이를 S라 하면

$$S=\int_0^{\frac{\pi}{2}}|-\cos^2 x\sin x|dx=\int_0^{\frac{\pi}{2}}\cos^2 x\sin x\,dx$$

$\cos x=t$로 놓으면 $-\sin x=\dfrac{dt}{dx}$

$x=0$일 때 $t=1$이고, $x=\dfrac{\pi}{2}$일 때 $t=0$이므로

$$S=\int_0^{\frac{\pi}{2}}\cos^2 x\sin x\,dx$$

$$=\int_1^0(-t^2)dt$$

$$=\int_0^1 t^2\,dt$$

$$=\left[\frac{t^3}{3}\right]_0^1=\frac{1}{3}$$

　답 ①

25

곡선 $y=t\ln x$와 직선 $y=-x+2$의 교점의 x좌표를 $\alpha\,(1<\alpha<2)$라

하면

$$A=\int_1^{\alpha}\{(-x+2)-t\ln x\}dx$$

$$B=\int_{\alpha}^2\{t\ln x-(-x+2)\}dx$$

$A=B$에서

$$\int_1^{\alpha}\{(-x+2)-t\ln x\}dx=\int_{\alpha}^2\{t\ln x-(-x+2)\}dx$$

$$\int_1^{\alpha}\{(-x+2)-t\ln x\}dx-\int_{\alpha}^2\{t\ln x-(-x+2)\}dx=0$$

$$\int_1^{\alpha}\{(-x+2)-t\ln x\}dx+\int_{\alpha}^2\{(-x+2)-t\ln x\}dx=0$$

$$\int_1^2(-x+2-t\ln x)dx=0 \quad \cdots\cdots \text{㉠}$$

$$\int \ln x\,dx=x\ln x-x+C\ (C\text{는 적분상수})$$

이므로

$$\int_1^2(-x+2-t\ln x)dx$$

$$=\left[-\frac{x^2}{2}+2x-tx\ln x+tx\right]_1^2$$

$$=(-2+4-2t\ln2+2t)-\left(-\frac{1}{2}+2-0+t\right)$$

$$=(1-2\ln2)t+\frac{1}{2}$$

㉠에서 $(1-2\ln2)t+\dfrac{1}{2}=0$이므로

$$t=\frac{1}{2(2\ln2-1)}$$

　답 ①

26

모든 실수 x에 대하여

$$f(-x)=e^{-x}+e^{x}=f(x)$$

가 성립하므로 곡선 $y=f(x)$는 y축에 대하여 대칭이다.

$f'(x)=e^x-e^{-x}=0$에서

$$e^x=e^{-x},\ e^{2x}=1$$

즉, $x=0$이고, $x<0$일 때 $f'(x)<0$, $x>0$일 때 $f'(x)>0$이므로 함

수 $f(x)$는 $x=0$에서 극소이다.

이때 함수 $f(x)$의 극솟값은 $f(0)=2$이다.

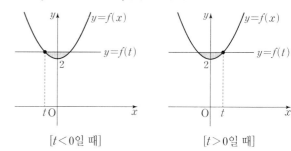

[$t<0$일 때]　　　　　[$t>0$일 때]

(ⅰ) $t<0$일 때

$$g(t)=\int_t^{-t}\{f(t)-f(x)\}dx=\int_{-t}^{t}\{f(x)-f(t)\}dx$$

$$=2\int_0^t\{f(x)-f(t)\}dx$$

$$=2\int_0^t f(x)dx-2f(t)\int_0^t dx$$

$$=2\int_0^t(e^x+e^{-x})dx-2(e^t+e^{-t})\int_0^t dx$$

$$=2\left[e^x-e^{-x}\right]_0^t-2(e^t+e^{-t})\left[x\right]_0^t$$

$$=2(e^t-e^{-t})-2t(e^t+e^{-t})$$

$$=2(1-t)e^t-2(t+1)e^{-t}$$

(ⅱ) $t>0$일 때

$$g(t)=\int_{-t}^{t}\{f(t)-f(x)\}dx=-\int_{-t}^{t}\{f(x)-f(t)\}dx$$

이므로 (ⅰ)에서

$$g(t)=2(t-1)e^t+2(t+1)e^{-t}$$

(i), (ii)에서

$$g(t)=\begin{cases} 2(1-t)e^t-2(t+1)e^{-t} & (t<0) \\ 2(t-1)e^t+2(t+1)e^{-t} & (t>0) \end{cases}$$

이때 $t\neq 0$인 모든 실수 t에 대하여

$$g(-t)=g(t)$$

가 성립하므로

$$g\left(\frac{1}{2}\right)+g\left(-\frac{1}{2}\right)=2g\left(\frac{1}{2}\right)$$
$$=4\left(\frac{1}{2}-1\right)e^{\frac{1}{2}}+4\left(\frac{1}{2}+1\right)e^{-\frac{1}{2}}$$
$$=6e^{-\frac{1}{2}}-2e^{\frac{1}{2}}$$

답 ④

27

$0\le t\le 1$인 실수 t에 대하여 주어진 입체도형을 직선 $x=t$를 포함하고 x축에 수직인 평면으로 자른 단면의 넓이를 $S(t)$라 하면

$$S(t)=(t\sqrt{t+1})^2=t^2(t+1)$$
$$=t^3+t^2$$

따라서 구하는 입체도형의 부피는

$$\int_0^1 S(t)dt=\int_0^1 (t^3+t^2)dt$$
$$=\left[\frac{t^4}{4}+\frac{t^3}{3}\right]_0^1$$
$$=\frac{1}{4}+\frac{1}{3}$$
$$=\frac{7}{12}$$

답 ③

28

$y=\ln x$에서 $x=e^y$이므로 $0\le t\le 1$인 실수 t에 대하여 곡선 $y=\ln x$와 직선 $y=t$가 만나는 점의 좌표는 $(e^t,\ t)$이다.

주어진 입체도형을 직선 $y=t$를 포함하고 y축에 수직인 평면으로 자른 단면의 넓이를 $S(t)$라 하면

$$S(t)=\frac{\sqrt{3}}{4}(e^t)^2=\frac{\sqrt{3}}{4}e^{2t}$$

따라서 구하는 입체도형의 부피는

$$\int_0^1 S(t)dt=\int_0^1 \frac{\sqrt{3}}{4}e^{2t}\,dt$$
$$=\left[\frac{\sqrt{3}}{8}e^{2t}\right]_0^1$$
$$=\frac{\sqrt{3}(e^2-1)}{8}$$

답 ④

29

$1\le t\le 2$인 실수 t에 대하여 주어진 입체도형을 직선 $x=t$를 포함하고 x축에 수직인 평면으로 자른 단면의 넓이를 $S(t)$라 하면

$$S(t)=\left(t-\frac{\ln t}{t}\right)^2=t^2-2\ln t+\frac{(\ln t)^2}{t^2}$$

$$\int \ln t\,dt=t\ln t-t+C_1 \ (C_1\text{은 적분상수})$$

$$\int \frac{(\ln t)^2}{t^2}\,dt=\left(-\frac{1}{t}\right)\times(\ln t)^2-\int\left(-\frac{1}{t}\times\frac{2\ln t}{t}\right)dt$$
$$=-\frac{(\ln t)^2}{t}+\int\frac{2\ln t}{t^2}\,dt$$

$$=-\frac{(\ln t)^2}{t}+\left(-\frac{2}{t}\right)\times\ln t-\int\left(-\frac{2}{t}\times\frac{1}{t}\right)dt$$
$$=-\frac{(\ln t)^2}{t}-\frac{2\ln t}{t}+\int\frac{2}{t^2}\,dt$$
$$=-\frac{(\ln t)^2}{t}-\frac{2\ln t}{t}-\frac{2}{t}+C_2 \ (C_2\text{는 적분상수})$$

이므로 주어진 입체도형의 부피는

$$\int_1^2 S(t)dt=\int_1^2\left\{t^2-2\ln t+\frac{(\ln t)^2}{t^2}\right\}dt$$
$$=\left[\frac{t^3}{3}-2t\ln t+2t-\frac{(\ln t)^2}{t}-\frac{2\ln t}{t}-\frac{2}{t}\right]_1^2$$
$$=\left\{\frac{8}{3}-4\ln 2+4-\frac{(\ln 2)^2}{2}-\frac{2\ln 2}{2}-1\right\}$$
$$\qquad-\left(\frac{1}{3}-0+2-0-0-2\right)$$
$$=\frac{16}{3}-5\ln 2-\frac{(\ln 2)^2}{2}$$

따라서 $p=\frac{16}{3}$, $q=-5$이므로

$$|3pq|=\left|3\times\frac{16}{3}\times(-5)\right|=80$$

답 80

30

$y=\frac{1}{3}(x-3)\sqrt{x}=\frac{1}{3}x^{\frac{3}{2}}-x^{\frac{1}{2}}$에서

$$\frac{dy}{dx}=\frac{1}{2}\left(x^{\frac{1}{2}}-x^{-\frac{1}{2}}\right)$$

따라서 $x=1$에서 $x=4$까지 곡선 $y=\frac{1}{3}(x-3)\sqrt{x}$의 길이는

$$\int_1^4\sqrt{1+\left(\frac{dy}{dx}\right)^2}\,dx=\int_1^4\sqrt{1+\frac{1}{4}\left(x^{\frac{1}{2}}-x^{-\frac{1}{2}}\right)^2}\,dx$$
$$=\frac{1}{2}\int_1^4\sqrt{\left(x^{\frac{1}{2}}+x^{-\frac{1}{2}}\right)^2}\,dx$$
$$=\frac{1}{2}\int_1^4\left|x^{\frac{1}{2}}+x^{-\frac{1}{2}}\right|\,dx$$
$$=\frac{1}{2}\int_1^4\left(x^{\frac{1}{2}}+x^{-\frac{1}{2}}\right)dx$$
$$=\frac{1}{2}\left[\frac{2}{3}x^{\frac{3}{2}}+2x^{\frac{1}{2}}\right]_1^4$$
$$=\frac{1}{2}\left\{\left(\frac{2}{3}\times 2^3+2\times 2\right)-\left(\frac{2}{3}+2\right)\right\}$$
$$=\frac{10}{3}$$

답 ①

31

시각 $t=a$일 때 점 P의 y좌표가 4이므로

$$2e^a=4$$

에서 $a=\ln 2$

$\frac{dx}{dt}=1-e^{2t}$, $\frac{dy}{dt}=2e^t$이므로 시각 $t=0$에서 $t=\ln 2$까지 점 P가 움직인 거리는

$$\int_0^{\ln 2}\sqrt{(1-e^{2t})^2+(2e^t)^2}\,dt=\int_0^{\ln 2}\sqrt{(1+e^{2t})^2}\,dt$$

$$\fallingdotseq \int_0^{\ln 2} |1+e^{2t}|\,dt$$

$$=\int_0^{\ln 2}(1+e^{2t})\,dt$$

$$=\left[t+\frac{e^{2t}}{2}\right]_0^{\ln 2}$$

$$=(\ln 2+2)-\left(0+\frac{1}{2}\right)$$

$$=\ln 2+\frac{3}{2}$$

답 ②

32

$\dfrac{dx}{dt}=f'(t)\cos f(t)$,

$\dfrac{dy}{dt}=-f'(t)\sin f(t)$

이므로

$$\sqrt{\left(\frac{dx}{dt}\right)^2+\left(\frac{dy}{dt}\right)^2}$$

$$=\sqrt{\{f'(t)\}^2\cos^2 f(t)+\{f'(t)\}^2\sin^2 f(t)}$$

$$=\sqrt{\{f'(t)\}^2\{\cos^2 f(t)+\sin^2 f(t)\}}$$

$$=|f'(t)|$$

시각 $t=0$에서 $t=2$까지 점 P가 움직인 거리가 4이므로

$$\int_0^2 |f'(t)|\,dt=4$$

따라서 곡선 $y=f'(x)$와 x축, y축 및 직선 $x=2$로 둘러싸인 부분의 넓이는 4이다.

답 4

33

조건 (나)에서

$a=\ln(s+\sqrt{s^2+1})$이므로

$e^a=s+\sqrt{s^2+1}$

$(e^a-s)^2=s^2+1$

$(e^a)^2-2se^a-1=0$

$e^a>0$이므로 $s=\dfrac{e^a-e^{-a}}{2}$ ⋯⋯ ㉠

$\dfrac{dx}{dt}=1$, $\dfrac{dy}{dt}=f'(t)$

이고 점 P가 시각 $t=0$에서 시각 $t=a$까지 움직인 거리가 s이므로 ㉠에서

$$\int_0^a \sqrt{1+\{f'(t)\}^2}\,dt=\frac{e^a-e^{-a}}{2} \quad\cdots\cdots ㉡$$

㉡의 양변을 a에 대하여 미분하면

$$\sqrt{1+\{f'(a)\}^2}=\frac{e^a+e^{-a}}{2}$$

$$\{f'(a)\}^2=\left(\frac{e^a+e^{-a}}{2}\right)^2-1=\left(\frac{e^a-e^{-a}}{2}\right)^2$$

$$f'(a)=\frac{e^a-e^{-a}}{2} \text{ 또는 } f'(a)=-\frac{e^a-e^{-a}}{2}$$

즉, $f'(t)=\dfrac{e^t-e^{-t}}{2}$ 또는 $f'(t)=-\dfrac{e^t-e^{-t}}{2}$

이때 $t\geq 0$일 때 $\dfrac{e^t-e^{-t}}{2}\geq 0$이고, 조건 (가)에 의하여 모든 양의 실수

t에 대하여 함수 $f'(t)$가 연속이고 $f'(\ln 5)>0$이므로 $t>0$에서 $f'(t)>0$이어야 한다.

즉, $f'(t)=\dfrac{e^t-e^{-t}}{2}$ $(t>0)$이므로

$$f(t)=\int f'(t)\,dt$$

$$=\int \frac{e^t-e^{-t}}{2}\,dt$$

$$=\frac{e^t+e^{-t}}{2}+C \ (C\text{는 적분상수})$$

점 P가 시각 $t=0$일 때 원점을 출발하므로

$f(0)=0$에서 $\dfrac{e^0+e^0}{2}+C=0$

$C=-1$

따라서 $f(t)=\dfrac{e^t+e^{-t}}{2}-1$이므로 시각 $t=\ln 5$에서 점 P의 y좌표는

$$f(\ln 5)=\frac{e^{\ln 5}+e^{-\ln 5}}{2}-1$$

$$=\frac{5+\dfrac{1}{5}}{2}-1$$

$$=\frac{8}{5}$$

답 ⑤

01 ②	02 ①	03 ③	04 ③	05 ③
06 ①	07 ①	08 ②	09 ⑤	10 ②
11 ⑤	12 ⑤	13 ②	14 ③	15 ①
16 1	17 4	18 6	19 12	20 80
21 16	22 54	23 ⑤	24 ②	25 ⑤
26 ②	27 ②	28 ⑤	29 11	30 40

01

$$54^{\frac{1}{3}} \times \sqrt{\sqrt[3]{16}} = (2 \times 3^3)^{\frac{1}{3}} \times \sqrt[6]{2^4} = 2^{\frac{1}{3}} \times 3^{3 \times \frac{1}{3}} \times 2^{\frac{4}{6}}$$
$$= 2^{\frac{1}{3} + \frac{2}{3}} \times 3^1 = 2 \times 3 = 6$$

답 ②

02

$$\lim_{x \to -1} \frac{f(x) - f(-1)}{x+1} = \lim_{x \to -1} \frac{f(x) - f(-1)}{x - (-1)} = f'(-1)$$

$f(x) = x^3 + x^2 - 2$에서 $f'(x) = 3x^2 + 2x$이므로

$f'(-1) = 3 - 2 = 1$

답 ①

03

$\cos\left(\theta - \dfrac{\pi}{2}\right) = \cos\left(\dfrac{\pi}{2} - \theta\right) = \sin\theta$이므로

$\cos^2\left(\theta - \dfrac{\pi}{2}\right) = \dfrac{1}{4}$에서 $\sin^2\theta = \dfrac{1}{4}$

$\pi < \theta < \dfrac{3}{2}\pi$에서 $\sin\theta < 0$이므로

$\sin\theta = -\dfrac{1}{2}$

답 ③

04

함수 $f(x)$가 실수 전체의 집합에서 연속이므로 $x=1$에서도 연속이다.

즉, $\lim\limits_{x \to 1} f(x) = f(1)$이어야 하므로

$\lim\limits_{x \to 1} \dfrac{x^2 + 3x - a}{x-1} = b$ ······ ㉠

㉠에서 $x \to 1$일 때 (분모) $\to 0$이고 극한값이 존재하므로 (분자) $\to 0$
이어야 한다.

즉, $\lim\limits_{x \to 1}(x^2 + 3x - a) = 1 + 3 - a = 0$이므로 $a = 4$

$a = 4$를 ㉠의 좌변에 대입하면

$\lim\limits_{x \to 1} \dfrac{x^2 + 3x - 4}{x-1} = \lim\limits_{x \to 1} \dfrac{(x+4)(x-1)}{x-1} = \lim\limits_{x \to 1}(x+4) = 5$

이므로 $b = 5$

따라서 $a + b = 4 + 5 = 9$

답 ③

05

$f'(x) = 3x^2 + a$이므로

$$f(3) - f(1) = \int_1^3 f'(x)dx = \int_1^3 (3x^2 + a)dx = \left[x^3 + ax\right]_1^3$$
$$= (27 + 3a) - (1 + a) = 26 + 2a$$

$26 + 2a = 30$에서 $a = 2$

따라서 $f'(x) = 3x^2 + 2$이므로 $f'(1) = 5$

답 ③

06

$\sum\limits_{k=1}^{10} 2a_k = 14$에서 $\sum\limits_{k=1}^{10} a_k = 7$

$\sum\limits_{k=1}^{10}(a_k + a_{k+1}) = \sum\limits_{k=1}^{10} a_k + \sum\limits_{k=1}^{10} a_{k+1} = 7 + \sum\limits_{k=2}^{11} a_k = 23$에서 $\sum\limits_{k=2}^{11} a_k = 16$

따라서 $a_{11} - a_1 = \sum\limits_{k=2}^{11} a_k - \sum\limits_{k=1}^{10} a_k = 16 - 7 = 9$

답 ①

07

$f(x) = x^3 - 9x^2 + 24x + 6$에서

$f'(x) = 3x^2 - 18x + 24 = 3(x-2)(x-4)$

함수 $f(x)$의 증가와 감소를 표로 나타내면 다음과 같다.

x	$\cdots$	2	$\cdots$	4	$\cdots$
$f'(x)$	$+$	0	$-$	0	$+$
$f(x)$	↗	극대	↘	극소	↗

함수 $f(x)$는 $x=2$에서 극대이므로 $a=2$이고

$f(a) = f(2) = 8 - 36 + 48 + 6 = 26$

따라서 $a + f(a) = 2 + 26 = 28$

답 ①

08

주어진 식의 양변을 x에 대하여 미분하면

$xf(x) = 4x^3 + 6x^2 - 2x = x(4x^2 + 6x - 2)$

함수 $f(x)$가 다항함수이므로

$f(x) = 4x^2 + 6x - 2$

따라서 $f(2) = 16 + 12 - 2 = 26$

답 ②

09

함수 $f(x) = \sin x$ $(0 \le x \le 4\pi)$의 그래프와 직선 $y=k$가 서로 다른
네 점에서만 만나기 위해서는 $-1 < k < 0$ 또는 $0 < k < 1$이다.

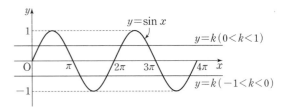

$-1 < k < 0$이면 $\dfrac{x_1 + x_2}{2} = \dfrac{3}{2}\pi$, $\dfrac{x_3 + x_4}{2} = \dfrac{7}{2}\pi$이므로

$x_1 + x_2 + x_3 + x_4 = 10\pi$이고, 이는 주어진 조건을 만족시키지 않는다.

$0 < k < 1$이면 $\dfrac{x_1 + x_2}{2} = \dfrac{\pi}{2}$, $\dfrac{x_3 + x_4}{2} = \dfrac{5}{2}\pi$이므로

$x_1 + x_2 + x_3 + x_4 = 6\pi$이고, 이는 주어진 조건을 만족시킨다.

$0<k<1$일 때, $0<x_1<\dfrac{\pi}{2}$, $x_4=3\pi-x_1$이므로

$\sin(x_4-x_1)=\sin(3\pi-2x_1)=\sin 2x_1=\dfrac{\sqrt{3}}{2}$

$0<2x_1<\pi$이므로

$2x_1=\dfrac{\pi}{3}$ 또는 $2x_1=\dfrac{2}{3}\pi$

즉, $x_1=\dfrac{\pi}{6}$ 또는 $x_1=\dfrac{\pi}{3}$

따라서 구하는 모든 x_1의 값의 합은 $\dfrac{\pi}{6}+\dfrac{\pi}{3}=\dfrac{\pi}{2}$ 답 ⑤

10

시각 $t=a$에서 두 점 P, Q의 속도가 같으므로

$a^2-4a+a=2a-b$

$a^2-5a=-b$ …… ㉠

또 시각 $t=0$에서 $t=a$까지 두 점 P, Q의 위치의 변화량은 각각

$\displaystyle\int_0^a(t^2-4t+a)dt=\left[\dfrac{1}{3}t^3-2t^2+at\right]_0^a=\dfrac{1}{3}a^3-a^2$,

$\displaystyle\int_0^a(2t-b)dt=\left[t^2-bt\right]_0^a=a^2-ab$

이고 시각 $t=0$에서 $t=a$까지 두 점 P, Q의 위치의 변화량이 같으므로

$\dfrac{1}{3}a^3-a^2=a^2-ab$, $\dfrac{1}{3}a^3-2a^2=-ab$

$a>0$이므로 양변을 a로 나누면

$\dfrac{1}{3}a^2-2a=-b$ …… ㉡

㉠, ㉡에서

$a^2-5a=\dfrac{1}{3}a^2-2a$, $\dfrac{2}{3}a^2=3a$

$a>0$이므로 양변을 a로 나누면 $\dfrac{2}{3}a=3$, $a=\dfrac{9}{2}$

$a=\dfrac{9}{2}$를 ㉠에 대입하면 $\dfrac{81}{4}-\dfrac{45}{2}=-b$, $b=\dfrac{9}{4}$

따라서 $a+b=\dfrac{9}{2}+\dfrac{9}{4}=\dfrac{27}{4}$ 답 ②

11

조건 (가)에서 $a_{2n-1}=n^2+2n$

$a_{2n+1}=(n+1)^2+2(n+1)=n^2+4n+3$

조건 (나)에서 $a_{2n+1}-a_{2n}=d$ $(d>0)$이라 하면

모든 자연수 n에 대하여 $a_{2n}>a_{2n-1}$이므로

$a_{2n+1}-d>a_{2n-1}$

즉, $n^2+4n+3-d>n^2+2n$이므로

$d<2n+3$ …… ㉠

모든 자연수 n에 대하여 ㉠이 성립하고 d는 자연수이므로

$1\le d\le 4$ …… ㉡

$\displaystyle\sum_{n=1}^{16}a_n=\sum_{n=1}^{8}a_{2n-1}+\sum_{n=1}^{8}a_{2n}=\sum_{n=1}^{8}a_{2n-1}+\sum_{n=1}^{8}(a_{2n+1}-d)$

$\displaystyle=\sum_{n=1}^{8}(n^2+2n)+\sum_{n=1}^{8}(n^2+4n+3-d)$

$\displaystyle=\sum_{n=1}^{8}(2n^2+6n+3-d)$

$\displaystyle=2\sum_{n=1}^{8}n^2+6\sum_{n=1}^{8}n+(3-d)\sum_{n=1}^{8}1$

$=2\times\dfrac{8\times9\times17}{6}+6\times\dfrac{8\times9}{2}+(3-d)\times8$

$=648-8d$

d가 최대일 때 $\displaystyle\sum_{n=1}^{16}a_n$의 값이 최소이므로 ㉡에서 $d=4$이다.

따라서 $\displaystyle\sum_{n=1}^{16}a_n$의 최솟값은 $648-8\times4=616$ 답 ⑤

12

조건 (가)에서 함수 $g(x)$가 실수 전체의 집합에서 연속이므로 $x=t$에서도 연속이다. 즉, $\displaystyle\lim_{x\to t-}g(x)=\lim_{x\to t+}g(x)=g(t)$이어야 한다. 이때

$\displaystyle\lim_{x\to t-}g(x)=\lim_{x\to t-}f(x)=f(t)$,

$\displaystyle\lim_{x\to t+}g(x)=\lim_{x\to t+}\{-f(x)\}=-f(t)$,

$g(t)=-f(t)$

이므로 $f(t)=-f(t)$에서 $f(t)=0$

따라서 $t(t-2)(t-3)=0$에서 $t=0$ 또는 $t=2$ 또는 $t=3$

(i) $t=0$일 때

$g(x)=\begin{cases}f(x) & (x<0)\\ -f(x) & (x\ge0)\end{cases}$이므로

함수 $y=g(x)$의 그래프는 [그림 1]과 같고,

$\displaystyle\int_0^2 g(x)dx=\int_0^2\{-f(x)\}dx$

$\displaystyle=-\int_0^2(x^3-5x^2+6x)dx$

$=-\left[\dfrac{1}{4}x^4-\dfrac{5}{3}x^3+3x^2\right]_0^2=-\dfrac{8}{3}$

$\displaystyle\int_2^3 g(x)dx=\int_2^3\{-f(x)\}dx=-\int_2^3(x^3-5x^2+6x)dx$

$=-\left[\dfrac{1}{4}x^4-\dfrac{5}{3}x^3+3x^2\right]_2^3=-\left(\dfrac{9}{4}-\dfrac{8}{3}\right)=\dfrac{5}{12}$

이때 $a\le x\le2$에서 함수 $y=g(x)$의 그래프와 x축 및 직선 $x=a$ $(0<a<2)$로 둘러싸인 부분의 넓이를 S_1, $2\le x\le3$에서 함수 $y=g(x)$의 그래프와 x축으로 둘러싸인 부분의 넓이를 S_2라 하면 $S_1>S_2$가 되도록 하는 $0<a<2$인 실수 a가 존재한다.

즉, $\displaystyle\int_a^2\{-g(x)\}dx>\int_2^3 g(x)dx$에서

$\displaystyle\int_a^2 g(x)dx+\int_2^3 g(x)dx=\int_a^3 g(x)dx<0$

이므로 조건 (나)를 만족시키지 않는다.

(ii) $t=2$일 때

$g(x)=\begin{cases}f(x) & (x<2)\\ -f(x) & (x\ge2)\end{cases}$이므로

함수 $y=g(x)$의 그래프는 [그림 2]와 같다.

$0<x<3$인 모든 실수 x에 대하여 $x\ne2$일 때 $g(x)>0$이므로 $0<a<2$인 모든 실수 a에 대하여

$\displaystyle\int_a^3 g(x)dx>0$

이다. 즉, 조건 (나)를 만족시킨다.

따라서

$$\int_1^3 g(x)dx=\int_1^2 f(x)dx+\int_2^3 \{-f(x)\}dx$$

$$=\int_1^2 (x^3-5x^2+6x)dx-\int_2^3 (x^3-5x^2+6x)dx$$

$$=\left[\frac{1}{4}x^4-\frac{5}{3}x^3+3x^2\right]_1^2-\left[\frac{1}{4}x^4-\frac{5}{3}x^3+3x^2\right]_2^3$$

$$=\left(\frac{8}{3}-\frac{19}{12}\right)-\left(\frac{9}{4}-\frac{8}{3}\right)=\frac{3}{2}$$

(iii) $t=3$일 때

$$g(x)=\begin{cases} f(x) & (x<3) \\ -f(x) & (x\geq3) \end{cases}$$ 이므로

함수 $y=g(x)$의 그래프는 [그림 3]과
같고,

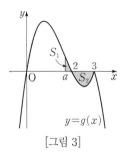

[그림 3]

$$\int_0^2 g(x)dx=\int_0^2 f(x)dx=\frac{8}{3}$$

$$\int_2^3 g(x)dx=\int_2^3 f(x)dx=-\frac{5}{12}$$

이때 $a\leq x\leq2$에서 함수 $y=g(x)$의 그래프와 x축 및 직선
$x=a$ $(0<a<2)$로 둘러싼 부분의 넓이를 S_1, $2\leq x\leq3$에서 함
수 $y=g(x)$의 그래프와 x축으로 둘러싼 부분의 넓이를 S_2라 하
면 $S_1<S_2$가 되도록 하는 $0<a<2$인 실수 a가 존재한다.

즉, $\int_a^2 g(x)dx<\int_2^3 \{-g(x)\}dx$에서

$$\int_a^2 g(x)dx+\int_2^3 g(x)dx=\int_a^3 g(x)dx<0$$

이므로 조건 (나)를 만족시키지 않는다.

(i), (ii), (iii)에서

$$\int_1^3 g(x)dx=\frac{3}{2}$$

답 ⑤

13

$\angle ACB=\frac{\pi}{2}$이므로

$$\overline{BC}=\overline{AB}\cos(\angle CBA)=8\times\frac{3}{4}=6$$

점 D는 선분 AB를 $1:3$으로 외분하는
점이므로

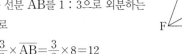

$$\overline{BD}=\frac{3}{2}\times\overline{AB}=\frac{3}{2}\times8=12$$

$$\overline{AD}=\frac{1}{2}\times\overline{AB}=\frac{1}{2}\times8=4$$

삼각형 BDC에서 코사인법칙에 의하여

$$\overline{CD}^2=\overline{BC}^2+\overline{BD}^2-2\times\overline{BC}\times\overline{BD}\times\cos(\angle CBD)$$

$$=6^2+12^2-2\times6\times12\times\frac{3}{4}$$

$$=72$$

이므로 $\overline{CD}=6\sqrt{2}$

$\angle CDF=\angle DBF$이고 $\angle DFC$는 공통이므로

두 삼각형 DFC와 BFD는 서로 닮음이고 닮음비는

$\overline{CD}:\overline{DB}=6\sqrt{2}:12=1:\sqrt{2}$

이때 $\overline{CF}=x$ $(x>0)$이라 하면 $\overline{DF}=\sqrt{2}x$

또 $\overline{DF}:\overline{BF}=1:\sqrt{2}$이므로

$$\overline{BF}=\sqrt{2}\times\overline{DF}=\sqrt{2}\times\sqrt{2}x=2x$$

$\overline{BF}=\overline{BC}+\overline{CF}=6+x$에서

$6+x=2x$

즉, $x=6$이므로 $\overline{CF}=6$, $\overline{DF}=6\sqrt{2}$

$\angle AED=\pi-\angle AEC=\angle CBA$이고 $\angle ADE$가 공통이므로
두 삼각형 EAD와 BCD는 서로 닮음이다.

$\overline{AD}:\overline{CD}=\overline{ED}:\overline{BD}$에서

$$\overline{ED}=\frac{\overline{AD}\times\overline{BD}}{\overline{CD}}=\frac{4\times12}{6\sqrt{2}}=4\sqrt{2}$$

$$\overline{CE}=\overline{CD}-\overline{ED}=6\sqrt{2}-4\sqrt{2}=2\sqrt{2}$$

삼각형 DFC가 $\overline{CD}=\overline{DF}$인 이등변삼각형이므로

$$\cos(\angle DCF)=\frac{\frac{1}{2}\overline{CF}}{\overline{CD}}=\frac{\frac{1}{2}\times6}{6\sqrt{2}}=\frac{\sqrt{2}}{4}$$

$$\sin(\angle DCF)=\sqrt{1-\left(\frac{\sqrt{2}}{4}\right)^2}=\frac{\sqrt{14}}{4}$$

따라서 삼각형 CEF의 넓이는

$$\frac{1}{2}\times\overline{CE}\times\overline{CF}\times\sin(\angle ECF)$$

$$=\frac{1}{2}\times\overline{CE}\times\overline{CF}\times\sin(\angle DCF)$$

$$=\frac{1}{2}\times2\sqrt{2}\times6\times\frac{\sqrt{14}}{4}=3\sqrt{7}$$

답 ②

14

함수 $f(x)$는 최고차항의 계수가 1인 삼차함수이므로
$f(x)=x^3+ax^2+bx+c$ (a, b, c는 상수)라 하면
$f'(x)=3x^2+2ax+b$
함수 $y=f(x)$의 그래프 위의 점 $(t, f(t))$에서의 접선의 방정식은
$y-f(t)=f'(t)(x-t)$, 즉 $y=f'(t)x+f(t)-tf'(t)$
이므로

$$g(t)=f(t)-tf'(t)$$

$$=(t^3+at^2+bt+c)-t(3t^2+2at+b)$$

$$=-2t^3-at^2+c$$

한편, $g(t)-g(0)=-2t^3-at^2=-t^2(2t+a)$이므로

$g(t)-g(0)=0$에서 $t=0$ 또는 $t=-\frac{a}{2}$

조건 (나)에 의하여 함수 $|g(t)-g(0)|$은 $t=1$에서만 미분가능하지
않으므로

$$-\frac{a}{2}=1, a=-2$$

$g(t)=-2t^3+2t^2+c$에서

$g'(t)=-6t^2+4t=-2t(3t-2)$

$g'(t)=0$에서 $t=0$ 또는 $t=\frac{2}{3}$

함수 $g(t)$의 증가와 감소를 표로 나타내면 다음과 같다.

t	$\cdots$	0	$\cdots$	$\frac{2}{3}$	$\cdots$
$g'(t)$	$-$	0	$+$	0	$-$
$g(t)$	$\searrow$	극소	$\nearrow$	극대	$\searrow$

함수 $g(t)$는 $t=\dfrac{2}{3}$에서 극댓값 $\dfrac{35}{27}$를 가지므로

$g\left(\dfrac{2}{3}\right)=-2\times\dfrac{8}{27}+2\times\dfrac{4}{9}+c=\dfrac{8}{27}+c=\dfrac{35}{27}$에서 $c=1$

따라서 $g(t)=-2t^3+2t^2+1$이므로

$g(-2)=16+8+1=25$ 답 ③

15

조건 (가)에서 a_1이 자연수이고 조건 (나)에 의하여 수열 $\{a_n\}$의 모든 항은 자연수이다.   ······ ㉠

$a_{k+1}-a_k=5$이고 $a_{k+2}-a_{k+1}\ne5$인 자연수 k의 최댓값을 m이라 하자.

$a_{m+1}-a_m=5$, $a_{m+2}-a_{m+1}\ne5$이므로

$a_{m+1}=a_m+5$, $a_{m+2}=\dfrac{24}{a_{m+1}}+2$

㉠에서 a_m은 자연수이므로 $a_{m+1}\ge6$

또 a_{m+1}이 24의 약수이므로 6, 8, 12, 24 중 하나이다.

a_{m+1}의 값이 6, 8, 12, 24인 경우 a_m의 값은 각각 1, 3, 7, 19이다.

이때 $a_{m+1}=a_m+5$, $a_{m+1}=\dfrac{24}{a_m}+2$를 모두 만족시키는 자연수 a_m은 존재하지 않으므로 $a_{m+1}=a_m+5$에서 a_m은 24의 약수가 아니어야 한다.

1, 3은 24의 약수이므로 a_m의 값은 7, 19 중 하나이다.

(i) $a_m=7$인 경우

$a_m=a_{m-1}+5$이면 $a_{m-1}=2$이므로 조건 (나)에 모순이다.

$a_m=\dfrac{24}{a_{m-1}}+2$이면 $a_{m-1}=\dfrac{24}{5}$이므로 ㉠에 모순이다.

(ii) $a_m=19$인 경우

$a_{m+1}=19+5=24$, $a_{m+2}=\dfrac{24}{24}+2=3$, $a_{m+3}=\dfrac{24}{3}+2=10$

10보다 큰 24의 약수는 12, 24뿐이고

$10+5n=12$ 또는 $10+5n=24$인 자연수 n은 존재하지 않으므로 $l\ge m+3$인 모든 자연수 l에 대하여 $a_{l+1}=a_l+5$이다.

즉, $a_{k+1}-a_k=5$이고 $a_{k+2}-a_{k+1}\ne5$인 m보다 큰 자연수 k가 존재하지 않는다.

한편, $a_m=19$에서

$a_m=a_{m-1}+5$이면 $a_{m-1}=14$

$a_m=\dfrac{24}{a_{m-1}}+2$이면 $a_{m-1}=\dfrac{24}{17}$이므로 ㉠에 모순이다.

$a_{m-1}=14$에서

$a_{m-1}=a_{m-2}+5$이면 $a_{m-2}=9$

$a_{m-1}=\dfrac{24}{a_{m-2}}+2$이면 $a_{m-2}=2$

$a_{m-2}=9$에서

$a_{m-2}=a_{m-3}+5$이면 $a_{m-3}=4$이므로 조건 (나)에 모순이다.

$a_{m-2}=\dfrac{24}{a_{m-3}}+2$이면 $a_{m-3}=\dfrac{24}{7}$이므로 ㉠에 모순이다.

$a_{m-2}=2$에서

$a_{m-2}=a_{m-3}+5$이면 $a_{m-3}=-3$이므로 ㉠에 모순이다.

$a_{m-2}=\dfrac{24}{a_{m-3}}+2$이면 a_{m-3}이 존재하지 않는다.

즉, 조건을 만족시키는 a_{m-3}의 값이 존재하지 않으므로 $m\le3$

(i), (ii)에서 자연수 k는 $a_1=2$ 또는 $a_1=9$일 때 최댓값 3을 갖는다.   답 ①

16

로그의 진수의 조건에 의하여

$3x+1>0$, $6x+10>0$이므로

$x>-\dfrac{1}{3}$

$\log_{\sqrt2}(3x+1)=2\log_2(3x+1)=\log_2(3x+1)^2$이므로

$\log_2(3x+1)^2=\log_2(6x+10)$에서

$(3x+1)^2=6x+10$, $x^2=1$

$x>-\dfrac{1}{3}$이므로 $x=1$ 답 1

17

$f(x)=(x-1)(x^3+3)$에서

$f'(x)=(x^3+3)+(x-1)\times3x^2$이므로

$f'(1)=1^3+3=4$ 답 4

18

등차수열 $\{a_n\}$의 공차를 d라 하면

$S_5-5a_1=\dfrac{5(2a_1+4d)}{2}-5a_1=10d$

이므로 $10d=10$에서 $d=1$

$S_3=a_1+a_2+a_3=a_2+6$에서 $a_1+a_3=6$

$a_1+a_3=2a_2$이므로

$2a_2=6$에서 $a_2=3$

따라서 $a_5=a_2+3d=3+3\times1=6$ 답 6

19

$n^2-5n-2=4$에서

$n^2-5n-6=0$, $(n+1)(n-6)=0$

n이 2 이상의 자연수이므로 $n=6$

$2\le n\le5$일 때, $n^2-5n-2<4$이므로 $2^{n^2-5n-2}-16<0$

$n=6$일 때, $n^2-5n-2=4$이므로 $2^{n^2-5n-2}-16=0$

$n\ge7$일 때, $n^2-5n-2>4$이므로 $2^{n^2-5n-2}-16>0$

(i) n이 짝수인 경우

$2^{n^2-5n-2}-16<0$일 때, $f(n)=0$

$2^{n^2-5n-2}-16=0$일 때, $f(n)=1$

$2^{n^2-5n-2}-16>0$일 때, $f(n)=2$

(ii) n이 홀수인 경우

$2^{n^2-5n-2}-16$의 값에 관계없이 $f(n)=1$

(i), (ii)에서

$f(n)=\begin{cases}0 & (n=2 \text{ 또는 } n=4)\\ 1 & (n=6 \text{ 또는 } n\text{이 3 이상의 홀수인 경우})\\ 2 & (n\text{이 8 이상의 짝수인 경우})\end{cases}$

$f(4)f(5)f(6)=0$이고 $n\ge5$이면 $f(n)f(n+1)f(n+2)>0$이므로 $f(k)f(k+1)f(k+2)=0$인 자연수 k의 최댓값은 $M=4$

$f(8)f(9)f(10)=4$이고 $2\le n\le7$이면 $f(n)f(n+1)f(n+2)$의 값은 0 또는 1 또는 2이므로

$f(k)f(k+1)f(k+2)=4$인 자연수 k의 최솟값은 $m=8$

따라서 $M+m=4+8=12$ 📖 12

20

주어진 함수 $y=g(t)$의 그래프로부터 함수 $g(t)$는 다음과 같다.

$$g(t)=\begin{cases} 0 & (t<0) \\ 4 & (t=0) \\ 8 & (0<t<2) \\ 5 & (t=2) \\ 2 & (t>2) \end{cases}$$

$g(2)=5$에서 함수 $y=|f(x)|$ 의 그래프와 직선 $y=2$의 서로 다른 교점의 개수가 5이고, $t>2$일 때 $g(t)=2$이므로 함 수 $y=|f(x)|$의 그래프의 개 형은 [그림 1]과 같다.

즉, 함수 $f(x)$의 극댓값은 2, 극솟값은 -2이다.

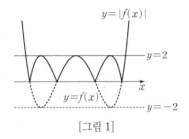

[그림 1]

한편, $\lim\limits_{x\to 0}\dfrac{f(x)-2}{x}=0$에서 $x\to 0$일 때 (분모) $\to 0$이고 극한값이 존재하므로 (분자) $\to 0$이어야 한다.

즉, $\lim\limits_{x\to 0}\{f(x)-2\}=0$이고 함수 $f(x)$는 실수 전체의 집합에서 연속이므로 $f(0)=2$

$\lim\limits_{x\to 0}\dfrac{f(x)-2}{x}=\lim\limits_{x\to 0}\dfrac{f(x)-f(0)}{x}=f'(0)=0$이므로

함수 $f(x)$는 $x=0$에서 극댓값 2를 갖는다.

따라서 함수 $y=f(x)$의 그래프는 [그림 2]와 같다.

이때 함수 $y=f(x)$의 그래프는 직선 $y=-2$와 서로 다른 두 점에서 접하므로 두 접점의 x좌표를 각각 α, β라 하면

$f(x)+2=\dfrac{1}{2}(x-\alpha)^2(x-\beta)^2$

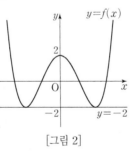

[그림 2]

(단, $\alpha\ne 0$, $\beta\ne 0$)

즉, $f(x)=\dfrac{1}{2}(x-\alpha)^2(x-\beta)^2-2$ ...... ㉠

$f'(x)=(x-\alpha)(x-\beta)^2+(x-\alpha)^2(x-\beta)$
$=(x-\alpha)(x-\beta)(2x-\alpha-\beta)$

$f'(x)=0$에서 $x=\alpha$ 또는 $x=\beta$ 또는 $x=\dfrac{\alpha+\beta}{2}$

$\alpha\ne 0$, $\beta\ne 0$이므로 $\dfrac{\alpha+\beta}{2}=0$, $\beta=-\alpha$

$\beta=-\alpha$를 ㉠에 대입하면

$f(x)=\dfrac{1}{2}(x-\alpha)^2(x+\alpha)^2-2=\dfrac{1}{2}(x^2-\alpha^2)^2-2$

$f(0)=\dfrac{1}{2}\alpha^4-2=2$에서 $\alpha^4=8$, $\alpha^2=2\sqrt{2}$

즉, $f(x)=\dfrac{1}{2}(x^2-2\sqrt{2})^2-2$이므로

$f(2)=\dfrac{1}{2}(4-2\sqrt{2})^2-2=10-8\sqrt{2}$

따라서 $p=10$, $q=8$이므로 $p\times q=10\times 8=80$ 📖 80

21

곡선 $y=a^x$ 위의 점 P는 제2사분면 위의 점이므로 점 P의 x좌표를 $-k\ (k>0)$이라 하면 P$(-k,\ a^{-k})$이다.

곡선 $y=-b^x$ 위의 점 Q는 제4사분면 위의 점이고 조건 (가)에서 $\overline{\text{OP}}:\overline{\text{OQ}}=1:4$이므로 Q$(4k,\ -b^{4k})$이다.

두 점 P, Q는 직선 $x+2y=0$, 즉 $y=-\dfrac{1}{2}x$ 위의 점이므로

$a^{-k}=\dfrac{k}{2}$, 즉 $a^k=\dfrac{2}{k}$ ...... ㉠

$-b^{4k}=-2k$, 즉 $b^{4k}=2k$ ...... ㉡

조건 (가)에서 $\overline{\text{OP}}=l$, $\overline{\text{OR}}=2l$, $\overline{\text{OQ}}=4l\ (l>0)$이라 하자.

조건 (나)에서 $\angle$RPO$=\angle$QRO이고 $\angle$PQR은 공통이므로 두 삼각형 QPR과 QRO는 서로 닮음이다.

이때 $\overline{\text{RP}}:\overline{\text{RQ}}=\overline{\text{OR}}:\overline{\text{OQ}}=1:2$이므로

$\overline{\text{RP}}=m$, $\overline{\text{RQ}}=2m\ (m>0)$이라 하자.

$\overline{\text{RQ}}:\overline{\text{OQ}}=\overline{\text{PQ}}:\overline{\text{RQ}}$에서

$\overline{\text{OQ}}\times(\overline{\text{OP}}+\overline{\text{OQ}})=\overline{\text{RQ}}^2$이므로

$4l\times 5l=(2m)^2$, $m^2=5l^2$

$m=\sqrt{5}l$

$\overline{\text{OR}}=2l$, $\overline{\text{OQ}}=4l$, $\overline{\text{RQ}}=2\sqrt{5}l$에서 $\overline{\text{RQ}}^2=\overline{\text{OR}}^2+\overline{\text{OQ}}^2$이므로

삼각형 QRO는 $\angle$ROQ$=\dfrac{\pi}{2}$인 직각삼각형이다.

즉, 두 직선 OR, OQ는 서로 수직이다.

따라서 직선 OR의 기울기는 2이므로 R$(t, 2t)\ (t>0)$이라 하자.

$\angle$PRQ$=\angle$ROQ$=\dfrac{\pi}{2}$, 즉 두 직선 PR, QR은 서로 수직이므로

$\dfrac{2t-\dfrac{k}{2}}{t-(-k)}\times\dfrac{2t-(-2k)}{t-4k}=-1$

$(4t-k)(t+k)=-(t+k)(t-4k)$

$t+k>0$이므로 $4t-k=-t+4k$

$5t=5k$, $t=k$

즉, 점 R의 좌표는 $(k, 2k)$이고 점 R은 곡선 $y=a^x$ 위의 점이므로

$2k=a^k$ ...... ㉢

㉠, ㉢에서

$\dfrac{2}{k}=2k$, $k^2=1$

$k>0$이므로 $k=1$

$k=1$을 ㉠, ㉡에 각각 대입하면

$a=2$, $b^4=2$

따라서 $a^3\times b^4=2^3\times 2=16$ 📖 16

22

조건 (가)에서 $f'(x)=3(x-1)(x-k)$이고 $k>1$이므로

$f'(x)=0$에서 $x=1$ 또는 $x=k$

함수 $f(x)$의 증가와 감소를 표로 나타내면 다음과 같다.

x	$\cdots$	1	$\cdots$	k	$\cdots$
$f'(x)$	$+$	0	$-$	0	$+$
$f(x)$	↗	극대	↘	극소	↗

함수 $f(x)$는 $x=1$에서 극대, $x=k$에서 극소이므로 두 함수 $y=f(x)$, $y=g(t)$의 그래프의 개형은 그림과 같다.

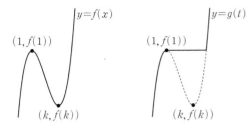

이때 $\lim\limits_{t \to 1+} \dfrac{g(t)-g(1)}{t-1}=0$이므로

$\lim\limits_{t \to 1-} \dfrac{g(t)-g(1)}{t-1} \times \lim\limits_{t \to 1+} \dfrac{g(t)-g(1)}{t-1}=0$

즉, 1은 집합 A의 원소이고 집합 A의 정수인 원소 중 최솟값이다.

조건 (나)에 의하여 집합 A의 원소 중 정수인 것의 개수가 4이기 위해서는 $a=1$, 2, 3, 4일 때 $\lim\limits_{t \to a-} \dfrac{g(t)-g(a)}{t-a} \times \lim\limits_{t \to a+} \dfrac{g(t)-g(a)}{t-a}=0$

이고 $\lim\limits_{t \to 5-} \dfrac{g(t)-g(5)}{t-5} \times \lim\limits_{t \to 5+} \dfrac{g(t)-g(5)}{t-5} \neq 0$이어야 한다.

즉, 정수 중에서 1, 2, 3, 4만 집합 A의 원소이어야 하므로 [그림 1] 또는 [그림 2]와 같이 $f(4) \leq f(1) < f(5)$이어야 한다.

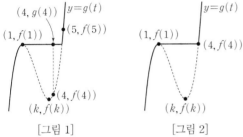

[그림 1]　　　　　[그림 2]

한편,

$f(x)=\displaystyle\int 3(x-1)(x-k)dx$

$\qquad =\displaystyle\int \{3x^2-3(1+k)x+3k\}dx$

$\qquad =x^3-\dfrac{3}{2}(1+k)x^2+3kx+C$ (단, C는 적분상수)

이고 $f(0)=0$이므로 $C=0$

즉, $f(x)=x^3-\dfrac{3}{2}(1+k)x^2+3kx$이므로

$f(1)=1-\dfrac{3}{2}(1+k)+3k=\dfrac{3}{2}k-\dfrac{1}{2}$

$f(4)=64-24(1+k)+12k=-12k+40$

$f(5)=125-\dfrac{75}{2}(1+k)+15k=-\dfrac{45}{2}k+\dfrac{175}{2}$

$f(4) \leq f(1)$에서

$-12k+40 \leq \dfrac{3}{2}k-\dfrac{1}{2}$, $\dfrac{27}{2}k \geq \dfrac{81}{2}$, $k \geq 3$ ······ ㉠

$f(1) < f(5)$에서

$\dfrac{3}{2}k-\dfrac{1}{2} < -\dfrac{45}{2}k+\dfrac{175}{2}$, $24k < 88$, $k < \dfrac{11}{3}$ ······ ㉡

㉠, ㉡에서 $3 \leq k < \dfrac{11}{3}$

따라서 $f(6)=216-54(1+k)+18k=-36k+162$이고

$-36 \times \dfrac{11}{3}+162 < -36k+162 \leq -36 \times 3+162$, 즉

$30 < f(6) \leq 54$이므로 $f(6)$의 최댓값은 54이다.　　　답 54

23

$\lim\limits_{n \to \infty} \dfrac{(3n^2+n)(2n-1)}{(n+1)(n^2+1)}=\lim\limits_{n \to \infty}\left(\dfrac{2n-1}{n+1} \times \dfrac{3n^2+n}{n^2+1}\right)$

$\qquad\qquad\qquad\qquad\qquad\quad =2 \times 3=6$

답 ⑤

24

$x=1+\dfrac{1}{2}e^{2t}$에서 $\dfrac{dx}{dt}=e^{2t}$,

$y=t+2e^{-t}$에서 $\dfrac{dy}{dt}=1-2e^{-t}$

이므로

$\dfrac{dy}{dx}=\dfrac{\dfrac{dy}{dt}}{\dfrac{dx}{dt}}=\dfrac{1-2e^{-t}}{e^{2t}}$

$\dfrac{1-2e^{-t}}{e^{2t}}=-1$에서 양변에 $-e^{3t}$을 곱하면

$-e^t+2=e^{3t}$

$e^{3t}+e^t-2=0$

$e^t=X$ $(X>0)$으로 놓으면

$X^3+X-2=0$

$(X-1)(X^2+X+2)=0$

$X^2+X+2>0$이므로 $X=1$

즉, $e^t=1$에서 $t=0$이므로

$a=1+\dfrac{1}{2} \times 1=\dfrac{3}{2}$, $b=0+2 \times 1=2$

따라서 $a+b=\dfrac{3}{2}+2=\dfrac{7}{2}$　　　답 ②

25

$\displaystyle\int_{\ln 2}^{x} g'(t)f(t)dt=e^{ax}+e^x-6$의 양변에 $x=\ln 2$를 대입하면

$0=e^{a\ln 2}+e^{\ln 2}-6$

$2^a+2-6=0$

$2^a=4$

$a=2$

한편, $g(x)=\ln f(x)$에서 $f(x)>0$이고

$g(x)=\ln f(x)$의 양변을 x에 대하여 미분하면

$g'(x)=\dfrac{f'(x)}{f(x)}$이므로

$\displaystyle\int_{\ln 2}^{x} g'(t)f(t)dt=\displaystyle\int_{\ln 2}^{x}\left\{\dfrac{f'(t)}{f(t)} \times f(t)\right\}dt$

$\qquad\qquad\qquad\qquad =\displaystyle\int_{\ln 2}^{x} f'(t)dt$

$\qquad\qquad\qquad\qquad =\Big[f(t)\Big]_{\ln 2}^{x}$

$\qquad\qquad\qquad\qquad =f(x)-f(\ln 2)=f(x)-6$

따라서 $f(x)-6=e^{2x}+e^x-6$에서

$f(x)=e^{2x}+e^x$이므로

$f(\ln 4)=e^{2\ln 4}+e^{\ln 4}=16+4=20$　　　답 ⑤

26

x축 위의 점 $(t,\ 0)\left(\dfrac{e}{2}-1\leq t\leq e-1\right)$을 지나고 x축에 수직인 평면

으로 자른 단면의 넓이를 $S(t)$라 하면

$$S(t)=\left\{\sqrt{\dfrac{\ln(t^2+2t+1)}{t+1}}\right\}^2=\dfrac{\ln(t^2+2t+1)}{t+1}$$

따라서 구하는 입체도형의 부피를 V라 하면

$$V=\int_{\frac{e}{2}-1}^{e-1}\dfrac{\ln(t^2+2t+1)}{t+1}\,dt=\int_{\frac{e}{2}-1}^{e-1}\dfrac{2\ln(t+1)}{t+1}\,dt$$

$\ln(t+1)=s$로 놓으면

$t=\dfrac{e}{2}-1$일 때 $s=1-\ln 2$, $t=e-1$일 때 $s=1$이고,

$\dfrac{ds}{dt}=\dfrac{1}{t+1}$이므로

$$V=\int_{1-\ln 2}^{1}2s\,ds=\left[s^2\right]_{1-\ln 2}^{1}$$

$$=1-(1-\ln 2)^2=2\ln 2-(\ln 2)^2=(2-\ln 2)\ln 2$$

답 ②

27

함수 $f(x)$가 실수 전체의 집합에서 미분가능하므로 함수 $f(x)$는 실수 전체의 집합에서 연속이다.

조건 (가)에 의하여 방정식 $f(x)-x=0$의 실근이 1이므로

$f(1)-1=0$, $f(1)=1$

조건 (나)에 의하여 $\displaystyle\lim_{x\to a}\dfrac{f(x)-a}{x^3-a^3}=\dfrac{1}{a^2}$에서 $x\to a$일 때 (분모)$\to 0$

이고 극한값이 존재하므로 (분자)$\to 0$이어야 한다.

즉, $\displaystyle\lim_{x\to a}\{f(x)-a\}=0$이고 함수 $f(x)$는 $x=a$에서 연속이므로

$f(a)-a=0$

조건 (가)에 의하여 $a=1$이므로

$$\lim_{x\to a}\dfrac{f(x)-a}{x^3-a^3}=\lim_{x\to 1}\dfrac{f(x)-f(1)}{x^3-1}$$

$$=\lim_{x\to 1}\dfrac{f(x)-f(1)}{(x-1)(x^2+x+1)}$$

$$=\lim_{x\to 1}\dfrac{f(x)-f(1)}{x-1}\times\lim_{x\to 1}\dfrac{1}{x^2+x+1}$$

$$=\dfrac{1}{3}f'(1)$$

$\dfrac{1}{3}f'(1)=1$에서 $f'(1)=3$

$f^{-1}(x)=h(x)$라 하면

$f(1)=1$이므로 $h(1)=1$이고

역함수의 미분법에 의하여

$$h'(1)=\dfrac{1}{f'(h(1))}=\dfrac{1}{f'(1)}=\dfrac{1}{3}$$

$(g\circ f^{-1})(x)=(g\circ h)(x)=g(h(x))$이므로

$g(h(x))=x^3$의 양변을 x에 대하여 미분하면

$g'(h(x))h'(x)=3x^2$

양변에 $x=1$을 대입하면

$g'(h(1))h'(1)=3$, $g'(1)\times\dfrac{1}{3}=3$

따라서 $g'(1)=9$

답 ②

28

닫힌구간 $[0,\ 2]$에서 두 함수 $f(x)$, $g(x)$의 그래프는 그림과 같다.

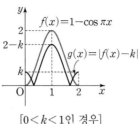
[0<k<1인 경우]

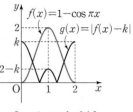
[1≤k<2인 경우]

k, $2-k$ 중 작지 않은 값이 M이므로 $0<k<2$에서 $1\leq M<2$

또 $1\leq M<2$이므로 곡선 $y=f(x)$와 직선 $y=M$은 서로 다른 두 점에서 만나고

$\dfrac{1}{2}\leq\alpha<1$

함수 $f(x)-g(x)$의 한 부정적분을 $F(x)$라 하면

$F'(x)=f(x)-g(x)$이므로

$\displaystyle\int_{t}^{2-t}\{f(x)-g(x)\}dx=k(2-2t)$에서

$F(2-t)-F(t)=k(2-2t)$

양변을 t에 대하여 미분하면 $-F'(2-t)-F'(t)=-2k$

즉, $-\{f(2-t)-g(2-t)\}-\{f(t)-g(t)\}=-2k$ ······ ㉠

두 함수 $y=f(x)$, $y=g(x)$의 그래프는 모두 직선 $x=1$에 대하여 대칭이므로

$f(t)=f(2-t)$, $g(t)=g(2-t)$

이 식을 ㉠에 대입하면 $-2\{f(t)-g(t)\}=-2k$

즉, 닫힌구간 $[p,\ \alpha]$에서 $f(x)-g(x)=k$이고, 두 함수 $y=f(x)$, $y=g(x)$의 그래프가 모두 직선 $x=1$에 대하여 대칭이므로

닫힌구간 $[2-\alpha,\ 2-p]$에서 $f(x)-g(x)=k$이다. ······ ㉡

또한 닫힌구간 $[\alpha,\ 2-\alpha]$에서

$f(x)-g(x)=f(x)-|f(x)-k|=f(x)-f(x)+k=k$ ······ ㉢

㉡, ㉢에 의하여 닫힌구간 $[p,\ 2-p]$에서 $f(x)-g(x)=k$

이때 실수 p의 최솟값이 $a-\dfrac{1}{3}$이므로

닫힌구간 $\left[a-\dfrac{1}{3},\ \dfrac{7}{3}-a\right]$에서 $f(x)-g(x)=k$이고,

닫힌구간 $\left[a-\dfrac{1}{3}-h,\ \dfrac{7}{3}-a+h\right]$에서 $f(x)-g(x)=k$인 양수 h가

존재하지 않는다. ······ ㉣

(i) $0<k<1$인 경우

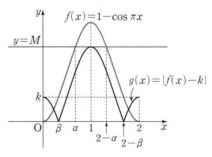

방정식 $g(x)=0$의 실근 중 작은 근을 β라 하면 닫힌구간 $[\beta,\ 2-\beta]$

에서만 $f(x)-g(x)=k$이므로 ㉣에서

$\beta=a-\dfrac{1}{3}$

즉, $g\left(\alpha-\dfrac{1}{3}\right)=0$이므로

$f\left(\alpha-\dfrac{1}{3}\right)=k$, $k=1-\cos\pi\left(\alpha-\dfrac{1}{3}\right)$ ...... ㉤

$g(1)=f(\alpha)$이므로

$2-k=1-\cos\pi\alpha$, $k=1+\cos\pi\alpha$ ...... ㉥

㉤, ㉥에서

$\cos\pi\alpha=-\cos\left(\pi\alpha-\dfrac{\pi}{3}\right)=-\cos\pi\alpha\cos\dfrac{\pi}{3}-\sin\pi\alpha\sin\dfrac{\pi}{3}$

$=-\dfrac{1}{2}\cos\pi\alpha-\dfrac{\sqrt{3}}{2}\sin\pi\alpha$

즉, $\dfrac{3}{2}\cos\pi\alpha=-\dfrac{\sqrt{3}}{2}\sin\pi\alpha$이므로

$\dfrac{\sin\pi\alpha}{\cos\pi\alpha}=-\dfrac{3}{\sqrt{3}}$, $\tan\pi\alpha=-\sqrt{3}$

$\dfrac{\pi}{2}\le\pi\alpha<\pi$이므로 $\pi\alpha=\dfrac{2}{3}\pi$, $\alpha=\dfrac{2}{3}$

따라서 ㉥에서 $k=1+\cos\dfrac{2}{3}\pi=1+\left(-\dfrac{1}{2}\right)=\dfrac{1}{2}$

(ii) $1\le k<2$인 경우

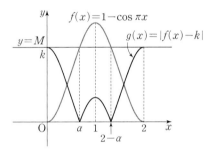

㉣을 만족시키는 $\dfrac{1}{2}\le\alpha<1$인 α가 존재하지 않는다.

(i), (ii)에서 $k=\dfrac{1}{2}$이므로

$g(k)=g\left(\dfrac{1}{2}\right)=\left|f\left(\dfrac{1}{2}\right)-\dfrac{1}{2}\right|=\left|1-\cos\dfrac{\pi}{2}-\dfrac{1}{2}\right|=\dfrac{1}{2}$ 답 ⑤

29

등비수열 $\{a_n\}$의 첫째항은 2이고 공비 r은 $2\le r\le6$인 자연수이므로

$a_n=2\times r^{n-1}$, $S_n=\dfrac{2(r^n-1)}{r-1}=\dfrac{2}{r-1}(r^n-1)$

$\lim_{n\to\infty}b_n=\lim_{n\to\infty}\dfrac{a_n+2^{2n+1}}{S_n+4^n}=\lim_{n\to\infty}\dfrac{2\times r^{n-1}+2^{2n+1}}{\dfrac{2}{r-1}(r^n-1)+4^n}$

$=\lim_{n\to\infty}\dfrac{\dfrac{2}{r}\times r^n+2\times4^n}{\dfrac{2}{r-1}\times r^n+4^n-\dfrac{2}{r-1}}$

(i) $2\le r<4$일 때

$\dfrac{1}{2}\le\dfrac{r}{4}<1$이므로

$\lim_{n\to\infty}\dfrac{\dfrac{2}{r}\times r^n+2\times4^n}{\dfrac{2}{r-1}\times r^n+4^n-\dfrac{2}{r-1}}$

$=\lim_{n\to\infty}\dfrac{\dfrac{2}{r}\times\left(\dfrac{r}{4}\right)^n+2}{\dfrac{2}{r-1}\times\left(\dfrac{r}{4}\right)^n+1-\dfrac{2}{r-1}\times\left(\dfrac{1}{4}\right)^n}=2$

즉, $\lim_{n\to\infty}b_n=2>1$이므로 조건을 만족시키지 않는다.

(ii) $r=4$일 때

$\lim_{n\to\infty}\dfrac{\dfrac{2}{r}\times r^n+2\times4^n}{\dfrac{2}{r-1}\times r^n+4^n-\dfrac{2}{r-1}}$

$=\lim_{n\to\infty}\dfrac{\dfrac{1}{2}\times4^n+2\times4^n}{\dfrac{2}{3}\times4^n+4^n-\dfrac{2}{3}}=\lim_{n\to\infty}\dfrac{\dfrac{1}{2}+2}{\dfrac{2}{3}+1-\dfrac{2}{3}\times\left(\dfrac{1}{4}\right)^n}=\dfrac{\dfrac{5}{2}}{\dfrac{5}{3}}=\dfrac{3}{2}$

즉, $\lim_{n\to\infty}b_n=\dfrac{3}{2}>1$이므로 조건을 만족시키지 않는다.

(iii) $4<r\le6$일 때

$\dfrac{1}{6}\le\dfrac{1}{r}<\dfrac{1}{4}$, $\dfrac{2}{3}\le\dfrac{4}{r}<1$이므로

$\lim_{n\to\infty}\dfrac{\dfrac{2}{r}\times r^n+2\times4^n}{\dfrac{2}{r-1}\times r^n+4^n-\dfrac{2}{r-1}}$

$=\lim_{n\to\infty}\dfrac{\dfrac{2}{r}+2\times\left(\dfrac{4}{r}\right)^n}{\dfrac{2}{r-1}+\left(\dfrac{4}{r}\right)^n-\dfrac{2}{r-1}\times\left(\dfrac{1}{r}\right)^n}=\dfrac{\dfrac{2}{r}}{\dfrac{2}{r-1}}=\dfrac{r-1}{r}$

이때 r은 자연수이므로 $r=5$ 또는 $r=6$

즉, $r=5$일 때 $\lim_{n\to\infty}b_n=\dfrac{4}{5}$, $r=6$일 때 $\lim_{n\to\infty}b_n=\dfrac{5}{6}$이므로 조건을 만족시킨다.

(i), (ii), (iii)에서 조건을 만족시키는 r의 값은 5, 6이므로 그 합은

$5+6=11$ 답 11

30

$g(x)=\displaystyle\int_k^x f(t)f'(t)dt$에서 $g(k)=\displaystyle\int_k^k f(t)f'(t)dt=0$이므로

함수 $y=g(x)$의 그래프는 점 $(k, 0)$ $(k<0)$을 지난다.

조건 (가)에 의하여 $g(\alpha)=0$, $g'(\alpha)\ne0$ $(\alpha>0)$이고, $x\ne\alpha$인 모든 실수 x에 대하여 $g(x)=0$이면 $g'(x)=0$이므로

$g(k)=0$에서 $g'(k)=0$이다. ...... ㉠

$f(x)=xe^{ax+b}+x$에서 $f'(x)=(ax+1)e^{ax+b}+1$

$g(x)=\displaystyle\int_k^x f(t)f'(t)dt=\left[\dfrac{1}{2}\{f(t)\}^2\right]_k^x=\dfrac{1}{2}\{f(x)\}^2-\dfrac{1}{2}\{f(k)\}^2$

이때 $\lim_{x\to-\infty}xe^x=0$이므로

$\lim_{x\to-\infty}f(x)=\lim_{x\to-\infty}(xe^{ax+b}+x)=-\infty$이고

$\lim_{x\to-\infty}g(x)=\lim_{x\to-\infty}\left[\dfrac{1}{2}\{f(x)\}^2-\dfrac{1}{2}\{f(k)\}^2\right]=\infty$ ...... ㉡

한편,

$g'(x)=f(x)f'(x)$

$=(xe^{ax+b}+x)\{(ax+1)e^{ax+b}+1\}$

$=x(e^{ax+b}+1)\{(ax+1)e^{ax+b}+1\}$

이고 $e^{ax+b}+1>0$이므로 $h(x)=(ax+1)e^{ax+b}+1$이라 하면

$g'(x)=0$에서 $x=0$ 또는 $h(x)=0$

$h'(x)=ae^{ax+b}+a(ax+1)e^{ax+b}=a(ax+2)e^{ax+b}$이므로

$h'(x)=0$에서 $x=-\dfrac{2}{a}$ $(a>0)$

함수 $h(x)$의 증가와 감소를 표로 나타내면 다음과 같다.

x	$\cdots$	$-\dfrac{2}{a}$	$\cdots$
$h'(x)$	$-$	0	$+$
$h(x)$	$\searrow$	극소	$\nearrow$

(ⅰ) $h\left(-\dfrac{2}{a}\right)>0$인 경우

　㉠에서 $g'(k)=0\,(k<0)$에 모순이다.

(ⅱ) $h\left(-\dfrac{2}{a}\right)<0$인 경우

　$h(x)=0$인 서로 다른 두 실수를 p, $q\,(p<q)$라 하자.

　$h(0)>0$에서 $p<q<0$이므로 함수 $g(x)$의 증가와 감소를 표로 나타내면 다음과 같다.

x	$\cdots$	p	$\cdots$	q	$\cdots$	0	$\cdots$
$g'(x)$	$-$	0	$+$	0	$-$	0	$+$
$g(x)$	$\searrow$	극소	$\nearrow$	극대	$\searrow$	극소	$\nearrow$

㉠에서 양수 α에 대하여 $g(\alpha)=0$이므로 $g(0)<0$이다.

[그림 1]과 같이 $k=p$이면 $g(q)>0$이므로 $g(c_1)=0$인 c_1이 열린 구간 $(q,\,0)$에 존재하고, 이는 ㉠에 모순이다.

[그림 2]와 같이 $k=q$이면 $g(p)<0$이므로 ㉡에서 $g(c_2)=0$인 c_2가 구간 $(-\infty,\,p)$에 존재하고, 이는 ㉠에 모순이다.

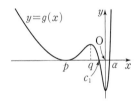 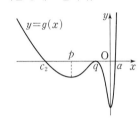

[그림 1]　　　　　[그림 2]

(ⅲ) $h\left(-\dfrac{2}{a}\right)=0$인 경우

　$h(x)=0$인 x의 값은 $-\dfrac{2}{a}$뿐이다.

㉠에서 $k=-\dfrac{2}{a}$이므로 함수 $g(x)$의 증가와 감소를 표로 나타내면 다음과 같다.

x	$\cdots$	k	$\cdots$	0	$\cdots$
$g'(x)$	$-$	0	$-$	0	$+$
$g(x)$	$\searrow$	0	$\searrow$	극소	$\nearrow$

(ⅰ), (ⅱ), (ⅲ)에서 $k=-\dfrac{2}{a}$이고

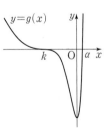

$h\left(-\dfrac{2}{a}\right)=\left\{a\times\left(-\dfrac{2}{a}\right)+1\right\}e^{a\times\left(-\frac{2}{a}\right)+b}+1$

$\qquad=-e^{b-2}+1=0$

이므로 $b=2$

조건 (나)에서 $f(k)=g(k)-8$이고

$g(k)=0$이므로

$f(k)=ke^{-\frac{2}{k}\times k+2}+k=2k=-8$

$k=-4$

따라서 $a=\dfrac{1}{2}$이므로

$16(a+b)=16\times\left(\dfrac{1}{2}+2\right)=40$

답 40

01 ④	02 ③	03 ⑤	04 ④	05 ①
06 ①	07 ⑤	08 ②	09 ④	10 ⑤
11 ⑤	12 ①	13 ④	14 ⑤	15 ④
16 3	17 14	18 33	19 36	20 10
21 611	22 19	23 ④	24 ④	25 ③
26 ⑤	27 ②	28 ③	29 18	30 36

01

$\sqrt[4]{\dfrac{1}{8}}\times\sqrt[8]{\dfrac{1}{4}}=\sqrt[4]{\left(\dfrac{1}{2}\right)^3}\times\sqrt[8]{\left(\dfrac{1}{2}\right)^2}=\sqrt[4]{\left(\dfrac{1}{2}\right)^3}\times\sqrt[4]{\dfrac{1}{2}}=\sqrt[4]{\left(\dfrac{1}{2}\right)^4}=\dfrac{1}{2}$

답 ④

02

$f(x)=x^4-5x^2+3$에서 $f'(x)=4x^3-10x$

따라서

$\displaystyle\lim_{h\to0}\dfrac{f(-1+h)-f(-1)}{h}=f'(-1)=-4+10=6$

답 ③

03

$\sin\theta+2\cos\theta=0$에서 $2\cos\theta=-\sin\theta$

즉, $4\cos^2\theta=\sin^2\theta$이므로 $\sin^2\theta+\cos^2\theta=1$에서

$4\cos^2\theta+\cos^2\theta=1$, $5\cos^2\theta=1$

$\cos^2\theta=\dfrac{1}{5}$

$\dfrac{\pi}{2}<\theta<\pi$일 때, $\cos\theta<0$이므로 $\cos\theta=-\dfrac{1}{\sqrt{5}}$

$\sin\theta=-2\cos\theta=\dfrac{2}{\sqrt{5}}$

따라서 $\sin\theta-\cos\theta=\dfrac{2}{\sqrt{5}}-\left(-\dfrac{1}{\sqrt{5}}\right)=\dfrac{3}{\sqrt{5}}=\dfrac{3\sqrt{5}}{5}$

답 ⑤

04

함수 $f(x)$가 실수 전체의 집합에서 연속이려면 $x=a$에서도 연속이어야 한다. 즉, $\displaystyle\lim_{x\to a-}f(x)=\lim_{x\to a+}f(x)=f(a)$이어야 한다.

$\displaystyle\lim_{x\to a-}f(x)=\lim_{x\to a-}(2x-3)=2a-3$,

$\displaystyle\lim_{x\to a+}f(x)=\lim_{x\to a+}(x^2-3x+a)=a^2-2a$,

$f(a)=a^2-2a$

이므로 $2a-3=a^2-2a$에서

$a^2-4a+3=0$, $(a-1)(a-3)=0$

$a=1$ 또는 $a=3$

따라서 모든 실수 a의 값의 합은 $1+3=4$

답 ④

05

$f(x)=\displaystyle\int(2x+a)dx=x^2+ax+C$ (단, C는 적분상수)

$f(0)=C$이고

$f'(x)=2x+a$에서 $f'(0)=a$

$f'(0)=f(0)$이므로 $a=C$

$f(x)=x^2+Cx+C$이므로

$f(2)=4+2C+C=4+3C$

$f(2)=-5$이므로 $4+3C=-5$에서 $C=-3$

따라서 $f(x)=x^2-3x-3$이므로

$f(4)=16-12-3=1$ **답** ①

06

등비수열 $\{a_n\}$의 공비를 $r \, (r \neq 0)$이라 하면 일반항은

$a_n=a_1 \times r^{n-1}$

$\dfrac{S_2}{a_2}-\dfrac{S_4}{a_4}=\dfrac{a_1+a_2}{a_2}-\dfrac{a_1+a_2+a_3+a_4}{a_4}$

$\qquad\qquad =\left(\dfrac{1}{r}+1\right)-\left(\dfrac{1}{r^3}+\dfrac{1}{r^2}+\dfrac{1}{r}+1\right)$

$\qquad\qquad =-\dfrac{1}{r^3}-\dfrac{1}{r^2}$

이므로 $-\dfrac{1}{r^3}-\dfrac{1}{r^2}=4$에서

$4+\dfrac{1}{r^2}+\dfrac{1}{r^3}=0, \; \dfrac{4r^3+r+1}{r^3}=0$

$r \neq 0$이므로

$4r^3+r+1=0, \; (2r+1)(2r^2-r+1)=0$

이때 $2r^2-r+1=2\left(r-\dfrac{1}{4}\right)^2+\dfrac{7}{8}>0$이므로

$2r+1=0$에서 $r=-\dfrac{1}{2}$

$a_5=a_1 \times \left(-\dfrac{1}{2}\right)^4=\dfrac{5}{4}$에서 $a_1=20$

따라서 $a_n=20 \times \left(-\dfrac{1}{2}\right)^{n-1}$이므로

$a_1+a_2=20+20 \times \left(-\dfrac{1}{2}\right)=20+(-10)=10$ **답** ①

07

$f(x)$가 최고차항의 계수가 1인 삼차함수이고 $f'(-1)=0$, $f'(2)=0$이므로

$f'(x)=3(x+1)(x-2)=3x^2-3x-6$

$f(x)=\displaystyle\int f'(x)dx=\int (3x^2-3x-6)dx$

$\qquad\quad =x^3-\dfrac{3}{2}x^2-6x+C$ (단, C는 적분상수)

$f(2)=8-6-12+C=C-10$이므로

$C-10=4$에서 $C=14$

따라서 $f(x)=x^3-\dfrac{3}{2}x^2-6x+14$이므로

$f(4)=64-24-24+14=30$ **답** ⑤

08

$f(x)=(x+a)|x^2+2x|=(x+a)|x(x+2)|$

함수 $f(x)$가 $x=0$에서만 미분가능하지 않으므로 $x=-2$에서 미분가능해야 한다.

즉, $\displaystyle\lim_{x \to -2-}\dfrac{f(x)-f(-2)}{x+2}=\lim_{x \to -2+}\dfrac{f(x)-f(-2)}{x+2}$이어야 한다.

$\displaystyle\lim_{x \to -2-}\dfrac{f(x)-f(-2)}{x+2}=\lim_{x \to -2-}\dfrac{x(x+2)(x+a)}{x+2}$

$\qquad\qquad\qquad\qquad =\lim_{x \to -2-}\{x(x+a)\}$

$\qquad\qquad\qquad\qquad =-2(a-2),$

$\displaystyle\lim_{x \to -2+}\dfrac{f(x)-f(-2)}{x+2}=\lim_{x \to -2+}\dfrac{-x(x+2)(x+a)}{x+2}$

$\qquad\qquad\qquad\qquad =\lim_{x \to -2+}\{-x(x+a)\}$

$\qquad\qquad\qquad\qquad =2(a-2)$

이므로 $-2(a-2)=2(a-2)$에서

$4(a-2)=0, \; a=2$

그러므로

$f(x)=(x+2)|x(x+2)|$

$\quad =\begin{cases} x(x+2)^2 & (x \leq -2 \text{ 또는 } x \geq 0) \\ -x(x+2)^2 & (-2 < x < 0) \end{cases}$

$\quad =\begin{cases} x^3+4x^2+4x & (x \leq -2 \text{ 또는 } x \geq 0) \\ -x^3-4x^2-4x & (-2 < x < 0) \end{cases}$

따라서

$\displaystyle\int_{-1}^{1} f(x)dx$

$=\displaystyle\int_{-1}^{0} f(x)dx+\int_{0}^{1} f(x)dx$

$=\displaystyle\int_{-1}^{0} (-x^3-4x^2-4x)dx+\int_{0}^{1} (x^3+4x^2+4x)dx$

$=\left[-\dfrac{1}{4}x^4-\dfrac{4}{3}x^3-2x^2\right]_{-1}^{0}+\left[\dfrac{1}{4}x^4+\dfrac{4}{3}x^3+2x^2\right]_{0}^{1}$

$=\dfrac{11}{12}+\dfrac{43}{12}=\dfrac{9}{2}$ **답** ②

09

조건 (가)에서

$\dfrac{\log a+\log b}{5}=\dfrac{\log a-\log b}{3}=k \; (k \text{는 실수})$

라 하면

$\log a+\log b=5k, \; \log a-\log b=3k$이므로

$\log a=4k, \; \log b=k$

조건 (나)에서 $a^{-1+\log b}$과 1000은 모두 양수이므로

$\log a^{-1+\log b}=\log 1000$

$(-1+\log b) \times \log a=3$

$(-1+k) \times 4k=3$

$4k^2-4k-3=0, \; (2k+1)(2k-3)=0$

a, b가 모두 1보다 큰 실수이므로

$k>0$에서 $k=\dfrac{3}{2}$

따라서 $\log a=4k=6$, $\log b=k=\dfrac{3}{2}$이므로

$\log a+2\log b=6+2 \times \dfrac{3}{2}=9$ **답** ④

10

두 점 P, Q의 시각 t ($t \geq 0$)에서의 위치를 각각 $x_1(t)$, $x_2(t)$라 하면

$$x_1(t) = 0 + \int_0^t (3t^2 + 4at + 10)dt = t^3 + 2at^2 + 10t$$

$$x_2(t) = 0 + \int_0^t (4t + a)dt = 2t^2 + at$$

이므로

$$f(t) = |x_1(t) - x_2(t)| = |t^3 + 2(a-1)t^2 + (10-a)t|$$

$g(t) = t^3 + 2(a-1)t^2 + (10-a)t$라 하면

$$g'(t) = 3t^2 + 4(a-1)t + 10 - a$$
$$= 3\left\{t + \frac{2}{3}(a-1)\right\}^2 - \frac{4}{3}(a-1)^2 + 10 - a$$

$t \geq 0$에서 함수 $f(t)$가 증가하고 $f(0) = 0$이므로

$t > 0$에서 $g'(t) \geq 0$이어야 한다.

(i) $a < 1$일 때

$-\frac{2}{3}(a-1) > 0$이므로 $t > 0$에서 $g'(t) \geq 0$이려면

$g'\left(-\frac{2}{3}(a-1)\right) \geq 0$이어야 한다.

즉, $-\frac{4}{3}(a-1)^2 + 10 - a \geq 0$에서

$$4(a-1)^2 - 3(10-a) \leq 0$$
$$4a^2 - 5a - 26 \leq 0, \ (a+2)(4a-13) \leq 0$$
$$-2 \leq a \leq \frac{13}{4}$$

그러므로 $-2 \leq a < 1$

(ii) $a \geq 1$일 때

$-\frac{2}{3}(a-1) \leq 0$이므로 $t > 0$에서 $g'(t) \geq 0$이려면 $\lim_{t \to 0+} g'(t) \geq 0$

이면 충분하다.

즉, $10 - a \geq 0$에서 $a \leq 10$

그러므로 $1 \leq a \leq 10$

(i), (ii)에서 $-2 \leq a \leq 10$ ...... ㉠

$$f(2) = |8 + 8(a-1) + 2(10-a)| = |6a + 20|$$

이므로 ㉠에 의하여

$$8 \leq f(2) \leq 80$$

따라서 $f(2)$의 최댓값과 최솟값의 합은

$$80 + 8 = 88 \qquad \qquad \text{답} \ ⑤$$

11

등차수열 $\{a_n\}$의 첫째항을 a, 공차를 d라 하자.

$a_2 = 2a_1$에서 $a + d = 2a$이므로 $a = d$

$a_n = a + (n-1)d = a + (n-1)a = an$이므로

$$S_n = \sum_{k=1}^n a_k = \sum_{k=1}^n ak = \frac{an(n+1)}{2}$$

$$\sum_{k=1}^5 \frac{1}{S_k} = \sum_{k=1}^5 \frac{2}{ak(k+1)} = \frac{2}{a}\sum_{k=1}^5 \left(\frac{1}{k} - \frac{1}{k+1}\right)$$
$$= \frac{2}{a}\left\{\left(1 - \frac{1}{2}\right) + \left(\frac{1}{2} - \frac{1}{3}\right) + \cdots + \left(\frac{1}{5} - \frac{1}{6}\right)\right\}$$
$$= \frac{2}{a}\left(1 - \frac{1}{6}\right) = \frac{5}{3a}$$

$\frac{5}{3a} = 5$에서 $a = \frac{1}{3}$

따라서 $S_n = \frac{n(n+1)}{6}$이므로

$$\sum_{k=1}^{14} \frac{a_{k+1}}{S_k S_{k+1}} = \sum_{k=1}^{14} \frac{S_{k+1} - S_k}{S_k S_{k+1}} = \sum_{k=1}^{14} \left(\frac{1}{S_k} - \frac{1}{S_{k+1}}\right)$$
$$= \left(\frac{1}{S_1} - \frac{1}{S_2}\right) + \left(\frac{1}{S_2} - \frac{1}{S_3}\right) + \cdots + \left(\frac{1}{S_{14}} - \frac{1}{S_{15}}\right)$$
$$= \frac{1}{S_1} - \frac{1}{S_{15}}$$
$$= \frac{6}{1 \times 2} - \frac{6}{15 \times 16} = 3 - \frac{1}{40} = \frac{119}{40} \qquad \text{답} \ ⑤$$

12

함수 $f(x)$가 최고차항의 계수가 양수인 삼차함수이므로 조건 (가)에 의하여 함수 $f(x)$의 증가와 감소를 표로 나타내면 다음과 같다.

x	$\cdots$	0	$\cdots$	2	$\cdots$
$f'(x)$	$+$	0	$-$	0	$+$
$f(x)$	↗	극대	↘	극소	↗

방정식 $f(x) = 0$의 서로 다른 실근의 개수를 기준으로 조건을 만족시키는 함수 $f(x)$를 구하면 다음과 같다.

(i) 방정식 $f(x) = 0$이 서로 다른 세 실근을 가질 때

$f(0)f(2) < 0$이고, 방정식 $f(x) = 0$의 세 실근을

α, β, γ ($\alpha < \beta < \gamma$)라 하면

$$\alpha < 0 < \beta < \gamma$$

이므로 두 함수 $y = f(x)$, $y = f'(x)$의 그래프는 그림과 같다.

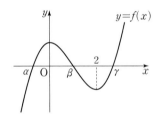 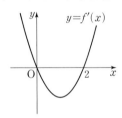

방정식 $f(f'(x)) = 0$에서

$f'(x) = \alpha$ 또는 $f'(x) = \beta$ 또는 $f'(x) = \gamma$

이때 함수 $y = f'(x)$의 그래프와 직선 $y = \beta$, 직선 $y = \gamma$는 각각 서로 다른 두 점에서 만나므로 조건 (나)를 만족시키지 않는다.

(ii) 방정식 $f(x) = 0$이 서로 다른 두 실근만을 가질 때

$f(0)f(2) = 0$에서 $f(0) = 0$, $f(2) \neq 0$ 또는 $f(0) \neq 0$, $f(2) = 0$

① $f(0) = 0$, $f(2) \neq 0$일 때

방정식 $f(x) = 0$의 중근이 아닌 한 실근을 α ($\alpha > 2$)라 하면 두 함수 $y = f(x)$, $y = f'(x)$의 그래프는 그림과 같다.

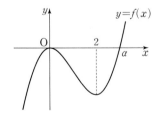 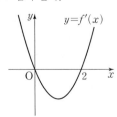

방정식 $f(f'(x)) = 0$에서

$f'(x) = 0$ 또는 $f'(x) = \alpha$

이때 함수 $y = f'(x)$의 그래프와 직선 $y = 0$, 직선 $y = \alpha$는 각각 서로 다른 두 점에서 만나므로 조건 (나)를 만족시키지 않는다.

② $f(0) \neq 0$, $f(2)=0$일 때

방정식 $f(x)=0$의 중근이 아닌 한 실근을 α $(\alpha<0)$이라 하면 두 함수 $y=f(x)$, $y=f'(x)$의 그래프는 그림과 같다.

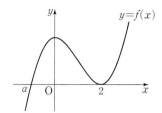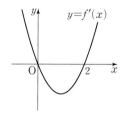

$f(x)=k(x-2)^2(x-\alpha)$ (k는 $k>0$인 상수)로 놓으면

$f'(x)=2k(x-2)(x-\alpha)+k(x-2)^2$

$\quad =k(x-2)(3x-2\alpha-2)$

$f'(0)=4k(\alpha+1)=0$에서 $\alpha=-1$

즉, $f(x)=k(x+1)(x-2)^2$이고, $f'(x)=3kx(x-2)$

방정식 $f(f'(x))=0$에서

$f'(x)=-1$ 또는 $f'(x)=2$

함수 $y=f'(x)$의 그래프와 직선 $y=2$가 서로 다른 두 점에서 만나므로 조건 (나)를 만족시키기 위해서는 함수 $y=f'(x)$의 그래프와 직선 $y=-1$이 한 점에서 만나야 한다.

함수 $y=f'(x)$의 그래프는 직선 $x=1$에 대하여 대칭이므로 $f'(1)=-1$이어야 한다.

$f'(1)=3k\times(-1)=-1$에서 $k=\dfrac{1}{3}$

따라서 $f(x)=\dfrac{1}{3}(x+1)(x-2)^2$

(iii) 방정식 $f(x)=0$이 한 실근만을 가질 때

방정식 $f(x)=0$의 한 실근을 α라 하면

방정식 $f(f'(x))=0$에서

$f'(x)=\alpha$

이때 함수 $y=f'(x)$의 그래프와 직선 $y=\alpha$가 만나는 서로 다른 점의 개수가 2 이하이므로 조건 (나)를 만족시키지 않는다.

(i), (ii), (iii)에서 $f(x)=\dfrac{1}{3}(x+1)(x-2)^2$이므로

$f(5)=\dfrac{1}{3}\times6\times9=18$

답 ①

13

$\angle CAD = \theta \left(0<\theta<\dfrac{\pi}{2}\right)$라 하면

$\tan\theta=\dfrac{3}{4}$에서 $\sin\theta=\dfrac{3}{5}$, $\cos\theta=\dfrac{4}{5}$

삼각형 ADC에서 코사인법칙에 의하여

$\overline{CD}^2=\overline{AC}^2+\overline{AD}^2-2\times\overline{AC}\times\overline{AD}\times\cos\theta$

$\quad =3^2+5^2-2\times3\times5\times\dfrac{4}{5}=10$

이므로 $\overline{CD}=\sqrt{10}$

삼각형 ADC의 외접원의 반지름의 길이를 R이라 하면 사인법칙에 의하여 $\dfrac{\overline{CD}}{\sin\theta}=2R$이므로

$R=\dfrac{1}{2}\times\dfrac{\overline{CD}}{\sin\theta}=\dfrac{1}{2}\times\dfrac{\sqrt{10}}{\dfrac{3}{5}}=\dfrac{5\sqrt{10}}{6}$

직각삼각형 ABD에서

$\overline{BD}=\sqrt{\overline{AB}^2-\overline{AD}^2}=\sqrt{\left(\dfrac{5\sqrt{10}}{3}\right)^2-5^2}=\sqrt{\dfrac{25}{9}}=\dfrac{5}{3}$

삼각형 ABD의 넓이는

$\dfrac{1}{2}\times\overline{AD}\times\overline{BD}=\dfrac{1}{2}\times5\times\dfrac{5}{3}=\dfrac{25}{6}$

삼각형 ADC의 넓이는

$\dfrac{1}{2}\times\overline{AC}\times\overline{AD}\times\sin\theta=\dfrac{1}{2}\times3\times5\times\dfrac{3}{5}=\dfrac{9}{2}$

따라서 사각형 ABDC의 넓이는

$\dfrac{25}{6}+\dfrac{9}{2}=\dfrac{26}{3}$

답 ④

14

$g(x)=\displaystyle\int_x^{x+3}f(|t|)dt$의 양변을 x에 대하여 미분하면

$g'(x)=f(|x+3|)-f(|x|)$ ...... ㉠

함수 $g(x)$가 $x=\dfrac{1}{2}$에서 극소이므로 $g'\left(\dfrac{1}{2}\right)=0$에서

$g'\left(\dfrac{1}{2}\right)=f\left(\dfrac{7}{2}\right)-f\left(\dfrac{1}{2}\right)=0$

즉, $f\left(\dfrac{1}{2}\right)=f\left(\dfrac{7}{2}\right)$ ...... ㉡

함수 $f(x)$는 최고차항의 계수가 1인 이차함수이고, ㉡에 의하여 함수 $y=f(x)$의 그래프는 직선 $x=2$에 대하여 대칭이므로

$f(x)=(x-2)^2+k$ (k는 상수)

로 놓을 수 있다.

또 $g(1)=0$이므로

$g(1)=\displaystyle\int_1^4\{(|t|-2)^2+k\}dt=\int_1^4\{(t-2)^2+k\}dt$

$\quad =\displaystyle\int_1^4(t^2-4t+4+k)dt=\left[\dfrac{1}{3}t^3-2t^2+(4+k)t\right]_1^4$

$\quad =\left(\dfrac{64}{3}-32+16+4k\right)-\left(\dfrac{1}{3}-2+4+k\right)=3+3k=0$

에서 $k=-1$

그러므로

$f(x)=(x-2)^2-1=x^2-4x+3=(x-1)(x-3)$

이고,

$f(|x|)=\begin{cases}(x+1)(x+3) & (x<0)\\(x-1)(x-3) & (x\geq0)\end{cases}$

$f(|x+3|)=\begin{cases}(x+4)(x+6) & (x<-3)\\x(x+2) & (x\geq-3)\end{cases}$

이때 ㉠에서 $g'(x)=0$, 즉 $f(|x|)=f(|x+3|)$인 x의 값을 구하면 다음과 같다.

(i) $x<-3$일 때

$(x+1)(x+3)=(x+4)(x+6)$에서

$x^2+4x+3=x^2+10x+24$

$6x=-21$, $x=-\dfrac{7}{2}$

(ii) $-3\leq x<0$일 때

$(x+1)(x+3)=x(x+2)$에서

$x^2+4x+3=x^2+2x$

$2x=-3$, $x=-\dfrac{3}{2}$

(iii) $x \geq 0$일 때

$(x-1)(x-3)=x(x+2)$에서

$x^2-4x+3=x^2+2x$

$6x=3$, $x=\dfrac{1}{2}$

(i), (ii), (iii)에서 $f(|x|)=f(|x+3|)$인 x의 값은

$-\dfrac{7}{2}$, $-\dfrac{3}{2}$, $\dfrac{1}{2}$

이고, 두 함수 $y=f(|x|)$, $y=f(|x+3|)$의 그래프는 그림과 같다.

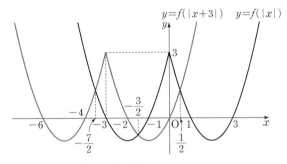

㉠에 의하여 함수 $g(x)$의 증가와 감소를 표로 나타내면 다음과 같다.

x	$\cdots$	$-\dfrac{7}{2}$	$\cdots$	$-\dfrac{3}{2}$	$\cdots$	$\dfrac{1}{2}$	$\cdots$
$g'(x)$	$-$	0	$+$	0	$-$	0	$+$
$g(x)$	↘	극소	↗	극대	↘	극소	↗

따라서 함수 $g(x)$는 $x=-\dfrac{3}{2}$에서 극대이므로 함수 $g(x)$의 극댓값은

$g\left(-\dfrac{3}{2}\right)=\displaystyle\int_{-\frac{3}{2}}^{\frac{3}{2}} f(|t|)dt=2\int_0^{\frac{3}{2}} f(|t|)dt=2\int_0^{\frac{3}{2}} f(t)dt$

$\qquad = 2\displaystyle\int_0^{\frac{3}{2}} (t^2-4t+3)dt=2\left[\dfrac{1}{3}t^3-2t^2+3t\right]_0^{\frac{3}{2}}$

$\qquad = 2\left(\dfrac{9}{8}-\dfrac{9}{2}+\dfrac{9}{2}\right)=\dfrac{9}{4}$ 　　　답 ⑤

참고

㉠은 다음과 같이 보일 수 있다.

$g(x)=\displaystyle\int_x^{x+3} f(|t|)dt=\int_0^{x+3} f(|t|)dt-\int_0^x f(|t|)dt$

$\qquad = \displaystyle\int_{-3}^x f(|t+3|)dt-\int_0^x f(|t|)dt$

이때 $h(t)=f(|t+3|)$으로 놓으면

$g(x)=\displaystyle\int_{-3}^x h(t)dt-\int_0^x f(|t|)dt$

위 등식의 양변을 x에 대하여 미분하면

$g'(x)=h(x)-f(|x|)=f(|x+3|)-f(|x|)$

15

(i) a_5가 3의 배수일 때

$a_6=\dfrac{a_5}{3}$이므로

$a_5+a_6=a_5+\dfrac{a_5}{3}=\dfrac{4}{3}a_5$

$\dfrac{4}{3}a_5=16$에서 $a_5=12$, $a_6=4$

$a_5=12$일 때 a_4의 값은 36 또는 10이다.

같은 방법으로 계속하면 다음 표와 같은 결과를 얻을 수 있다.

a_6	a_5	a_4	a_3	a_2	a_1
4	12	36	108	324	322
				106	104
			34	102	100
				32	30($\times$)
		10	30	90	88
				28	26
			8	24	22
				6($\times$)	

이 경우 조건을 만족시키는 모든 a_1의 값의 합은

$322+104+100+88+26+22=662$

(ii) a_5가 3의 배수가 아닐 때

$a_6=a_5+2$이므로

$a_5+a_6=a_5+a_5+2=2a_5+2$

$2a_5+2=16$에서 $a_5=7$, $a_6=9$

$a_5=7$일 때 a_4의 값은 21 또는 5이다.

같은 방법으로 계속하면 다음 표와 같은 결과를 얻을 수 있다.

a_6	a_5	a_4	a_3	a_2	a_1
9	7	21	63	189	187
				61	59
			19	57	55
				17	15($\times$)
		5	15	45	43
				13	11
			3($\times$)		

이 경우 조건을 만족시키는 모든 a_1의 값의 합은

$187+59+55+43+11=355$

(i), (ii)에서 조건을 만족시키는 모든 a_1의 값의 합은

$662+355=1017$ 　　　답 ④

16

로그의 진수의 조건에 의하여

$x+4>0$, $1-x>0$

이므로 $-4<x<1$　　　……㉠

$\log_3(x+4)<1+\log_3(1-x)$에서

$\log_3(x+4)<\log_3 3(1-x)$

밑이 1보다 크므로

$x+4<3(1-x)$, $4x<-1$

$x<-\dfrac{1}{4}$　　　……㉡

㉠, ㉡에서 $-4<x<-\dfrac{1}{4}$

따라서 정수 x의 값은 -3, -2, -1이고, 그 개수는 3이다. 　　　답 3

17

$\displaystyle\lim_{x\to3}\dfrac{g(x)-8}{x-3}=30$에서 $x\to3$일 때 (분모)$\to0$이고 극한값이 존재하므로 (분자)$\to0$이어야 한다.

즉, $\lim_{x \to 3}\{g(x)-8\}=0$이고 함수 $g(x)$는 실수 전체의 집합에서 연속

이므로 $g(3)=8$

$g(3)=(3+1)f(3)=8$에서 $f(3)=2$

또한 $\lim_{x \to 3}\dfrac{g(x)-8}{x-3}=\lim_{x \to 3}\dfrac{g(x)-g(3)}{x-3}=30$에서 함수 $g(x)$는 $x=3$

에서 미분가능하므로

$g'(3)=30$

$g(x)=(x+1)f(x)$에서

$g'(x)=f(x)+(x+1)f'(x)$이므로

$g'(3)=f(3)+4f'(3)$

$30=2+4f'(3)$이므로 $f'(3)=7$

따라서 $f(3) \times f'(3)=2 \times 7=14$　　　　目 14

18

$\sum_{k=1}^{n}(a_k+a_{k+1})=\dfrac{1}{n}+\dfrac{1}{n+1}$에서

$n=1$일 때, $a_1+a_2=1+\dfrac{1}{2}$

$n \geq 2$인 자연수 n에 대하여

$a_n+a_{n+1}=\sum_{k=1}^{n}(a_k+a_{k+1})-\sum_{k=1}^{n-1}(a_k+a_{k+1})$

$=\left(\dfrac{1}{n}+\dfrac{1}{n+1}\right)-\left(\dfrac{1}{n-1}+\dfrac{1}{n}\right)$

$=\dfrac{1}{n+1}-\dfrac{1}{n-1}$

이므로

$a_5=\{a_1+(a_2+a_3)+(a_4+a_5)\}-\{(a_1+a_2)+(a_3+a_4)\}$

$=\left\{a_1+\left(\dfrac{1}{3}-1\right)+\left(\dfrac{1}{5}-\dfrac{1}{3}\right)\right\}-\left\{\left(1+\dfrac{1}{2}\right)+\left(\dfrac{1}{4}-\dfrac{1}{2}\right)\right\}$

$=\left(a_1-\dfrac{4}{5}\right)-\dfrac{5}{4}$

$=a_1-\dfrac{41}{20}$

$a_5=\dfrac{1}{4}$이므로

$a_1=a_5+\dfrac{41}{20}=\dfrac{1}{4}+\dfrac{41}{20}=\dfrac{23}{10}$

따라서 $p=10$, $q=23$이므로 $p+q=10+23=33$　目 33

19

$f(x+3)=2 \sin \dfrac{\pi(x+3)}{6}=2 \sin\left(\dfrac{\pi x}{6}+\dfrac{\pi}{2}\right)=2 \cos \dfrac{\pi x}{6}$

$f(x-3)=2 \sin \dfrac{\pi(x-3)}{6}=2 \sin\left(\dfrac{\pi x}{6}-\dfrac{\pi}{2}\right)=-2 \cos \dfrac{\pi x}{6}$

$f(x+3)f(x-3)=-4 \cos^2 \dfrac{\pi x}{6}$이므로

$f(x+3)f(x-3) \geq -1$에서

$-4 \cos^2 \dfrac{\pi x}{6} \geq -1$, $\cos^2 \dfrac{\pi x}{6} \leq \dfrac{1}{4}$

$-\dfrac{1}{2} \leq \cos \dfrac{\pi x}{6} \leq \dfrac{1}{2}$　　……㉠

$\cos \dfrac{\pi}{3}=\cos \dfrac{5\pi}{3}=\dfrac{1}{2}$, $\cos \dfrac{2\pi}{3}=\cos \dfrac{4\pi}{3}=-\dfrac{1}{2}$

즉, $\cos \dfrac{\pi \times 2}{6}=\cos \dfrac{\pi \times 10}{6}=\dfrac{1}{2}$, $\cos \dfrac{\pi \times 4}{6}=\cos \dfrac{\pi \times 8}{6}=-\dfrac{1}{2}$

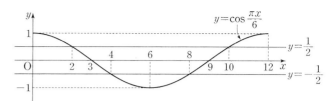

따라서 ㉠을 만족시키는 12 이하의 모든 자연수 x의 값은 2, 3, 4, 8, 9, 10이므로 그 합은

$2+3+4+8+9+10=36$　　　　目 36

20

$f(x)=a(x^3-4x)=ax(x+2)(x-2)$이므로

$f(x)=0$에서 $x=-2$ 또는 $x=0$ 또는 $x=2$

$f'(x)=a(3x^2-4)$이므로

$f'(x)=0$에서 $x=-\dfrac{2}{\sqrt{3}}$ 또는 $x=\dfrac{2}{\sqrt{3}}$

$a>0$이므로 함수 $f(x)$의 증가와 감소를 표로 나타내면 다음과 같다.

x	$\cdots$	$-\dfrac{2}{\sqrt{3}}$	$\cdots$	$\dfrac{2}{\sqrt{3}}$	$\cdots$
$f'(x)$	$+$	0	$-$	0	$+$
$f(x)$	↗	극대	↘	극소	↗

함수 $y=f(x)$의 그래프는 그림과 같다.

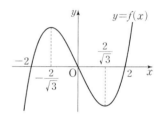

함수 $g(x)$가 실수 전체의 집합에서 연속이므로 $x=k$에서도 연속이다.

즉, $\lim_{x \to k-}g(x)=\lim_{x \to k+}g(x)=g(k)$이어야 한다.

$\lim_{x \to k-}g(x)=\lim_{x \to k-}f(x)=f(k)$,

$\lim_{x \to k+}g(x)=\lim_{x \to k+}\{-f(x)\}=-f(k)$,

$g(k)=f(k)$

이므로 $f(k)=-f(k)$에서 $f(k)=0$

그러므로 $k=-2$ 또는 $k=0$ 또는 $k=2$

한편,

$h(x)=\displaystyle\int_{-2}^{x}g(t)dt-\int_{x}^{2}g(t)dt=\int_{-2}^{x}g(t)dt+\int_{2}^{x}g(t)dt$

에서

$h'(x)=g(x)+g(x)=2g(x)$

(i) $k=-2$일 때

함수 $y=g(x)$의 그래프는 그림과 같다.

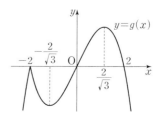

열린구간 $(-2, 2)$에서 함수 $h(x)$의 증가와 감소를 표로 나타내면 다음과 같다.

x	(-2)	$\cdots$	0	$\cdots$	(2)
$h'(x)$		$-$	0	$+$	
$h(x)$		$\searrow$	극소	$\nearrow$	

열린구간 $(-2, 2)$에서 함수 $h(x)$의 최댓값이 존재하지 않으므로 조건을 만족시키지 않는다.

(ii) $k=0$일 때

함수 $y=g(x)$의 그래프는 그림과 같다.

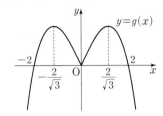

열린구간 $(-2, 2)$에서 함수 $h(x)$의 증가와 감소를 표로 나타내면 다음과 같다.

x	(-2)	$\cdots$	0	$\cdots$	(2)
$h'(x)$		$+$	0	$+$	
$h(x)$		$\nearrow$		$\nearrow$	

열린구간 $(-2, 2)$에서 함수 $h(x)$의 최댓값이 존재하지 않으므로 조건을 만족시키지 않는다.

(iii) $k=2$일 때

함수 $y=g(x)$의 그래프는 그림과 같다.

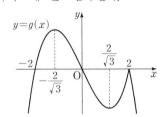

열린구간 $(-2, 2)$에서 함수 $h(x)$의 증가와 감소를 표로 나타내면 다음과 같다.

x	(-2)	$\cdots$	0	$\cdots$	(2)
$h'(x)$		$+$	0	$-$	
$h(x)$		$\nearrow$	극대	$\searrow$	

열린구간 $(-2, 2)$에서 함수 $h(x)$가 $x=0$에서 극대이면서 최대이고, 함수 $h(x)$의 최댓값이 2이므로

$$h(0)=\int_{-2}^{0} g(t)dt - \int_{0}^{2} g(t)dt$$
$$=\int_{-2}^{0} a(t^3-4t)dt - \int_{0}^{2} a(t^3-4t)dt$$
$$=2a\int_{-2}^{0}(t^3-4t)dt$$
$$=2a\left[\frac{1}{4}t^4-2t^2\right]_{-2}^{0}$$
$$=2a\{0-(-4)\}$$
$$=8a=2$$

에서 $a=\dfrac{1}{4}$

(i), (ii), (iii)에서 조건을 만족시키는 k의 값은 2이고,

$$g(x)=\begin{cases}\dfrac{1}{4}x^3-x & (x\le 2) \\[2mm] -\dfrac{1}{4}x^3+x & (x>2)\end{cases}$$

따라서

$$\int_{0}^{4} g(x)dx=\int_{0}^{2}\left(\frac{1}{4}x^3-x\right)dx+\int_{2}^{4}\left(-\frac{1}{4}x^3+x\right)dx$$
$$=\left[\frac{1}{16}x^4-\frac{1}{2}x^2\right]_{0}^{2}+\left[-\frac{1}{16}x^4+\frac{1}{2}x^2\right]_{2}^{4}$$
$$=(-1-0)+(-8-1)=-10$$

이므로 $\left|\int_{0}^{4} g(x)dx\right|=10$ **답** 10

21

함수 $y=f(x)$의 그래프는 그림과 같다. 이때 함수 $y=f(x)$의 그래프와 직선 $y=\log_2(k+2)$가 만나는 서로 다른 두 점을 A, B라 하자.

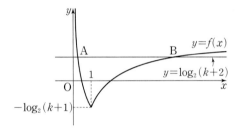

(i) $0<x<1$일 때

$-\log_2(k+1)x=\log_2(k+2)$에서

$\log_2\dfrac{1}{(k+1)x}=\log_2(k+2)$, $\dfrac{1}{(k+1)x}=k+2$

$x=\dfrac{1}{(k+1)(k+2)}$

k가 자연수이므로 $0<\dfrac{1}{(k+1)(k+2)}<1$

그러므로 점 A의 x좌표는 $\dfrac{1}{(k+1)(k+2)}$이다.

(ii) $x\ge 1$일 때

$\log_2\dfrac{x}{k+1}=\log_2(k+2)$에서 $\dfrac{x}{k+1}=k+2$

$x=(k+1)(k+2)=k^2+3k+2$

k가 자연수이므로 $k^2+3k+2>1$

그러므로 점 B의 x좌표는 k^2+3k+2이다.

(i), (ii)에서 두 점 A, B 사이의 거리 $g(k)$는

$g(k)=k^2+3k+2-\dfrac{1}{(k+1)(k+2)}$이므로

$$\sum_{k=1}^{7} g(k)=\sum_{k=1}^{7}\left\{k^2+3k+2-\frac{1}{(k+1)(k+2)}\right\}$$
$$=\sum_{k=1}^{7}k^2+3\sum_{k=1}^{7}k+\sum_{k=1}^{7}2-\sum_{k=1}^{7}\left(\frac{1}{k+1}-\frac{1}{k+2}\right)$$
$$=\frac{7\times 8\times 15}{6}+3\times\frac{7\times 8}{2}+2\times 7$$
$$\qquad-\left\{\left(\frac{1}{2}-\frac{1}{3}\right)+\left(\frac{1}{3}-\frac{1}{4}\right)+\cdots+\left(\frac{1}{8}-\frac{1}{9}\right)\right\}$$
$$=140+84+14-\left(\frac{1}{2}-\frac{1}{9}\right)$$
$$=238-\frac{7}{18}$$

따라서 $\dfrac{18}{7} \times \sum\limits_{k=1}^{7} g(k) = \dfrac{18}{7} \times \left(238 - \dfrac{7}{18}\right) = 612 - 1 = 611$　　**답** 611

22

$\displaystyle\lim_{x \to a+} \dfrac{g(x)-g(a)}{x-a} \times \lim_{x \to (a+4)+} \dfrac{g(x)-g(a+4)}{x-(a+4)} \le 0$　　…… ㉠

$-6 \le a \le -2$인 모든 실수 a에 대하여

$\displaystyle\lim_{x \to a+} \dfrac{g(x)-g(a)}{x-a} \le 0$

이므로 ㉠을 만족시키기 위해서는 $-6 \le a \le -2$에서

$\displaystyle\lim_{x \to (a+4)+} \dfrac{g(x)-g(a+4)}{x-(a+4)} \ge 0$

이어야 한다.

즉, $a+4=p$로 놓으면 $-2 \le p \le 2$에서

$\displaystyle\lim_{x \to p+} \dfrac{g(x)-g(p)}{x-p} \ge 0$

이므로 $1 \le p \le 2$에서

$\displaystyle\lim_{x \to p+} \dfrac{g(x)-g(p)}{x-p} \ge 0$　　…… ㉡

즉, $\displaystyle\lim_{x \to p+} \dfrac{f(x)-f(p)}{x-p} \ge 0$

$-2 \le a \le 2$인 모든 실수 a에 대하여

$\displaystyle\lim_{x \to a+} \dfrac{g(x)-g(a)}{x-a} \ge 0$

이므로 ㉠을 만족시키기 위해서는 $-2 \le a \le 2$에서

$\displaystyle\lim_{x \to (a+4)+} \dfrac{g(x)-g(a+4)}{x-(a+4)} \le 0$

이어야 한다.

즉, $2 \le p \le 6$에서

$\displaystyle\lim_{x \to p+} \dfrac{g(x)-g(p)}{x-p} \le 0$　　…… ㉢

즉, $\displaystyle\lim_{x \to p+} \dfrac{f(x)-f(p)}{x-p} \le 0$

㉡, ㉢에 의하여 함수 $g(x)$는 $x=2$에서 극대이고, $x>1$에서 미분가능하므로

$g'(2)=0$, 즉 $f'(2)=0$

주어진 조건에 의하여 $a<-6$ 또는 $2<a<5$ 또는 $a>5$인 모든 실수 a에 대하여

$\displaystyle\lim_{x \to a+} \dfrac{g(x)-g(a)}{x-a} \times \lim_{x \to (a+4)+} \dfrac{g(x)-g(a+4)}{x-(a+4)} > 0$　　…… ㉣

함수 $g(x)$가 $x \le -2$에서 감소하므로 $a<-6$인 모든 실수 a에 대하여 ㉣을 만족시킨다.

$2<a<5$ 또는 $a>5$인 모든 실수 a에 대하여 ㉣을 만족시키기 위해서는 $g'(a) \ne 0$이고 함수 $g(x)$는 구간 $(2, \infty)$에서 감소해야 한다.

즉, 구간 $(2, \infty)$에서 $g'(x) \le 0$이다.

$a=5$일 때,

$\displaystyle\lim_{x \to 5+} \dfrac{g(x)-g(5)}{x-5} \times \lim_{x \to 9+} \dfrac{g(x)-g(9)}{x-9} \le 0$에서

$\displaystyle\lim_{x \to 9+} \dfrac{g(x)-g(9)}{x-9} < 0$이므로 $\displaystyle\lim_{x \to 5+} \dfrac{g(x)-g(5)}{x-5} \ge 0$

또한 ㉢에 의하여

$\displaystyle\lim_{x \to 5+} \dfrac{g(x)-g(5)}{x-5} \le 0$

이때 함수 $g(x)$가 $x>1$에서 미분가능하므로

$\displaystyle\lim_{x \to 5+} \dfrac{g(x)-g(5)}{x-5} = g'(5)=0$, 즉 $f'(5)=0$이어야 한다.

함수 $f(x)$가 최고차항의 계수가 k $(k<0)$인 사차함수라 하면 함수 $f'(x)$는 최고차항의 계수가 $4k$인 삼차함수이다.

이때 $f'(2)=f'(5)=0$이고

함수 $f(x)$가 구간 $(2, \infty)$에서 감소해야 하므로

$f'(x)=4k(x-2)(x-5)^2$

$g(5)=0$에서 $f(5)=0$이므로 함수 $y=f'(x)$의 그래프와 함수 $y=f(x)$의 그래프는 그림과 같다.

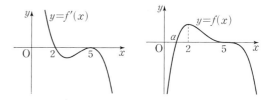

즉, $f(x)=k(x-a)(x-5)^3$ $(a<2)$로 놓을 수 있다.

$f(x)=k(x-a)(x^3-15x^2+75x-125)$에서

$f'(x)=k(x^3-15x^2+75x-125)+k(x-a)(3x^2-30x+75)$

$\qquad =k(x-5)^3+3k(x-a)(x-5)^2$

이때 $f'(2)=0$이므로

$f'(2)=-27k+27k(2-a)=27k(1-a)=0$에서

$k \ne 0$이므로 $a=1$

그러므로 $f(x)=k(x-1)(x-5)^3$

$x<1$에서 함수 $y=g(x)$의 그래프가 직선 $y=9$와 한 점에서 만나고, 방정식 $g(x)=9$의 서로 다른 실근의 개수가 2이므로 그림과 같이 $x \ge 1$에서 함수 $y=g(x)$의 그래프가 직선 $y=9$와 한 점에서만 만나야 한다.

즉, $g(2)=9$이므로

$g(2)=f(2)=-27k=9$

에서 $k=-\dfrac{1}{3}$

$f(x)=-\dfrac{1}{3}(x-1)(x-5)^3$이므로

$g(3)=f(3)=-\dfrac{1}{3} \times 2 \times (-8) = \dfrac{16}{3}$

따라서 $p=3$, $q=16$이므로 $p+q=3+16=19$　　**답** 19

참고

$f'(x)=4k(x-2)(x-5)^2$에서 함수 $f(x)$를 다음과 같이 구할 수도 있다.

$f'(x)=4k(x-2)(x^2-10x+25)=k(4x^3-48x^2+180x-200)$

이므로

$f(x)=\displaystyle\int k(4x^3-48x^2+180x-200)dx$

$\qquad =k(x^4-16x^3+90x^2-200x)+C$ (단, C는 적분상수)

$g(5)=0$에서 $f(5)=0$이므로

$f(5)=-125k+C=0$, $C=125k$

그러므로

$f(x)=k(x^4-16x^3+90x^2-200x+125)$

$\qquad =k(x-1)(x-5)^3$

23

$$\lim_{x \to 0} \frac{e^{4x}-1}{\sin 2x} = \lim_{x \to 0} \left(\frac{\dfrac{e^{4x}-1}{4x}}{\dfrac{\sin 2x}{2x}} \times 2 \right) = \frac{\lim\limits_{x \to 0} \dfrac{e^{4x}-1}{4x}}{\lim\limits_{x \to 0} \dfrac{\sin 2x}{2x}} \times 2$$

$$= \frac{1}{1} \times 2 = 2$$

답 ④

24

$x = 3t + \cos t$에서 $\dfrac{dx}{dt} = 3 - \sin t$,

$y = 3t - \sin 2t$에서 $\dfrac{dy}{dt} = 3 - 2\cos 2t$

이므로

$$\frac{dy}{dx} = \frac{\dfrac{dy}{dt}}{\dfrac{dx}{dt}} = \frac{3 - 2\cos 2t}{3 - \sin t}$$

따라서 $t = \dfrac{5}{6}\pi$일 때, $\dfrac{dy}{dx}$의 값은

$$\frac{3 - 2\cos \dfrac{5}{3}\pi}{3 - \sin \dfrac{5}{6}\pi} = \frac{3 - 2 \times \dfrac{1}{2}}{3 - \dfrac{1}{2}} = \frac{2}{\dfrac{5}{2}} = \frac{4}{5}$$

답 ④

25

$f(x) = e^{2x} + e^x - 1$에서

$f'(x) = 2e^{2x} + e^x = e^x(2e^x + 1) > 0$

$\displaystyle\int_1^5 \frac{x}{f'(g(x))} dx$에서 $g(x) = y$라 하자.

$g(1) = \alpha$라 하면 $f(\alpha) = 1$이므로

$e^{2\alpha} + e^\alpha - 1 = 1$에서

$e^{2\alpha} + e^\alpha - 2 = 0$

$(e^\alpha + 2)(e^\alpha - 1) = 0$

$e^\alpha + 2 > 0$이므로 $e^\alpha - 1 = 0$에서 $\alpha = 0$

$g(5) = \beta$라 하면 $f(\beta) = 5$이므로

$e^{2\beta} + e^\beta - 1 = 5$에서

$e^{2\beta} + e^\beta - 6 = 0$

$(e^\beta + 3)(e^\beta - 2) = 0$

$e^\beta + 3 > 0$이므로 $e^\beta - 2 = 0$에서 $\beta = \ln 2$

즉, $g(x) = y$에서 $x = f(y)$이고

$x = 1$일 때 $y = g(1) = 0$, $x = 5$일 때 $y = g(5) = \ln 2$

$x = f(y)$의 양변을 y에 대하여 미분하면

$$\frac{dx}{dy} = f'(y)$$

따라서

$$\int_1^5 \frac{x}{f'(g(x))} dx = \int_0^{\ln 2} \left\{ \frac{f(y)}{f'(y)} \times f'(y) \right\} dy$$

$$= \int_0^{\ln 2} f(y) dy$$

$$= \int_0^{\ln 2} (e^{2y} + e^y - 1) dy$$

$$= \left[\frac{1}{2} e^{2y} + e^y - y \right]_0^{\ln 2}$$

$$= (4 - \ln 2) - \frac{3}{2}$$

$$= \frac{5}{2} - \ln 2$$

답 ③

26

x축 위의 점 $(t, 0)$ $(t \geq 1)$을 지나고 x축에 수직인 평면으로 자른 단면의 넓이를 $S(t)$라 하면

$S(t) = at \ln(t+1)$

$V(x) = \displaystyle\int_1^x S(t) dt$에서 $V'(x) = S(x)$

$V'(3) = S(3) = a \times 3\ln(3+1) = a \times 6\ln 2$

$a \times 6\ln 2 = 12\ln 2$에서 $a = 2$

$V(3) = \displaystyle\int_1^3 S(t) dt = \int_1^3 2t\ln(t+1) dt$

$t + 1 = s$로 놓으면

$t = 1$일 때 $s = 2$, $t = 3$일 때 $s = 4$이고,

$\dfrac{ds}{dt} = 1$이므로

$$\int_1^3 2t\ln(t+1) dt = \int_2^4 2(s-1)\ln s\, ds$$

$$= 2\int_2^4 s\ln s\, ds - 2\int_2^4 \ln s\, ds$$

$$\int_2^4 s\ln s\, ds = \left[\frac{s^2}{2}\ln s \right]_2^4 - \int_2^4 \frac{s}{2} ds$$

$$= 8\ln 4 - 2\ln 2 - \left[\frac{s^2}{4} \right]_2^4$$

$$= 14\ln 2 - 3$$

$$\int_2^4 \ln s\, ds = \left[s\ln s \right]_2^4 - \int_2^4 1\, ds = 4\ln 4 - 2\ln 2 - \left[s \right]_2^4$$

$$= 6\ln 2 - 2$$

따라서

$$V(3) = 2\int_2^4 s\ln s\, ds - 2\int_2^4 \ln s\, ds$$

$$= 2(14\ln 2 - 3) - 2(6\ln 2 - 2)$$

$$= 16\ln 2 - 2$$

답 ⑤

27

등비수열 $\{a_n\}$의 공비를 r이라 하면

$a_n = a_1 \times r^{n-1}$

조건 (가)에서 급수 $\displaystyle\sum_{n=1}^{\infty} a_n$이 수렴하므로 $-1 < r < 1$이고, 그 합이 15이므로

$$\frac{a_1}{1-r} = 15 \qquad\qquad \cdots\cdots ㉠$$

함수 $f(x)$가 최고차항의 계수가 1인 삼차함수이므로

$f(x) = x^3 + ax^2 + \beta x + \gamma$ (α, β, γ는 상수)

로 놓을 수 있고, 모든 자연수 n에 대하여 $a_n \neq 0$이므로

$\dfrac{f(a_n)}{a_n}=\dfrac{a_n^3+\alpha a_n^2+\beta a_n+\gamma}{a_n}$

$\qquad =a_n^2+\alpha a_n+\beta+\dfrac{\gamma}{a_n}$ $\quad$ …… ㉡

조건 (가)에 의하여 급수 $\sum\limits_{n=1}^{\infty}\alpha a_n$이 수렴하고,

$0<r^2<1$이므로 등비급수 $\sum\limits_{n=1}^{\infty}a_n^2$도 수렴한다.

그러므로 ㉡에서 급수 $\sum\limits_{n=1}^{\infty}\dfrac{f(a_n)}{a_n}$이 수렴하려면 급수 $\sum\limits_{n=1}^{\infty}\Big(\beta+\dfrac{\gamma}{a_n}\Big)$가

수렴해야 한다.

(ⅰ) $\gamma\ne0$일 때

$\quad -1<r<1$에서 $\Big|\dfrac{1}{r}\Big|>1$이므로 수열 $\Big\{\beta+\dfrac{\gamma}{a_n}\Big\}$는 발산한다.

$\quad$ 즉, $\lim\limits_{n\to\infty}\Big(\beta+\dfrac{\gamma}{a_n}\Big)\ne0$이므로 급수 $\sum\limits_{n=1}^{\infty}\Big(\beta+\dfrac{\gamma}{a_n}\Big)$는 발산한다.

(ⅱ) $\gamma=0$일 때

$\quad$ ① $\beta\ne0$일 때

$\qquad \lim\limits_{n\to\infty}\Big(\beta+\dfrac{\gamma}{a_n}\Big)=\lim\limits_{n\to\infty}\beta\ne0$이므로 급수 $\sum\limits_{n=1}^{\infty}\Big(\beta+\dfrac{\gamma}{a_n}\Big)$는 발산한다.

$\quad$ ② $\beta=0$일 때

$\qquad$ 모든 자연수 n에 대하여 $\beta+\dfrac{\gamma}{a_n}=0$이므로 급수 $\sum\limits_{n=1}^{\infty}\Big(\beta+\dfrac{\gamma}{a_n}\Big)$
$\qquad$ 는 수렴한다.

(ⅰ), (ⅱ)에 의하여 급수 $\sum\limits_{n=1}^{\infty}\Big(\beta+\dfrac{\gamma}{a_n}\Big)$가 수렴하기 위해서는 $\beta=0$, $\gamma=0$

이어야 한다.

이때 $f(x)=x^3+\alpha x^2$이고 $f(1)=-2$이므로

$1+\alpha=-2$, $\alpha=-3$

$f(x)=x^3-3x^2$이고 ㉡에서

$\dfrac{f(a_n)}{a_n}=a_n^2-3a_n$

조건 (나)에서

$\sum\limits_{n=1}^{\infty}\dfrac{f(a_n)}{a_n}=\sum\limits_{n=1}^{\infty}(a_n^2-3a_n)=\sum\limits_{n=1}^{\infty}a_n^2-3\sum\limits_{n=1}^{\infty}a_n=\dfrac{a_1^2}{1-r^2}-3\times15=0$

이므로 $\dfrac{a_1^2}{1-r^2}=45$ $\quad$ …… ㉢

㉠, ㉢에서

$\dfrac{a_1^2}{1-r^2}=\dfrac{a_1}{1+r}\times\dfrac{a_1}{1-r}=\dfrac{a_1}{1+r}\times15=45$

이므로 $\dfrac{a_1}{1+r}=3$ $\quad$ …… ㉣

㉣÷㉠을 하면 $\dfrac{1-r}{1+r}=\dfrac{1}{5}$이므로

$5-5r=1+r$, $6r=4$, $r=\dfrac{2}{3}$

㉠에서 $a_1=5$

따라서 $a_n=5\times\Big(\dfrac{2}{3}\Big)^{n-1}$이므로

$a_3=5\times\Big(\dfrac{2}{3}\Big)^2=5\times\dfrac{4}{9}=\dfrac{20}{9}$ $\qquad$ 답 ②

28

원의 중심의 좌표를 (a, t) $(a>0)$이라 하면 원의 중심에서 점 $(0, 1)$

까지의 거리가 t이므로

$a^2+(t-1)^2=t^2$에서

$a^2=2t-1$, $a=\sqrt{2t-1}$

원의 중심과 두 직선 $y=-\dfrac{3}{4}x+f(t)$, $y=-\dfrac{3}{4}x+g(t)$, 즉

$3x+4y-4f(t)=0$, $3x+4y-4g(t)=0$ 사이의 거리가 t이므로

$\dfrac{|3a+4t-4f(t)|}{\sqrt{3^2+4^2}}=t$, $\dfrac{|3a+4t-4g(t)|}{\sqrt{3^2+4^2}}=t$

$f(t)<g(t)$이므로

$3a+4t-4f(t)=5t$, $3a+4t-4g(t)=-5t$

$4f(t)=3\sqrt{2t-1}-t$, $4g(t)=3\sqrt{2t-1}+9t$

$f(t)=\dfrac{3}{4}\sqrt{2t-1}-\dfrac{1}{4}t$에서

$f'(t)=\dfrac{3}{4}\times\dfrac{2}{2\sqrt{2t-1}}-\dfrac{1}{4}=\dfrac{3}{4}\times\dfrac{1}{\sqrt{2t-1}}-\dfrac{1}{4}$

$f'(k)=0$에서

$\sqrt{2k-1}=3$이므로 $k=5$

$g(t)=\dfrac{3}{4}\sqrt{2t-1}+\dfrac{9}{4}t$에서

$g'(t)=\dfrac{3}{4}\times\dfrac{2}{2\sqrt{2t-1}}+\dfrac{9}{4}=\dfrac{3}{4}\times\dfrac{1}{\sqrt{2t-1}}+\dfrac{9}{4}$이므로

$g'(k+8)=g'(13)=\dfrac{3}{4}\times\dfrac{1}{\sqrt{26-1}}+\dfrac{9}{4}=\dfrac{3}{20}+\dfrac{9}{4}=\dfrac{12}{5}$ $\qquad$ 답 ③

29

$f(x)=\ln x+e^t$에서 $f'(x)=\dfrac{1}{x}$

점 A의 좌표를 $(s, \ln s+e^t)$ $(s>0)$이라 하면 직선 OA의 기울기가

곡선 $y=f(x)$ 위의 점 A에서의 접선의 기울기와 같으므로

$\dfrac{\ln s+e^t}{s}=\dfrac{1}{s}$ $\quad$ …… ㉠

㉠에서 $s>0$이므로 $\ln s+e^t=1$

즉, $\ln s=1-e^t$에서 $s=e^{1-e^t}$ $\quad$ …… ㉡

그러므로 $g(t)=\dfrac{1}{s}=e^{e^t-1}$ $\quad$ …… ㉢

한편, 점 A를 지나고 직선 l에 수직인 직선의 방정식은

$y-(\ln s+e^t)=-s(x-s)$

$y=-sx+s^2+\ln s+e^t$

위 식에 $y=0$을 대입하면

$0=-sx+s^2+\ln s+e^t$

$x=s+\dfrac{\ln s+e^t}{s}=s+\dfrac{1}{s}$ (㉠에 의해)

그러므로 점 B의 좌표는 $\Big(s+\dfrac{1}{s}, 0\Big)$

점 A에서 x축에 내린 수선의 발을 H라 하면

$h(t)=\dfrac{\overline{\mathrm{AB}}}{\overline{\mathrm{AC}}}=\dfrac{\overline{\mathrm{BH}}}{\overline{\mathrm{OH}}}=\dfrac{\dfrac{1}{s}}{s}=\dfrac{1}{s^2}$

㉡에 의하여

$h(t)=\dfrac{1}{s^2}=e^{2e^t-2}$ $\quad$ …… ㉣

$h(a)=e^4$에서

$e^{2e^a-2}=e^4$이므로

$2e^a-2=4$, $e^a=3$

$a=\ln 3$

ⓒ, ⓔ에서

$g'(t) = e^{e^t-1} \times (e^t - 1)' = e^{e^t + t - 1}$

$h'(t) = e^{2e^t-2} \times (2e^t - 2)' = 2e^{2e^t + t - 2}$

따라서

$g'(a) = g'(\ln 3) = e^{2 + \ln 3} = 3e^2$,

$h'(a) = h'(\ln 3) = 2e^{4 + \ln 3} = 6e^4$

이므로

$\dfrac{1}{e^6} \times g'(a) \times h'(a) = \dfrac{1}{e^6} \times 3e^2 \times 6e^4 = 18$　　　　답 18

30

$g(x) = \displaystyle\int_0^x f(t)\,dt$에서 $g'(x) = f(x)$, $g''(x) = f'(x)$

$f(x) = (ax^3 + bx^2)e^{-x}$에서

$f'(x) = (3ax^2 + 2bx)e^{-x} - (ax^3 + bx^2)e^{-x}$

$\quad = -(ax^3 + bx^2 - 3ax^2 - 2bx)e^{-x}$

$\quad = -x\{ax^2 + (b - 3a)x - 2b\}e^{-x}$

$g''(x) = f'(x) = 0$에서 $e^{-x} > 0$이므로

$x\{ax^2 + (b-3a)x - 2b\} = 0$　　　　…… ㉠

$x = 0$이 ㉠의 한 근이므로 조건 (가)에 의하여 이차방정식

$ax^2 + (b - 3a)x - 2b = 0$의 두 근의 합은 5이다.

이때 이차방정식의 근과 계수의 관계에 의하여

$-\dfrac{b - 3a}{a} = 5$이므로

$b - 3a = -5a$

$b = -2a$　　　　…… ㉡

따라서 $f(x) = (ax^3 - 2ax^2)e^{-x} = ax^2(x - 2)e^{-x}$이고

$f'(x) = (3ax^2 - 4ax)e^{-x} - (ax^3 - 2ax^2)e^{-x}$

$\quad = -(ax^3 - 5ax^2 + 4ax)e^{-x}$

$f'(x)e^x + 2x = -(ax^3 - 5ax^2 + 4ax) + 2x$

$\qquad\qquad = -ax(x^2 - 5x + 4) + 2x$

$\qquad\qquad = -ax(x - 1)(x - 4) + 2x$

$p(x) = f'(x)e^x + 2x$라 하고, $p(x)$의 부정적분을 $P(x)$라 하면

$h(x) = \displaystyle\int_{x+1}^{x+2} \{f'(t)e^t + 2t\}\,dt$

$\quad = \Big[\, P(t) \,\Big]_{x+1}^{x+2}$

$\quad = P(x+2) - P(x+1)$

에서

$h'(x) = p(x+2) - p(x+1)$

$\quad = -a(x+2)(x+1)(x-2) + 2(x+2)$

$\qquad\qquad\qquad + ax(x+1)(x-3) - 2(x+1)$

$\quad = a(x+1)(-x^2 + 4 + x^2 - 3x) + 2$

$\quad = a(x+1)(-3x + 4) + 2$

$\quad = -3ax^2 + ax + 4a + 2$

조건 (나)에 의하여 이차방정식 $-3ax^2 + ax + 4a + 2 = 0$의 두 근의 곱은 $-\dfrac{2}{3}$이므로 이차방정식의 근과 계수의 관계에 의하여

$\dfrac{4a + 2}{-3a} = -\dfrac{2}{3}$

$12a + 6 = 6a$, $a = -1$

$a = -1$을 ㉡에 대입하면 $b = 2$이므로

$p(x) = x^3 - 5x^2 + 6x = x(x-2)(x-3)$

$h'(x) = 3x^2 - x - 2 = (3x+2)(x-1)$

또한 ㉠에서

$x(-x^2 + 5x - 4) = 0$, $-x(x-1)(x-4) = 0$

즉, $x = 0$ 또는 $x = 1$ 또는 $x = 4$이므로 $\alpha_1 = 0$, $\alpha_2 = 1$, $\alpha_3 = 4$

열린구간 $(2\alpha_1, 2\alpha_3)$, 즉 열린구간 $(0, 8)$에서

$H(x) = h\Big(\sin\dfrac{\pi}{2}x\Big)$를 x에 대하여 미분하면

$H'(x) = h'\Big(\sin\dfrac{\pi}{2}x\Big) \times \cos\dfrac{\pi}{2}x \times \dfrac{\pi}{2}$

$H'(x) = 0$에서

$\cos\dfrac{\pi}{2}x = 0$ 또는 $h'\Big(\sin\dfrac{\pi}{2}x\Big) = 0$

(ⅰ) $\cos\dfrac{\pi}{2}x = 0$인 x의 값은 1, 3, 5, 7이고

x의 값의 좌우에서 $\cos\dfrac{\pi}{2}x$의 값의 부호가 바뀐다.

(ⅱ) $h'\Big(\sin\dfrac{\pi}{2}x\Big) = 0$, 즉 $\Big(3\sin\dfrac{\pi}{2}x + 2\Big)\Big(\sin\dfrac{\pi}{2}x - 1\Big) = 0$에서

$\sin\dfrac{\pi}{2}x = -\dfrac{2}{3}$ 또는 $\sin\dfrac{\pi}{2}x = 1$

$\sin\dfrac{\pi}{2}x = 1$인 x의 값은 1, 5이고, 이때 $\sin\dfrac{\pi}{2}x \leq 1$이므로 x의 값의 좌우에서 $h'\Big(\sin\dfrac{\pi}{2}x\Big)$의 값의 부호가 바뀌지 않는다.

$\sin\dfrac{\pi}{2}x = -\dfrac{2}{3}$인 x의 값은 4개이고 각각의 x의 값의 좌우에서 $h'\Big(\sin\dfrac{\pi}{2}x\Big)$의 값의 부호가 바뀐다.

이 x의 값을 γ_1, γ_2, γ_3, γ_4 $(\gamma_1 < \gamma_2 < \gamma_3 < \gamma_4)$라 하면

$\gamma_1 + \gamma_2 = 6$, $\gamma_3 + \gamma_4 = 14$

(ⅰ), (ⅱ)에 의하여

$x = 1$, $x = 3$, $x = 5$, $x = 7$일 때는 $\cos\dfrac{\pi}{2}x$의 값의 부호가 바뀌고 $h'\Big(\sin\dfrac{\pi}{2}x\Big)$의 값의 부호가 바뀌지 않으므로 함수 $H(x)$는 극값을 갖는다.

$x = \gamma_1$, $x = \gamma_2$, $x = \gamma_3$, $x = \gamma_4$일 때는 $\cos\dfrac{\pi}{2}x$의 값의 부호가 바뀌지 않고 $h'\Big(\sin\dfrac{\pi}{2}x\Big)$의 값의 부호가 바뀌므로 함수 $H(x)$는 극값을 갖는다.

따라서 함수 $H(x)$가 $x = \beta$에서 극값을 갖도록 하는 모든 β의 값의 합은

$1 + 3 + 5 + 7 + (\gamma_1 + \gamma_2) + (\gamma_3 + \gamma_4) = 1 + 3 + 5 + 7 + 6 + 14 = 36$

답 36

실전 모의고사 3회　　본문 130~141쪽

01 ②	02 ①	03 ④	04 ②	05 ③
06 ②	07 ④	08 ③	09 ①	10 ③
11 ③	12 ②	13 ②	14 ③	15 ③
16 40	17 10	18 128	19 355	20 54
21 598	22 80	23 ③	24 ②	25 ⑤
26 ②	27 ⑤	28 ③	29 21	30 28

01

$$\left(\frac{\sqrt[3]{16}}{4}\right)^{\frac{3}{2}}=\left(\frac{\sqrt[3]{2^4}}{2^2}\right)^{\frac{3}{2}}=\left(\frac{2^{\frac{4}{3}}}{2^2}\right)^{\frac{3}{2}}=\left(2^{\frac{4}{3}-2}\right)^{\frac{3}{2}}=\left(2^{-\frac{2}{3}}\right)^{\frac{3}{2}}=2^{-1}=\frac{1}{2}$$

답 ②

02

$f(x)=x^2+2x+5$에서 $f'(x)=2x+2$

따라서 $\displaystyle\lim_{h\to 0}\frac{f(2+h)-f(2)}{h}=f'(2)=4+2=6$　　답 ①

03

이차방정식 $9x^2-3x-1=0$에서 근과 계수의 관계에 의하여

$\cos\alpha+\cos\beta=\dfrac{3}{9}=\dfrac{1}{3}$, $\cos\alpha\cos\beta=-\dfrac{1}{9}$이므로

$\cos^2\alpha+\cos^2\beta=(\cos\alpha+\cos\beta)^2-2\cos\alpha\cos\beta$

$$=\left(\frac{1}{3}\right)^2-2\times\left(-\frac{1}{9}\right)=\frac{1}{3}$$

따라서

$\sin^2\alpha+\sin^2\beta=(1-\cos^2\alpha)+(1-\cos^2\beta)$

$$=2-(\cos^2\alpha+\cos^2\beta)$$

$$=2-\frac{1}{3}=\frac{5}{3}$$

답 ④

04

주어진 그래프에서

$\displaystyle\lim_{x\to 1-}f(x)=0$, $\displaystyle\lim_{x\to 2+}f(x)=0$, $\displaystyle\lim_{x\to 3-}f(x)=-1$이므로

$\displaystyle\lim_{x\to 1-}f(x)+\lim_{x\to 2+}f(x)+\lim_{x\to 3-}f(x)=0+0+(-1)=-1$　답 ②

05

등비수열 $\{a_n\}$의 첫째항을 a, 공비를 r이라 하면

$S_{10}=8$, $S_{20}=40$에서 $S_{20}\neq 2S_{10}$이므로 $r\neq 1$

$S_{10}=\dfrac{a(r^{10}-1)}{r-1}=8$

$S_{20}=\dfrac{a(r^{20}-1)}{r-1}=\dfrac{a(r^{10}-1)(r^{10}+1)}{r-1}=8(r^{10}+1)=40$

에서 $r^{10}+1=5$, $r^{10}=4$

따라서

$S_{30}=\dfrac{a(r^{30}-1)}{r-1}=\dfrac{a(r^{10}-1)(r^{20}+r^{10}+1)}{r-1}$

$$=8(r^{20}+r^{10}+1)=8\times(4^2+4+1)=168$$

답 ③

06

$f'(x)=12x^2-8x$이므로 곡선 $y=f(x)$ 위의 점 $(1, f(1))$에서의 접선의 기울기는 $f'(1)=12-8=4$이고, 접선의 방정식은

$y-f(1)=4(x-1)$, 즉 $y=4x-4+f(1)$

이 접선의 y절편이 3이므로

$-4+f(1)=3$에서 $f(1)=7$

$f(x)=\displaystyle\int f'(x)dx=\int(12x^2-8x)dx$

$\qquad=4x^3-4x^2+C$ (단, C는 적분상수)

$f(1)=4-4+C=7$이므로 $C=7$

따라서 $f(x)=4x^3-4x^2+7$이므로

$f(-1)=-4-4+7=-1$　　답 ②

07

$\log_c a=2\log_b a$에서

$\dfrac{1}{\log_a c}=\dfrac{2}{\log_a b}$

$\log_a b=2\log_a c$　……㉠

$\log_a b+\log_a c=2$에서 ㉠에 의하여

$2\log_a c+\log_a c=2$, $3\log_a c=2$

$\log_a c=\dfrac{2}{3}$

㉠에서 $\log_a b=2\times\dfrac{2}{3}=\dfrac{4}{3}$

따라서 $\log_a b-\log_a c=\dfrac{4}{3}-\dfrac{2}{3}=\dfrac{2}{3}$　　답 ④

08

$f(x)=2x^3-3x^2-12x+a$에서

$f'(x)=6x^2-6x-12=6(x^2-x-2)=6(x+1)(x-2)$

$f'(x)=0$에서 $x=-1$ 또는 $x=2$

함수 $f(x)$의 증가와 감소를 표로 나타내면 다음과 같다.

x	$\cdots$	-1	$\cdots$	2	$\cdots$
$f'(x)$	$+$	0	$-$	0	$+$
$f(x)$	$\nearrow$	극대	$\searrow$	극소	$\nearrow$

함수 $f(x)$는 $x=-1$에서 극댓값 $f(-1)=a+7$, $x=2$에서 극솟값 $f(2)=a-20$을 갖는다.

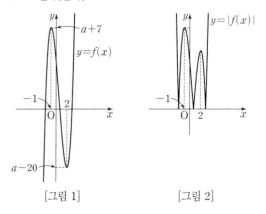

[그림 1]　　　　[그림 2]

이때 함수 $|f(x)|$가 $x=p$, $x=q$ $(p<q)$에서 극댓값을 가지려면 [그림 1]과 같이

$f(-1)=a+7>0$, $f(2)=a-20<0$

을 만족시켜야 한다.

즉, $-7<a<20$ ...... ㉠

또 [그림 2]와 같이 $|f(-1)|>|f(2)|$를 만족시켜야 하므로

$a+7>-a+20$, $2a>13$

$a>\dfrac{13}{2}$ ...... ㉡

㉠, ㉡에서 $\dfrac{13}{2}<a<20$

따라서 구하는 모든 정수 a의 값은 7, 8, 9, $\cdots$, 19이고, 그 개수는 13이다.

답 ③

09

$\dfrac{x-\pi}{3}=\theta$라 하면 $x=3\theta+\pi$이므로

$\dfrac{2x+\pi}{6}=\dfrac{2(3\theta+\pi)+\pi}{6}=\theta+\dfrac{\pi}{2}$이고,

$0\leq x<2\pi$에서 $-\dfrac{\pi}{3}\leq\theta<\dfrac{\pi}{3}$ ...... ㉠

x에 대한 부등식 $2\sin^2\dfrac{x-\pi}{3}-3\cos\dfrac{2x+\pi}{6}\leq2$를 θ에 대한 부등식으로 바꾸면

$2\sin^2\theta-3\cos\left(\theta+\dfrac{\pi}{2}\right)\leq2$

$2\sin^2\theta+3\sin\theta-2\leq0$

$(\sin\theta+2)(2\sin\theta-1)\leq0$

$\sin\theta+2>0$이므로 $\sin\theta\leq\dfrac{1}{2}$ ...... ㉡

$\sin\dfrac{\pi}{6}=\dfrac{1}{2}$이므로 부등식 ㉠, ㉡을 모두 만족시키는 θ의 값의 범위는

$-\dfrac{\pi}{3}\leq\theta\leq\dfrac{\pi}{6}$

즉, $-\dfrac{\pi}{3}\leq\dfrac{x-\pi}{3}\leq\dfrac{\pi}{6}$이므로

$-\pi\leq x-\pi\leq\dfrac{\pi}{2}$, $0\leq x\leq\dfrac{3}{2}\pi$

따라서 $\alpha=0$, $\beta=\dfrac{3}{2}\pi$이므로

$\cos\dfrac{\beta-\alpha}{2}=\cos\dfrac{3}{4}\pi=-\dfrac{\sqrt{2}}{2}$

답 ①

10

최고차항의 계수가 1인 삼차함수 $f(x)$에 대하여

조건 (가)에서 함수 $f'(x)$는 $x=-1$일 때 최솟값을 가지므로

$f'(x)=3(x+1)^2+k$ (k는 상수)

로 놓을 수 있다.

조건 (나)에서 함수 $f(x)$는 열린구간 $(-2, 2)$에서 감소하므로

열린구간 $(-2, 2)$에서 $f'(x)\leq0$이 성립해야 한다.

함수 $y=f'(x)$의 그래프의 대칭축이 직선 $x=-1$이고 이차항의 계수가 양수이므로 열린구간 $(-2, 2)$에 속하는 모든 실수 x에 대하여 $f'(x)<f'(2)$이다.

$f'(2)\leq0$이면 열린구간 $(-2, 2)$에서 항상 $f'(x)<0$이 성립한다.

$f'(2)=27+k\leq0$에서 $k\leq-27$

따라서

$f(1)-f(-1)=\displaystyle\int_{-1}^1 f'(x)dx=\int_{-1}^1(3x^2+6x+3+k)dx$

$=2\displaystyle\int_0^1(3x^2+3+k)dx=2\Big[x^3+(3+k)x\Big]_0^1$

$=2(1+3+k)=8+2k\leq-46$

이므로 $f(1)-f(-1)$의 최댓값은 -46이다. 답 ③

11

두 점 P, Q의 시각 t에서의 위치가 각각 $x_1(t)$, $x_2(t)$이고,

$x_1(0)=1$, $x_2(0)=5$이므로

$x_1(t)=1+\displaystyle\int_0^t(4s^2-9s+3)ds=\dfrac{4}{3}t^3-\dfrac{9}{2}t^2+3t+1$

$x_2(t)=5+\displaystyle\int_0^t(s^2-3s+12)ds=\dfrac{1}{3}t^3-\dfrac{3}{2}t^2+12t+5$

시각 t에서의 두 점 P, Q 사이의 거리는 $|x_1(t)-x_2(t)|$이다.

이때 $h(t)=x_1(t)-x_2(t)$라 하면

$h(t)=\left(\dfrac{4}{3}t^3-\dfrac{9}{2}t^2+3t+1\right)-\left(\dfrac{1}{3}t^3-\dfrac{3}{2}t^2+12t+5\right)$

$=t^3-3t^2-9t-4$

$h'(t)=3t^2-6t-9=3(t+1)(t-3)$

$h'(t)=0$에서 $t=-1$ 또는 $t=3$

$t\geq0$에서 함수 $h(t)$의 증가와 감소를 표로 나타내면 다음과 같다.

t	0	$\cdots$	3	$\cdots$
$h'(t)$		$-$	0	$+$
$h(t)$	-4	$\searrow$	극소	$\nearrow$

$h(3)=27-27-27-4=-31$

이므로 $t\geq0$에서 함수 $y=h(t)$의 그래프는 그림과 같다.

$x_1(t)\leq x_2(t)$, 즉 $h(t)\leq0$일 때, 시각 t에서의 두 점 P, Q 사이의 거리 $|h(t)|$는 시각 $t=3$일 때 최대이고,

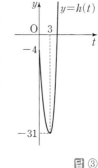

$|h(3)|=|-31|=31$

따라서 $a=3$, $M=31$이므로

$a+M=3+31=34$ 답 ③

12

a_n이 홀수이면 a_{n+1}은 짝수이고, a_n이 짝수이면 a_{n+1}은 다음 두 가지 경우로 나눌 수 있다.

(i) $a_n=4k-2$ (k는 자연수)인 경우

$a_{n+1}=\dfrac{4k-2}{2}+5=2k-1+5=2k+4$

에서 a_{n+1}은 짝수이다.

(ii) $a_n=4k$ (k는 자연수)인 경우

$a_{n+1}=\dfrac{4k}{2}+5=2k+5$

에서 a_{n+1}은 홀수이다.

이때 (i)의 $4k-2<2k+4$에서 $2k<6$, 즉 $k<3$이므로

$k=1$ 또는 $k=2$일 때 $a_n<a_{n+1}$,

$k=3$, 즉 $a_n=10$일 때 $a_{n+1}=\dfrac{10}{2}+5=10$,

$k\geq4$일 때 $a_n>a_{n+1}$이다.

그러므로 어떤 자연수 m에 대하여 $a_m=10$이면 $n\geq m$인 모든 자연수 n에 대하여 $a_n=10$이다.

$a_{30}=10$으로 짝수이므로 a_{29}는 홀수이거나 $4k-2$ (k는 자연수) 꼴로 나타낼 수 있다.

① a_{29}가 홀수인 경우

$a_{29}+3=10$에서 $a_{29}=7$

7은 홀수이므로 a_{28}은 $4k$ (k는 자연수) 꼴이어야 한다.

$\dfrac{a_{28}}{2}+5=7$에서 $a_{28}=4$

ⓐ a_{27}을 홀수라 가정하면 $a_{27}+3=4$에서 $a_{27}=1$

1은 홀수이므로 a_{26}은 $4k$ (k는 자연수) 꼴이어야 한다.

$\dfrac{a_{26}}{2}+5=1$에서 $a_{26}<0$이므로 모든 항이 자연수인 조건을 만족시키지 않는다.

ⓑ a_{27}을 $4k-2$ (k는 자연수) 꼴이라 가정하면

$\dfrac{a_{27}}{2}+5=4$에서 $a_{27}<0$이므로 모든 항이 자연수 조건을 만족시키지 않는다.

② a_{29}가 $4k-2$ (k는 자연수) 꼴인 경우

$\dfrac{a_{29}}{2}+5=10$에서 $a_{29}=10$

이때 a_{28}이 홀수이면 ①과 같은 방법으로 조건을 만족시키지 않는다.

즉, a_{28}은 짝수이어야 하고, 이때 $a_{28}=10$이다.

$a_{30}=10$일 때 $a_{29}=10$, $a_{28}=10$인 것을 확인한 방법으로

$a_{30}=a_{29}=a_{28}=\cdots=a_4=10$임을 알 수 있다.

$a_4=10$이므로 $a_3=7$ 또는 $a_3=10$이고,

$a_3=7$인 경우 $a_2=4$이므로 $a_1=1$

$a_3=10$인 경우 $a_2=7$ 또는 $a_2=10$이고,

$a_2=7$인 경우 $a_1=4$

$a_2=10$인 경우 $a_1=7$ 또는 $a_1=10$

따라서 a_1의 값이 될 수 있는 것은 1, 4, 7, 10이므로 그 합은

$1+4+7+10=22$ 답 ②

다른 풀이 1

자연수 n에 대하여 $a_{n+1}=10$일 때,

a_n이 홀수라 하면 $10=a_n+3$에서 $a_n=7$

a_n이 짝수라 하면 $10=\dfrac{a_n}{2}+5$에서 $a_n=10$

자연수 n에 대하여 $a_{n+1}=7$일 때,

a_n이 홀수라 하면 $7=a_n+3$에서 $a_n=4$이므로 a_n이 홀수라는 가정을 만족시키지 않는다.

a_n이 짝수라 하면 $7=\dfrac{a_n}{2}+5$에서 $a_n=4$

자연수 n에 대하여 $a_{n+1}=4$일 때,

a_n이 홀수라 하면 $4=a_n+3$에서 $a_n=1$

a_n이 짝수라 하면 $4=\dfrac{a_n}{2}+5$에서 $a_n=-2$이므로 모든 항이 자연수인 조건을 만족시키지 않는다.

따라서 a_1의 값이 될 수 있는 것은 1, 4, 7, 10이므로 그 합은

$1+4+7+10=22$

다른 풀이 2

$a_n\geq11$이면

a_n이 홀수일 때, $a_{n+1}=a_n+3>10$

a_n이 짝수일 때, $a_{n+1}=\dfrac{a_n}{2}+5>10$

이므로 $a_1\leq10$

$a_1=10$이면 $a_2=\dfrac{10}{2}+5=10$이므로 $a_3=a_4=a_5=\cdots=a_{30}=10$

$a_1=9$이면 $a_2=9+3=12\geq11$이므로 $a_{30}\neq10$

$a_1=8$이면 $a_2=\dfrac{8}{2}+5=9$이므로 $a_{30}\neq10$

$a_1=7$이면 $a_2=7+3=10$이므로 $a_{30}=10$

$a_1=6$이면 $a_2=\dfrac{6}{2}+5=8$이므로 $a_{30}\neq10$

$a_1=5$이면 $a_2=5+3=8$이므로 $a_{30}\neq10$

$a_1=4$이면 $a_2=\dfrac{4}{2}+5=7$, $a_3=10$이므로 $a_{30}=10$

$a_1=3$이면 $a_2=3+3=6$이므로 $a_{30}\neq10$

$a_1=2$이면 $a_2=\dfrac{2}{2}+5=6$이므로 $a_{30}\neq10$

$a_1=1$이면 $a_2=1+3=4$이므로 $a_{30}=10$

따라서 a_1의 값이 될 수 있는 것은 1, 4, 7, 10이므로 그 합은

$1+4+7+10=22$

13

$f(x)=x^3+3x^2-6ax+2$에서

$f'(x)=3x^2+6x-6a=3(x^2+2x)-6a=3(x+1)^2-6a-3$

함수 $f'(x)$는 $x=-1$에서 최솟값 $-6a-3$을 갖는다.

(i) $a=-1$인 경우

함수 $f'(x)$의 최솟값이 $f'(-1)=3$이므로

모든 실수 x에 대하여 $f'(x)>0$이다.

즉, 실수 전체의 집합에서 함수 $f(x)$는 증가하므로 닫힌구간 $[-1, 1]$에서 함수 $f(x)$의 최솟값은

$f(-1)=-1+3-6+2=-2$

따라서 $g(-1)=-2$

(ii) $a=1$인 경우

$f'(x)=3x^2+6x-6=3(x^2+2x-2)$이므로

$f'(x)=0$에서 $x=-1\pm\sqrt{3}$

이때 $-1-\sqrt{3}<-1<-1+\sqrt{3}<1$이고, $\alpha=-1+\sqrt{3}$이라 하면

$f'(\alpha)=0$이다.

$x=\alpha$의 좌우에서 $f'(x)$의 부호가 음에서 양으로 바뀌므로

닫힌구간 $[-1, 1]$에서 함수 $f(x)$는 $x=\alpha$일 때 극소이면서 최소이다. 즉, 함수 $f(x)$의 최솟값은 $f(\alpha)$이다.

한편,

$f(x)=x^3+3x^2-6x+2=(x^2+2x-2)(x+1)-6x+4$이고

$f'(\alpha)=0$에서 $\alpha^2+2\alpha-2=0$이므로

$f(\alpha)=-6\alpha+4=-6(-1+\sqrt{3})+4=10-6\sqrt{3}$

따라서 $g(1)=10-6\sqrt{3}$

(i), (ii)에서 $g(-1)+g(1)=-2+(10-6\sqrt{3})=8-6\sqrt{3}$ 답 ②

14

사각형 BEFC는 변 BE와 변 CF가 평행한 사다리꼴이고, 사각형 AEBD는 변 BE와 변 DA가 평행한 사다리꼴이다. 직선 $x=k$가 두 곡선 $y=\log_4 x$, $y=\log_{\frac{1}{2}} x$와 각각 만나는 두 점 사이의 거리는

$$\left|\log_4 k-\log_{\frac{1}{2}} k\right|=\left|\frac{1}{2}\log_2 k+\log_2 k\right|=\frac{3}{2}\left|\log_2 k\right|$$

이고, $a>1$이므로

$$\overline{BE}=\frac{3}{2}\left|\log_2 a\right|=\frac{3}{2}\log_2 a, \quad \overline{CF}=\frac{3}{2}\left|\log_2 2a\right|=\frac{3}{2}(1+\log_2 a)$$

$$\overline{DA}=\frac{3}{2}\left|\log_2 \frac{1}{a}\right|=\frac{3}{2}\log_2 a$$

이때 사다리꼴 BEFC의 넓이가 $3a$이므로

$$\frac{1}{2}\times\left(\frac{3}{2}\log_2 a+\frac{3}{2}+\frac{3}{2}\log_2 a\right)\times(2a-a)$$

$$=\frac{1}{2}\times\left(3\log_2 a+\frac{3}{2}\right)\times a=3a$$

에서 $3\log_2 a+\frac{3}{2}=6$, $\log_2 a=\frac{3}{2}$

따라서 사다리꼴 AEBD의 넓이는

$$\frac{1}{2}\times\left(\frac{3}{2}\log_2 a+\frac{3}{2}\log_2 a\right)\times\left(a-\frac{1}{a}\right)$$

$$=\frac{1}{2}\times 3\log_2 a\times\left(a-\frac{1}{a}\right)$$

$$=\frac{1}{2}\times 3\times\frac{3}{2}\times\left(a-\frac{1}{a}\right)$$

$$=\frac{9}{4}\times\left(a-\frac{1}{a}\right)$$

이므로 $p=\frac{9}{4}$

답 ③

15

$f(x)=g(x)$에서 $f(x)-g(x)=0$

$h(x)=f(x)-g(x)$라 하면

$$h(x)=x^3-x^2+3x-k-\left(\frac{2}{3}x^3+x^2-x+4|x-1|\right)$$

$$=\frac{1}{3}x^3-2x^2+4x-4|x-1|-k$$

$$=\begin{cases}\frac{1}{3}x^3-2x^2+4x+4(x-1)-k & (x<1)\\\frac{1}{3}x^3-2x^2+4x-4(x-1)-k & (x\geq 1)\end{cases}$$

$$=\begin{cases}\frac{1}{3}x^3-2x^2+8x-4-k & (x<1)\\\frac{1}{3}x^3-2x^2+4-k & (x\geq 1)\end{cases}$$

이고, 함수 $h(x)$는 실수 전체의 집합에서 연속이다.

$$h'(x)=\begin{cases}x^2-4x+8 & (x<1)\\x^2-4x & (x>1)\end{cases}$$

$$=\begin{cases}(x-2)^2+4 & (x<1)\\x(x-4) & (x>1)\end{cases}$$

이므로 $x<1$일 때 $h'(x)>0$이고, $x>1$일 때 $h'(x)=0$에서 $x=4$

함수 $h(x)$의 증가와 감소를 표로 나타내면 다음과 같다.

x	$\cdots$	1	$\cdots$	4	$\cdots$
$h'(x)$	+		−	0	+
$h(x)$	↗	극대	↘	극소	↗

$h(1)=\frac{1}{3}-2+4-k=\frac{7}{3}-k$, $h(4)=\frac{64}{3}-32+4-k=-\frac{20}{3}-k$

방정식 $f(x)=g(x)$가 서로 다른 세 실근을 가지려면 그림과 같이 함수 $y=h(x)$의 그래프가 x축과 서로 다른 세 점에서 만나야 하므로

$$\left(\frac{7}{3}-k\right)\left(-\frac{20}{3}-k\right)<0$$에서

$$-\frac{20}{3}<k<\frac{7}{3}$$

따라서 정수 k의 최댓값은 $M=2$, 최솟값은 $m=-6$이므로

$M-m=2-(-6)=8$

답 ③

16

로그의 진수의 조건에 의하여

$x+1>0$, $2x+7>0$

이므로 $x>-1$ ...... ㉠

$2\log_3(x+1)=\log_3(2x+7)-1$에서

$2\log_3(x+1)+1=\log_3(2x+7)$

$\log_3(x+1)^2+\log_3 3=\log_3(2x+7)$

$\log_3 3(x+1)^2=\log_3(2x+7)$

$3x^2+6x+3=2x+7$

$3x^2+4x-4=0$, $(x+2)(3x-2)=0$

$x=-2$ 또는 $x=\frac{2}{3}$

㉠에서 $x>-1$이므로 $x=\frac{2}{3}$

따라서 $a=\frac{2}{3}$이므로 $60a=60\times\frac{2}{3}=40$

답 40

17

$$\sum_{k=1}^{10}(a_k+3)(a_k-2)=\sum_{k=1}^{10}(a_k^2+a_k-6)=\sum_{k=1}^{10}a_k^2+\sum_{k=1}^{10}a_k-\sum_{k=1}^{10}6$$

$$=\sum_{k=1}^{10}a_k^2+\sum_{k=1}^{10}a_k-60=8$$

에서 $\sum_{k=1}^{10}a_k^2+\sum_{k=1}^{10}a_k=68$ ...... ㉠

$$\sum_{k=1}^{10}(a_k+1)(a_k-1)=\sum_{k=1}^{10}(a_k^2-1)=\sum_{k=1}^{10}a_k^2-\sum_{k=1}^{10}1=\sum_{k=1}^{10}a_k^2-10=48$$

에서 $\sum_{k=1}^{10}a_k^2=58$ ...... ㉡

㉡을 ㉠에 대입하면 $\sum_{k=1}^{10}a_k=10$

답 10

18

$\lim_{x\to\infty}(a\sqrt{2x^2+x+1}-bx)=1$에서

$a=0$이면 $\lim_{x\to\infty}(-bx)\neq 1$이므로 $a\neq 0$이다.

$b=0$이면 $\lim_{x\to\infty}a\sqrt{2x^2+x+1}\neq 1$이므로 $b\neq 0$이다.

만약 a와 b의 부호가 서로 다르면

$\lim_{x\to\infty}(a\sqrt{2x^2+x+1}-bx)=\infty$ 또는 $-\infty$이다.

그러므로 a와 b의 부호는 서로 같다.

$$\lim_{x\to\infty}(a\sqrt{2x^2+x+1}-bx)=\lim_{x\to\infty}\frac{(2a^2-b^2)x^2+a^2x+a^2}{a\sqrt{2x^2+x+1}+bx}=1$$에서

$2a^2-b^2=0$, 즉 $b^2=2a^2$이고 a와 b의 부호가 서로 같으므로

$b=\sqrt{2}a$

$$\lim_{x\to\infty}\frac{a^2x+a^2}{a\sqrt{2x^2+x+1}+bx}=\lim_{x\to\infty}\frac{a^2+\dfrac{a^2}{x}}{a\sqrt{2+\dfrac{1}{x}+\dfrac{1}{x^2}}+\sqrt{2}a}=\frac{a^2}{2\sqrt{2}a}=1$$

$a^2=2\sqrt{2}a$에서 $a=2\sqrt{2}$

$b=\sqrt{2}a=\sqrt{2}\times2\sqrt{2}=4$

따라서 $a^2\times b^2=8\times16=128$ 답 128

19

두 곡선 $y=x^3-8x-2$, $y=x^2+4x-2$의 교점의 x좌표는

$x^3-8x-2=x^2+4x-2$에서

$x^3-x^2-12x=0$, $x(x-4)(x+3)=0$

$x=-3$ 또는 $x=0$ 또는 $x=4$

$f(x)=x^3-8x-2$, $g(x)=x^2+4x-2$라 하면

두 곡선 $y=f(x)$, $y=g(x)$로 둘러싸인 두 부분의 넓이는 각각

$\displaystyle\int_{-3}^{0}|f(x)-g(x)|dx$, $\displaystyle\int_{0}^{4}|f(x)-g(x)|dx$이므로

$$\begin{aligned}|S_1-S_2|&=\left|\int_{-3}^{0}|f(x)-g(x)|dx-\int_{0}^{4}|f(x)-g(x)|dx\right|\\&=\left|\int_{-3}^{0}\{f(x)-g(x)\}dx+\int_{0}^{4}\{f(x)-g(x)\}dx\right|\\&=\left|\int_{-3}^{4}\{f(x)-g(x)\}dx\right|\\&=\left|\int_{-3}^{4}\{(x^3-8x-2)-(x^2+4x-2)\}dx\right|\\&=\left|\int_{-3}^{4}(x^3-x^2-12x)dx\right|\\&=\left|\left[\frac{1}{4}x^4-\frac{1}{3}x^3-6x^2\right]_{-3}^{4}\right|\\&=\left|\left(64-\frac{64}{3}-96\right)-\left(\frac{81}{4}+9-54\right)\right|\\&=\left|-\frac{343}{12}\right|=\frac{343}{12}\end{aligned}$$

따라서 $p=12$, $q=343$이므로 $p+q=12+343=355$ 답 355

20

함수 $f(x)=a\sin2x+b$의 주기는 π이고, 함수 $y=f(x)$의 그래프는 함수 $y=a\sin2x$의 그래프를 y축의 방향으로 b만큼 평행이동한 것이다.

두 자연수 a, b에 대하여 열린구간 $(0,2\pi)$에서 함수 $y=f(x)$의 그래프의 개형은 그림과 같다.

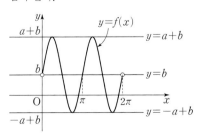

그림에서 자연수 n에 대하여 $g(n)$은 반드시 0, 2, 3, 4 중 하나의 값을 갖는다.

$g(1)+g(2)+g(3)+g(4)+g(5)=17$에서 17은 홀수이므로 $g(1)$, $g(2)$, $g(3)$, $g(4)$, $g(5)$ 중 적어도 하나의 함숫값은 3이다. 또 함수 $y=f(x)$의 그래프의 개형에서 이 중 두 개 이상의 함숫값이 3이 될 수는 없으므로 $g(1)$, $g(2)$, $g(3)$, $g(4)$, $g(5)$ 중 오직 하나의 함숫값만 3이 된다.

이때 함숫값이 3인 것을 제외한 나머지 네 개의 값을 α, β, γ, δ라 하면 $\alpha+\beta+\gamma+\delta=14$이고, 네 값은 모두 0 또는 2 또는 4이므로 세 개의 값이 4이고 한 개의 값은 2이다. 즉,

$g(1)+g(2)+g(3)+g(4)+g(5)=17$
$\qquad\qquad\qquad\qquad\qquad\quad=3+2+4+4+4$

이므로 $g(1)$, $g(2)$, $g(3)$, $g(4)$, $g(5)$는 각각 2, 3, 4, 4, 4 중 하나이다.

이 값들을 순서쌍 $(g(1),g(2),g(3),g(4),g(5))$로 나타내면

$(3,4,4,4,2)$, $(4,3,4,4,2)$, $(2,4,4,3,4)$, $(2,4,4,4,3)$

인 경우가 있다.

$b=1$, $a+b=5$인 경우 $a=4$이므로 $a^2+b^2=4^2+1^2=17$

$b=2$, $a+b=5$인 경우 $a=3$이므로 $a^2+b^2=3^2+2^2=13$

$b=4$, $-a+b=1$인 경우 $a=3$이므로 $a^2+b^2=3^2+4^2=25$

$b=5$, $-a+b=1$인 경우 $a=4$이므로 $a^2+b^2=4^2+5^2=41$

따라서 a^2+b^2의 최댓값은 $M=41$, 최솟값은 $m=13$이므로

$M+m=41+13=54$ 답 54

21

$a_{n+1}=\displaystyle\sum_{k=1}^{n+1}a_k-\sum_{k=1}^{n}a_k$이므로

$a_{n+1}=\{a_{n+1}^2+(n+1)a_{n+1}-4\}-(a_n^2+na_n-4)$
$\qquad=a_{n+1}^2-a_n^2+n(a_{n+1}-a_n)+a_{n+1}$

에서

$a_{n+1}^2-a_n^2+n(a_{n+1}-a_n)=0$

$(a_{n+1}-a_n)(a_{n+1}+a_n)+n(a_{n+1}-a_n)=0$

$(a_{n+1}-a_n)(a_{n+1}+a_n+n)=0$

이때 $a_{n+1}\ne a_n$이므로 $a_{n+1}+a_n+n=0$

그러므로 $a_n+a_{n+1}=-n$ ······ ㉠

$\displaystyle\sum_{k=1}^{n}a_k=a_n^2+na_n-4$의 양변에 $n=1$을 대입하면

$a_1=a_1^2+a_1-4$, $a_1^2=4$

$a_1>0$이므로 $a_1=2$

㉠에서 $a_{2k}+a_{2k+1}=-2k$이므로

$\displaystyle\sum_{k=1}^{49}a_k=a_1+\sum_{k=1}^{24}(a_{2k}+a_{2k+1})=2+\sum_{k=1}^{24}(-2k)=2-2\sum_{k=1}^{24}k$
$\qquad\quad=2-2\times\frac{24\times25}{2}=2-600=-598$

따라서 $\displaystyle\sum_{k=1}^{49}(-a_k)=-\sum_{k=1}^{49}a_k=598$ 답 598

참고

예를 들어 $a_n=-\dfrac{n}{2}+\dfrac{1}{4}+(-1)^{n+1}\times\dfrac{9}{4}$라 하면 수열 $\{a_n\}$은 조건 (가), (나)를 만족시킨다.

즉, $a_1=-\dfrac{1}{2}+\dfrac{1}{4}+\dfrac{9}{4}=2>0$이고

$a_{n+1}+a_n$

$$=\left\{-\frac{n+1}{2}+\frac{1}{4}+(-1)^{n+2}\times\frac{9}{4}\right\}+\left\{-\frac{n}{2}+\frac{1}{4}+(-1)^{n+1}\times\frac{9}{4}\right\}$$

$$=-n$$

이므로 모든 자연수 n에 대하여 $a_{n+1}+a_n+n=0$을 만족시킨다.

이때 $a_{n+1}=a_n$인 자연수 n이 존재한다고 가정하면

$$-\frac{n+1}{2}+\frac{1}{4}+(-1)^{n+2}\times\frac{9}{4}=-\frac{n}{2}+\frac{1}{4}+(-1)^{n+1}\times\frac{9}{4}$$

즉, $(-1)^n\times\frac{9}{2}=\frac{1}{2}$이 되어 모순이다.

따라서 모든 자연수 n에 대하여 $a_{n+1}\neq a_n$이다.

22

조건 (가)에서

$$\int_1^x f(t)dt=xg(x)+ax+2 \quad\cdots\cdots \text{㉠}$$

㉠에 $x=0$을 대입하면

$$\int_1^0 f(t)dt=2$$

이므로 $\int_0^1 f(t)dt=-2$

조건 (나)에서

$$g(x)=x\int_0^1 f(t)dt+b=-2x+b$$

$$G(x)=\int g(x)dx=\int(-2x+b)dx$$

$$=-x^2+bx+C_1 \text{ (단, } C_1\text{은 적분상수)}$$

㉠의 양변에 $x=1$을 대입하면

$$0=g(1)+a+2=(-2+b)+a+2=a+b$$

즉, $a+b=0$ $\quad\cdots\cdots\text{㉡}$

㉠의 양변을 x에 대하여 미분하면

$$f(x)=g(x)+xg'(x)+a=(-2x+b)+x\times(-2)+a$$

$$=-4x+a+b=-4x$$

$$F(x)=\int f(x)dx=\int(-4x)dx$$

$$=-2x^2+C_2 \text{ (단, } C_2\text{는 적분상수)}$$

조건 (다)에서 $f(x)G(x)+F(x)g(x)=8x^3+3x^2+4$이므로

$$-4x(-x^2+bx+C_1)+(-2x^2+C_2)(-2x+b)=8x^3+3x^2+4$$

양변의 x^2의 계수를 서로 비교하면

$-4b-2b=3$, 즉 $-6b=3$에서 $b=-\frac{1}{2}$

이므로 $g(x)=-2x-\frac{1}{2}$

㉡에서 $a=\frac{1}{2}$

$$f(x)g(x)=-4x\times\left(-2x-\frac{1}{2}\right)=8x^2+2x$$이므로

$$\int_b^a f(x)g(x)dx=\int_{-\frac{1}{2}}^{\frac{1}{2}}(8x^2+2x)dx=2\int_0^{\frac{1}{2}}8x^2\,dx$$

$$=2\left[\frac{8}{3}x^3\right]_0^{\frac{1}{2}}=2\times\left(\frac{8}{3}\times\frac{1}{8}\right)=\frac{2}{3}$$

따라서 $120\times\int_b^a f(x)g(x)dx=120\times\frac{2}{3}=80$ 　　**답** 80

23

$$\lim_{n\to\infty}\frac{2^{2n+1}+3^{n+1}}{2^{2n-1}+4^{n-1}}=\lim_{n\to\infty}\frac{2\times4^n+3\times3^n}{\frac{1}{2}\times4^n+\frac{1}{4}\times4^n}$$

$$=\lim_{n\to\infty}\frac{2+3\times\left(\frac{3}{4}\right)^n}{\frac{1}{2}+\frac{1}{4}}$$

$$=\frac{2+0}{\frac{1}{2}+\frac{1}{4}}=\frac{8}{3}$$ 　　**답** ③

24

두 곡선 $y=e^x$, $y=e^{-x}$은 점 $(0,1)$에서 만나고

$x>0$에서 $e^x>e^{-x}$, $x<0$에서 $e^x<e^{-x}$이다.

또한 $f(x)=|e^x-e^{-x}|$이라 하면 모든 실수 x에 대하여

$f(-x)=f(x)$이다.

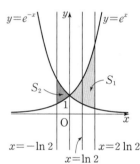

그러므로 두 곡선 $y=e^x$, $y=e^{-x}$ 및 직선 $x=\ln 2$로 둘러싸인 부분의 넓이는 두 곡선 $y=e^x$, $y=e^{-x}$ 및 직선 $x=-\ln 2$로 둘러싸인 부분의 넓이 S_2와 같고, S_1-S_2의 값은 두 곡선 $y=e^x$, $y=e^{-x}$ 및 두 직선 $x=\ln 2$, $x=2\ln 2$로 둘러싸인 부분의 넓이와 같다. 따라서

$$S_1-S_2=\int_{\ln 2}^{2\ln 2}|e^x-e^{-x}|dx$$

$$=\int_{\ln 2}^{2\ln 2}(e^x-e^{-x})dx$$

$$=\left[e^x+e^{-x}\right]_{\ln 2}^{2\ln 2}$$

$$=\left(4+\frac{1}{4}\right)-\left(2+\frac{1}{2}\right)=\frac{7}{4}$$ 　　**답** ②

25

$g(0)=\{f(0)\}^2=4$에서 $f(0)=2$ 또는 $f(0)=-2$

$$g(x)=\frac{\{f(x)\}^2}{e^x}$$에서

$$g'(x)=\frac{2f(x)f'(x)e^x-\{f(x)\}^2e^x}{e^{2x}}=\frac{2f(x)f'(x)-\{f(x)\}^2}{e^x}$$

이므로

$$g'(0)=2f(0)f'(0)-\{f(0)\}^2 \quad\cdots\cdots\text{㉠}$$

(i) $f(0)=2$인 경우

　㉠에서 $g'(0)=4f'(0)-4$이고,

　$g'(0)=4f'(0)$이므로 $4f'(0)=4f'(0)-4$에서

　$f'(0)=f'(0)-1$

　그런데 이 등식은 성립할 수 없다.

(ii) $f(0)=-2$인 경우

　㉠에서 $g'(0)=-4f'(0)-4$이고,

　$g'(0)=4f'(0)$이므로 $4f'(0)=-4f'(0)-4$에서

　$8f'(0)=-4$, $f'(0)=-\frac{1}{2}$

(i), (ii)에서 $f(0)=-2$, $f'(0)=-\dfrac{1}{2}$이므로

최고차항의 계수가 1인 이차함수 $f(x)$는

$f(x)=x^2-\dfrac{1}{2}x-2$

따라서 $f(4)=16-2-2=12$ 〔답〕 ⑤

26

등차수열 $\{a_n\}$의 공차를 d $(d<0)$이라 하면 $a_n=a+(n-1)d$에서

$\lim\limits_{n\to\infty} a_n=-\infty$

$\dfrac{1}{a_na_{n+1}}=\dfrac{1}{a_{n+1}-a_n}\left(\dfrac{1}{a_n}-\dfrac{1}{a_{n+1}}\right)=\dfrac{1}{d}\left(\dfrac{1}{a_n}-\dfrac{1}{a_{n+1}}\right)$

이므로

$\displaystyle\sum_{k=1}^{n}\dfrac{1}{a_ka_{k+1}}=\dfrac{1}{d}\sum_{k=1}^{n}\left(\dfrac{1}{a_k}-\dfrac{1}{a_{k+1}}\right)$

$\qquad\qquad=\dfrac{1}{d}\left\{\left(\dfrac{1}{a_1}-\dfrac{1}{a_2}\right)+\left(\dfrac{1}{a_2}-\dfrac{1}{a_3}\right)+\cdots+\left(\dfrac{1}{a_n}-\dfrac{1}{a_{n+1}}\right)\right\}$

$\qquad\qquad=\dfrac{1}{d}\left(\dfrac{1}{a_1}-\dfrac{1}{a_{n+1}}\right)$

이고, $\lim\limits_{n\to\infty} a_n=\lim\limits_{n\to\infty} a_{n+1}=-\infty$에서 $\lim\limits_{n\to\infty}\dfrac{1}{a_{n+1}}=0$이므로

$\displaystyle\sum_{n=1}^{\infty}\dfrac{1}{a_na_{n+1}}=\lim\limits_{n\to\infty}\sum_{k=1}^{n}\dfrac{1}{a_ka_{k+1}}=\lim\limits_{n\to\infty}\dfrac{1}{d}\left(\dfrac{1}{a_1}-\dfrac{1}{a_{n+1}}\right)$

$\qquad\qquad=\dfrac{1}{a_1d}$ ...... ㉠

또한

$\dfrac{1}{a_{n+1}a_{n+3}}=\dfrac{1}{a_{n+3}-a_{n+1}}\left(\dfrac{1}{a_{n+1}}-\dfrac{1}{a_{n+3}}\right)=\dfrac{1}{2d}\left(\dfrac{1}{a_{n+1}}-\dfrac{1}{a_{n+3}}\right)$

이므로

$\displaystyle\sum_{k=1}^{n}\dfrac{1}{a_{k+1}a_{k+3}}=\dfrac{1}{2d}\sum_{k=1}^{n}\left(\dfrac{1}{a_{k+1}}-\dfrac{1}{a_{k+3}}\right)$

$\qquad\qquad=\dfrac{1}{2d}\left\{\left(\dfrac{1}{a_2}-\dfrac{1}{a_4}\right)+\left(\dfrac{1}{a_3}-\dfrac{1}{a_5}\right)+\left(\dfrac{1}{a_4}-\dfrac{1}{a_6}\right)+\cdots\right.$

$\qquad\qquad\qquad\left.+\left(\dfrac{1}{a_n}-\dfrac{1}{a_{n+2}}\right)+\left(\dfrac{1}{a_{n+1}}-\dfrac{1}{a_{n+3}}\right)\right\}$

$\qquad\qquad=\dfrac{1}{2d}\left(\dfrac{1}{a_2}+\dfrac{1}{a_3}-\dfrac{1}{a_{n+2}}-\dfrac{1}{a_{n+3}}\right)$

이고, $\lim\limits_{n\to\infty} a_n=\lim\limits_{n\to\infty} a_{n+2}=\lim\limits_{n\to\infty} a_{n+3}=-\infty$에서

$\lim\limits_{n\to\infty}\dfrac{1}{a_{n+2}}=\lim\limits_{n\to\infty}\dfrac{1}{a_{n+3}}=0$이므로

$\displaystyle\sum_{n=1}^{\infty}\dfrac{1}{a_{n+1}a_{n+3}}=\lim\limits_{n\to\infty}\sum_{k=1}^{n}\dfrac{1}{a_{k+1}a_{k+3}}$

$\qquad\qquad=\lim\limits_{n\to\infty}\dfrac{1}{2d}\left(\dfrac{1}{a_2}+\dfrac{1}{a_3}-\dfrac{1}{a_{n+2}}-\dfrac{1}{a_{n+3}}\right)$

$\qquad\qquad=\dfrac{1}{2d}\left(\dfrac{1}{a_2}+\dfrac{1}{a_3}\right)$ ...... ㉡

㉠, ㉡에서 $\dfrac{1}{a_1d}=\dfrac{1}{2d}\left(\dfrac{1}{a_2}+\dfrac{1}{a_3}\right)$이므로 $\dfrac{1}{a_1}=\dfrac{1}{2}\left(\dfrac{1}{a_2}+\dfrac{1}{a_3}\right)$

$a_2=a_1+d=1$에서 $a_1=1-d$이고, $a_3=a_2+d=1+d$이므로

$\dfrac{1}{1-d}=\dfrac{1}{2}\left(1+\dfrac{1}{1+d}\right)$, $2(1+d)=(1-d)(2+d)$

$d^2+3d=0$, $d(d+3)=0$

$d<0$이므로 $d=-3$

따라서 $a_5=a_2+3d=1+3\times(-3)=-8$ 〔답〕 ②

27

$\angle\mathrm{BDC}=\dfrac{\pi}{2}$이므로

$\tan(\angle\mathrm{DBC})=\dfrac{\overline{\mathrm{CD}}}{\overline{\mathrm{BD}}}=\dfrac{\sqrt{3}}{2}$에서

$\overline{\mathrm{BD}}=2k$, $\overline{\mathrm{CD}}=\sqrt{3}k$ $(k>0)$이라 하면

$\overline{\mathrm{BC}}=\sqrt{\overline{\mathrm{BD}}^2+\overline{\mathrm{CD}}^2}=\sqrt{4k^2+3k^2}=\sqrt{7}k$

$\angle\mathrm{DBC}=\alpha$라 하면

$\sin\alpha=\dfrac{\sqrt{3}k}{\sqrt{7}k}=\dfrac{\sqrt{21}}{7}$,

$\cos\alpha=\dfrac{2k}{\sqrt{7}k}=\dfrac{2\sqrt{7}}{7}$

또 $\angle\mathrm{ABC}=\dfrac{\pi}{3}$이므로

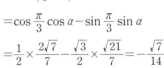

$\cos(\angle\mathrm{ABD})=\cos\left(\dfrac{\pi}{3}+\alpha\right)$

$\qquad\qquad=\cos\dfrac{\pi}{3}\cos\alpha-\sin\dfrac{\pi}{3}\sin\alpha$

$\qquad\qquad=\dfrac{1}{2}\times\dfrac{2\sqrt{7}}{7}-\dfrac{\sqrt{3}}{2}\times\dfrac{\sqrt{21}}{7}=-\dfrac{\sqrt{7}}{14}$

삼각형 ABD에서 코사인법칙에 의하여

$\overline{\mathrm{AD}}^2=\overline{\mathrm{AB}}^2+\overline{\mathrm{BD}}^2-2\times\overline{\mathrm{AB}}\times\overline{\mathrm{BD}}\times\cos(\angle\mathrm{ABD})$

$\qquad=(\sqrt{7}k)^2+(2k)^2-2\times\sqrt{7}k\times2k\times\left(-\dfrac{\sqrt{7}}{14}\right)$

$\qquad=13k^2$

이므로 $\overline{\mathrm{AD}}=\sqrt{13}k$

$\angle\mathrm{DAC}=\theta$라 하면 삼각형 ADC에서 코사인법칙에 의하여

$\cos\theta=\dfrac{\overline{\mathrm{AC}}^2+\overline{\mathrm{AD}}^2-\overline{\mathrm{CD}}^2}{2\times\overline{\mathrm{AC}}\times\overline{\mathrm{AD}}}=\dfrac{7k^2+13k^2-3k^2}{2\times\sqrt{7}k\times\sqrt{13}k}=\dfrac{17}{2\sqrt{91}}$

$\tan^2\theta+1=\sec^2\theta$이고 $0<\theta<\dfrac{\pi}{2}$이므로

$\tan\theta=\sqrt{\sec^2\theta-1}=\sqrt{\dfrac{1}{\cos^2\theta}-1}$

$\qquad=\sqrt{\left(\dfrac{2\sqrt{91}}{17}\right)^2-1}=\sqrt{\dfrac{75}{289}}=\dfrac{5\sqrt{3}}{17}$

따라서 $\tan(\angle\mathrm{DAC})=\dfrac{5\sqrt{3}}{17}$ 〔답〕 ⑤

28

$f(x)=\dfrac{x^2+ax+b}{e^x}$에서

$f'(x)=\dfrac{(2x+a)e^x-(x^2+ax+b)e^x}{e^{2x}}=\dfrac{-x^2+(2-a)x+a-b}{e^x}$

$e^x>0$이므로 방정식 $f'(x)=0$의 근은 이차방정식

$-x^2+(2-a)x+a-b=0$의 근과 같다.

그러므로 함수 $f(x)$는 극값을 갖지 않거나 극댓값과 극솟값을 1개씩 갖는다.

또한 $\lim\limits_{x\to\infty} f(x)=0$이므로 x축은 곡선 $y=f(x)$의 점근선이다.

함수 $f(x)$가 극값을 갖지 않는 경우 함수 $g(t)$는 $t=0$에서만 불연속이므로 조건 (가)를 만족시키지 않는다.

그러므로 함수 $f(x)$는 극댓값과 극솟값을 1개씩 가져야 한다.

방정식 $f'(x)=0$의 두 실근을 α, β $(\alpha<\beta)$라 하고 함수 $f(x)$의 증가와 감소를 표로 나타내면 다음과 같다.

x	$\cdots$	α	$\cdots$	β	$\cdots$
$f'(x)$	$-$	0	$+$	0	$-$
$f(x)$	↘	극소	↗	극대	↘

곡선 $y=f(x)$의 점근선이 x축이므로 함수 $f(x)$의 극댓값은 0보다 커야 한다.

[그림 1]과 같이 함수 $f(x)$의 극솟값이 0보다 작은 경우 함수 $g(t)$는 $t=f(\alpha)$, $t=0$, $t=f(\beta)$에서 불연속이므로 조건 (가)를 만족시키지 않는다.

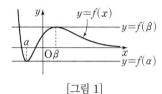
[그림 1]

[그림 2]와 같이 함수 $f(x)$의 극솟값이 0보다 큰 경우 함수 $g(t)$는 $t=0$, $t=f(\alpha)$, $t=f(\beta)$에서 불연속이므로 조건 (가)를 만족시키지 않는다.

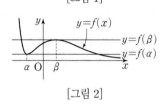
[그림 2]

[그림 3]과 같이 함수 $f(x)$의 극솟값이 0인 경우 함수 $g(t)$는 $t=0$, $t=f(\beta)$에서 불연속이므로 조건 (가)를 만족시킨다.

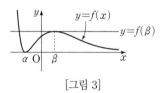
[그림 3]

즉, 함수 $f(x)$의 극솟값이면서 최솟값이 0이어야 한다.

이때 모든 실수 x에 대하여 $e^x>0$이므로 함수 $f(x)$의 최솟값이 0이려면

$f(x)=\dfrac{(x-\alpha)^2}{e^x}=\dfrac{x^2-2\alpha x+\alpha^2}{e^x}$이어야 하고

$f'(x)=\dfrac{(2x-2\alpha)e^x-(x^2-2\alpha x+\alpha^2)e^x}{e^{2x}}$

$\qquad =\dfrac{-x^2+(2\alpha+2)x-(\alpha^2+2\alpha)}{e^x}$ ······ ㉠

$f''(x)=\dfrac{(-2x+2\alpha+2)e^x-\{-x^2+(2\alpha+2)x-(\alpha^2+2\alpha)\}e^x}{e^{2x}}$

$\qquad =\dfrac{x^2-(2\alpha+4)x+\alpha^2+4\alpha+2}{e^x}$

$e^x>0$이므로 방정식 $f''(x)=0$의 근은 이차방정식 $x^2-(2\alpha+4)x+\alpha^2+4\alpha+2=0$의 근과 같다. 즉, 곡선 $y=f(x)$의 두 변곡점 P, Q의 x좌표를 각각 p, q라 하면 p와 q는 이차방정식 $x^2-(2\alpha+4)x+\alpha^2+4\alpha+2=0$의 두 근이므로 이차방정식의 근과 계수의 관계에 의하여

$p+q=2\alpha+4$, $pq=\alpha^2+4\alpha+2$

조건 (나)에서 두 점 P, Q의 중점의 x좌표가 1이므로

$\dfrac{p+q}{2}=1$

즉, $p+q=2$이므로 $2\alpha+4=2$에서 $\alpha=-1$

$pq=(-1)^2+4\times(-1)+2=-1$

㉠에 $\alpha=-1$을 대입하면 $f'(x)=\dfrac{-x^2+1}{e^x}$이므로

곡선 $y=f(x)$ 위의 점 P에서의 접선의 기울기와 곡선 $y=f(x)$ 위의 점 Q에서의 접선의 기울기의 곱은

$f'(p)\times f'(q)=\dfrac{-p^2+1}{e^p}\times\dfrac{-q^2+1}{e^q}=\dfrac{p^2q^2-(p^2+q^2)+1}{e^{p+q}}$

이때

$p^2q^2=(pq)^2=(-1)^2=1$,

$p^2+q^2=(p+q)^2-2pq=2^2-2\times(-1)=6$

이므로

$f'(p)\times f'(q)=\dfrac{p^2q^2-(p^2+q^2)+1}{e^{p+q}}=\dfrac{1-6+1}{e^2}=-\dfrac{4}{e^2}$ 답 ③

29

$\displaystyle\int_0^1\{f(x)\}^2 e^{2x}\,dx$에서 $u(x)=\{f(x)\}^2$, $v'(x)=e^{2x}$으로 놓으면

$u'(x)=2f(x)f'(x)$, $v(x)=\dfrac{1}{2}e^{2x}$이므로

$\displaystyle\int_0^1\{f(x)\}^2 e^{2x}\,dx=\left[\dfrac{1}{2}\{f(x)\}^2 e^{2x}\right]_0^1-\int_0^1 f(x)f'(x)e^{2x}\,dx$

이때

$\displaystyle\int_0^1\{f(x)\}^2 e^{2x}\,dx+\int_0^1 f(x)f'(x)e^{2x}\,dx$

$=\left[\dfrac{1}{2}\{f(x)\}^2 e^{2x}\right]_0^1$

$=\dfrac{1}{2}e^2\{f(1)\}^2-\dfrac{1}{2}\{f(0)\}^2$

$=\dfrac{1}{2}\{ef(1)-f(0)\}\{ef(1)+f(0)\}$ ······ ㉠

조건 (가)에서 $\displaystyle\int_0^1\{f(x)\}^2 e^{2x}\,dx=7k$,

$\displaystyle\int_0^1 f(x)f'(x)e^{2x}\,dx=7k\times\left(-\dfrac{23}{14}\right)=-\dfrac{23}{2}k$이므로 ㉠에서

$\dfrac{1}{2}\{ef(1)-f(0)\}\{ef(1)+f(0)\}=-\dfrac{9}{2}k$ ······ ㉡

$\displaystyle\int_0^1 f(x)e^x\,dx$에서 $p(x)=f(x)$, $q'(x)=e^x$으로 놓으면

$p'(x)=f'(x)$, $q(x)=e^x$이므로

$\displaystyle\int_0^1 f(x)e^x\,dx=\left[f(x)e^x\right]_0^1-\int_0^1 f'(x)e^x\,dx$

이때

$\displaystyle\int_0^1 f(x)e^x\,dx+\int_0^1 f'(x)e^x\,dx=\left[f(x)e^x\right]_0^1=ef(1)-f(0)$

즉, $\displaystyle\int_0^1\{f(x)+f'(x)\}e^x\,dx=ef(1)-f(0)$

조건 (나)에 의하여 $\{f(x)+f'(x)\}e^x=k$이므로

$\displaystyle\int_0^1 k\,dx=ef(1)-f(0)$

$\displaystyle\int_0^1 k\,dx=\left[kx\right]_0^1=k-0=k$이므로

$ef(1)-f(0)=k$ ······ ㉢

㉢을 ㉡에 대입하면

$\dfrac{1}{2}k\{ef(1)+f(0)\}=-\dfrac{9}{2}k$에서 $ef(1)+f(0)=-9$

조건 (다)에서 $-\dfrac{e}{2}f(1)=\dfrac{ef(1)+f(0)}{f(0)}$이므로

$-\dfrac{e}{2}f(1)f(0)=-9$, $ef(1)f(0)=18$

㉢에 의하여

$k^2=\{ef(1)-f(0)\}^2=\{ef(1)+f(0)\}^2-4\times ef(1)f(0)$

$\quad=(-9)^2-4\times18=9$

$k>0$이므로 $k=3$

따라서 $\displaystyle\int_0^1 \{f(x)\}^2 e^{2x}\,dx=7k=7\times 3=21$　　　답 21

참고

주어진 조건을 만족시키는 함수 $f(x)$는 $f(x)=\dfrac{3x-6}{e^x}$이다.

30

$h(x)=\displaystyle\int_{-3}^{x} f(t)\ln\dfrac{g(x)}{g(t)}\,dt=\int_{-3}^{x} f(t)\{\ln g(x)-\ln g(t)\}\,dt$

$\qquad =\ln g(x)\times\displaystyle\int_{-3}^{x} f(t)\,dt-\int_{-3}^{x} f(t)\ln g(t)\,dt$

위 식의 양변을 x에 대하여 미분하면

$h'(x)=\dfrac{g'(x)}{g(x)}\displaystyle\int_{-3}^{x} f(t)\,dt+f(x)\ln g(x)-f(x)\ln g(x)$

$\qquad =\dfrac{g'(x)}{g(x)}\displaystyle\int_{-3}^{x} f(t)\,dt$　　$\cdots\cdots$ ㉠

위 식의 양변에 $x=-3$을 대입하면 $h'(-3)=0$

일차함수 $f(x)$에 대하여 $f(-1)=0$이므로

$f(x)=ax+a$ (a는 0이 아닌 상수)라 하면

$\displaystyle\int_{-3}^{x} f(t)\,dt=\int_{-3}^{x}(at+a)\,dt=\left[\dfrac{a}{2}t^2+at\right]_{-3}^{x}$

$\qquad =\left(\dfrac{a}{2}x^2+ax\right)-\left(\dfrac{9}{2}a-3a\right)=\dfrac{a}{2}(x+3)(x-1)$

이므로 $\displaystyle\int_{-3}^{1} f(t)\,dt=0$이고 $h'(1)=0$

이때 $g(x)$가 이차함수이므로 $g'(x)$는 일차함수이고, 함수 $h(x)$가 오직 하나의 극값을 가지려면 $g'(-3)=0$ 또는 $g'(1)=0$이어야 한다.

$g(x)$가 최고차항의 계수가 1인 이차함수이므로 $g'(x)$는 최고차항의 계수가 2인 일차함수이다.

(ⅰ) $g'(-3)=0$인 경우

　$g'(x)=2x+6$이므로

　$g(x)=\displaystyle\int(2x+6)\,dx=x^2+6x+C_1$ (C_1은 적분상수)

　조건 (나)에서 $g(2)=4+12+C_1=5$이므로 $C_1=-11$

　이때 $g(x)=x^2+6x-11$은 조건 (가)를 만족시키지 않는다.

(ⅱ) $g'(1)=0$인 경우

　$g'(x)=2x-2$이므로

　$g(x)=\displaystyle\int(2x-2)\,dx=x^2-2x+C_2$ (C_2는 적분상수)

　조건 (나)에서 $g(2)=4-4+C_2=5$이므로 $C_2=5$

　이때 $g(x)=x^2-2x+5=(x-1)^2+4$는 조건 (가)를 만족시킨다.

즉, $g(x)=x^2-2x+5$, $g'(x)=2x-2$이므로 ㉠에서

$h'(x)=\dfrac{2x-2}{x^2-2x+5}\displaystyle\int_{-3}^{x}(at+a)\,dt=\dfrac{2x-2}{x^2-2x+5}\times a\int_{-3}^{x}(t+1)\,dt$

$h'(3)=4$이므로

$h'(3)=\dfrac{6-2}{9-6+5}\times a\displaystyle\int_{-3}^{3}(t+1)\,dt=\dfrac{1}{2}a\int_{-3}^{3}(t+1)\,dt=a\int_{0}^{3}1\,dt$

$\qquad =3a=4$

에서 $a=\dfrac{4}{3}$이고 $f(x)=\dfrac{4}{3}x+\dfrac{4}{3}$

따라서 $f(5)=\dfrac{20}{3}+\dfrac{4}{3}=8$, $g(5)=25-10+5=20$이므로

$f(5)+g(5)=8+20=28$　　답 28

실전 모의고사 4회　　본문 142~153쪽

01 ⑤	02 ③	03 ④	04 ②	05 ①
06 ①	07 ④	08 ②	09 ⑤	10 ⑤
11 ①	12 ③	13 ②	14 ④	15 ③
16 11	17 35	18 8	19 44	20 31
21 29	22 50	23 ①	24 ②	25 ⑤
26 ④	27 ④	28 ①	29 11	30 36

01

$\sqrt[5]{\left(\dfrac{\sqrt[3]{3}}{9}\right)^{-6}}=(3^{\frac{1}{3}}\times 3^{-2})^{-\frac{6}{5}}=(3^{-\frac{5}{3}})^{-\frac{6}{5}}=3^{\left(-\frac{5}{3}\right)\times\left(-\frac{6}{5}\right)}=3^2=9$　　답 ⑤

02

$f(x)=2x^3-x+3$에서 $f(1)=4$이므로

$\displaystyle\lim_{x\to 1}\dfrac{2f(x)-8}{x-1}=2\lim_{x\to 1}\dfrac{f(x)-f(1)}{x-1}=2f'(1)$

$f'(x)=6x^2-1$이므로

$2f'(1)=2\times 5=10$　　답 ③

03

$\displaystyle\sum_{k=1}^{10} b_k=\sum_{k=1}^{5} b_{2k-1}+\sum_{k=1}^{5} b_{2k}=5+5=10$이므로

$\displaystyle\sum_{k=1}^{10}(a_k+b_k+2)=\sum_{k=1}^{10} a_k+\sum_{k=1}^{10} b_k+\sum_{k=1}^{10} 2=\sum_{k=1}^{10} a_k+10+20=35$

에서 $\displaystyle\sum_{k=1}^{10} a_k=5$　　답 ④

04

주어진 그래프에서 $\displaystyle\lim_{x\to 0+} f(x)=2$

$x+2=t$라 하면 $x\to 0-$일 때 $t\to 2-$이므로

$\displaystyle\lim_{x\to 0-} f(x+2)=\lim_{t\to 2-} f(t)=0$

따라서 $\displaystyle\lim_{x\to 0+} f(x)+\lim_{x\to 0-} f(x+2)=2+0=2$　　답 ②

05

$g(x)=(x^3-1)f(x)$에서

$g'(x)=3x^2\times f(x)+(x^3-1)\times f'(x)$이므로

$g'(2)=12f(2)+7f'(2)$

이때 $f(2)=0$, $f'(2)=1$이므로

$g'(2)=12\times 0+7\times 1=7$　　답 ①

06

$\tan\left(\theta-\dfrac{3}{2}\pi\right)=\tan\left(\dfrac{\pi}{2}-2\pi+\theta\right)=\tan\left(\dfrac{\pi}{2}+\theta\right)=-\dfrac{1}{\tan\theta}$이므로

$-\dfrac{1}{\tan\theta}=\dfrac{3}{4}$에서 $\tan\theta=-\dfrac{4}{3}$

즉, $\dfrac{\sin \theta}{\cos \theta}=-\dfrac{4}{3}$이므로 $\cos \theta=-\dfrac{3}{4}\sin \theta$

$\sin^2 \theta+\cos^2 \theta=1$이므로

$\sin^2 \theta+\dfrac{9}{16}\sin^2 \theta=\dfrac{25}{16}\sin^2 \theta=1$에서 $\sin^2 \theta=\dfrac{16}{25}$

$\dfrac{3}{2}\pi<\theta<2\pi$이므로 $\sin \theta=-\dfrac{4}{5}$ 🈲 ①

07

$x^4-\dfrac{20}{3}x^3+12x^2-k=0$에서 $x^4-\dfrac{20}{3}x^3+12x^2=k$

$f(x)=x^4-\dfrac{20}{3}x^3+12x^2$이라 하면

$f'(x)=4x^3-20x^2+24x=4x(x-2)(x-3)$

$f'(x)=0$에서 $x=0$ 또는 $x=2$ 또는 $x=3$

함수 $f(x)$의 증가와 감소를 표로 나타내면 다음과 같다.

x	$\cdots$	0	$\cdots$	2	$\cdots$	3	$\cdots$
$f'(x)$	$-$	0	$+$	0	$-$	0	$+$
$f(x)$	$\searrow$	극소	$\nearrow$	극대	$\searrow$	극소	$\nearrow$

$f(0)=0$,

$f(2)=16-\dfrac{160}{3}+48=\dfrac{32}{3}$,

$f(3)=81-180+108=9$

이므로 함수 $y=f(x)$의 그래프의 개형은 그림과 같다.

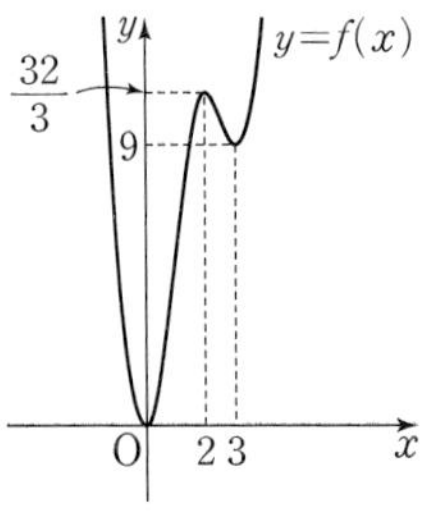

이때 함수 $y=f(x)$의 그래프와 직선 $y=k$가 서로 다른 세 점에서 만나려면

$k=f(2)=\dfrac{32}{3}$ 또는 $k=f(3)=9$

이므로 모든 실수 k의 값의 합은

$\dfrac{32}{3}+9=\dfrac{59}{3}$ 🈲 ④

08

함수 $f(x)$가 실수 전체의 집합에서 연속이므로 $x=b-2$와 $x=b+2$에서도 연속이다.

즉, $\displaystyle\lim_{x\to(b-2)-}f(x)=\lim_{x\to(b-2)+}f(x)=f(b-2)$이고

$\displaystyle\lim_{x\to(b+2)-}f(x)=\lim_{x\to(b+2)+}f(x)=f(b+2)$이어야 한다.

이때

$\displaystyle\lim_{x\to(b-2)-}f(x)=\lim_{x\to(b-2)-}x=b-2$,

$\displaystyle\lim_{x\to(b-2)+}f(x)=\lim_{x\to(b-2)+}(x^2-5x+a)=(b-2)^2-5(b-2)+a$,

$f(b-2)=(b-2)^2-5(b-2)+a$

이므로 $(b-2)^2-5(b-2)+a=b-2$에서

$(b-2)^2-6(b-2)=-a$ ……㉠

또한

$\displaystyle\lim_{x\to(b+2)-}f(x)=\lim_{x\to(b+2)-}(x^2-5x+a)=(b+2)^2-5(b+2)+a$,

$\displaystyle\lim_{x\to(b+2)+}f(x)=\lim_{x\to(b+2)+}x=b+2$,

$f(b+2)=(b+2)^2-5(b+2)+a$

이므로 $(b+2)^2-5(b+2)+a=b+2$에서

$(b+2)^2-6(b+2)=-a$ ……㉡

㉠, ㉡에서

$(b-2)^2-6(b-2)=(b+2)^2-6(b+2)$

$-8b=-24$, $b=3$

$b=3$을 ㉠에 대입하면

$1-6=-a$, $a=5$

따라서 $a+b=5+3=8$ 🈲 ②

[다른 풀이]

함수 $f(x)$가 실수 전체의 집합에서 연속이 되려면 직선 $y=x$와 이차함수 $y=x^2-5x+a$의 그래프의 교점의 개수는 2이고, 이 두 교점의 x좌표는 각각 $b-2$, $b+2$이어야 한다.

즉, 이차방정식 $x^2-5x+a=x$, 즉 $x^2-6x+a=0$의 두 실근이 $b-2$, $b+2$이므로 이차방정식의 근과 계수의 관계에 의하여

$(b-2)+(b+2)=6$에서 $b=3$

$(b-2)(b+2)=a$에서 $a=5$

따라서 $a+b=5+3=8$

09

조건 (가)의 $\sin A=\sin C$를 만족시키려면 $A=C$ 또는 $A=\pi-C$이어야 한다.

이때 $A=\pi-C$이면 $A+B+C=\pi$에서 $B=0$

그러므로 $A=C$ ……㉠

조건 (나)의 $\sin A \sin B=\cos C \cos\left(\dfrac{\pi}{2}-B\right)$에서

$\cos\left(\dfrac{\pi}{2}-B\right)=\sin B$이므로

$\sin A \sin B=\cos C \sin B$

이때 $0<B<\pi$이므로 $\sin B\neq 0$이다.

그러므로 양변을 $\sin B$로 나누면

$\sin A=\cos C$ ……㉡

㉠, ㉡에서 $\sin A=\cos A$이므로

$A=C=\dfrac{\pi}{4}$이고 $B=\dfrac{\pi}{2}$이다.

즉, 삼각형 ABC는 직각이등변삼각형이고 외심은 변 AC의 중점이다.

이때 외접원의 넓이가 4π이므로

$\overline{\mathrm{AC}}=4$, $\overline{\mathrm{AB}}=2\sqrt{2}$, $\overline{\mathrm{BC}}=2\sqrt{2}$

따라서 직각이등변삼각형 ABC의 넓이는

$\dfrac{1}{2}\times 2\sqrt{2}\times 2\sqrt{2}=4$ 🈲 ⑤

10

$f(x)=x^2-8x+k=(x-4)^2+k-16$에서

$2^{f(t)}$의 세제곱근 중 실수인 값은 $2^{\frac{(t-4)^2+k-16}{3}}$이고, $1\leq t\leq 10$이므로

$A=\left\{x\left|2^{\frac{k-16}{3}}\leq x\leq 2^{\frac{k+20}{3}}\right.\right\}$이다.

$8\in A$에서 $2^{\frac{k-16}{3}}\leq 2^3\leq 2^{\frac{k+20}{3}}$이므로

$\dfrac{k-16}{3}\leq 3\leq\dfrac{k+20}{3}$

즉, $-11\leq k\leq 25$

따라서 모든 자연수 k의 값의 합은

$$\sum_{k=1}^{25} k = \frac{25 \times 26}{2} = 325$$
답 ⑤

11

조건 (가)에서 모든 실수 t에 대하여 $\displaystyle\lim_{x \to t} \frac{f(x)-f(-x)}{x-t}$ 의 값이 존재

하고, $x \to t$일 때 (분모) $\to 0$이므로 (분자) $\to 0$이어야 한다.

즉, $\displaystyle\lim_{x \to t}\{f(x)-f(-x)\}=f(t)-f(-t)=0$이므로

사차함수 $f(x)$는 모든 실수 t에 대하여 $f(t)=f(-t)$를 만족시킨다.

따라서 사차함수 $y=f(x)$의 그래프는 y축에 대하여 대칭이므로

$f(x)=x^4+px^2+q$ (p, q는 상수)로 놓으면 $f'(x)=4x^3+2px$

조건 (나)에서 곡선 $y=f(x)$ 위의 점 $(1, 7)$에서의 접선이 점 $(0, -1)$

을 지나므로 이 접선의 기울기는 $\dfrac{7-(-1)}{1-0}=8$이다.

그러므로 $f(1)=1+p+q=7$에서 $p+q=6$ ······ ㉠

$f'(1)=4+2p=8$에서 $p=2$

$p=2$를 ㉠에 대입하면 $q=4$

따라서 $f(x)=x^4+2x^2+4$이므로

$f(2)=16+8+4=28$
답 ①

12

수열 $\{a_n\}$은 $a_1=-9$이고 공차가 d인 등차수열이므로

$$S_n = \frac{n\{-18+(n-1)d\}}{2} = \frac{d}{2}\left(n^2 - \frac{18+d}{d}n\right)$$

이때 이차함수 $y=\dfrac{d}{2}\left(x^2-\dfrac{18+d}{d}x\right)$의 그래프의 대칭축은 직선

$x=\dfrac{18+d}{2d}$이므로 $S_p=S_q$가 성립하려면 $\dfrac{p+q}{2}=\dfrac{18+d}{2d}$이어야 한다.

따라서 $S_p=S_q$를 만족시키는 서로 다른 두 자연수 p, q $(p<q)$의 모든 순서쌍 (p, q)의 개수가 4이기 위해서는

$S_1=S_8$, $S_2=S_7$, $S_3=S_6$, $S_4=S_5$

또는

$S_1=S_9$, $S_2=S_8$, $S_3=S_7$, $S_4=S_6$

이어야 한다.

(i) $S_1=S_8$, $S_2=S_7$, $S_3=S_6$, $S_4=S_5$일 때

　$S_4=S_5$에서 $S_5-S_4=0$

　즉, $a_5=0$이므로

　$-9+4d=0$, $d=\dfrac{9}{4}$

(ii) $S_1=S_9$, $S_2=S_8$, $S_3=S_7$, $S_4=S_6$일 때

　$S_4=S_6$에서 $S_6-S_4=0$

　즉, $a_5+a_6=0$이므로

　$(-9+4d)+(-9+5d)=0$, $d=2$

(i), (ii)에서 조건을 만족시키는 모든 실수 d의 값의 합은

$\dfrac{9}{4}+2=\dfrac{17}{4}$
답 ③

다른 풀이

수열 $\{a_n\}$은 $a_1=-9$이고 공차가 d인 등차수열이므로 $S_p=S_q$에서

$$\frac{p\{-18+(p-1)d\}}{2} = \frac{q\{-18+(q-1)d\}}{2}$$

$-18p+dp^2-dp = -18q+dq^2-dq$

$-18(p-q)+d(p-q)(p+q)-d(p-q)=0$

$(p-q)\{-18+(p+q-1)d\}=0$

$p \neq q$이므로 $(p+q-1)d=18$

이를 만족시키는 서로 다른 두 자연수 p, q $(p<q)$의 모든 순서쌍

(p, q)의 개수가 4이기 위해서는

$(1, 8)$, $(2, 7)$, $(3, 6)$, $(4, 5)$인 $p+q=9$ 또는

$(1, 9)$, $(2, 8)$, $(3, 7)$, $(4, 6)$인 $p+q=10$이어야 한다.

(i) $p+q=9$일 때

　$8d=18$에서 $d=\dfrac{9}{4}$

(ii) $p+q=10$일 때

　$9d=18$에서 $d=2$

(i), (ii)에서 조건을 만족시키는 모든 실수 d의 값의 합은

$\dfrac{9}{4}+2=\dfrac{17}{4}$

13

$x \leq 0$일 때, 함수 $y=|3^{x+2}-5|$의 그래프는 함수 $y=3^x$의 그래프를

x축의 방향으로 -2만큼, y축의 방향으로 -5만큼 평행이동한 후

$y<0$인 부분의 그래프를 x축에 대하여 대칭이동한 것이다.

이때 함수 $y=3^{x+2}-5$의 그래프의 점근선은 직선 $y=-5$이므로 함수

$y=|3^{x+2}-5|$의 그래프의 점근선은 직선 $y=5$이고,

$x=0$일 때 $y=|3^2-5|=4$이므로 함수 $y=|3^{x+2}-5|$ $(x \leq 0)$의 그래

프는 점 $(0, 4)$를 지난다.

또 $3^{x+2}-5=0$에서 $x+2=\log_3 5$, 즉

$x=\log_3 5-2=\log_3 \dfrac{5}{9}$이므로 함수

$y=|3^{x+2}-5|$ $(x \leq 0)$의 그래프는

점 $\left(\log_3 \dfrac{5}{9}, 0\right)$을 지난다.

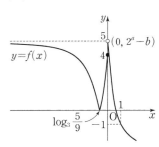

한편, $2^{-x+a}-b=2^{-(x-a)}-b$이므로

$x>0$일 때, 함수 $y=2^{-x+a}-b$의 그래프는 함수 $y=2^{-x}$의 그래프를

x축의 방향으로 a만큼, y축의 방향으로 $-b$만큼 평행이동한 것이다.

이때 함수 $y=2^{-x+a}-b$의 그래프의 점근선은 직선 $y=-b$이고, $x=0$

일 때 $y=2^a-b$이므로 함수 $y=2^{-x+a}-b$의 그래프는 점 $(0, 2^a-b)$

를 지난다.

$\log_3 \dfrac{5}{9} \leq k \leq 0$일 때, $B=\{0, 1, 2, 3, 4\}$이므로

$n(B)=5$가 되도록 하는 모든 실수

k의 값의 범위가 $\log_3 \dfrac{5}{9} \leq k < 1$

이기 위해서는

$2^a-b \leq 5$ ······ ㉠

$k=1$일 때 $n(B) \neq 5$이므로

$f(1)=2^{a-1}-b=-1$

즉, $2^a=2b-2$ ······ ㉡

㉡을 ㉠에 대입하면

$(2b-2)-b \leq 5$에서 $b \leq 7$이고,

$2^a \leq 12$이다.

부등식 $2^a \leq 12$를 만족시키는 자연수 a의 값은 1, 2, 3이고, ㉡에서
$a=1$일 때 $b=2$, $a=2$일 때 $b=3$, $a=3$일 때 $b=5$
따라서 $a+b$의 최댓값은 $M=3+5=8$, 최솟값은 $m=1+2=3$이므로
$M \times m = 8 \times 3 = 24$ 답 ②

14

$0 \leq x < 2$에서 함수 $y=f(x)$의 그래프는 [그림 1]과 같다.

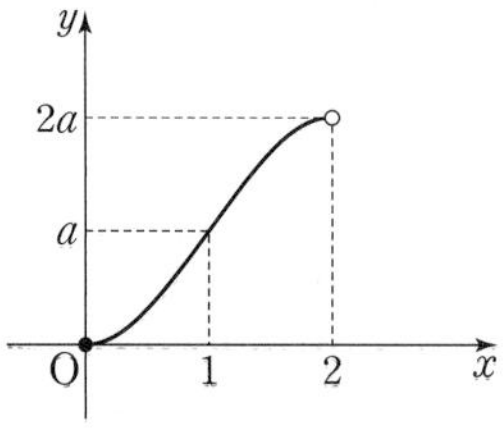

함수 $f(x)$는 실수 전체의 집합에서 연속이므로 $x=2$에서도 연속이다.

즉, $\lim\limits_{x \to 2-} f(x) = \lim\limits_{x \to 2+} f(x) = f(2)$이어야 한다.

[그림 1]

$\lim\limits_{x \to 2-} f(x) = \lim\limits_{x \to 2-} \{-a(x-2)^2 + 2a\} = 2a$,

$\lim\limits_{x \to 2+} f(x) = \lim\limits_{x \to 0+} f(x+2) = \lim\limits_{x \to 0+} \{f(x)+b\} = \lim\limits_{x \to 0+} (ax^2+b) = b$,

$f(2) = f(0) + b = b$

이므로 $2a = b$ ……㉠

또한 $2 \leq x \leq 4$에서 함수 $y=f(x)$의 그래프는 $0 \leq x \leq 2$에서의 함수 $y=f(x)$의 그래프를 x축의 방향으로 2만큼, y축의 방향으로 $2a$만큼 평행이동한 것이므로 $0 \leq x \leq 7$에서 함수 $y=f(x)$의 그래프는 [그림 2]와 같다.

[그림 2]

한편, 두 곡선 $y=ax^2$, $y=-a(x-2)^2+2a$는 점 $(1, a)$에 대하여 대칭이므로 $0 \leq x \leq 1$에서 곡선 $y=ax^2$과 x축 및 직선 $x=1$로 둘러싸인 부분의 넓이와 $1 \leq x \leq 2$에서 곡선 $y=-a(x-2)^2+2a$와 두 직선 $x=1$, $y=2a$로 둘러싸인 부분의 넓이는 같다. 그러므로 함수 $y=f(x)$의 그래프와 x축 및 직선 $x=2$로 둘러싸인 부분의 넓이는 가로의 길이가 1, 세로의 길이가 $2a$인 직사각형의 넓이와 같다. 즉,

$\int_0^2 f(x)dx = 1 \times 2a = 2a$

따라서 함수 $y=f(x)$의 그래프와 x축 및 직선 $x=7$로 둘러싸인 부분의 넓이를 S라 하면

$S = 2a + (2a+4a) + (4a+6a) + \int_6^7 f(x)dx$

$= 2a + 6a + 10a + \left(\int_0^1 ax^2\,dx + 6a \right)$

$= \left[\dfrac{a}{3}x^3 \right]_0^1 + 24a = \dfrac{a}{3} + 24a = \dfrac{73}{3}a$

따라서 $\dfrac{73}{3}a = 73$에서 $a=3$이고, ㉠에서 $b=6$이므로

$a+b = 3+6 = 9$ 답 ④

15

삼차함수 $f(x)$는 최고차항의 계수가 1이고 $f(-1)=0$이며, 조건 (가)에서 함수 $|f(x)|$는 $x=\alpha$ $(\alpha < -1)$에서만 미분가능하지 않으므로 함수 $y=f(x)$의 그래프의 개형은 그림과 같다.

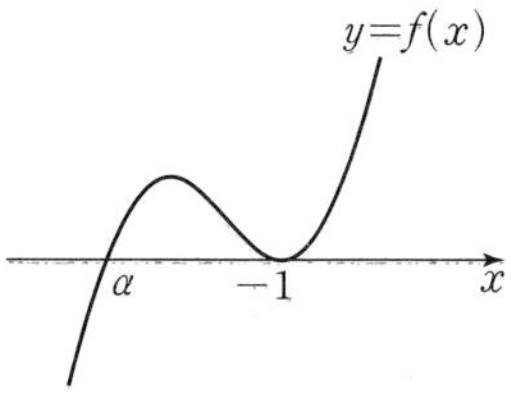

즉, $f(\alpha)=0$, $f'(-1)=0$이므로 $f(x) = (x-\alpha)(x+1)^2$으로 놓을 수 있다.

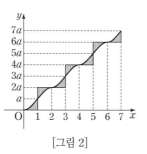

$x < \alpha$인 모든 실수 x에 대하여 $\int_\alpha^x f(t)g(t)dt \geq 0$이 성립하기 위해서는 어떤 열린구간 (β, α)에 속하는 모든 실수 x에 대하여 $f(x)g(x) \leq 0$이어야 한다.

$x \geq \alpha$인 모든 실수 x에 대하여 $\int_\alpha^x f(t)g(t)dt \geq 0$이 성립하기 위해서는 어떤 열린구간 (α, γ)에 속하는 모든 실수 x에 대하여 $f(x)g(x) \geq 0$이어야 한다.

그런데 $x < \alpha$에서 $f(x) < 0$, $x \geq \alpha$에서 $f(x) \geq 0$이므로 모든 실수 x에 대하여 $g(x) \geq 0$이어야 한다.

이차함수 $g(x)$는 최고차항의 계수가 1이고 $g(\alpha)=0$이므로 $g(x) = (x-\alpha)^2$으로 놓을 수 있다.

조건 (다)에서 $(x+1)h(x) = f(x)g(x) = (x-\alpha)^3(x+1)^2$

이고 함수 $h(x)$는 다항함수이므로

$h(x) = (x-\alpha)^3(x+1) = (x^3 - 3\alpha x^2 + 3\alpha^2 x - \alpha^3)(x+1)$

$h'(x) = (3x^2 - 6\alpha x + 3\alpha^2)(x+1) + (x^3 - 3\alpha x^2 + 3\alpha^2 x - \alpha^3)$

$\qquad = 3(x-\alpha)^2(x+1) + (x-\alpha)^3 = (x-\alpha)^2(4x+3-\alpha)$

$h'(x) = 0$에서 $x=\alpha$ 또는 $x = \dfrac{\alpha-3}{4}$

이때 $\alpha < -1$이므로 $\alpha < \dfrac{\alpha-3}{4}$

함수 $h(x)$의 증가와 감소를 표로 나타내면 다음과 같다.

x	$\cdots$	α	$\cdots$	$\dfrac{\alpha-3}{4}$	$\cdots$
$h'(x)$	$-$	0	$-$	0	$+$
$h(x)$	$\searrow$		$\searrow$	극소	$\nearrow$

함수 $h(x)$는 $x = \dfrac{\alpha-3}{4}$에서 극소이고 조건 (다)에서 함수 $h(x)$의 극솟값이 -27이므로

$h\left(\dfrac{\alpha-3}{4} \right) = \left(\dfrac{\alpha-3}{4} - \alpha \right)^3 \left(\dfrac{\alpha-3}{4} + 1 \right) = \left(-3 \times \dfrac{\alpha+1}{4} \right)^3 \left(\dfrac{\alpha+1}{4} \right)$

$\qquad = -27 \left(\dfrac{\alpha+1}{4} \right)^4 = -27$

에서 $\left(\dfrac{\alpha+1}{4} \right)^4 = 1$

$\dfrac{\alpha+1}{4} = 1$ 또는 $\dfrac{\alpha+1}{4} = -1$이므로

$\alpha = 3$ 또는 $\alpha = -5$

$\alpha < -1$이므로 $\alpha = -5$

따라서 방정식 $h'(x) = 0$을 만족시키는 서로 다른 모든 실수 x의 값의 합은

$-5 + \dfrac{-5-3}{4} = -5 + (-2) = -7$ 답 ③

16

$f(x) = \int f'(x)dx = \int (3x^2 + 2x + 1)dx$

$\qquad = x^3 + x^2 + x + C$ (단, C는 적분상수)

따라서 $f(2)-f(1)=(14+C)-(3+C)=11$ 답 11

17

로그의 진수의 조건에 의하여 $x>0$

$x\log_2 x-2\log_2 x-3x+6\leq0$에서

$(x-2)(\log_2 x-3)\leq0$

즉, $x-2\leq0$, $\log_2 x\geq3$ 또는 $x-2\geq0$, $\log_2 x\leq3$

(i) $x-2\leq0$, $\log_2 x\geq3$일 때

   $x\leq2$, $x\geq8$이므로 이를 만족시키는 x의 값은 존재하지 않는다.

(ii) $x-2\geq0$, $\log_2 x\leq3$일 때

   $2\leq x\leq8$이므로 이를 만족시키는 정수 x의 값은

   2, 3, 4, 5, 6, 7, 8이다.

(i), (ii)에서 구하는 모든 정수 x의 값의 합은

$2+3+4+5+6+7+8=35$ 답 35

18

$\displaystyle\sum_{n=1}^{18}a_{n+1}=\sum_{k=2}^{19}a_k$이므로

$a_1+a_{20}=\displaystyle\sum_{k=1}^{20}a_k-\sum_{k=2}^{19}a_k=30-22=8$ 답 8

19

점 P의 시각 t에서의 속도를 v라 하면

$x=t^4+pt^3+qt^2$에서

$v=\dfrac{dx}{dt}=4t^3+3pt^2+2qt=t(4t^2+3pt+2q)$

점 P가 시각 $t=1$과 $t=2$에서 운동 방향을 바꾸므로 이 시각에서의 속도가 0이다.

즉, $t=1$, $t=2$는 이차방정식 $4t^2+3pt+2q=0$의 두 실근이므로

이차방정식의 근과 계수의 관계에 의하여

$-\dfrac{3p}{4}=3$, $\dfrac{2q}{4}=2$

$p=-4$, $q=4$

따라서 $x=t^4-4t^3+4t^2$, $v=4t^3-12t^2+8t$이고

점 P의 시각 t에서의 가속도를 a라 하면

$a=\dfrac{dv}{dt}=12t^2-24t+8$

이므로 시각 $t=3$에서의 점 P의 가속도는

$12\times3^2-24\times3+8=44$ 답 44

20

방정식 $\left(\sin\dfrac{2x}{a}-t\right)\left(\cos\dfrac{2x}{a}-t\right)=0$에서

$\sin\dfrac{2x}{a}=t$ 또는 $\cos\dfrac{2x}{a}=t$ …… ㉠

즉, 닫힌구간 $[0, 2a\pi]$에서 두 함수 $y=\sin\dfrac{2x}{a}$, $y=\cos\dfrac{2x}{a}$의 그래프와 직선 $y=t$ $(0\leq t\leq1)$의 교점의 x좌표가 방정식 ㉠의 실근이다.

이때 두 함수 $y=\sin\dfrac{2x}{a}$, $y=\cos\dfrac{2x}{a}$의 주기는 모두 $\dfrac{2\pi}{\frac{2}{a}}=a\pi$이다.

(i) $t=1$일 때

   $a_3-a_1=a\pi=d\pi$, $a_4-a_2=a\pi=6\pi-d\pi$

   $d\pi=6\pi-d\pi$에서 $d=3$이므로 조건을 만족시키지 않는다.

(ii) $t=\dfrac{\sqrt{2}}{2}$일 때

   $a_3-a_1=\dfrac{3a}{4}\pi=d\pi$, $a_4-a_2=\dfrac{3a}{4}\pi=6\pi-d\pi$

   $d\pi=6\pi-d\pi$에서 $d=3$이므로 조건을 만족시키지 않는다.

(iii) $t=0$일 때

   $a_3-a_1=\dfrac{a}{2}\pi=d\pi$, $a_4-a_2=\dfrac{a}{2}\pi=6\pi-d\pi$

   $d\pi=6\pi-d\pi$에서 $d=3$이므로 조건을 만족시키지 않는다.

(iv) $0<t<\dfrac{\sqrt{2}}{2}$일 때

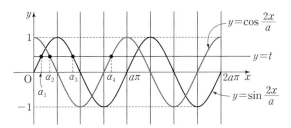

   $a_1+a_2=\dfrac{a}{4}\pi$, $a_3+a_4=\dfrac{5a}{4}\pi$이므로

   $a_3-a_1+a_4-a_2=a\pi=6\pi$에서 $a=6$

   이때 $\dfrac{3}{2}\pi<a_3-a_1<3\pi$, 즉 $\dfrac{3}{2}\pi<d\pi<3\pi$이므로 $d=2$

   $a_1+a_3=\dfrac{a}{2}\pi=3\pi$ …… ㉡

   $a_3-a_1=d\pi=2\pi$ …… ㉢

   ㉡$-$㉢을 하면 $2a_1=\pi$, $a_1=\dfrac{\pi}{2}$이므로

   $t=\sin\dfrac{2a_1}{6}=\sin\dfrac{\pi}{6}=\dfrac{1}{2}$

(v) $\dfrac{\sqrt{2}}{2}<t<1$일 때

   $a_3-a_1=\dfrac{a}{4}\pi=d\pi$, $a_4-a_2=\dfrac{3a}{4}\pi=6\pi-d\pi$

   $3d\pi=6\pi-d\pi$에서 $d=\dfrac{3}{2}$이므로 조건을 만족시키지 않는다.

(i)~(v)에서 $a=6$, $d=2$, $t=\dfrac{1}{2}$이므로

$t\times(10a+d)=\dfrac{1}{2}\times(10\times6+2)=31$ 답 31

21

조건 (가)에서 삼차방정식 $f(x)=0$의 서로 다른 두 실근을 α, β라 하면 $f(x)=k(x-\alpha)^2(x-\beta)$ (k는 0이 아닌 상수)로 놓을 수 있다.

조건 (나)에서 방정식 $x-f(x)=\alpha$ 또는 방정식 $x-f(x)=\beta$를 만족시키는 서로 다른 실근의 개수가 5이어야 한다.

즉, 방정식 $f(x)=x-\alpha$ 또는 방정식 $f(x)=x-\beta$에서 함수 $y=f(x)$의 그래프가 직선 $y=x-\alpha$ 또는 $y=x-\beta$와 만나는 서로 다른 점의 개수가 5이어야 한다.

이때 $k<0$이면 그림과 같이 함수 $y=f(x)$의 그래프가 직선 $y=x-\beta$와 오직 한 점에서 만나므로 교점의 개수의 최댓값이 4이다.

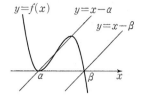

따라서 $k>0$이고, 이때 함수 $y=f(x)$의 그래프의 개형은 그림과 같다.

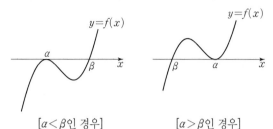

[$\alpha<\beta$인 경우]　　[$\alpha>\beta$인 경우]

그런데 $f(0)=\dfrac{4}{9}>0$, $f'(0)=0$이므로 $\alpha>\beta$이다.

그러므로 방정식 $f(x-f(x))=0$의 서로 다른 실근의 개수가 5인 함수 $y=f(x)$의 그래프와 두 직선 $y=x-\alpha$, $y=x-\beta$의 개형은 그림과 같다.

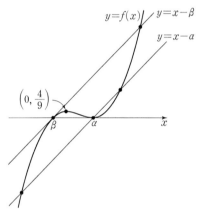

$f(x)=k(x-\alpha)^2(x-\beta)=k(x^2-2\alpha x+\alpha^2)(x-\beta)$ $(k>0)$에서

$f(0)=-k\alpha^2\beta=\dfrac{4}{9}$ $\qquad\cdots\cdots$ ㉠

$f'(x)=k(2x-2\alpha)(x-\beta)+k(x^2-2\alpha x+\alpha^2)$이므로

$f'(0)=2k\alpha\beta+k\alpha^2=0$

$k>0$이므로 $\alpha(2\beta+\alpha)=0$

$\alpha=0$이면 ㉠을 만족시키지 않으므로 $\alpha\ne0$이고

$\alpha=-2\beta$ $\qquad\cdots\cdots$ ㉡

$f'(\beta)=k(\beta^2-2\alpha\beta+\alpha^2)=1$ $\qquad\cdots\cdots$ ㉢

㉡을 ㉠, ㉢에 각각 대입하면

$-4k\beta^3=\dfrac{4}{9}$, $9k\beta^2=1$

$\dfrac{-4k\beta^3}{9k\beta^2}=-\dfrac{4\beta}{9}=\dfrac{4}{9}$에서 $\beta=-1$

$\beta=-1$을 ㉡에 대입하면 $\alpha=2$

$\alpha=2$, $\beta=-1$을 ㉠에 대입하면

$4k=\dfrac{4}{9}$, $k=\dfrac{1}{9}$

즉, $f(x)=\dfrac{1}{9}(x-2)^2(x+1)$이므로

$f(4)=\dfrac{1}{9}\times4\times5=\dfrac{20}{9}$

따라서 $p=9$, $q=20$이므로

$p+q=9+20=29$

답 29

22

모든 자연수 k에 대하여

$a_{3+5k}=a_3\times\left(-\dfrac{1}{3}\right)^k$, 즉 $a_{5k+3}=a_{5k-2}\times\left(-\dfrac{1}{3}\right)$

이고, a_{5k+3}은 a_{5k-2}에서 $+3$ 또는 $\times\left(-\dfrac{1}{3}\right)$을 5회 연산하여 결정된다.

$\times\left(-\dfrac{1}{3}\right)$을 n회 $(1\le n\le5)$ 연산하면

$a_{5k+3}=a_{5k-2}\times\left(-\dfrac{1}{3}\right)^n+a$ (a는 상수)

이므로 $\times\left(-\dfrac{1}{3}\right)$을 1회만 연산해야 하고, $+3$을 4회 연산해야 한다.

이때 그 순서는

$a_{5k+3}=-\dfrac{1}{3}\times(a_{5k-2}+3+3+3)+3$

이어야 한다.

즉, $a_8=-\dfrac{1}{3}\times(a_3+3+3+3)+3$이므로

$|a_3|<8$, $|a_4|<8$, $|a_5|<8$, $|a_6|\ge8$, $|a_7|<8$이다.

$|a_5|=|a_3+6|<8$에서 $-14<a_3<2$이고

$|a_6|=|a_3+9|\ge8$에서 $a_3\ge-1$ 또는 $a_3\le-17$이므로

$-1\le a_3<2$ $\qquad\cdots\cdots$ ㉠

이때 수열 $\{a_n\}$의 각 항의 값이 포함되는 구간은

$8\le a_6=a_3+9<11$, $-\dfrac{11}{3}<a_7=-\dfrac{a_6}{3}\le-\dfrac{8}{3}$,

$\dfrac{25}{3}<a_{11}=a_7+12\le\dfrac{28}{3}$, $-\dfrac{28}{9}\le a_{12}=-\dfrac{a_{11}}{3}<-\dfrac{25}{9}$,

$\dfrac{80}{9}\le a_{16}=a_{12}+12<\dfrac{83}{9}$, $-\dfrac{83}{27}<a_{17}=-\dfrac{a_{16}}{3}\le-\dfrac{80}{27}$, $\cdots$

즉, 수열 a_7, a_{12}, a_{17}, $\cdots$의 값이 포함되는 구간은 그 길이가 짧아지고 -3을 포함하므로 a_{11}, a_{16}, a_{21}, $\cdots$의 값이 포함되는 구간은 $-3+12=9$를 포함한다.

따라서 부등식 $|a_m|\ge8$을 만족시키는 자연수 m은

$m=5l+1$ (단, l은 자연수)

3 이상 100 이하의 자연수 m의 개수는 19이고

100 이하의 자연수 m의 개수가 20 이상이려면

a_1, a_2의 값 중 적어도 하나는 8 이상이다. $\qquad\cdots\cdots$ ㉡

(i) $|a_2|\ge8$이면

$a_3=-\dfrac{1}{3}a_2$이므로 ㉠에서 $-1\le-\dfrac{1}{3}a_2<2$

즉, $-6<a_2\le3$이므로 조건을 만족시키는 a_2는 존재하지 않는다.

(ii) $|a_2|<8$이면

$a_3=a_2+3$이므로 ㉠에서 $-1\le a_2+3<2$

즉, $-4\le a_2<-1$이므로 조건을 만족시키는 a_2의 값의 범위는

$-4\le a_2<-1$ $\qquad\cdots\cdots$ ㉢

(i), (ii), ㉡에 의하여 $|a_2|<8$이므로 $|a_1|\ge8$이다.

이때 $a_2=-\dfrac{1}{3}a_1$이므로 ㉢에서

$-4\le-\dfrac{1}{3}a_1<-1$

즉, $3<a_1\le12$이므로 조건을 만족시키는 a_1의 값의 범위는

$8\le a_1\le12$

따라서 모든 정수 a_1의 값은 8, 9, 10, 11, 12이므로 그 합은

$8+9+10+11+12=50$

답 50

23

$$\lim_{n \to \infty} \frac{2n - \sqrt{4n^2 + n}}{3}$$

$$= \lim_{n \to \infty} \frac{(2n - \sqrt{4n^2 + n})(2n + \sqrt{4n^2 + n})}{3(2n + \sqrt{4n^2 + n})}$$

$$= \lim_{n \to \infty} \frac{4n^2 - (4n^2 + n)}{3(2n + \sqrt{4n^2 + n})}$$

$$= \lim_{n \to \infty} \frac{-n}{3(2n + \sqrt{4n^2 + n})}$$

$$= \lim_{n \to \infty} \frac{-1}{3\left(2 + \sqrt{4 + \frac{1}{n}}\right)}$$

$$= -\frac{1}{3(2+2)} = -\frac{1}{12}$$ 　　답 ①

24

$f(x) = \dfrac{x+1}{x^2+1}$ 에서

$$f'(x) = \frac{1 \times (x^2 + 1) - (x+1) \times 2x}{(x^2+1)^2}$$

$$= -\frac{x^2 + 2x - 1}{(x^2+1)^2}$$

$f(1) = 1$, $f'(1) = -\dfrac{1}{2}$ 이므로 곡선 $y = f(x)$ 위의 점 $(1, f(1))$ 에서의 접선의 방정식은

$$y = -\frac{1}{2}(x-1) + 1, \ \ 즉 \ y = -\frac{1}{2}x + \frac{3}{2}$$

이 직선이 점 $(5, a)$ 를 지나므로

$$a = -\frac{5}{2} + \frac{3}{2} = -1$$ 　　답 ②

25

$x = e^{at} \cos t + 1$ 에서

$$\frac{dx}{dt} = ae^{at} \cos t - e^{at} \sin t = e^{at}(a \cos t - \sin t),$$

$y = e^{at} \sin t - 1$ 에서

$$\frac{dy}{dt} = ae^{at} \sin t + e^{at} \cos t = e^{at}(a \sin t + \cos t)$$

이므로

$$\sqrt{\left(\frac{dx}{dt}\right)^2 + \left(\frac{dy}{dt}\right)^2} = \sqrt{e^{2at}(a \cos t - \sin t)^2 + e^{2at}(a \sin t + \cos t)^2}$$

$$= \sqrt{e^{2at}(a^2+1)(\sin^2 t + \cos^2 t)}$$

$$= \sqrt{a^2+1}\, e^{at}$$

$0 \le t \le \dfrac{\ln 5}{a}$ 에서 곡선의 길이가 6이므로

$$\int_0^{\frac{\ln 5}{a}} \sqrt{\left(\frac{dx}{dt}\right)^2 + \left(\frac{dy}{dt}\right)^2}\, dt = \int_0^{\frac{\ln 5}{a}} \sqrt{a^2+1}\, e^{at}\, dt$$

$$= \left[\frac{\sqrt{a^2+1}}{a} e^{at} \right]_0^{\frac{\ln 5}{a}}$$

$$= \frac{\sqrt{a^2+1}}{a}(5-1)$$

$$= \frac{4\sqrt{a^2+1}}{a} = 6$$

에서 $\sqrt{a^2+1} = \dfrac{3}{2}a$

$$a^2 + 1 = \frac{9}{4}a^2, \ \frac{5}{4}a^2 = 1$$

$$a^2 = \frac{4}{5}$$

$a > 0$ 이므로 $a = \dfrac{2\sqrt{5}}{5}$ 　　답 ⑤

26

$\displaystyle\lim_{n \to \infty} \dfrac{f(n^2+1) - n^4}{n^2+1} = \dfrac{3}{2}$ 에서 $f(n^2+1) - n^4$ 은 최고차항의 계수가 $\dfrac{3}{2}$ 인 이차식이므로 $f(n^2+1)$ 은 최고차항의 계수가 1이고 이차항의 계수가 $\dfrac{3}{2}$ 인 사차식이다.

따라서 다항식 $f(x)$ 는 최고차항의 계수가 1인 이차식이어야 한다.

$f(x) = x^2 + ax + b$ (a, b는 상수)로 놓으면

$$f(n^2+1) = (n^2+1)^2 + a(n^2+1) + b$$

$$= n^4 + (a+2)n^2 + a + b + 1$$

이때 $a + 2 = \dfrac{3}{2}$ 에서 $a = -\dfrac{1}{2}$

즉, $f(x) = x^2 - \dfrac{1}{2}x + b$ 이므로

$$f(1) = 1 - \frac{1}{2} + b = b + \frac{1}{2}$$

$\displaystyle\sum_{n=1}^{\infty} \{f(1)\}^{n-1} = 4$ 이므로

$0 < \left| b + \dfrac{1}{2} \right| < 1$, 즉 $-\dfrac{3}{2} < b < \dfrac{1}{2}$ $\left(b \ne -\dfrac{1}{2} \right)$ 이고

$$\sum_{n=1}^{\infty} \left(b + \frac{1}{2} \right)^{n-1} = \frac{1}{1 - \left(b + \frac{1}{2} \right)} = \frac{1}{\frac{1}{2} - b} = 4$$

$\dfrac{1}{2} - b = \dfrac{1}{4}$ 에서 $b = \dfrac{1}{4}$

따라서 $f(x) = x^2 - \dfrac{1}{2}x + \dfrac{1}{4}$ 이므로

$$f(-1) = 1 + \frac{1}{2} + \frac{1}{4} = \frac{7}{4}$$ 　　답 ④

27

$\angle BCD = 2\theta$ 에서 호 BD의 원주각의 크기가 2θ 이므로 중심각의 크기는 4θ 이다.

즉, $\angle DOB = 4\theta$ 이므로 $\angle DOF = 3\theta$ 이고

$$\angle FDO = \frac{\pi - 4\theta}{2} = \frac{\pi}{2} - 2\theta$$

$$\angle OFD = \pi - 3\theta - \left(\frac{\pi}{2} - 2\theta \right) = \frac{\pi}{2} - \theta$$

또 $\overline{OA} /\!/ \overline{CB}$ 에서 $\angle OBC = \angle AOB = \theta$ 이므로

$$\angle DEO = 3\theta,$$

$$\angle ODE = \angle DOB - \angle DEO = 4\theta - 3\theta = \theta$$

$\overline{OD} = 1$ 이므로 삼각형 OED에서 사인법칙에 의하여

$$\frac{\overline{OD}}{\sin 3\theta} = \frac{\overline{OE}}{\sin \theta}, \ \overline{OE} = \frac{\sin \theta}{\sin 3\theta}$$

또 삼각형 ODF에서 사인법칙에 의하여

$$\frac{\overline{OD}}{\sin\left(\frac{\pi}{2}-\theta\right)}=\frac{\overline{OF}}{\sin\left(\frac{\pi}{2}-2\theta\right)}, \ \overline{OF}=\frac{\cos 2\theta}{\cos\theta}$$

사각형 OEDF의 넓이는 두 삼각형 OED, ODF의 넓이의 합과 같으므로

$$f(\theta)=\frac{1}{2}\times\overline{OE}\times\overline{OD}\times\sin(\pi-4\theta)+\frac{1}{2}\times\overline{OD}\times\overline{OF}\times\sin 3\theta$$

$$=\frac{\sin\theta\sin 4\theta}{2\sin 3\theta}+\frac{\cos 2\theta\sin 3\theta}{2\cos\theta}$$

따라서

$$\lim_{\theta\to 0+}\frac{f(\theta)}{\theta}=\lim_{\theta\to 0+}\frac{\frac{\sin\theta\sin 4\theta}{2\sin 3\theta}+\frac{\cos 2\theta\sin 3\theta}{2\cos\theta}}{\theta}$$

$$=\lim_{\theta\to 0+}\left\{\frac{2}{3}\times\frac{\frac{\sin\theta}{\theta}}{\frac{\sin 3\theta}{3\theta}}\times\frac{\sin 4\theta}{4\theta}+\frac{3\cos 2\theta}{2\cos\theta}\times\frac{\sin 3\theta}{3\theta}\right\}$$

$$=\frac{2}{3}\times\frac{1}{1}\times 1+\frac{3}{2}\times 1=\frac{13}{6}$$

답 ④

28

$y=\ln x$에서 $y'=\frac{1}{x}$

곡선 $y=\ln x$ 위의 점 $(t, \ln t)$에서의 접선의 방정식은

$y-\ln t=\frac{1}{t}(x-t)$, 즉 $y=\frac{x}{t}-1+\ln t$

이므로 $f(x)=\frac{x}{t}-1+\ln t$

$h(x)=f(x)-x^2+m$으로 놓으면

$h(x)=-x^2+\frac{x}{t}-1+\ln t+m$

$$=-\left(x-\frac{1}{2t}\right)^2+\frac{1}{4t^2}-1+\ln t+m$$

함수 $y=|h(x)|$가 양의 실수 전체의 집합에서 미분가능하려면 $x\geq 0$일 때 $h(x)\leq 0$이어야 한다.

$t>0$에서 $\frac{1}{2t}>0$이므로

$\frac{1}{4t^2}-1+\ln t+m\leq 0$

$m\leq 1-\ln t-\frac{1}{4t^2}$

이때 m의 최댓값 $g(t)$는

$g(t)=1-\ln t-\frac{1}{4t^2}$이므로

$$\int_1^e g(t)dt=\int_1^e\left(1-\ln t-\frac{1}{4t^2}\right)dt$$

$$=\int_1^e\left(1-\frac{1}{4t^2}\right)dt-\int_1^e\ln t\, dt$$

$$\int_1^e\left(1-\frac{1}{4t^2}\right)dt=\left[t+\frac{1}{4t}\right]_1^e=\left(e+\frac{1}{4e}\right)-\left(1+\frac{1}{4}\right)$$

$$=e+\frac{1}{4e}-\frac{5}{4}$$

$\int_1^e\ln t\, dt$에서 $u(t)=\ln t$, $v'(t)=1$이라 하면

$u'(t)=\frac{1}{t}$, $v(t)=t$이므로

$$\int_1^e\ln t\, dt=\left[t\ln t\right]_1^e-\int_1^e 1\, dt=e\ln e-\ln 1-\left[t\right]_1^e$$

$$=e-(e-1)=1$$

따라서

$$\int_1^e g(t)dt=\int_1^e\left(1-\frac{1}{4t^2}\right)dt-\int_1^e\ln t\, dt$$

$$=\left(e+\frac{1}{4e}-\frac{5}{4}\right)-1=e+\frac{1}{4e}-\frac{9}{4}$$

답 ①

29

$f(x)=(x^2+1)e^{-x}$에서

$f'(x)=2xe^{-x}-(x^2+1)e^{-x}=-(x-1)^2 e^{-x}$

$f'(x)=0$에서 $x=1$

$f''(x)=(-2x+2)e^{-x}-(-x^2+2x-1)e^{-x}=(x^2-4x+3)e^{-x}$

$$=(x-1)(x-3)e^{-x}$$

$f''(x)=0$에서 $x=1$ 또는 $x=3$

함수 $f(x)$의 증가와 감소를 표로 나타내면 다음과 같다.

x	$\cdots$	1	$\cdots$	3	$\cdots$
$f'(x)$	$-$	0	$-$	$-$	$-$
$f''(x)$	$+$	0	$-$	0	$+$
$f(x)$	$\searrow$	변곡점	$\searrow$	변곡점	$\searrow$

$f'(1)=0$, $f'(3)=-\frac{4}{e^3}$

(i) $m>0$일 때

[그림 1]과 같이 기울기가 양수인 직선은 곡선 $y=f(x)$와 항상 한 점에서 만나므로

$g(m)=1-1=0$

(ii) $m=0$일 때

[그림 1]과 같이 모든 실수 x에 대하여 $f(x)>0$이고, $\lim_{x\to\infty}f(x)=0$이므

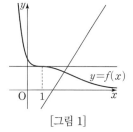

[그림 1]

로 기울기가 0인 직선의 y절편이 0 또는 음수이면 이 직선은 곡선 $y=f(x)$와 만나지 않는다.

또 기울기가 0인 직선의 y절편이 양수이면 이 직선은 곡선 $y=f(x)$와 항상 한 점에서 만나므로

$g(m)=1-0=1$

(iii) $-\frac{4}{e^3}<m<0$일 때

[그림 2]와 같이 기울기가 m인 직선이 곡선 $y=f(x)$와 만나는 서로 다른 점의 개수의 최댓값은 4이고 최솟값은 0이므로

$g(m)=4-0=4$

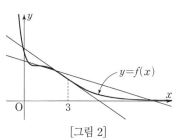

[그림 2]

(iv) $m\leq -\frac{4}{e^3}$일 때

[그림 2]와 같이 기울기가 m인 직선이 곡선 $y=f(x)$와 만나는 서로 다른 점의 개수의 최댓값은 2이고 최솟값은 0이므로

$g(m)=2-0=2$

(i)~(iv)에서 $A=\{0,\ 1,\ 2,\ 4\}$이므로

$p=4,\ q=0+1+2+4=7$

따라서 $p+q=4+7=11$ 답 11

30

함수 $g(x)$는 최고차항의 계수가 -1인 이차함수이므로 조건 (다)에 의하여

$g(x)=-(x-a)(x-a-2)$

로 놓으면

$g(1)=-(1-a)(1-a-2)=1$에서

$(1-a)(1+a)=1,\ 1-a^2=1$

$a^2=0,\ a=0$

즉, $g(x)=-x(x-2)=-x^2+2x$

조건 (가)에 의하여 모든 실수 x에 대하여 $f(x)-g(x)\geq0$이다.

조건 (나)에서 두 곡선 $y=f(x),\ y=g(x)$가 두 점에서만 만나므로 방정식 $f(x)=g(x)$, 즉 $f(x)-g(x)=0$의 실근은 2개뿐이다.

이때 조건 (다)에 의하여 $f(0)-g(0)=0$이므로 방정식 $f(x)-g(x)=0$의 한 실근은 0이고, 함수 $f(x)$는 최고차항의 계수가 1인 사차함수이므로

$f(x)-g(x)=x^2(x-b)^2$ (b는 상수)

로 놓을 수 있다.

$f(x)=x^2(x-b)^2+g(x)=x^2(x-b)^2-x^2+2x$

$=x^4-2bx^3+(b^2-1)x^2+2x$

에서

$f'(x)=4x^3-6bx^2+2(b^2-1)x+2$

$f''(x)=12x^2-12bx+2(b^2-1)$

$f'(1)=2b^2-6b+4=0$에서

$2(b-1)(b-2)=0$

$b=1$ 또는 $b=2$ $\cdots\cdots$ ㉠

$f''(1)=2b^2-12b+10=0$에서

$2(b-1)(b-5)=0$

$b=1$ 또는 $b=5$ $\cdots\cdots$ ㉡

㉠, ㉡에서 $b=1$이므로

$f'(x)=4x^3-6x^2+2=2(x-1)^2(2x+1)$

또한 $g'(x)=-2x+2=-2(x-1)$이므로

$\displaystyle\int_2^4\frac{g'(x)}{f'(x)}\,dx=\int_2^4\frac{-2(x-1)}{2(x-1)^2(2x+1)}\,dx$

$\displaystyle=-\int_2^4\frac{1}{(x-1)(2x+1)}\,dx$

$\displaystyle=\frac{1}{3}\int_2^4\left(\frac{2}{2x+1}-\frac{1}{x-1}\right)dx$

$\displaystyle=\frac{1}{3}\Big[\ln|2x+1|-\ln|x-1|\Big]_2^4$

$\displaystyle=\frac{1}{3}\left(\ln\frac{9}{3}-\ln\frac{5}{1}\right)=\frac{1}{3}\ln\frac{3}{5}=\ln\sqrt[3]{\frac{3}{5}}$

따라서 $p=\sqrt[3]{\dfrac{3}{5}}$이므로

$100\times p^6=100\times\left(\sqrt[3]{\dfrac{3}{5}}\right)^6=100\times\dfrac{9}{25}=36$ 답 36

실전 모의고사 ⑤회   본문 154~165쪽

01 ②	02 ③	03 ④	04 ②	05 ⑤
06 ②	07 ①	08 ①	09 ⑤	10 ④
11 ⑤	12 ①	13 ③	14 ④	15 ②
16 6	17 14	18 4	19 16	20 60
21 27	22 252	23 ⑤	24 ⑤	25 ①
26 ④	27 ②	28 ③	29 7	30 25

01

$\sqrt[3]{4}\times8^{-\frac{5}{9}}=(2^2)^{\frac{1}{3}}\times(2^3)^{-\frac{5}{9}}=2^{\frac{2}{3}}\times2^{-\frac{5}{3}}=2^{\frac{2}{3}+\left(-\frac{5}{3}\right)}=2^{-1}=\dfrac{1}{2}$ 답 ②

02

$\displaystyle\lim_{x\to2}\frac{f(x)-6}{x-2}=\lim_{x\to2}\frac{3x^2-3x-6}{x-2}=\lim_{x\to2}\frac{3(x-2)(x+1)}{x-2}$

$\displaystyle=\lim_{x\to2}3(x+1)=9$ 답 ③

다른 풀이

$f(x)=3x^2-3x$에서 $f(2)=6$이므로

$\displaystyle\lim_{x\to2}\frac{f(x)-6}{x-2}=\lim_{x\to2}\frac{f(x)-f(2)}{x-2}=f'(2)$

$f'(x)=6x-3$이므로 $f'(2)=12-3=9$

03

등비수열 $\{a_n\}$의 공비를 $r\ (r>0)$이라 하자.

$\dfrac{a_1\times a_4}{a_2}=3$에서

$\dfrac{a_1\times a_4}{a_2}=\dfrac{a_1\times a_1r^3}{a_1r}=a_1r^2$

$a_1r^2=3$ $\cdots\cdots$ ㉠

$a_3+a_5=15$에서

$a_3+a_5=a_1r^2+a_1r^4=a_1r^2(1+r^2)$

$a_1r^2(1+r^2)=15$ $\cdots\cdots$ ㉡

㉠을 ㉡에 대입하면

$3(1+r^2)=15,\ r^2=4$

$r>0$이므로 $r=2$

$r=2$를 ㉠에 대입하면

$a_1\times4=3,\ a_1=\dfrac{3}{4}$

따라서 $a_6=a_1r^5=\dfrac{3}{4}\times2^5=24$ 답 ④

04

함수 $y=f(x)$의 그래프에서 $\displaystyle\lim_{x\to-2-}f(x)=0$

$\displaystyle\lim_{x\to1+}f(x+1)$에서 $x+1=t$로 놓으면 $x\to1+$일 때 $t\to2+$이므로

$\displaystyle\lim_{x\to1+}f(x+1)=\lim_{t\to2+}f(t)=2$

따라서 $\displaystyle\lim_{x\to-2-}f(x)+\lim_{x\to1+}f(x+1)=0+2=2$ 답 ②

05

$\cos\theta-\dfrac{1}{\cos\theta}=\dfrac{\tan\theta}{3}$에서

$\cos\theta-\dfrac{1}{\cos\theta}=\dfrac{\sin\theta}{3\cos\theta}$, $3(\cos^2\theta-1)=\sin\theta$

$-3\sin^2\theta=\sin\theta$, $\sin\theta(3\sin\theta+1)=0$

$\pi<\theta<\dfrac{3}{2}\pi$에서 $\sin\theta<0$이므로

$\sin\theta=-\dfrac{1}{3}$

$\pi<\theta<\dfrac{3}{2}\pi$에서 $\cos\theta<0$이므로

$\cos\theta=-\sqrt{1-\sin^2\theta}=-\sqrt{1-\left(-\dfrac{1}{3}\right)^2}=-\dfrac{2\sqrt{2}}{3}$

따라서 $\cos(\pi-\theta)=-\cos\theta=\dfrac{2\sqrt{2}}{3}$　　　답 ⑤

06

$f(x)=x^3+ax^2+bx+2$에서 $f'(x)=3x^2+2ax+b$

함수 $f(x)$가 $x=1$, $x=3$에서 각각 극값을 가지므로

$f'(1)=0$이고 $f'(3)=0$이다.

방정식 $f'(x)=0$, 즉 $3x^2+2ax+b=0$의 두 실근이 1, 3이므로 이차

방정식의 근과 계수의 관계에 의하여

$1+3=-\dfrac{2a}{3}$, $1\times3=\dfrac{b}{3}$

즉, $a=-6$, $b=9$이므로

$f(x)=x^3-6x^2+9x+2$, $f'(x)=3x^2-12x+9$

함수 $f(x)$의 증가와 감소를 표로 나타내면 다음과 같다.

x	$\cdots$	1	$\cdots$	3	$\cdots$
$f'(x)$	$+$	0	$-$	0	$+$
$f(x)$	↗	극대	↘	극소	↗

따라서 함수 $f(x)$는 $x=3$에서 극소이므로 함수 $f(x)$의 극솟값은

$f(3)=27-54+27+2=2$　　　답 ②

07

$\displaystyle\int_{-1}^{x}f(t)dt=2x^3+ax^2+bx+2$ ······ ㉠

㉠의 양변에 $x=-1$을 대입하면

$0=-2+a-b+2$

$a-b=0$ ······ ㉡

㉠의 양변을 x에 대하여 미분하면

$f(x)=6x^2+2ax+b$

$f(1)=0$이므로 $6+2a+b=0$

$2a+b=-6$ ······ ㉢

㉡, ㉢을 연립하여 풀면 $a=-2$, $b=-2$

따라서 $a+b=-2+(-2)=-4$　　　답 ①

08

$\log_2 a-\log_4 b=\dfrac{1}{2}$에서

$\log_2 a-\log_4 b=\log_4 a^2-\log_4 b=\log_4\dfrac{a^2}{b}$이므로

$\log_4\dfrac{a^2}{b}=\dfrac{1}{2}$, $\dfrac{a^2}{b}=4^{\frac{1}{2}}=2$

$a^2=2b$ ······ ㉠

$a+b=6\log_2 2\times\log_2 9=6\log_2 2\times\dfrac{\log_3 9}{\log_3 2}$

$\qquad=6\log_3 3^2=6\times2\log_3 3=12$

에서 $b=12-a$ ······ ㉡

㉡을 ㉠에 대입하면

$a^2=2(12-a)$, $a^2+2a-24=0$

$(a+6)(a-4)=0$

$a>0$이므로 $a=4$

$a=4$를 ㉡에 대입하면

$b=12-a=12-4=8$

따라서 $b-a=8-4=4$　　　답 ①

09

시각 $t=0$일 때 동시에 원점을 출발한 후, 시각 $t=a$ $(a>0)$에서 두

점 P, Q의 위치가 서로 같으므로

$\displaystyle\int_0^a v_1(t)dt=\int_0^a v_2(t)dt$, 즉 $\displaystyle\int_0^a \{v_1(t)-v_2(t)\}dt=0$이어야 한다.

$\displaystyle\int_0^a\{v_1(t)-v_2(t)\}dt=\int_0^a\{(3t^2-2t)-2t\}dt=\int_0^a(3t^2-4t)dt$

$\qquad=\Big[t^3-2t^2\Big]_0^a=a^3-2a^2$

이므로 $a^3-2a^2=0$에서 $a^2(a-2)=0$

$a>0$이므로 $a=2$

따라서 점 P가 시각 $t=0$에서 시각 $t=a$까지 움직인 거리는

$\displaystyle\int_0^a|v_1(t)|dt=\int_0^2|v_1(t)|dt=\int_0^2|3t^2-2t|dt$

$\qquad=\int_0^{\frac{2}{3}}(-3t^2+2t)dt+\int_{\frac{2}{3}}^2(3t^2-2t)dt$

$\qquad=\Big[-t^3+t^2\Big]_0^{\frac{2}{3}}+\Big[t^3-t^2\Big]_{\frac{2}{3}}^2$

$\qquad=\left(-\dfrac{8}{27}+\dfrac{4}{9}\right)+\left\{(8-4)-\left(\dfrac{8}{27}-\dfrac{4}{9}\right)\right\}$

$\qquad=\dfrac{116}{27}$　　　답 ⑤

10

삼차함수 $f(x)$는 최고차항의 계수가 1이고 곡선 $y=f(x)$가 점 $(1,0)$

을 지나므로

$f(x)=(x-1)(x^2+ax+b)$ $(a, b$는 상수$)$라 하면

$f'(x)=(x^2+ax+b)+(x-1)(2x+a)$

곡선 $y=f(x)$ 위의 점 $(1,0)$에서의 접선의 기울기가 1이므로

$f'(1)=1$

즉, $f'(1)=1+a+b=1$에서 $a+b=0$ ······ ㉠

$g(x)=(x-2)f(x)$라 하면 $g'(x)=f(x)+(x-2)f'(x)$

곡선 $y=g(x)$ 위의 점 $(2,0)$에서의 접선의 기울기가 4이므로

$g'(2)=4$

즉, $g'(2)=f(2)+0=4$에서

$f(2)=4+2a+b=4$, $2a+b=0$ …… ㉡

㉠, ㉡을 연립하여 풀면 $a=0$, $b=0$

따라서 $f(x)=x^3-x^2$이므로 $f(-1)=-1-1=-2$ 답 ④

11

$\displaystyle\lim_{x\to0}\dfrac{f(x)}{x}=2$에서 $x\to0$일 때 (분모)$\to0$이고 극한값이 존재하므로

(분자)$\to0$이어야 한다.

즉, $\displaystyle\lim_{x\to0}f(x)=f(0)=0$이므로

$\displaystyle\lim_{x\to0}\dfrac{f(x)}{x}=\lim_{x\to0}\dfrac{f(x)-f(0)}{x}=f'(0)=2$

그러므로

$f(x)=x^4+ax^3+bx^2+2x$ (a, b는 상수)

로 놓을 수 있다.

$g(x)=\begin{cases} \dfrac{x(x+1)}{f(x)} & (f(x)\neq0) \\ k & (f(x)=0) \end{cases}$

$\qquad=\begin{cases} \dfrac{x+1}{x^3+ax^2+bx+2} & (f(x)\neq0) \\ k & (f(x)=0) \end{cases}$

함수 $g(x)$가 실수 전체의 집합에서 연속이므로 $x=0$에서도 연속이다.

즉, $\displaystyle\lim_{x\to0}g(x)=g(0)=k$

이때 $\displaystyle\lim_{x\to0}g(x)=\lim_{x\to0}\dfrac{x+1}{x^3+ax^2+bx+2}=\dfrac{1}{2}$이므로 $k=\dfrac{1}{2}$

$h(x)=x^3+ax^2+bx+2$라 하면

$h(0)\neq0$이고 $h(x)$가 삼차함수이므로 $h(\alpha)=0$인 실수 α $(\alpha\neq0)$이 존재한다.

이때 $f(x)=xh(x)$이므로 $f(\alpha)=0$이다.

함수 $g(x)$가 $x=\alpha$에서도 연속이므로

$\displaystyle\lim_{x\to\alpha}g(x)=\lim_{x\to\alpha}\dfrac{x+1}{x^3+ax^2+bx+2}=\dfrac{1}{2}$ …… ㉠

㉠에서 $x\to\alpha$일 때 (분모)$\to0$이고 극한값이 존재하므로

(분자)$\to0$이어야 한다.

즉, $\displaystyle\lim_{x\to\alpha}(x+1)=\alpha+1=0$이므로 $\alpha=-1$

이때 $h(\alpha)=h(-1)=-1+a-b+2=0$이므로

$b=a+1$ …… ㉡

㉠에서

$\displaystyle\lim_{x\to-1}\dfrac{x+1}{x^3+ax^2+(a+1)x+2}=\lim_{x\to-1}\dfrac{x+1}{(x+1)\{x^2+(a-1)x+2\}}$

$\qquad\qquad\qquad\qquad\qquad=\lim_{x\to-1}\dfrac{1}{x^2+(a-1)x+2}=\dfrac{1}{4-a}$

이므로 $\dfrac{1}{4-a}=\dfrac{1}{2}$에서 $a=2$

㉡에 $a=2$를 대입하면 $b=3$

그러므로 $f(x)=x(x^3+2x^2+3x+2)=x(x+1)(x^2+x+2)$

이때 $x^2+x+2=\left(x+\dfrac{1}{2}\right)^2+\dfrac{7}{4}>0$이므로 $x\neq0$, $x\neq-1$인 모든 실수 x에 대하여 $f(x)\neq0$이다.

즉, 함수 $g(x)$는 실수 전체의 집합에서 연속이다.

따라서 $f(1)=1\times2\times4=8$ 답 ⑤

12

(i) $a_6=0$일 때

$a_7=a_6-8=-8$, $a_8=a_7{}^2=(-8)^2=64$

따라서 $a_6+a_8=0$에 모순이다.

(ii) $a_6<0$일 때

$a_6=k$ $(k<0)$이라 하면 $a_7=a_6{}^2=k^2>0$

$a_8=a_7-8=k^2-8$

$a_6+a_8=k+(k^2-8)=k^2+k-8$

$a_6+a_8=0$, 즉 $k^2+k-8=0$을 만족시키는 정수 k는 없다.

(iii) $a_6>0$일 때

$a_6=k$ $(k>0)$이라 하면 $a_7=a_6-8=k-8$

ⓐ $k\geq8$이면 $a_8=a_7-8=(k-8)-8=k-16$

$\quad a_6+a_8=k+(k-16)=2k-16=0$이므로 $k=8$

ⓑ $k<8$이면 $a_8=a_7{}^2=(k-8)^2$

$\quad a_6+a_8=k+(k-8)^2=k^2-15k+64=\left(k-\dfrac{15}{2}\right)^2+\dfrac{31}{4}>0$

이므로 모순이다.

(i), (ii), (iii)에 의하여 $a_6=8$

(iv) $a_6=8=\begin{cases} a_5-8 & (a_5\geq0) \\ a_5{}^2 & (a_5<0) \end{cases}$

$a_5-8=8$에서 $a_5=16$

$a_5{}^2=8$을 만족시키는 정수 a_5는 없다.

(v) $a_5=16=\begin{cases} a_4-8 & (a_4\geq0) \\ a_4{}^2 & (a_4<0) \end{cases}$

$a_4-8=16$에서 $a_4=24$

$a_4{}^2=16$에서 $a_4<0$이므로 $a_4=-4$

(vi) $a_4=24$ 또는 $a_4=-4$

ⓐ $a_4=24=\begin{cases} a_3-8 & (a_3\geq0) \\ a_3{}^2 & (a_3<0) \end{cases}$

$\quad a_3-8=24$에서 $a_3=32$

$\quad a_3{}^2=24$를 만족시키는 정수 a_3은 없다.

ⓑ $a_4=-4=\begin{cases} a_3-8 & (a_3\geq0) \\ a_3{}^2 & (a_3<0) \end{cases}$

$\quad a_3-8=-4$에서 $a_3=4$

$\quad a_3{}^2=-4$를 만족시키는 정수 a_3은 없다.

(vii) $a_3=32$ 또는 $a_3=4$

ⓐ $a_3=32=\begin{cases} a_2-8 & (a_2\geq0) \\ a_2{}^2 & (a_2<0) \end{cases}$

$\quad a_2-8=32$에서 $a_2=40$

$\quad a_2{}^2=32$를 만족시키는 정수 a_2는 없다.

ⓑ $a_3=4=\begin{cases} a_2-8 & (a_2\geq0) \\ a_2{}^2 & (a_2<0) \end{cases}$

$\quad a_2-8=4$에서 $a_2=12$

$\quad a_2{}^2=4$에서 $a_2<0$이므로 $a_2=-2$

(viii) $a_2=40$ 또는 $a_2=12$ 또는 $a_2=-2$

ⓐ $a_2=40=\begin{cases} a_1-8 & (a_1\geq0) \\ a_1{}^2 & (a_1<0) \end{cases}$

$\quad a_1-8=40$에서 $a_1=48$

$\quad a_1{}^2=40$을 만족시키는 정수 a_1은 없다.

ⓑ $a_2 = 12 = \begin{cases} a_1 - 8 & (a_1 \geq 0) \\ a_1^2 & (a_1 < 0) \end{cases}$

$a_1 - 8 = 12$에서 $a_1 = 20$

$a_1^2 = 12$를 만족시키는 정수 a_1은 없다.

ⓒ $a_2 = -2 = \begin{cases} a_1 - 8 & (a_1 \geq 0) \\ a_1^2 & (a_1 < 0) \end{cases}$

$a_1 - 8 = -2$에서 $a_1 = 6$

$a_1^2 = -2$를 만족시키는 정수 a_1은 없다.

따라서 모든 a_1의 값의 합은 $48 + 20 + 6 = 74$ 답 ①

13

함수 $f(x) = 3 \sin \pi x + 2$의 주기는 $\dfrac{2\pi}{\pi} = 2$이고,

최댓값은 $3 + 2 = 5$, 최솟값은 $-3 + 2 = -1$이다.

방정식 $\{f(x) - t\}\{2f(x) + t\} = 0$에서

$f(x) = t$ 또는 $f(x) = -\dfrac{t}{2}$

방정식 $f(x) = t$의 실근은 함수 $y = f(x)$의 그래프와 직선 $y = t$가 만나는 점의 x좌표이고, 방정식 $f(x) = -\dfrac{t}{2}$의 실근은 함수 $y = f(x)$의 그래프와 직선 $y = -\dfrac{t}{2}$가 만나는 점의 x좌표이다.

(i) $0 < t < 2$일 때

$0 \leq x \leq 3$에서 함수 $y = f(x)$의 그래프와 직선 $y = t$가 만나는 두 점을 각각 A, B라 하고 함수 $y = f(x)$의 그래프와 직선 $y = -\dfrac{t}{2}$가 만나는 두 점을 각각 C, D라 하자.

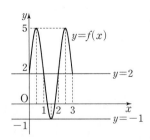

네 점 A, B, C, D의 x좌표를 각각 a, b, c, d ($a < c < d < b$)라 하면

$\dfrac{a+b}{2} = \dfrac{3}{2}$, $\dfrac{c+d}{2} = \dfrac{3}{2}$

이므로 $a + b = 3$, $c + d = 3$

따라서 $g(t) = 4$, $h(t) = 3 + 3 = 6$이므로

$h(t) - g(t) = 6 - 4 = 2$

(ii) $t = 2$일 때

$0 \leq x \leq 3$에서 함수 $y = f(x)$의 그래프와 직선 $y = 2$가 만나는 네 점의 좌표는 각각 $(0, 2)$, $(1, 2)$, $(2, 2)$, $(3, 2)$이고 함수 $y = f(x)$의 그래프와 직선 $y = -1$이 만나는 점의 좌표는 $\left(\dfrac{3}{2}, -1\right)$이다.

따라서 $g(2) = 5$, $h(2) = 0 + 1 + 2 + 3 + \dfrac{3}{2} = \dfrac{15}{2}$이므로

$h(2) - g(2) = \dfrac{15}{2} - 5 = \dfrac{5}{2}$

(iii) $2 < t < 5$일 때

$0 \leq x \leq 3$에서 함수 $y = f(x)$의 그래프와 직선 $y = t$가 만나는 네 점을 각각 P, Q, R, S라 하자.

네 점 P, Q, R, S의 x좌표를 각각 p, q, r, s ($p < q < r < s$)라 하면

$\dfrac{p+q}{2} = \dfrac{1}{2}$, $\dfrac{r+s}{2} = \dfrac{5}{2}$

이므로

$p + q = 1$, $r + s = 5$

한편, $0 \leq x \leq 3$에서 함수 $y = f(x)$의 그래프와 직선 $y = -\dfrac{t}{2}$는 만나지 않는다.

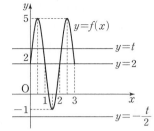

따라서 $g(t) = 4$, $h(t) = 1 + 5 = 6$이므로

$h(t) - g(t) = 6 - 4 = 2$

(iv) $t = 5$일 때

$0 \leq x \leq 3$에서 함수 $y = f(x)$의 그래프와 직선 $y = 5$가 만나는 두 점의 좌표는 $\left(\dfrac{1}{2}, 5\right)$, $\left(\dfrac{5}{2}, 5\right)$이고 함수 $y = f(x)$의 그래프와 직선 $y = -\dfrac{5}{2}$는 만나지 않는다.

따라서 $g(5) = 2$,

$h(5) = \dfrac{1}{2} + \dfrac{5}{2} = 3$이므로

$h(5) - g(5) = 3 - 2 = 1$

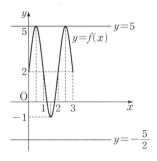

(v) $t > 5$일 때

$0 \leq x \leq 3$에서 함수 $y = f(x)$의 그래프와 직선 $y = t$가 만나지 않고, 함수 $y = f(x)$의 그래프와 직선 $y = -\dfrac{t}{2}$도 만나지 않는다.

따라서 $g(t) = 0$, $h(t) = 0$이므로

$h(t) - g(t) = 0 - 0 = 0$

(i)~(v)에서 $h(t) - g(t)$의 최댓값은 $\dfrac{5}{2}$이다.

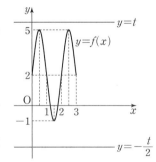

답 ③

14

조건 (가)에서 함수 $|f(x)|$가 $x = -1$에서만 미분가능하지 않으므로

$f(-1) = 0$, $f'(-1) \neq 0$

방정식 $|f(x)| = f(-1)$, 즉 $|f(x)| = 0$에서 $|f(-1)| = 0$이므로

$x = -1$은 방정식 $|f(x)| = 0$의 실근이다.

조건 (나)에서 방정식 $|f(x)| = 0$은 서로 다른 두 실근을 갖고, 이 두 실근의 합이 1보다 크므로 방정식 $|f(x)| = 0$의 두 실근을 -1, α ($\alpha > 2$)라 하면 함수 $y = f(x)$의 그래프와 x축은 접하고

$f(x) = (x+1)(x-\alpha)^2$

으로 놓을 수 있다.

조건 (다)에서 방정식 $|f(x)| = f(2)$의 서로 다른 실근의 개수가 3이고 $\alpha > 2$이므로

$f'(2) = 0$이어야 한다.

$f(x)=(x+1)(x-a)^2=(x+1)(x^2-2ax+a^2)$에서

$f'(x)=(x^2-2ax+a^2)+(x+1)(2x-2a)=(x-a)(3x-a+2)$

$f'(2)=(2-a)(6-a+2)=0$에서

$a>2$이므로 $a=8$

함수 $y=f(x-m)+n$의 그래프는 함수 $y=f(x)$의 그래프를 x축의 방향으로 m만큼, y축의 방향으로 n만큼 평행이동한 것이다.

이때 $f'(2)=0$, $f'(8)=0$이므로 함수 $f(x)$는 $x=2$에서 극댓값을 갖고 $x=8$에서 극솟값을 갖는다.

$f(x)=(x+1)(x-8)^2$이고,

$f(2)=108$, $f(8)=0$

이므로 함수 $g(x)$가 실수 전체의 집합에서 미분가능하려면

$m=-6$, $n=108$

이어야 한다.

따라서 $m+n=-6+108=102$

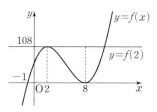

답 ④

15

곡선 $y=\log_2(x+a)$를 직선 $y=x$에 대하여 대칭이동하면

$y=\log_2(x+a)$에서 $x=\log_2(y+a)$

$y+a=2^x$, $y=2^x-a$

$h(x)=2^x-a$

조건 (가)에서 두 곡선 $y=4^x+\dfrac{b}{8}$, $y=2^x-a$가 서로 다른 두 점에서 만나므로 방정식 $4^x+\dfrac{b}{8}=2^x-a$는 서로 다른 두 실근을 갖는다.

$(2^x)^2-2^x+a+\dfrac{b}{8}=0$에서 $2^x=X$ $(X>0)$이라 하면

$X^2-X+a+\dfrac{b}{8}=0$ ······ ㉠

이차방정식 ㉠의 판별식을 D라 하면

$D=(-1)^2-4\times1\times\left(a+\dfrac{b}{8}\right)>0$이므로

$a+\dfrac{b}{8}<\dfrac{1}{4}$ ······ ㉡

㉠의 두 근이 모두 양수이므로

$a+\dfrac{b}{8}>0$ ······ ㉢

㉡, ㉢에서 $0<a+\dfrac{b}{8}<\dfrac{1}{4}$ ······ ㉣

자연수 a의 값에 따른 곡선 $y=f(x)$와 x축 및 y축으로 둘러싸인 영역의 내부 또는 그 경계에 포함되고 x좌표와 y좌표가 모두 정수인 점의 개수를 구하면 다음과 같다.

(i) $a=2$이면 곡선 $y=\log_2(x+2)$와 x축 및 y축으로 둘러싸인 영역의 내부 또는 그 경계에 포함되고 x좌표와 y좌표가 모두 정수인 점의 개수는 3이다.

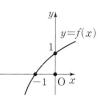

(ii) $a=3$이면 곡선 $y=\log_2(x+3)$과 x축 및 y축으로 둘러싸인 영역의 내부 또는 그 경계에 포함되고 x좌표와 y좌표가 모두 정수인 점의 개수는 5이다.

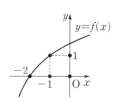

(iii) $a=4$이면 곡선 $y=\log_2(x+4)$와 x축 및 y축으로 둘러싸인 영역의 내부 또는 그 경계에 포함되고 x좌표와 y좌표가 모두 정수인 점의 개수는 8이다.

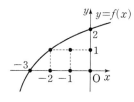

(iv) $a\geq5$이면 곡선 $y=\log_2(x+a)$와 x축 및 y축으로 둘러싸인 영역의 내부 또는 그 경계에 포함되고 x좌표와 y좌표가 모두 정수인 점의 개수는 11 이상이다.

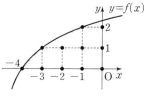

(i)~(iv)에서 $a=4$이고, ㉣에 의하여 $0<4+\dfrac{b}{8}<\dfrac{1}{4}$에서

$-4<\dfrac{b}{8}<-\dfrac{15}{4}$, $-32<b<-30$

이때 b가 정수이므로 $b=-31$

따라서 $a+b=4+(-31)=-27$

답 ②

16

로그의 진수의 조건에 의하여

$x-2>0$, $x+10>0$

이므로 $x>2$ ······ ㉠

$\log_3(x-2)=\log_9(x+10)$에서

$\log_3(x-2)=\log_{3^2}(x+10)$

$\log_3(x-2)=\dfrac{1}{2}\log_3(x+10)$

$\log_3(x-2)^2=\log_3(x+10)$

$(x-2)^2=x+10$

$x^2-5x-6=0$, $(x+1)(x-6)=0$

$x=-1$ 또는 $x=6$ ······ ㉡

㉠, ㉡을 모두 만족시키는 실수 x의 값은 6이다. **답 6**

17

$\displaystyle\sum_{k=1}^{10}(1+2a_k)=48$에서

$\displaystyle\sum_{k=1}^{10}(1+2a_k)=\sum_{k=1}^{10}1+2\sum_{k=1}^{10}a_k=10+2\sum_{k=1}^{10}a_k$이므로

$10+2\displaystyle\sum_{k=1}^{10}a_k=48$, $\displaystyle\sum_{k=1}^{10}a_k=19$

또 $\displaystyle\sum_{k=1}^{10}(k+b_k)=60$에서

$\displaystyle\sum_{k=1}^{10}(k+b_k)=\sum_{k=1}^{10}k+\sum_{k=1}^{10}b_k=\dfrac{10\times(10+1)}{2}+\sum_{k=1}^{10}b_k=55+\sum_{k=1}^{10}b_k$이므로

$55+\displaystyle\sum_{k=1}^{10}b_k=60$, $\displaystyle\sum_{k=1}^{10}b_k=5$

따라서 $\displaystyle\sum_{k=1}^{10}(a_k-b_k)=\sum_{k=1}^{10}a_k-\sum_{k=1}^{10}b_k=19-5=14$ **답 14**

18

$f(x)=(x^2-1)(x^2+ax+a)$에서

$f'(x)=2x(x^2+ax+a)+(x^2-1)(2x+a)$이므로

$f'(-2)=-4(4-2a+a)+3(-4+a)=7a-28$

$f'(-2)=0$이므로 $7a-28=0$

따라서 $a=4$ **답 4**

19

곡선 $y=x^2-4$와 직선 $y=a^2-4$가 만나는 점의 x좌표를 구하면

$x^2-4=a^2-4$에서 $(x+a)(x-a)=0$

$x=-a$ 또는 $x=a$

곡선 $y=x^2-4$와 x축이 만나는 점의 x좌표를 구하면

$x^2-4=0$에서 $(x+2)(x-2)=0$

$x=-2$ 또는 $x=2$

곡선 $y=x^2-4$와 직선 $y=a^2-4$로 둘러싸인 부분의 넓이가 x축에 의하여 이등분되고, 곡선 $y=x^2-4$와 직선 $y=a^2-4$가 모두 y축에 대하여 대칭이므로

$$\int_0^a \{(a^2-4)-(x^2-4)\}dx=2\int_0^2 (-x^2+4)dx$$

이때

$$\int_0^a \{(a^2-4)-(x^2-4)\}dx=\int_0^a (-x^2+a^2)dx=\left[-\frac{1}{3}x^3+a^2 x\right]_0^a$$

$$=-\frac{1}{3}a^3+a^3=\frac{2}{3}a^3$$

$$\int_0^2 (-x^2+4)dx=\left[-\frac{1}{3}x^3+4x\right]_0^2=-\frac{8}{3}+8=\frac{16}{3}$$

따라서 $\frac{2}{3}a^3=2\times\frac{16}{3}$이므로 $a^3=16$ 🔲 16

20

삼각형 ABC에서 코사인법칙에 의하여

$$\cos(\angle ABC)=\frac{\overline{AB}^2+\overline{BC}^2-\overline{CA}^2}{2\times\overline{AB}\times\overline{BC}}=\frac{1^2+x^2-(3-x)^2}{2\times 1\times x}=\frac{3x-4}{x}$$

이므로 $\frac{3x-4}{x}=\frac{1}{3}$에서 $9x-12=x$, $x=\frac{3}{2}$

$\overline{AD}=a$라 하면 삼각형 ABD에서 코사인법칙에 의하여

$$\overline{AD}^2=\overline{AB}^2+\overline{BD}^2-2\times\overline{AB}\times\overline{BD}\times\cos(\angle ABD)$$

$$a^2=1^2+1^2-2\times 1\times 1\times\frac{1}{3}=\frac{4}{3},\ a=\frac{2\sqrt{3}}{3}$$

삼각형 ABD에서 코사인법칙에 의하여

$$\cos(\angle BAD)=\frac{\overline{AB}^2+\overline{AD}^2-\overline{BD}^2}{2\times\overline{AB}\times\overline{AD}}$$

$$=\frac{1^2+\left(\frac{2\sqrt{3}}{3}\right)^2-1^2}{2\times 1\times\frac{2\sqrt{3}}{3}}=\frac{1}{\sqrt{3}}$$

이므로 $\sin^2(\angle BAD)=1-\left(\frac{1}{\sqrt{3}}\right)^2=\frac{2}{3}$

삼각형 ADC에서 코사인법칙에 의하여

$$\cos(\angle CAD)=\frac{\overline{AD}^2+\overline{CA}^2-\overline{DC}^2}{2\times\overline{AD}\times\overline{CA}}$$

$$=\frac{\left(\frac{2\sqrt{3}}{3}\right)^2+\left(\frac{3}{2}\right)^2-\left(\frac{1}{2}\right)^2}{2\times\frac{2\sqrt{3}}{3}\times\frac{3}{2}}=\frac{5}{3\sqrt{3}}$$

이므로 $\sin^2(\angle CAD)=1-\left(\frac{5}{3\sqrt{3}}\right)^2=\frac{2}{27}$

즉, $\sin^2(\angle BAD)+\sin^2(\angle CAD)=\frac{2}{3}+\frac{2}{27}=\frac{20}{27}$

따라서 $k=\frac{20}{27}$이므로 $81k=81\times\frac{20}{27}=60$ 🔲 60

풀이에서 $\overline{AD}=\frac{2\sqrt{3}}{3}$이므로 $\sin(\angle BAD)$, $\sin(\angle CAD)$의 값은 사인법칙을 이용하여 다음과 같이 구할 수도 있다.

그림과 같이 점 B에서 선분 AD에 내린 수선의 발을 H라 하면 삼각형 ABD가 $\overline{AB}=\overline{BD}$인 이등변삼각형이므로

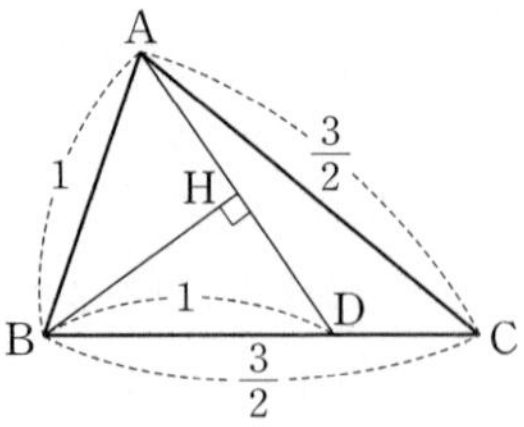

$$\overline{AH}=\frac{1}{2}\overline{AD}=\frac{1}{2}\times\frac{2\sqrt{3}}{3}=\frac{\sqrt{3}}{3}$$

$$\overline{BH}=\sqrt{\overline{AB}^2-\overline{AH}^2}=\sqrt{1^2-\left(\frac{\sqrt{3}}{3}\right)^2}=\frac{\sqrt{6}}{3}$$

그러므로 $\sin(\angle BAD)=\sin(\angle BAH)=\dfrac{\overline{BH}}{\overline{AB}}=\dfrac{\frac{\sqrt{6}}{3}}{1}=\dfrac{\sqrt{6}}{3}$

이등변삼각형 ABD에서 $\angle BAD=\angle ADB$이므로

$$\sin(\angle ADB)=\frac{\sqrt{6}}{3}$$

삼각형 ADC에서 사인법칙에 의하여

$$\frac{\overline{DC}}{\sin(\angle CAD)}=\frac{\overline{CA}}{\sin(\pi-\angle ADB)}$$

즉, $\dfrac{\overline{DC}}{\sin(\angle CAD)}=\dfrac{\overline{CA}}{\sin(\angle ADB)}$이므로

$$\sin(\angle CAD)=\frac{\overline{DC}}{\overline{CA}}\times\sin(\angle ADB)=\frac{\frac{1}{2}}{\frac{3}{2}}\times\frac{\sqrt{6}}{3}=\frac{\sqrt{6}}{9}$$

21

조건 (가)에 $n=6$을 대입하면 $a_6 a_8 < a_6 a_7$ ······ ㉠

조건 (가)에 $n=7$을 대입하면 $a_6 a_8 < a_7 a_8$ ······ ㉡

㉠에서 $a_6 \neq 0$이다.

$a_6 > 0$일 때, ㉠에서 $a_8 < a_7$이므로 등차수열 $\{a_n\}$의 공차는 음수이고, $a_6 > a_7$이다.

또한 ㉡에서 $a_8 \neq 0$이므로 $a_8 < 0$이다. 즉, $a_8 < 0 < a_6$

$a_6 < 0$일 때, 마찬가지 방법으로 $a_8 > 0$이므로 $a_6 < 0 < a_8$

(i) $a_6 < 0 < a_8$일 때

    등차수열 $\{a_n\}$의 공차를 d (d는 정수)라 하면 $d>0$이다.

    $a_8=a_1+7d>0$에서 $a_1>-7d$이고

    $a_6=a_1+5d<0$에서 $a_1<-5d$이므로

    $-7d<a_1<-5d$ ······ ㉢

    ① $a_7>0$일 때

        조건 (나)에서 $\sum_{k=1}^{10}(|a_k|+a_k)=2(a_7+a_8+a_9+a_{10})=30$이므로

        $a_7+a_8+a_9+a_{10}=15$, $4a_1+30d=15$ ······ ㉣

        이때 a_1과 d가 모두 정수이므로 ㉣을 만족시키는 a_1과 d의 값이 존재하지 않는다.

    ② $a_7\leq 0$일 때

        조건 (나)에서 $\sum_{k=1}^{10}(|a_k|+a_k)=2(a_8+a_9+a_{10})=30$이므로

        $a_8+a_9+a_{10}=15$, $3a_9=15$, $a_9=5$

        즉, $a_9=a_1+8d=5$이므로 $a_1=5-8d$ ······ ㉤

        ㉤을 ㉢에 대입하면

$-7d<5-8d<-5d$, $\dfrac{5}{3}<d<5$

한편, $a_7=a_1+6d=(5-8d)+6d=5-2d\leq 0$에서 $d\geq\dfrac{5}{2}$

이때 d는 양의 정수이므로 $d=3$ 또는 $d=4$이고, ㉢에서

$d=3$일 때 $a_1=-19$, $d=4$일 때 $a_1=-27$

(ii) $a_8<0<a_6$일 때

등차수열 $\{a_n\}$의 공차를 d (d는 정수)라 하면 $d<0$이다.

$a_8=a_1+7d<0$에서 $a_1<-7d$이고

$a_6=a_1+5d>0$에서 $a_1>-5d$이므로

$-5d<a_1<-7d$ ...... ㉥

① $a_7>0$일 때

조건 (나)에서

$\displaystyle\sum_{k=1}^{10}(|a_k|+a_k)=2(a_1+a_2+a_3+\cdots+a_7)=30$이므로

$a_1+a_2+a_3+\cdots+a_7=15$, $7a_4=15$, $a_4=\dfrac{15}{7}$

이때 a_4가 정수가 아니므로 모든 항이 정수라는 조건을 만족시키지 않는다.

② $a_7\leq 0$일 때

조건 (나)에서

$\displaystyle\sum_{k=1}^{10}(|a_k|+a_k)=2(a_1+a_2+a_3+\cdots+a_6)=30$이므로

$a_1+a_2+a_3+\cdots+a_6=15$, $6a_1+15d=15$

$a_1=\dfrac{5-5d}{2}$ ...... ㊂

㊂을 ㉥에 대입하면

$-5d<\dfrac{5-5d}{2}<-7d$, $-10d<5-5d<-14d$

$-1<d<-\dfrac{5}{9}$

이때 정수 d의 값이 존재하지 않는다.

(ⅰ), (ⅱ)에서 $a_1=-19$ 또는 $a_1=-27$

따라서 $|a_1|$의 최댓값은 27이다. 답 27

22

함수 $g(x)$를 n차함수 (n은 자연수)라 하면 조건 (나)에 의하여 함수 $f(x)$는 $(n+1)$차함수이다.

조건 (가)의 $\{f(x)g(x)\}'=f'(x)g(x)+f(x)g'(x)$는 $2n$차함수이고, $18\{G(x)+2f'(x)+22\}$는 $(n+1)$차함수이므로

$2n=n+1$에서 $n=1$이다.

따라서 함수 $f(x)$는 이차함수이고, 함수 $g(x)$는 일차함수이다.

$g(x)=ax+b$ (a, b는 상수, $a\neq 0$)이라 하면

$g'(x)=a$, $G(x)=\displaystyle\int g(x)dx=\dfrac{1}{2}ax^2+bx+C$ (C는 적분상수)이다.

조건 (다)에서 $G(0)=1$이므로 $C=1$

즉, $G(x)=\dfrac{1}{2}ax^2+bx+1$

조건 (나)에서

$f(x)=\displaystyle\int_1^x g(t)dt+6(3x-2)=\int_1^x(at+b)dt+6(3x-2)$

$=\left[\dfrac{1}{2}at^2+bt\right]_1^x+6(3x-2)$

$=\left(\dfrac{1}{2}ax^2+bx-\dfrac{1}{2}a-b\right)+18x-12$

$=\dfrac{1}{2}ax^2+(b+18)x-\left(\dfrac{1}{2}a+b+12\right)$ ...... ㉠

$f'(x)=ax+b+18$

조건 (가)에서 $\{f(x)g(x)\}'=f'(x)g(x)+f(x)g'(x)$이므로

$f'(x)g(x)+f(x)g'(x)$

$=(ax+b+18)(ax+b)+\left\{\dfrac{1}{2}ax^2+(b+18)x-\left(\dfrac{1}{2}a+b+12\right)\right\}\times a$

$=\{a^2x^2+a(2b+18)x+b^2+18b\}$

$\qquad+\left\{\dfrac{1}{2}a^2x^2+a(b+18)x-\left(\dfrac{1}{2}a^2+ab+12a\right)\right\}$

$=\dfrac{3}{2}a^2x^2+a(3b+36)x+\left(-\dfrac{1}{2}a^2-ab-12a+b^2+18b\right)$ ...... ㉡

$18\{G(x)+2f'(x)+22\}$

$=18\left\{\dfrac{1}{2}ax^2+bx+1+2(ax+b+18)+22\right\}$

$=9ax^2+18(2a+b)x+18(2b+59)$ ...... ㉢

조건 (가)에 의하여 ㉡=㉢이므로

$\dfrac{3}{2}a^2=9a$에서 $a\neq 0$이므로 $a=6$

$-\dfrac{1}{2}a^2-ab-12a+b^2+18b=18(2b+59)$에서

$-\dfrac{1}{2}\times 6^2-6b-72+b^2+18b=36b+18\times 59$

$b^2-24b-18\times 64=0$, $(b+24)(b-48)=0$

$b=-24$ 또는 $b=48$

즉, $g(x)=6x-24$ 또는 $g(x)=6x+48$

조건 (다)에서 $g(1)<0$이므로 $g(x)=6x-24$

따라서 $a=6$, $b=-24$이므로 ㉠에서

$f(x)=3x^2-6x+9=3(x-1)^2+6$

$h(x)=\begin{cases}-3(x-1)^2+6 & (0\leq x<1)\\ 3(x-1)^2+6 & (1\leq x\leq 2)\end{cases}$ 이고, 모든 실수 x에 대하여

$h(x)=h(x-2)+6$이므로 함수 $y=h(x)$의 그래프는 그림과 같다.

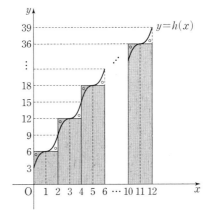

ㅇ를 표시한 부분의 넓이가 서로 같고, $g(4)=0$, $g(6)=12$이므로

$\displaystyle\int_{g(4)}^{g(6)} h(x)dx$

$=\displaystyle\int_0^{12} h(x)dx$

$=2\times[f(1)+\{f(1)+6\}+\{f(1)+12\}+\cdots+\{f(1)+30\}]$

$=2\times 6\times\{f(1)+(1+2+3+4+5)\}$

$=2\times 6\times\left(6+\dfrac{5\times 6}{2}\right)=252$ 답 252

23

$$\lim_{x \to 0} \frac{e^{2x+1}-e}{\ln(x+1)} = \lim_{x \to 0} \frac{e(e^{2x}-1)}{\ln(x+1)}$$

$$= 2e \times \lim_{x \to 0} \frac{e^{2x}-1}{2x} \times \lim_{x \to 0} \frac{x}{\ln(1+x)}$$

$$= 2e \times 1 \times 1 = 2e$$

답 ⑤

24

$x = t \cos t$에서 $\dfrac{dx}{dt} = \cos t - t \sin t$,

$y = t \sin t$에서 $\dfrac{dy}{dt} = \sin t + t \cos t$

이므로

$$\frac{dy}{dx} = \frac{\dfrac{dy}{dt}}{\dfrac{dx}{dt}} = \frac{\sin t + t \cos t}{\cos t - t \sin t} \text{ (단, } \cos t \neq t \sin t)$$

따라서 $t = \dfrac{\pi}{2}$일 때 $\dfrac{dy}{dx}$의 값은

$$\frac{\sin \dfrac{\pi}{2} + \dfrac{\pi}{2} \cos \dfrac{\pi}{2}}{\cos \dfrac{\pi}{2} - \dfrac{\pi}{2} \sin \dfrac{\pi}{2}} = \frac{1 + \dfrac{\pi}{2} \times 0}{0 - \dfrac{\pi}{2} \times 1} = -\frac{2}{\pi}$$

답 ②

25

$f(x) = 2x + e^{2x}$에서

$f'(x) = 2 + 2e^{2x} = 2(1 + e^{2x})$

따라서

$$\int_0^{\frac{1}{2}} \frac{1+e^{2x}}{f(x)} dx = \frac{1}{2} \int_0^{\frac{1}{2}} \frac{f'(x)}{f(x)} dx$$

$$= \frac{1}{2} \Big[\ln|f(x)| \Big]_0^{\frac{1}{2}}$$

$$= \frac{1}{2} \left\{ \ln \left| f\left(\frac{1}{2}\right) \right| - \ln|f(0)| \right\}$$

$$= \frac{1}{2} \{ \ln(1+e) - \ln 1 \} = \frac{\ln(1+e)}{2}$$

답 ①

26

첫째항이 1이고 공차가 4인 등차수열 $\{a_n\}$의 일반항은

$a_n = 1 + (n-1) \times 4 = 4n - 3$이므로

$$\frac{1}{a_n a_{n+1}} = \frac{1}{(4n-3)(4n+1)} = \frac{1}{4} \times \left(\frac{1}{4n-3} - \frac{1}{4n+1} \right)$$

첫째항이 1이고 공비가 r $(0 < r < 1)$인 등비수열 $\{b_n\}$의 일반항은

$b_n = 1 \times r^{n-1} = r^{n-1}$이므로

$b_{2n} = r^{2n-1}$

$$\sum_{n=1}^{\infty} \left(\frac{1}{a_n a_{n+1}} + b_{2n} \right)$$

$$= \sum_{n=1}^{\infty} \left\{ \frac{1}{4} \times \left(\frac{1}{4n-3} - \frac{1}{4n+1} \right) + r^{2n-1} \right\}$$

$$= \frac{1}{4} \sum_{n=1}^{\infty} \left(\frac{1}{4n-3} - \frac{1}{4n+1} \right) + \sum_{n=1}^{\infty} r^{2n-1}$$

$$= \frac{1}{4} \lim_{n \to \infty} \left\{ \left(1 - \frac{1}{5} \right) + \left(\frac{1}{5} - \frac{1}{9} \right) + \left(\frac{1}{9} - \frac{1}{13} \right) + \cdots \right.$$

$$\left. + \left(\frac{1}{4n-3} - \frac{1}{4n+1} \right) \right\} + \frac{r}{1-r^2}$$

$$= \frac{1}{4} \lim_{n \to \infty} \left(1 - \frac{1}{4n+1} \right) + \frac{r}{1-r^2}$$

$$= \frac{1}{4} + \frac{r}{1-r^2}$$

$\displaystyle\sum_{n=1}^{\infty} \left(\frac{1}{a_n a_{n+1}} + b_{2n} \right) = \frac{11}{12}$에서

$$\frac{1}{4} + \frac{r}{1-r^2} = \frac{11}{12}, \ \frac{r}{1-r^2} = \frac{2}{3}$$

$$2(1-r^2) = 3r, \ 2r^2 + 3r - 2 = 0$$

$$(2r-1)(r+2) = 0$$

$0 < r < 1$이므로 $r = \dfrac{1}{2}$

따라서 $b_n = \left(\dfrac{1}{2} \right)^{n-1}$이므로

$$\sum_{n=1}^{\infty} b_n = \sum_{n=1}^{\infty} \left(\frac{1}{2} \right)^{n-1} = \frac{1}{1 - \dfrac{1}{2}} = 2$$

답 ④

27

조건 (가)에서

$$\int_0^x t g(t) dt - x \int_0^x g(t) dt = -\sin x + x \quad \cdots\cdots \text{㉠}$$

㉠의 양변을 x에 대하여 미분하면

$$x g(x) - \int_0^x g(t) dt - x g(x) = -\cos x + 1$$

$$\int_0^x g(t) dt = \cos x - 1 \quad \cdots\cdots \text{㉡}$$

㉡의 양변을 x에 대하여 미분하면

$$g(x) = -\sin x$$

이때 $g'(x) = -\cos x$이므로 조건 (나)에서

$$\{f'(x)\}^2 = \frac{\cos^2 x}{1 - 2\sin^2 x + \sin^4 x} - 1$$

$$1 + \{f'(x)\}^2 = \frac{\cos^2 x}{(1 - \sin^2 x)^2}$$

$x = 0$에서 $x = \dfrac{\pi}{6}$까지의 곡선 $y = f(x)$의 길이를 l이라 하면

$$l = \int_0^{\frac{\pi}{6}} \sqrt{1 + \{f'(x)\}^2} \, dx = \int_0^{\frac{\pi}{6}} \sqrt{\frac{\cos^2 x}{(1 - \sin^2 x)^2}} \, dx$$

$$= \int_0^{\frac{\pi}{6}} \left| \frac{\cos x}{1 - \sin^2 x} \right| dx = \int_0^{\frac{\pi}{6}} \frac{\cos x}{1 - \sin^2 x} \, dx \quad \cdots\cdots \text{㉢}$$

㉢에서 $\sin x = s$로 놓으면

$x = 0$일 때 $s = 0$, $x = \dfrac{\pi}{6}$일 때 $s = \dfrac{1}{2}$이고,

$\dfrac{ds}{dx} = \cos x$이므로

$$l = \int_0^{\frac{1}{2}} \frac{1}{1 - s^2} \, ds = \int_0^{\frac{1}{2}} \frac{1}{(1+s)(1-s)} \, ds$$

$$= \frac{1}{2} \int_0^{\frac{1}{2}} \left(\frac{1}{s+1} - \frac{1}{s-1} \right) ds = \frac{1}{2} \Big[\ln|s+1| - \ln|s-1| \Big]_0^{\frac{1}{2}}$$

$$= \frac{1}{2} \left(\ln \frac{3}{2} - \ln \frac{1}{2} \right) = \frac{1}{2} \ln 3$$

답 ②

28

$f(x)=ax^2+bx+c$ $(a, b, c$는 상수, $a>0)$이라 하면

$g(x)=(ax^2+bx+c)e^x$

$g'(x)=(2ax+b)e^x+(ax^2+bx+c)e^x$

$\quad=\{ax^2+(2a+b)x+(b+c)\}e^x$

$e^x>0$이므로 $g'(x)=0$에서 $ax^2+(2a+b)x+(b+c)=0$

조건 (가)에서 함수 $g(x)$가 $x=-\sqrt2$와 $x=\sqrt2$에서 극값을 가지므로

이차방정식 $ax^2+(2a+b)x+(b+c)=0$의 서로 다른 두 실근이

$x=-\sqrt2$와 $x=\sqrt2$이다.

이때 이차방정식의 근과 계수의 관계에 의하여

$-\dfrac{2a+b}{a}=-\sqrt2+\sqrt2=0$이므로 $b=-2a$

$\dfrac{b+c}{a}=-\sqrt2\times\sqrt2=-2$이므로 $b+c=-2a$

즉, $c=0$이므로 $g(x)=a(x^2-2x)e^x$, $g'(x)=(ax^2-2a)e^x$이고,

$g''(x)=(ax^2+2ax-2a)e^x=a(x^2+2x-2)e^x$

$g''(x)=0$에서 $x^2+2x-2=0$이므로 $x=-1\pm\sqrt3$

이때 $\alpha=-1+\sqrt3$, $\beta=-1-\sqrt3$이라 하면

$g(\alpha)=g(-1+\sqrt3)=a(6-4\sqrt3)e^{-1+\sqrt3}$,

$g(\beta)=g(-1-\sqrt3)=a(6+4\sqrt3)e^{-1-\sqrt3}$

이므로 $g(\alpha)\times g(\beta)=a^2\times\{6^2-(4\sqrt3)^2\}e^{-2}=-\dfrac{12}{e^2}a^2$

조건 (나)에서 $g(\alpha)\times g(\beta)=-\dfrac{12}{e^2}$이므로 $a^2=1$

$a>0$이므로 $a=1$

따라서 $f(x)=x^2-2x$, $g(x)=(x^2-2x)e^x$이고,

$g'(x)=(x^2-2)e^x$, $g''(x)=(x^2+2x-2)e^x$

함수 $g(x)$의 증가와 감소를 표로 나타내면 다음과 같다.

x	$\cdots$	$-1-\sqrt3$	$\cdots$	$-\sqrt2$	$\cdots$
$g'(x)$	$+$	$+$	$+$	0	$-$
$g''(x)$	$+$	0	$-$	$-$	$-$
$g(x)$	↗	$(6+4\sqrt3)e^{-1-\sqrt3}$	↗	$2(1+\sqrt2)e^{-\sqrt2}$	↘

x	$-1+\sqrt3$	$\cdots$	$\sqrt2$	$\cdots$
$g'(x)$	$-$	$-$	0	$+$
$g''(x)$	0	$+$	$+$	$+$
$g(x)$	$(6-4\sqrt3)e^{-1+\sqrt3}$	↘	$2(1-\sqrt2)e^{\sqrt2}$	↗

함수 $y=g(x)$의 그래프의 개형은 그림과 같다.

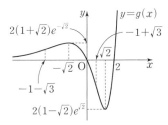

$g(|x|+t)=\begin{cases}g(-x+t) & (x<0)\\ g(x+t) & (x\geq0)\end{cases}$에서 함수 $y=g(x+t)$ $(x\geq0)$

의 그래프는 함수 $y=g(x)$의 그래프를 x축의 방향으로 $-t$만큼 평행

이동한 그래프의 $x\geq0$인 부분이고, 함수 $y=g(-x+t)$ $(x<0)$의 그

래프는 함수 $y=g(x+t)$ $(x>0)$의 그래프를 y축에 대하여 대칭이동

한 그래프이다.

$t<\sqrt2$인 실수 t에 대하여 $h(x)=g(|x|+t)$이므로 실수 t $(t<\sqrt2)$의

값에 따라 함수 $y=h(x)$의 그래프의 개형은 다음 그림과 같다.

(i) $t<-\sqrt2$일 때

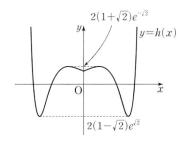

(ii) $t=-\sqrt2$일 때

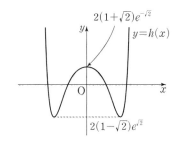

(iii) $-\sqrt2<t<\sqrt2$일 때

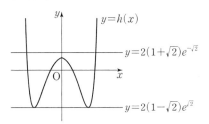

따라서 $t<\sqrt2$인 실수 t에 대하여 함수 $h(x)$의 극댓값 $k(t)$의 최댓값은

$M=2(1+\sqrt2)e^{-\sqrt2}$이고, 극솟값 $l(t)$의 최솟값은 $m=2(1-\sqrt2)e^{\sqrt2}$

이므로

$mM=2(1-\sqrt2)e^{\sqrt2}\times2(1+\sqrt2)e^{-\sqrt2}$

$\quad=2^2\times(-1)\times e^{\sqrt2-\sqrt2}=-4$

$\displaystyle\int_{mM}^0 f(x)dx=\int_{-4}^0(x^2-2x)dx$

$\quad=\left[\dfrac13x^3-x^2\right]_{-4}^0$

$\quad=0-\left\{\dfrac13\times(-4)^3-(-4)^2\right\}=\dfrac{112}{3}$　**답** ③

29

조건 (가)에서

(i) $1<a<4$일 때

$\displaystyle\lim_{n\to\infty}\dfrac{a\times4^{n-1}+4\times a^{n+1}}{a^n+4^n}=\lim_{n\to\infty}\dfrac{\dfrac{a}{4}+4a\times\left(\dfrac{a}{4}\right)^n}{\left(\dfrac{a}{4}\right)^n+1}=\dfrac{a}{4}$

이므로 $\dfrac{a}{4}=\dfrac12$에서 $a=2$

(ii) $a=4$일 때

$\displaystyle\lim_{n\to\infty}\dfrac{a\times4^{n-1}+4\times a^{n+1}}{a^n+4^n}=\lim_{n\to\infty}\dfrac{4^n+4^{n+2}}{4^n+4^n}=\lim_{n\to\infty}\dfrac{17\times4^n}{2\times4^n}=\dfrac{17}{2}$

이므로 조건 (가)를 만족시키지 않는다.

(iii) $a>4$일 때

$$\lim_{n\to\infty}\frac{a\times 4^{n-1}+4\times a^{n+1}}{a^n+4^n}=\lim_{n\to\infty}\frac{\dfrac{a}{4}\times\left(\dfrac{4}{a}\right)^n+4a}{1+\left(\dfrac{4}{a}\right)^n}=4a$$

이므로 $4a=\dfrac{1}{2}$에서 $a=\dfrac{1}{8}$

이때 $a>4$라는 조건을 만족시키지 않는다.

(i), (ii), (iii)에 의하여 $a=2$

한편, 조건 (나)에서 함수 $y=b^{x+1}$의 그래프는 함수 $y=b^x$의 그래프를 x축의 방향으로 -1만큼 평행이동한 것이다.

① $1<b<4$일 때

두 함수 $y=4^x$, $y=b^{x+1}$의 그래프는 제1사분면 위의 한 점에서만 만난다.

② $b=4$일 때

두 함수 $y=4^x$, $y=b^{x+1}$의 그래프는 만나지 않는다.

③ $b>4$일 때

두 함수 $y=4^x$, $y=b^{x+1}$의 그래프는 제2사분면 위의 한 점에서만 만난다.

①, ②, ③에 의하여 $b>4$일 때만 조건 (나)를 만족시킨다.

즉, 자연수 b의 최솟값 k는 5이다.

$$\lim_{n\to\infty}\frac{k\times\left(\dfrac{1}{a}\right)^{n+1}+a\times\left(\dfrac{1}{k}\right)^{n+1}}{\left(\dfrac{1}{a}\right)^n+\left(\dfrac{1}{k}\right)^n}=\lim_{n\to\infty}\frac{5\times\left(\dfrac{1}{2}\right)^{n+1}+2\times\left(\dfrac{1}{5}\right)^{n+1}}{\left(\dfrac{1}{2}\right)^n+\left(\dfrac{1}{5}\right)^n}$$

$$=\lim_{n\to\infty}\frac{\dfrac{5}{2}+\dfrac{2}{5}\times\left(\dfrac{2}{5}\right)^n}{1+\left(\dfrac{2}{5}\right)^n}=\frac{5}{2}$$

따라서 $p=2$, $q=5$이므로 $p+q=2+5=7$ 답 7

30

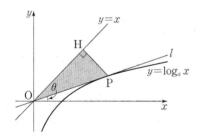

$f(x)=\log_a x$라 하면 $f'(x)=\dfrac{1}{x\ln a}$

점 P의 x좌표를 t라 하면 점 P의 좌표는 $(t,\ \log_a t)$이다.

직선 l은 직선 OP이므로 직선 l의 기울기는

$$\frac{\log_a t-0}{t-0}=\frac{\log_a t}{t}=\frac{\ln t}{t\ln a}$$

점 P에서의 접선의 기울기는 $f'(t)=\dfrac{1}{t\ln a}$이므로

$\dfrac{1}{t\ln a}=\dfrac{\ln t}{t\ln a}$에서 $\ln t=1$, $t=e$

즉, $P\left(e,\ \dfrac{1}{\ln a}\right)$

점 P에서 직선 $y=x$에 내린 수선의 발이 H이므로 선분 PH의 길이는

점 $P\left(e,\ \dfrac{1}{\ln a}\right)$과 직선 $y=x$, 즉 $x-y=0$ 사이의 거리와 같다.

$$\overline{PH}=\frac{\left|e-\dfrac{1}{\ln a}\right|}{\sqrt{1^2+(-1)^2}}=\frac{1}{\sqrt{2}}\left(e-\frac{1}{\ln a}\right)=\frac{e\ln a-1}{\sqrt{2}\ln a}$$

직선 l이 x축과 이루는 예각의 크기를 θ라 하면 $\tan\theta$는 직선 l의 기울기와 같으므로

$$\tan\theta=\frac{1}{e\ln a}$$

$$\tan(\angle POH)=\tan\left(\frac{\pi}{4}-\theta\right)=\frac{\tan\dfrac{\pi}{4}-\tan\theta}{1+\tan\dfrac{\pi}{4}\tan\theta}=\frac{1-\tan\theta}{1+\tan\theta}$$

$$=\frac{1-\dfrac{1}{e\ln a}}{1+\dfrac{1}{e\ln a}}=\frac{e\ln a-1}{e\ln a+1}$$

삼각형 OPH에서 $\tan(\angle POH)=\dfrac{\overline{PH}}{\overline{OH}}$이므로

$$\overline{OH}=\frac{\overline{PH}}{\tan(\angle POH)}=\frac{e\ln a-1}{\sqrt{2}\ln a}\times\frac{e\ln a+1}{e\ln a-1}=\frac{e\ln a+1}{\sqrt{2}\ln a}$$

따라서 삼각형 OPH의 넓이 $S(a)$는

$$S(a)=\frac{1}{2}\times\overline{OH}\times\overline{PH}=\frac{1}{2}\times\frac{e\ln a+1}{\sqrt{2}\ln a}\times\frac{e\ln a-1}{\sqrt{2}\ln a}$$

$$=\frac{(e\ln a+1)(e\ln a-1)}{4(\ln a)^2}$$

이므로

$$\lim_{a\to\infty}\frac{100\times S(a)}{e^2}=\frac{100}{e^2}\times\lim_{a\to\infty}\frac{(e\ln a+1)(e\ln a-1)}{4(\ln a)^2}$$

$$=\frac{100}{e^2}\times\frac{e^2}{4}=25$$ 답 25

다른 풀이

삼각형 OPH의 넓이 $S(a)$를 다음과 같이 구할 수도 있다.

$$\overline{PH}=\frac{e\ln a-1}{\sqrt{2}\ln a}=\frac{1}{\sqrt{2}}\left(e-\frac{1}{\ln a}\right)$$

직선 PH는 기울기가 -1이고 점 $P\left(e,\ \dfrac{1}{\ln a}\right)$을 지나므로 직선 PH의 방정식은

$$y=-(x-e)+\frac{1}{\ln a}$$

이 직선과 직선 $y=x$의 교점이 H이므로

$-(x-e)+\dfrac{1}{\ln a}=x$에서 $x=\dfrac{1}{2}\left(e+\dfrac{1}{\ln a}\right)$

즉, $H\left(\dfrac{1}{2}\left(e+\dfrac{1}{\ln a}\right),\ \dfrac{1}{2}\left(e+\dfrac{1}{\ln a}\right)\right)$이므로

$$\overline{OH}=\frac{\sqrt{2}}{2}\left(e+\frac{1}{\ln a}\right)$$

따라서

$$S(a)=\frac{1}{2}\times\overline{OH}\times\overline{PH}$$

$$=\frac{1}{2}\times\frac{\sqrt{2}}{2}\left(e+\frac{1}{\ln a}\right)\times\frac{1}{\sqrt{2}}\left(e-\frac{1}{\ln a}\right)$$

$$=\frac{1}{4}\left\{e^2-\frac{1}{(\ln a)^2}\right\}$$

이므로

$$\lim_{a\to\infty}\frac{100\times S(a)}{e^2}=\frac{100}{e^2}\times\lim_{a\to\infty}\frac{1}{4}\left\{e^2-\frac{1}{(\ln a)^2}\right\}$$

$$=\frac{100}{e^2}\times\frac{e^2}{4}=25$$